网络工程师5天修炼
（适配第6版考纲）

主编　朱小平　施游

中国水利水电出版社
www.waterpub.com.cn
·北京·

内 容 提 要

　　网络工程师考试是计算机技术与软件专业技术资格（水平）考试系列中的一个重要考试，是计算机专业技术人员获得网络工程师职称的一个重要途径。但网络工程师考试涉及的知识点极广，几乎涵盖了本科计算机专业课程的全部内容，并且有一定的难度。

　　本书作者以多年从事软考教育培训和试题研究的心得体会建立了一个5天的复习架构。该架构通过深度剖析2024版考试大纲并综合历年的考试情况，将网络工程师考试涉及的各知识点高度概括、整理，以知识图谱的形式将考试内容分解为一个个相互联系的知识点逐一讲解，并附以典型的考试试题、详细的试题分析以确保考生学习后能够触类旁通。读者通过对本书中知识图谱的了解可以快速提高复习效率和准确度，做到复习有的放矢，考试时得心应手。最后还给出了一套模拟试题并详细作了点评。

　　本书可作为参加网络工程师考试的考生的自学用书，也可作为软考培训班的教材。

图书在版编目（CIP）数据

　　网络工程师5天修炼：适配第6版考纲 / 朱小平，施游主编. -- 北京：中国水利水电出版社，2025. 3.
　　ISBN 978-7-5226-3340-4

　　Ⅰ. TP393

　　中国国家版本馆CIP数据核字第2025NS2342号

责任编辑：周春元　　　加工编辑：王开云　　　封面设计：李 佳

书　　名	网络工程师5天修炼（适配第6版考纲） WANGLUO GONGCHENGSHI 5 TIAN XIULIAN（SHIPEI DI 6 BAN KAOGANG）
作　　者	主编　朱小平　施游
出版发行	中国水利水电出版社 （北京市海淀区玉渊潭南路1号D座　100038） 网址：www.waterpub.com.cn E-mail：mchannel@263.net（答疑） 　　　　sales@mwr.gov.cn 电话：（010）68545888（营销中心）、82562819（组稿）
经　　售	北京科水图书销售有限公司 电话：（010）68545874、63202643 全国各地新华书店和相关出版物销售网点
排　　版	北京万水电子信息有限公司
印　　刷	三河市德贤弘印务有限公司
规　　格	184mm×240mm　16开本　21.5印张　520千字
版　　次	2025年3月第1版　2025年3月第1次印刷
印　　数	0001—3000册
定　　价	68.00元

编委会成员

前　言

　　通过网络工程师考试已成为 IT 技术人员获得薪水和职称提升的必要条件，在企业和政府的信息化过程中也需要大量拥有网络工程师资质的专业人才，同时，随着一些大城市积分落户制度的实施，软考中级以上职称证书也是获得积分的重要一项，随着相关政策的不断完善，软考证书在招标加分、人才补贴、加入专家库、个税抵扣等方面的作用越来越大，因此，每年都会有大批的"准网络工程师"参加这个考试。编者团队在每年全国各地进行的考前辅导中，与很多"准网络工程师"交流过，他们都反映出一个心声："考试面涉及太广，通过考试不容易"。在这些学员当中，有的基础扎实，有的薄弱；有的是计算机专业科班出身，有的是其他专业转行的。为什么都会有这样一个感觉呢？有的人认为工作很忙，没有太多的时间来学习；有的人认为年纪大了，理论性的知识不用多年，重新拾起不容易；有的人认为理论扎实，但是经验欠缺。据此，考生最希望能得到老师给出的所谓的当次考试重点，但软考作为严肃的国家级考试不可能会在考试前出现所谓的重点。因此，在这里我给各位准备考试的考生一个真诚的建议，与其等待所谓的重点，不如静下心来看一看书，将工作的心得体会结合考试来理一理，或许就会有柳暗花明的感觉。考试能不能过关，主要还在于个人的努力。

　　为了帮助"准网络工程师"们，结合多年来辅导的心得，我想就以历次培训经典的 5 天时间、30 个学时作为学习时序，取名为"网络工程师 5 天修炼"，希望考生能在 5 天的时间里有质的飞跃。真诚地希望"准网络工程师"们能抛弃一切杂念，静下心来，花 5 天时间当作一个修炼项目来做，相信您一定会有意外的收获。

　　然而，考试的范围十分广泛，考试大纲和官方教程也在不断更新，根据官方教程第 6 版和 2024 版的考试大纲要求，考试内容从信息化的基础知识到软件工程、操作系统、项目管理、知识产权、计算机网络基础，再到网络安全技术等领域知识，应用技术中甚至还涉及华为设备、国产操作系统的配置，因此有一定的难度。好在考试涉及的非网络部分知识考点相对集中，复习的时候可以通过一些技巧快速提升学习效果，考试的侧重点还在网络技术部分。因此，必须根据考试的规律按图索骥，再通过一定的技巧和方法，快速达到通过考试的目的。

　　本书的"5 天修炼"是这样来安排的：

　　第 1 天"打好基础，掌握理论"。先掌握网络工程师考试最基础的内容，以网络体系结构的层次思想为指导，对网络有初步的认识。

　　第 2 天"夯实基础，再学理论"。在了解网络基本通信模型的基础上，进一步学习网络安全、无线网络、存储技术和计算机的软硬件知识，涵盖了考试中的前十道非网络部分试题。

　　第 3 天"操作系统，实战操作"。掌握网络工程中国产操作系统的各种实际操作，对 Windows

系统基本网络命令解决实际网络故障和 UOS Linux 系统的基本操作和管理有深入了解。

第 4 天"再接再厉，案例实践"。学习网络工程中最核心的设备配置及综合应用知识，主要考查华为等厂商的交换机、路由器、防火墙的实际配置案例和网络规划设计，充分掌握考试中设备配置和网络规划设计的知识点。

第 5 天"模拟测试，反复操练"。进入模拟考试阶段，检验自己的学习效果，熟悉考试的题型和题量，进一步提升修炼成果。

不过也提醒"准网络工程师"们，不要只是为了考试而考试，一定要抱着"修炼"的心态，通过考试只是目标之一，更多的是要提高自身水平，将来在工作岗位上有所作为。

感谢中国水利水电出版社万水分社副总经理周春元，他的辛勤劳动和真诚约稿，也是我能编写此书的动力之一。感谢和我共事多年的邓子云和刘毅先生对本书的编写给出许多宝贵的意见，感谢我的同事们、助手们，他们帮助我做了大量的资料整理工作，也参与了部分编写工作。

本人虽经多年锤炼，终究水平有限，敬请各位考生、各位培训师批评指正，不吝赐教。我的联系邮箱是：zhuxiaoping@hunau.net。

同时，可以关注我们的微信平台，与我们进行实时的互动。我们有专业老师在其中为大家解答考试相关的问题。

编　者

2025 年 2 月

目　　录

打好基础，掌握理论

◎冲关前的准备

5 天的关键学习并不需要准备太多的东西，不过还是在此罗列出来，以便读者做一些必要的简单准备。

（1）本书。

（2）至少 20 张草稿纸。

（3）1 支笔。

（4）安排好自己的工作和生活，以使这 5 天能静下心来学习。

◎考试形式解读

网络工程师考试有两场，分为基础知识考试（选择题）和应用技术考试（案例分析题），两场考试都通过才能算这个级别的考试通过。

基础知识考试的内容是计算机与网络知识，考试形式为机试，题型为选择题，而且全部是单项选择题，其中含 5 分的英文题。基础知识考试总共 75 道题，共计 75 分，按 60%计，45 分算通过。

应用技术考试的内容是网络系统设计与管理，考试形式为机试，问答题。一般为 4~5 道大题，每道大题 15~20 分，有若干个小问，总计 75 分，按 60%计，45 分算通过。

目前实行的考试形式是两科连考，第一个科目考完交卷，系统直接进入第二个科目的考试，其中考试时间科目一最长 120 分钟，最短 90 分钟，第一个科目没有用完的时间，可以纳入第二个科目使用。两个科目的最长考试时间为 240 分钟。

◎答题注意事项

基础知识考试答题时要注意以下事项：

（1）注意把握考试时间，虽然基础知识考试时间有 120 分钟，但是题量还是比较大的，一共75道题，做一道题用时约2分钟，因为还要留出10分钟左右来检查核对。当然也要充分利用系统提供的标记功能，对不确定的试题可以进行标记，方便快速地进行检查核对。

（2）做题先易后难。基础知识考试有容易的基础概念题，也有较难的计算或者新概念题（即在教材中找不到答案，平时工作也可能很少接触），目前的考试系统中题目是可以乱序的，因此难题可能随机地出现在某个位置。考试时建议先将容易做的和自己会的做完，其他的先跳过去，在后续的时间中再集中精力做难题。

应用技术考试可能有选择题也有填空题。应用技术考试答题要注意以下事项：

（1）先易后难。先大致浏览一下全部考题，考试往往既有知识点问答题也有计算题，同样先将自己最为熟悉的和最有把握的题完成，再重点攻关难题。

（2）问答题最好以要点的形式回答。阅卷时多依据要点给分，不一定要与参考答案一模一样，但常以关键词语、语句意思表达相同或接近判断是否给分和给多少分。因此答题时要点要多写一些，以涵盖到参考答案中的要点。比如，如果题目中某一问题给的是5分，则极可能是5个要点，1个要点1分，回答时最好能写出7个左右的要点。

（3）配置题分数一定要拿到。网络工程师的配置题分值较高、形式固定、内容变化也不大，熟悉基本和常见的配置命令和配置流程就能拿高分。

◎制订复习计划

5天的关键学习对于每个考生来说都是一个挑战，这么多的知识点要在短短的5天时间内全部学完是很不容易的，也是非常紧张的，但也是值得的。学习完这5天，相信您会感到非常充实，考试也会胜券在握。先看看这5天的内容（表1-0-1）是如何安排的吧。

表1-0-1　5天修炼学习计划

时间		学习内容
第1天　打好基础，掌握理论	第1学时	网络体系结构
	第2学时	物理层
	第3学时	数据链路层
	第4学时	网络层
	第5学时	传输层
	第6学时	应用层
第2天　夯实基础，再学理论	第1学时	网络安全
	第2学时	无线基础知识
	第3学时	存储技术基础
	第4学时	网络规划与设计
	第5学时	计算机硬件
	第6学时	计算机软件

时间		学习内容
第 3 天　操作系统，实战操作	第 1 学时	选择题、案例分析题考试共同考点——Windows 网络命令
	第 2 学时	UOS Linux 分区与文件管理
	第 3 学时	UOS Linux 用户与组管理
	第 4 学时	UOS Linux 网络命令
	第 5 学时	UOS Linux 防火墙
	第 6 学时	UOS 软件管理
第 4 天　再接再厉，案例实践	第 1 学时	交换基础
	第 2 学时	案例重点 1——交换机配置
	第 3 学时	路由基础
	第 4 学时	案例重点 2——路由配置
	第 5 学时	案例重点 3——防火墙配置
	第 6 学时	案例重点 4——VPN 配置
第 5 天　模拟测试，反复操练	第 1～2 学时	模拟测试 1（基础知识试题）
	第 3 学时	模拟测试 1（案例分析题试题）
	第 4～5 学时	模拟测试 1（基础知识试题）点评
	第 6 学时	模拟测试 1（案例分析题试题）点评

从笔者这几年的考试培训经验来看，不怕您基础不牢，怕的就是您不进入状态。闲话不多说了，开始第 1 天的学习吧。

第 1 学时　网络体系结构

第 1 天的第 1 学时主要学习网络体系结构。网络体系结构是计算机网络技术的基础知识点，是现代网络技术的整体蓝图，是学习和复习网络工程师考试的前提。根据历年考试的情况来看，每次考试涉及相关知识点的分值在 0～5 分之间，且只有基础知识考试部分涉及。本学时考点知识结构图如图 1-1-1 所示。

图 1-1-1　考点知识结构图

1.1 OSI 参考模型

本节主要讲述 OSI 参考模型、OSI 各层功能的作用、协议组成等重要基础知识。

1.1.1 考点分析

历年网络工程师考试试题中，涉及本部分的相关知识点有：服务访问点的定义和组成；OSI 参考模型各层的定义、功能和数据单位；OSI 参考模型各子层对应的具体协议。

1.1.2 知识点精讲

设计一个好的网络体系结构是一个复杂的工程，好的网络体系结构使得相互通信的计算终端能够高度协同工作。ARPANET 在早期就提出了分层方法，把复杂问题分割成若干个小问题来解决。1974 年，IBM 第一次提出了**系统网络体系结构**（System Network Architecture，SNA）概念，SNA 第一个应用了分层的方法。

随着网络的飞速发展，用户迫切要求能在不同体系结构的网络间交换信息，不同网络能互连起来。**国际标准化组织**（International Organization for Standardization，ISO）从 1977 年开始研究这个问题，并于 1979 年提出了一个互连的标准框架，即著名的**开放系统互连参考模型**（Open System Interconnection/Reference Model，OSI/RM），简称 OSI 模型。1983 年形成了 OSI/RM 的正式文件——**ISO 7498 标准**，即常见的七层协议的体系结构。网络体系结构也可以定义为计算机网络各层及协议的集合，这样 OSI 本身就算不上一个网络体系结构，因为没有定义每一层所用到的服务和协议。体系结构是抽象的概念，实现是具体的概念，实际运行的是硬件和软件。

开放系统互连参考模型分七层，从低到高分别是物理层、数据链路层、网络层、传输层、会话层、表示层和应用层。

1. 物理层（Physical Layer）

物理层位于 OSI/RM 参考模型的最底层，为数据链路层实体提供建立、传输、释放所必需的物理连接，并且提供**透明的比特流传输**。物理层的连接可以是全双工或半双工方式，传输方式可以是异步或同步方式。物理层的数据单位是**比特**，即一个二进制位。物理层构建在物理传输介质和硬件设备相连接之上，向上服务于紧邻的数据链路层。

物理层通过各类协议定义了网络的机械特性、电气特性、功能特性和规程特性。

物理层的两个重要概念：DTE 和 DCE。

- **数据终端设备**（Data Terminal Equipment，DTE）：具有一定的数据处理能力和数据收发能力的设备，用于提供或接收数据。常见的 DTE 设备有路由器、PC、终端等。
- **数据通信设备**（Data Communications Equipment，DCE）：在 DTE 和传输线路之间提供信号变换和编码功能，并负责建立、保持和释放链路的连接。常见的 DCE 设备有 CSU/DSU、NT1、广域网交换机、MODEM 等。

　　两者的区别是：**DCE提供时钟**，而**DTE不提供时钟**；DTE的接头是针头（俗称"公头"），而DCE的接头是孔头（俗称"母头"）。

　　2. 数据链路层（Data Link Layer）

　　数据链路层将原始的传输线路转变成一条逻辑的传输线路，实现实体间二进制信息块的正确传输，为网络层提供可靠的数据信息。数据链路层的数据单位是**帧**，具有流量控制功能。**链路**是相邻两结点间的物理线路。数据链路与链路是两个不同的概念。**数据链路**可以理解为数据的通道，是物理链路加上必要的通信协议而组成的逻辑链路。

　　数据链路层应具有的功能：

- 链路连接的建立、拆除和分离：数据传输所依赖的介质是长期的，但传输数据的实体间的连接是有生存期的。在连接生存期内，收发两端可以进行不等的一次或多次数据通信，每次通信都要经过建立通信联络、数据通信和拆除通信联络这三个过程。

- 帧定界和帧同步：数据链路层的数据传输单元是帧，由于数据链路层的协议不同，帧的长短和界面也不同，所以必须对帧进行定界和同步。

- 顺序控制：对帧的收发顺序进行控制。

- 差错检测、恢复：差错检测多用方阵码校验和循环码校验来检测信道上数据的误码，而帧丢失等用序号检测。各种错误的恢复则常靠反馈重发技术来完成。

- 链路标识、流量控制。

　　局域网中的数据链路层可以分为**逻辑链路控制**（Logical Link Control，LLC）和**介质访问控制**（Media Access Control，MAC）两个子层。其中 LLC 只在使用 IEEE 802.3 格式的时候才会用到，而如今很少使用 IEEE 802.3 格式，取而代之的是以太帧格式，而使用以太帧格式则不会有LLC 存在。

　　3. 网络层（Network Layer）

　　网络层控制子网的通信，其主要功能是提供**路由选择**，即选择到达目的主机的最优路径，并沿着该路径传输数据包。网络层还应具备的功能有：路由选择和中继；激活和终止网络连接；链路复用；差错检测和恢复；流量控制等。

　　4. 传输层（Transport Layer）

　　传输层利用实现可靠的**端到端的数据传输**能实现数据**分段、传输和组装**，还提供差错控制和流量/拥塞控制等功能。

　　5. 会话层（Session Layer）

　　会话层允许不同机器上的用户之间建立会话。会话就是指各种服务，包括对话控制（记录该由谁来传递数据）、令牌管理（防止多方同时执行同一关键操作）、同步功能（在传输过程中设置检查点，以便在系统崩溃后还能在检查点上继续运行）。

　　建立和释放会话连接还应做以下工作：

- 将会话地址映射为传输层地址。

- 进行数据传输。

● 释放连接。

6. 表示层（Presentation Layer）

表示层提供一种通用的数据描述格式，便于不同系统间的机器进行信息转换和相互操作，如表示层完成 EBCDIC 编码（大型机上使用）和 ASCII 码（PC 机上使用）之间的转换。**表示层的主要功能有：数据语法转换、语法表示、数据加密和解密、数据压缩和解压。**

7. 应用层（Application Layer）

应用层位于 OSI/RM 参考模型的最高层，直接针对用户的需要。应用层向应用程序提供服务，这些服务按其向应用程序提供的特性分成组，并称为服务元素。应用层服务元素又分为公共应用服务元素（Common Application Service Element，CASE）和特定应用服务元素（Specific Application Service Element，SASE）。

下面再介绍几个网络工程师考试涉及的重要考点及概念：

（1）封装。OSI/RM 参考模型的许多层都使用特定方式描述信道中来回传送的数据。数据在从高层向低层传送的过程中，每层都对接收到的原始数据添加信息，通常是附加一个报头和报尾，这个过程称为封装。

（2）网络协议。网络协议（简称**协议**）是网络中的数据交换建立的一系列规则、标准或约定。协议是控制两个（或多个）对等实体进行通信的集合。

网络协议由**语法、语义和时序关系**三个要素组成。

● 语法：数据与控制信息的结构或形式。

● 语义：根据需要发出哪种控制信息，依据情况完成哪种动作以及做出哪种响应。

● 时序关系：又称为同步，即事件实现顺序的详细说明。

（3）协议数据单元。协议数据单元（Protocol Data Unit，PDU）是指对等层次之间传送的数据单位。如在数据从会话层传送到传输层的过程中，传输层把数据 PDU 封装在一个传输层数据段中。如图 1-1-2 所示描述了 OSI 参考模型数据封装流程及各层对应的 PDU。

（4）实体。任何可以接收或发送信息的硬件/软件进程通常是一个特定的软件模块。

（5）服务。在协议的控制下，两个对等实体间的通信使得本层能为上一层提供服务。要实现本层协议，还需要使用下一层所提供的服务。

协议和服务的区别是：本层服务实体只能看见服务而无法看见下面的协议。协议是"水平的"，是针对两个对等实体的通信规则；服务是"垂直的"，是由下层向上层通过层间接口提供的。只有能被高一层实体"看见"的功能才能称为服务。

（6）服务原语。上层使用下层所提供的服务必须通过与下层交换一些命令，这些命令就称为服务原语。

（7）服务数据单元。OSI 把层与层之间交换的数据的单位称为服务数据单元（Service Data Unit，SDU）。相邻两层的关系如图 1-1-3 所示。

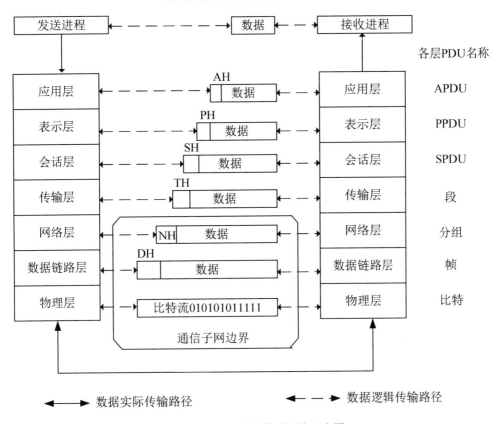

图 1-1-2　OSI 参考模型通信示意图

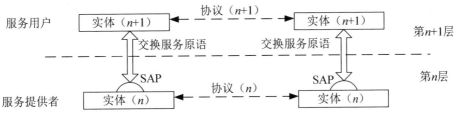

图 1-1-3　相邻两层的关系

1.2　TCP/IP 参考模型

本节主要讲述 TCP/IP 参考模型和 TCP/IP 参考模型各层功能的作用等重要基础知识。

1.2.1　考点分析

历年网络工程师考试试题涉及本部分的相关知识点有：各种常见的协议对应的层次关系。

<u>1.2.2　知识点精讲</u>

OSI 参考模型虽然完备，但是太过复杂，不实用。而之后的 TCP/IP 参考模型经过一系列的修改和完善后得到了广泛的应用。TCP/IP 参考模型包含应用层、传输层、网际层和网络接口层。TCP/IP 参考模型与 OSI 参考模型有较多相似之处，各层也有一定的对应关系，具体对应关系如图 1-2-1 所示。

OSI	TCP/IP
应用层	应用层
表示层	
会话层	
传输层	传输层
网络层	网际层
数据链路层	网络接口层
物理层	

图 1-2-1　TCP/IP 参考模型与 OSI 参考模型的对应关系

（1）应用层。TCP/IP 参考模型的应用层包含了所有高层协议。该层与 OSI 的会话层、表示层和应用层相对应。

（2）传输层。TCP/IP 参考模型的传输层与 OSI 的传输层相对应。该层允许源主机与目标主机上的对等体之间进行对话。该层定义了两个端到端的传输协议：TCP 协议和 UDP 协议。

（3）网际层。TCP/IP 参考模型的网际层对应 OSI 的网络层。该层负责为经过逻辑互联网络路径的数据进行路由选择。

（4）网络接口层。TCP/IP 参考模型的最底层是网络接口层，该层在 TCP/IP 参考模型中并没有明确规定。

TCP/IP 参考模型是一个协议簇，各层对应的协议已经得到广泛应用，具体的各层协议对应TCP/IP 参考模型的哪一层往往是考试的重点。TCP/IP 参考模型主要协议的层次关系如图 1-2-2所示。

TCP/IP 参考模型与 OSI 参考模型有很多相同之处，都是以协议栈为基础的，对应各层功能也大体相似。当然也有一些区别，如 OSI 模型最大的优势是强化了服务、接口和协议的概念，侧重理论框架的完备。TCP/IP 模型是事实上的工业标准，没有区分物理层和数据链路层这两个功能完全不同的层。OSI 模型比较适合理论研究和新网络技术研究，而 TCP/IP 模型真正做到了流行和应用。请注意，网络上流传各种版本的参考模型图，有些非常详细，但在实际软考中，主要考图 1-2-2中的协议，其他的协议很少涉及。

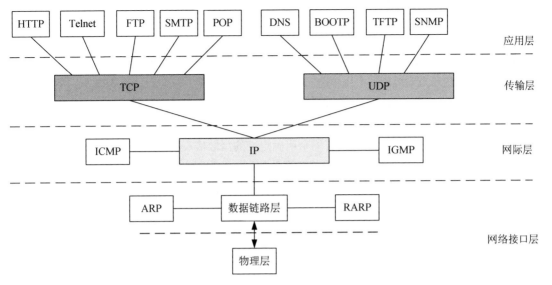

图 1-2-2　TCP/IP 参考模型主要协议的层次关系图

第 2 学时　物理层

本学时主要学习物理层所涉及的重要知识点。物理层是协议模型的最底层，因此包含相当多的理论知识和应用性技术，是历年考试的核心考点之一。根据历年考试的情况来看，每次考试涉及的相关知识点的分值在 3～20 分之间。物理层知识的考查主要集中在选择题中，案例分析题的考查更偏向于综合布线知识、PON、HFC 等知识点。本学时考点知识结构图如图 2-0-1 所示。

图 2-0-1　考点知识结构图

2.1　数据通信理论知识

2.1.1　考点分析

历年网络工程师考试试题涉及此部分的相关知识点有：数据通信基本概念、传输速率、调制与编码、数据传输方式、数据交换方式、多路复用。

2.1.2　知识点精讲

通信就是将信息从源地传送到目的地。**通信研究**就是解决从一个信息的源头到信息的目的地整个过程的技术问题。**信息**是通过通信系统传递的内容，其形式可以是声音、动画、图像、文字等。

通信信道上传输的电信号编码、电磁信号编码、光信息编码叫作**信号**。信号可以分为模拟信号和数字信号两种。**模拟信号**是在一段连续的时间间隔内，其代表信息的特征量可以在任意瞬间呈现为任意数值的信号；**数字信号**是信息用若干个明确定义的离散值表示的时间离散信号。可以简单地认为，模拟信号值是连续的，而数字信号值是离散的。

传送信号的通路称为**信道**，信道也可以是模拟或数字方式，传输模拟信号的信道叫作**模拟信道**；传输数字信号的信道叫作**数字信道**。

信息传输过程可以进行抽象，通常称为数据通信系统模型，具体如图 2-1-1 所示。

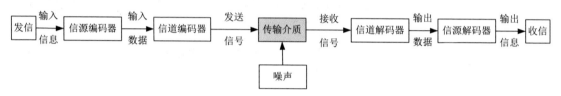

图 2-1-1　数据通信系统模型

（1）发信是信息产生的源头，可以是人，也可以是硬件。

（2）信源编码器的作用是进行**模/数转换**（A/D 转换），即将文字、声音、动画、图像等模拟信号转换为数字信号。计算机或终端可以看作信源编码器。由计算机或终端产生的数字信号的频谱都是从零开始的，这种**未经调制**的信号所占用的频率范围叫作**基本频带**（这个频带从直流起可以高到数百赫兹，甚至数千赫兹），简称**基带**。局域网中的信源编码器发出的信号往往是基本频带信号，简称**基带信号**。

另外，当采用模拟信号传输数据时往往只占用**有限的频带**，使用频带传输的信号简称**频带信号**。通过将基带划分为多个频带的方式可以将链路容量分解成两个或更多信道，每个信道可以携带不同的信号，这就是**宽带传输**。

（3）信道编码器的作用是将信号转换为合适的形式对传输介质进行数据传输。

（4）信道解码器将传输介质和传输数据转换为接收信号。

（5）信源解码器的作用是进行**数/模转换**（D/A 转换），即将数字信号或模拟信号转换为文字、声音、动画、图像等。

1. 传输速率

数字通信系统的有效程度可以用码元传输速率和信息传输速率来表示。

码元：在数字通信中，常用时间间隔相同的符号来表示一个二进制数字，这样的时间间隔内的信号称为二进制码元。另一种定义是，在使用时间域（时域）的波形表示数字信号时，代表不同离散数值的基本波形就称为码元。网络工程师考试中常用的是第二种定义。

码元速率（波特率）：即单位时间内载波参数（相位、振幅、频率等）变化的次数，单位为波特，常用符号 Baud 表示，简写成 B。

比特率（信息传输速率、信息速率）：指单位时间内在信道上传送的数据量（即比特数），单位为比特每秒（bit/s），简记为 b/s 或 bps。

波特率与比特率有如下换算关系：

$$比特率=波特率×单个调制状态对应的二进制位数=波特率×\log_2 N \qquad (2-1-1)$$

式中，N 为码元总类数。

带宽：传输过程中信号不会明显减弱的一段频率范围，单位为赫兹（Hz）。对于模拟信道而言，信道带宽计算公式如下：

$$信道带宽 W=最高频率-最低频率 \qquad (2-1-2)$$

信噪比与分贝：信号功率与噪声功率的比值称为信噪比，通常将信号功率记为 S，噪声功率记为 N，则信噪比为 S/N。考试中通常给出的值是分贝值，而计算公式使用的是 S/N，因此可以得到以下转换公式：

$$S/N = 10^{（分贝值/10）} \qquad (2-1-3)$$

无噪声时的数据速率计算：在无噪声情况下，应依据奈奎斯特定理来计算最大数据速率。奈奎斯特定理为：

$$最大数据速率 = 2W\log_2 N = B\log_2 N \qquad (2-1-4)$$

式中，W 为带宽；B 为表波特率；N 为码元总的种类数。

有噪声时的数据速率计算：在有噪声情况下，应依据香农公式来计算极限数据速率。香农公式为：

$$极限数据速率 = W×\log_2(1+S/N) \qquad (2-1-5)$$

式中，W 为带宽；S 为信号功率；N 为噪声功率。

误码率：指接收到的错误码元数在总传送码元数中所占的比例。

$$P_{\mathrm{C}} = \frac{错误码元数}{码元总数} \qquad (2-1-6)$$

2．调制与编码

由于模拟信号和数字信号的应用非常广泛，日常生活中的模拟数据和数字数据也很多，因此数据通信中就面临模拟数据和数字数据与模拟信号和数字信号之间相互转换的问题，这就要用到调制和编码。**调制**就是用模拟信号承载数字或模拟数据；**编码**就是用数字信号承载数字或模拟数据。

调制可以分为基带调制和带通调制。

- **基带调制**。基带调制只对基带信号波形进行变换，并不改变其频率，变换后仍然是基带信号。

- **带通调制（频带调制）**。带通调制使用载波将基带信号的频率迁移到较高频段进行传输，解决了很多传输介质不能传输低频信息的问题，并且使用带通调制信号可以传输得更远。

（1）模拟信号调制为模拟信号。由于基带信号包含许多低频信息或直流信息，而很多传输介质并不能传输这些信息，因此需要使用调制器对基带信号进行调制。

模拟信号调制为模拟信号的方法有：

- **调幅（AM）**：依据传输的原始模拟数据信号变化来调整载波的振幅。
- **调频（FM）**：依据传输的原始模拟数据信号变化来调整载波的频率。
- **调相（PM）**：依据传输的原始模拟数据信号变化来调整载波的初始相位。

（2）模拟信号编码为数字信号。模拟信号编码为数字信号最常见的就是脉冲编码调制（Pulse Code Modulation，PCM）。脉冲编码的过程为采样、量化和编码。

- 采样，即对模拟信号进行周期性扫描，把时间上连续的信号变成时间上离散的信号。采样必须遵循奈奎斯特采样定理才能保证无失真地恢复原模拟信号。

举例：模拟电话信号通过 PCM 编码成为数字信号。语音最大频率小于 4kHz（**约为 3.4kHz**），根据采样定理，采样频率要大于 2 倍语音最大频率，即 8kHz（采样周期=125μs），这样就可以无失真地恢复语音信号。

- 量化，即利用抽样值将其幅度离散，用先规定的一组电平值把抽样值用最接近的电平值来代替。规定的电平值通常用二进制表示。

举例：语音系统采用 128 级（7 位）量化，采用 8kHz 的采样频率，那么有效数据速率为 56kb/s，又由于在传输时，每 7bit 需要添加 1bit 的信令位，因此语音信道数据速率为 64kb/s。

- 编码，即用一组二进制码组来表示每一个有固定电平的量化值。然而实际上量化是在编码过程中同时完成的，故编码过程也称为模/数变换，记作 A/D。

（3）数字信号调制为模拟信号。模拟信号传输都是在数字载波信号上完成的，与模拟信号调制为模拟信号的方法类似，可以利用调制频率、振幅和相位三种载波特性之一或组合。基本调制方法有：

- **幅移键控（Amplitude Shift Keying，ASK）**：载波幅度随着基带信号的变化而变化，还可称作"通－断键控"或"开关键控"。
- 如图 2-1-2 所示显示了 ASK 调制器的输入和对应的输出波形，对于输入二进制数据流的每个变化，ASK 波形都有一个变化。对于二进制输入为 1 的整个时间，输出为一个振幅恒定、频率恒定的信号；对于二进制输入为 0 的整个时间，载波处于关闭状态。

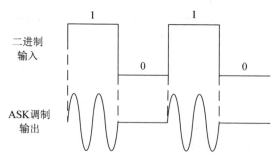

图 2-1-2　ASK 的输入和输出波形

注意：1 和 0 时的 ASK 波形表示方式可以相反。

● 频移键控（Frequency Shift Keying，FSK）：载波频率随着基带信号的变化而变化。

● 如图 2-1-3 所示显示了 FSK 调制器的输入和对应的输出波形，从中可以发现二进制 0 和 1 的输入对应不同频率的波形输出。

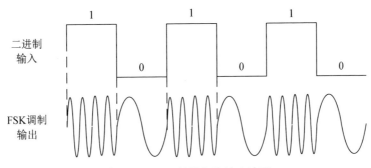

图 2-1-3　FSK 的输入和输出波形

● **相移键控（Phase Shift Keying，PSK）**：载波相位随着基带信号的变化而变化。PSK 最简单的形式是 BPSK，载波相位有 2 种，分别表示逻辑 0 和 1。

如图 2-1-4 所示显示了 BPSK 调制器的输入和对应的输出波形，二进制 1 和 0 分别用不同相位的波形表示。

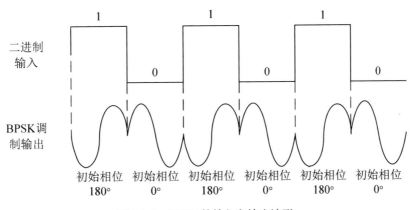

图 2-1-4　BPSK 的输入和输出波形

较为复杂的是高阶 PSK，即用多个输入相位来表示多个信息位。**4PSK** 又称为 QPSK，使用 4 个输出相位表示 2 个输入位；**8PSK** 使用 8 个输出相位表示 3 个输入位；**16PSK** 使用 16 个输出相位表示 4 个输入位。

DPSK 称为相对相移键控调制，有 2DPSK 和 4DPSK 两种主要调制形式。信息是通过连续信号之间的载波信号的初始相位是否变化来传输的。

如图 2-1-5 所示显示了 DPSK 调制器的输入和对应的输出波形，对于输入位 1，初始有相位变化；对于输入位 0，初始无相位变化。（注意：曾经有历年试题给出的是"输入位 0，初始有相位变化；对于输入位 1，初始无相位变化"，正好相反，但不影响解题。）

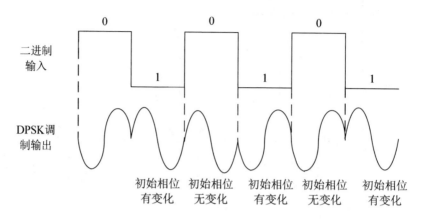

图 2-1-5　DPSK 的输入和输出波形

当然，结合使用振幅、频率和相位方式可以表示更多的信号，正交幅度调制就是其中一种。

● **正交幅度调制（Quadrature Amplitude Modulation，QAM）**。若利用正交载波调制技术传输 ASK 信号，可使频带利用率提高一倍。如果再把其他技术结合起来，还可以进一步提高频带利用率。能够完成这种任务的技术称为正交幅度调制（QAM），通常有 4QAM、8QAM、16QAM、64QAM 等，如 16QAM 是指包含 16 种符号的 QAM 调制方式。

如表 2-1-1 所示总结了常见的调制技术，并给出了对应的码元数。

表 2-1-1　常见调制技术汇总表

调制技术	码元种类/比特位	特性
幅移键控（ASK）	2/1	恒定振幅表示 1，载波关闭表示 0；抗干扰性差，容易实现
频移键控（FSK）	2/1	不同的两个频率分别代表 0 和 1
相移键控（PSK）	2/1	不同的两个相位分别代表 0 和 1
QPSK（4PSK）	4/2	+45°、+135°、-45°、-135°分别代表 00、01、10、11
8PSK	8/3	8 个相位分别代表 000,…,111 的 8 个值
2DPSK	2/1	遇到位 0，初始有相位变化；遇到位 1，初始无相位变化
4QAM	4/2	结合了 ASK 和 PSK 的调制方法

（4）数字信号调制为数字信号。数字信号调制的方法比较多，下面讲述考试所涉及的所有数字信号调制方法，如图 2-1-6 所示。

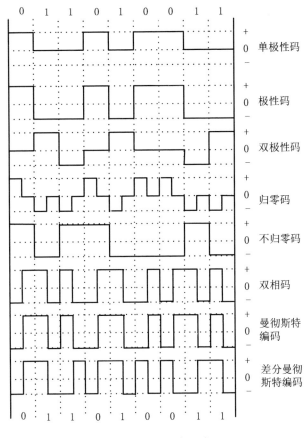

图 2-1-6　各种常见编码

● 极性编码

使用正负电平和零电平来表示的编码。**极性码**使用正电平表示 0，负电平表示 1；**单极性码**使用正电平表示 0，零电平表示 1；**双极性码**使用正负电平和零电平共 3 个电平表示信号。典型的信号交替反转编码（Alternate Mark Inversion，AMI）就是一种双极性码，数据流中遇到 1 时，电平在正负电平之间交替翻转；遇到 0 则保持零电平。

极性编码使用恒定的电平表示数字 0 或 1，因此需要使用时钟信号定时。

● 归零码（Return to Zero，RZ）

码元中间信号回归到零电平，从正电平到零电平表示 0，从负电平到零电平表示 1。这种中间信号都有电平变化的方式，使得编码可以自同步。

● 不归零码（Not Return to Zero，NRZ）

NRZ 编码中负电压表示"0"，正电压表示"1"，整个码元期间电平保持不变。

不归零反相（No Return Zero-Inverse，NRZ-I）编码中，电平翻转表示"1"；电平不翻转表示"0"。（可以反过来）

- 双相码

双相码的每一位中有电平转换，如果中间缺少电平翻转，则认为是违例代码，既可以同步也可以用于检错。负电平到正电平代表 0，正电平到负电平代表 1。

- 曼彻斯特编码

曼彻斯特编码属于一种双相码，负电平到正电平代表 0，正电平到负电平代表 1；也可以是负电平到正电平代表 1，正电平到负电平代表 0，常用于 10M 以太网。传输一位信号需要有两次电平变化，因此编码效率为 50%。

- 差分曼彻斯特编码

差分曼彻斯特编码属于一种双相码，中间电平只起到定时的作用，不用于表示数据。信号开始时有电平变化则表示 0，没有电平变化则表示 1。

- 4B/5B、8B/10B、8B/6T 编码

由于曼彻斯特编码的效率不高，只有 50%，因此在高速网络中，这种编码方式显然就不适用了。在高速率的局域网和广域网中采用 m 位比特编码成 n 位比特编码方式，即 mB/nB 编码。常见的 mB/nB 编码见表 2-1-2。

表 2-1-2　常见的 mB/nB 编码

编码	定义	应用领域
4B/5B	将 4 个比特数据编码成 5 个比特符号的方式 编码效率为 4bit/5bit=80%	FDDI、100Base-TX、100Base-FX
8B/10B	8B/10B 编码是将一组连续的 8 位数据分解成两组数据，一组 3 位，一组 5 位，经过编码后分别成为一组 4 位的代码和一组 6 位的代码，从而组成一组 10 位的数据发送出去。编码效率为 8bit/10bit=80%	USB 3.0、1394b、Serial ATA、PCI Express、Infini-band、Fiber Channel、RapidIO、千兆以太网
64/66B	将 64 位信息编码为 66 位符号。编码效率为 64bit/66bit=97%	万兆以太网
8B/6T	将 8 位映射为 6 个三进制位	100Base-T4（3 类 UTP）

3. 数据传输方式

数据传输方式可以按多种方式进行分类。

（1）按信号类型分类。

1）**模拟通信**：利用正弦波的幅度、频率或相位的变化，或利用脉冲的幅度、宽度或位置变化来模拟原始信号，以达到通信的目的。

2）**数字通信**：用数字信号作为载体来传输消息，或用数字信号对载波进行数字调制后再传输的通信方式。

（2）按照一次传输的数据位数分类。

1）**串行通信**：串行通信是指使用一条数据线将数据一位一位地依次传输，每一位数据占据一

个固定的时间长度。常见的串行通信技术标准有 EIA-232（RS-232）、EIA-422（RS-422）、EIA-485（RS-485），通用串行总线（Universal Serial Bus，USB）、IEEE 1394。

2）**并行通信**：一组数据的各数据位在多条线上同时被传输，这种传输方式称为并行通信。常见应用了并行通信技术的有磁盘并口线和打印机并口。

（3）按照信号传送的方向与时间的关系分类。

1）**单工通信**：数据只能在一个方向上流动，如无线电波和有线电视。

2）**半双工通信**：可以切换方向的单工通信，但不能同时或双向通信，如对讲机。

3）**全双工通信**：允许数据同时在两个方向上进行传输，如电话和手机通信。

（4）按照数据的同步方分类。

1）**同步通信**：通信双方必须先建立同步，即双方时钟要调整到同一频率。同步方式可以分为两种：一种是使用**全网同步**，用一个非常精确的主时钟对全网所有结点上的时钟进行同步；另一种是使用**准同步**，各结点的时钟之间允许有微小的误差，然后采用其他措施实现同步传输。同步通信是一种连续串行传送数据的通信方式，一次通信只传送一帧信息。这里的信息帧与异步通信中的字符帧不同，通常含有若干个数据字符，它们均由**同步字符**、**数据字符**和**校验字符**组成。

2）**异步通信**：发送端和接收端可以由各自的时钟来控制数据的发送和接收，这两个时钟源彼此独立、互不同步。发送端可以在任意时刻开始发送字符，因此必须在每一个字符的开始和结束的地方加上标志，即加上起始位和终止位，用于正确接收每一个字符。异步通信中，数据通常以字符或字节为单位组成字符帧传送。

$$异步通信数据速率=每秒钟传输字符数×(起始位+终止位+校验位+数据位) \qquad (2-1-7)$$
$$异步通信有效数据速率=每秒钟传输字符数×数据位 \qquad (2-1-8)$$

4. **数据交换方式**

通信网络数据的交换方式有多种，主要分为电路交换、报文交换、分组交换和信元交换，具体方式见表 2-1-3。

表 2-1-3　数据交换方式及其特性

数据交换方式	定义	特点
电路交换	通信开始之前，主呼叫和被呼叫之间建立连接，之后建立通信，其间独占整个链路，结束通信时释放链路。电路交换是面向连接的	优点：时延小 缺点：链路空闲率高，不能进行差错控制
报文交换	结点把要发送的信息组织成一个报文（数据包），该报文中含有目标结点的地址，完整的报文在网络中一站一站地向前传送。每一个结点接收**整个报文**并检查目标结点地址，然后根据网络中的拥塞情况，在适当的时候转发到下一个结点	优点：不用建立专用通路；可以校验，也可以将一个报文发至多个目的地 缺点：中间结点需要先存储，再转发报文，时间延时较大；中间结点的存储空间也需要较大

续表

数据交换方式		定义	特点
分组交换（确定最大报文长度）	数据报	数据报服务类似于邮政系统的信件投递。每个分组都携带完整的源和目的结点的地址信息，独立地进行传输。每当经过一个中间结点时，都要根据目标地址和网络当前的状态，按一定的路由选择算法选择一条最佳的输出线，直至传输到目的结点	优点：不需要建立连接 缺点：每个分组独立选路，不完全走一条路；可靠性差
	虚电路	在虚电路服务方式中，为了进行数据的传输，网络的源主机和目的主机之间要先建立一条逻辑通道，所有报文沿着逻辑通道传输数据。在传输完毕后，还要将这条虚电路释放。虚电路的服务方式是网络层向传输层提供的一种使所有分组按顺序到达目的主机的可靠的数据传送方式。虽然用户感觉到好像占用了一条端到端的物理线路，但实际上并没有真正地占用，即这一条线路不是专用的，所以称之为"虚电路"。典型应用有 X.25、帧中继、ATM	优点：相对数据报可以进行流控和差错控制，提高了可靠性，适合远程控制和文件传送 缺点：不如数据报方式灵活
信元交换		信元交换又叫 ATM（异步传输模式），是一种面向连接的快速分组交换技术，它是通过建立虚电路来进行数据传输的。信元交换技术是一种快速分组交换技术，它结合了电路交换技术延迟小和分组交换技术灵活的优点。信元是固定长度的分组，ATM 采用信元交换技术，其信元长度为 53 字节，其中信元头为 5 字节，数据为 48 字节	结合了电路交换技术延迟小和分组交换技术灵活的优点

5. 多路复用

多路复用（信道复用）的实质是在发送端将多路信号组合成一路信号，然后在一条专用的物理信道上实现传输，接收端再将复合信号分离出来。多路复用技术有：时分复用（Time Division Multiplexing，TDM）、波分复用（Wavelength Division Multiplexing，WDM）、频分复用（Frequency Division Multiplexing，FDM）。具体各复用的技术特性见表 2-1-4。

表 2-1-4 各复用的技术特性

复用技术		特点	应用
时分复用	同步时分复用	固定时隙的时分复用，即使无数据传输的各子信道轮流按时间独占带宽	E1、T1、SDH/SONET、DDN、PON 下行
	统计时分复用	对同步时分复用进行改进，通过动态地分配时隙来进行数据传输的	ATM
波分复用		所谓波分复用，就是将整个波长频带被划分为若干个波长范围，每路信号占用一个波长范围来进行传输。属于特殊的频分复用	光纤通信
频分复用		频分复用是指多路信号在频率位置上分开，但同时在一个信道内传输。频分复用信号在频谱上不会重叠，但在时间上是重叠的	宽带有线电视、无线广播、ADSL、无线局域网

2.2　数字传输系统

2.2.1　考点分析

历年网络工程师考试试题涉及本部分的相关知识点有：脉冲编码调制 PCM 体制、同步光纤网、同步数字系列。

2.2.2　知识点精讲

1．脉冲编码调制 PCM 体制

前面介绍了脉冲编码调制 PCM 的原理，下面讲述 PCM 两个重要国际标准：北美的 24 路 PCM（T1，速率为 1.544Mb/s）和欧洲的 30 路 PCM（E1，速率为 2.048Mb/s）。

（1）E1。E1 有成复帧、成帧与不成帧三种方式，考试主要考成复帧方式。但是近些年来，这个知识点考的分值已经很低，仅仅偶尔涉及。

1）E1 的成复帧方式。E1 的一个时分复用帧（长度为 T=125μs）共划分为 32 个相等的时隙，时隙的编号为 CH0～CH31。其中时隙 CH0 用作帧同步，时隙 CH16 用来传送信令，剩下 CH1～CH15 和 CH17～CH31 共 30 个时隙用作 30 个语音话路，E1 载波的控制开销占 6.25%。每个时隙传送 8bit（7bit 编码加上 1bit 信令），因此共用 256bit。每秒传送 8000 个帧，因此 PCM 一次群 E1 的数据率就是 2.048Mb/s，其中每个话音信道的数据速率是 64kb/s。

2）E1 的成帧方式。E1 中的第 0 时隙用于传输帧同步数据，其余 31 个时隙可以用于传输有效数据。

3）E1 的不成帧方式。所有 32 个时隙都可用于传输有效数据。

E1 有以下三种使用方法：

- 2M 的 DDN 方式：将整个 2M 用作一条链路。
- CE1 方式：将 2M 用作若干个 64k 线路的组合。
- PRA 信令方式：也是 E1 最基本的用法，把一条 E1 作为 32 个 64k 来用，但是时隙 0 和时隙 16 用作信令，一条 E1 可以传 30 路话音。

我国和欧洲一些国家使用 E1。

（2）T1。T1 系统共有 24 个语音话路，每个时隙传送 8bit（7bit 编码加上 1bit 信令），因此共用 193bit（192bit 加上 1bit 帧同步位）。每秒传送 8000 个帧，因此 PCM 一次群 **T1 的数据率=8000×193b/s=1.544Mb/s**，其中每个话音信道的数据速率是 **64kb/s**。

美国、加拿大、日本和新加坡使用 T1。

表 2-2-1 给出了 T1 和 E1 的常考点。

E1 和 T1 可以使用复用方法，4 个一次群可以构成 1 个二次群（分别称为 E2 和 T2）；4 个 E2

可以构成 1 个三次群，称为 E3；7 个 T2 可以构成 1 个三次群，称为 T3。

表 2-2-1　T1 和 E1 的常考点

名称	总速率	话路组成	每个话音信道的数据速率
T1	1.544Mb/s	24 条语音话路	64kb/s
E1	2.048Mb/s	30 条语音话路和 2 条控制话路	64kb/s

2. 同步光纤网

由于 PCM 速率不统一（T1 和 E1 共存）、属于准同步方式，因此人们提出同步光纤网（Synchronous Optical NETwork，SONET）解决上述问题。SONET 使用非常精确的铯原子钟提供时间同步。

SONET 和 PCM 都是每秒钟传送 8000 帧，STS-1 帧长为 810 字节，因此基础速率为 $8000 \times 810 \times 8 = 51.84$Mb/s。该速率对电信号称为第 1 级同步传送信号（Synchronous Transport Signal，STS-1）；对光信号称为第 1 级光载波（Optical Carrier，**OC-1**）。

SONET 中，OC-1 为最小单位，值为 51.84Mb/s；OC-N 代表 *N* 倍的 51.84Mb/s，如 OC-3= OC-1×3=155.52Mb/s。

3. 同步数字系列

同步数字系列（Synchronous Digital Hierarchy，SDH）是 ITU-T 以 SONET 为基础制定的国际标准。SDH 和 SONET 的不同主要在于基本速率不同，SDH 的基本速率是第 1 级同步传递模块（Synchronous Transfer Module，STM-1）。**STM-1 的速率为 155.52Mb/s**，与 OC-3 的速率相同，STM-N 则代表 *N* 倍的 STM-1。

当数据传输速率较小时，可以使用 SDH 提供的准同步数字系列（Plesiochronous Digital Hierarchy，PDH）兼容传输方式。**该方式在 STM-1 中封装了 63 个 E1 信道**，可以同时向 63 个用户提供 2Mb/s 的接入速率。PDH 兼容方式有两种接口：一种是传统的 E1 接口，如路由器上的 G.703 转 V.35 接口；另一种是封装了多个 E1 信道的 CPOS（Channel POS）接口。

2.3　接入技术

2.3.1　考点分析

历年网络工程师考试试题涉及本部分的相关知识点有：HFC、FTTx 和 PON。

2.3.2　知识点精讲

1. HFC

混合光纤—同轴电缆（Hybrid Fiber-Coaxial，HFC）通常由光纤干线、同轴电缆支线和用户配线网络三部分组成，从有线电视台出来的节目信号先变成光信号在干线上传输，到用户区域后把光信号转换成电信号，经分配器分配后通过同轴电缆送到用户。目前随着光进铜退的发展，介入网技术主要转向光网络技术，xDSL 技术慢慢淘汰，HFC 因为广电网络的应用得以继续存在，但是用户规模在不断缩小。考试中已经考得较少。

常考的 HFC 网络结构如图 2-3-1 所示。

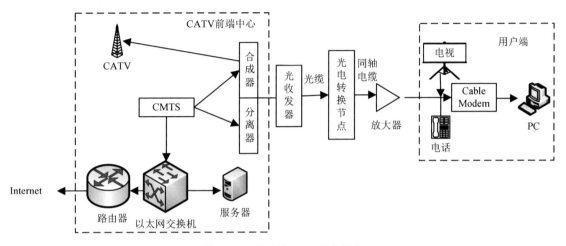

图 2-3-1　常考的 HFC 网络结构

电缆调制解调器（Cable Modem，CM）是用户设备和同轴电缆网络的接口，**是有线电视网络（Cable TV，CATV）网络用户端必须安装的设备**。在下行方向接收前端设备，即电缆调制解调器终端系统（Cable Modem Terminal Systems，CMTS）发送来的 **64QAM** 信号，经解调后传送给 PC 的以太网接口。在上行方向把 PC 发送的以太帧封装在时隙中，经 **QPSK** 调制后，通过上行数据通路传送给 CMTS。

2．FTTx

近些年，随着光进铜退的不断推进，FTTx 技术广泛用于接入网络光纤化，范围从区域电信机房的局端设备到用户终端设备，局端设备为光线路终端（Optical Line Terminal，OLT），用户端设备为光网络单元（Optical Network Unit，ONU）或光网络终端（Optical Network Terminal，ONT）。

（1）FTTx 分类。根据光纤到用户的距离来分类，可分成光纤到交换箱（Fiber to The Cabinet，FTTCab）、光纤到路边（Fiber to The Curb，FTTC）、光纤到大楼（Fiber to The Building，FTTB）及光纤到户（Fiber to The Home，FTTH）等服务形态。

（2）PON 技术。无源光纤网络（Passive Optical Network，PON）是指 ODN（光配线网）中不含有任何电子器件和电子电源，ODN 全部由光分路器（Splitter）等无源器件组成，不需要贵重的有源电子设备。一个无源光纤网络包括一个安装于中心控制站的 OLT 及一批配套的安装于用户场所的光网络单元 ONU。在 OLT 与 ONU 之间的光配线网包含了光纤和无源分光器/耦合器。PON 原理拓扑如图 2-3-2 所示。

第 1 天

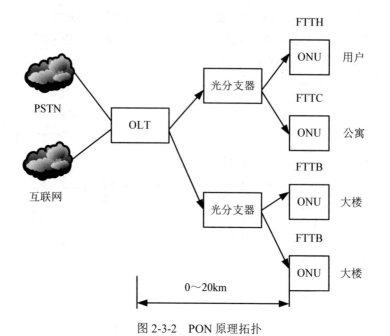

图 2-3-2　PON 原理拓扑

　　PON 技术主要有：以太网无源光网络（Ethernet Passive Optical Network，EPON）和千兆以太网无源光网络（Gigabit-Capable PON，GPON），它可以实现上下行 1.25Gb/s 的速率。

　　GPON 的两个关键技术：

　　（1）测距。OLT 通过 Ranging 测距过程获取 ONU 的往返延迟 RTD（Round Trip Delay），从而指定合适的均衡延时参数 EqD（Equalization Delay），保证每个 ONU 发送数据时不会在分光器上产生冲突。

　　（2）动态带宽分配。动态带宽分配（Dynamically Bandwidth Assignment，DBA）是一种能在微秒或毫秒级的时间间隔内完成对上行带宽的动态分配的机制。能起到提高最大带宽利用率和降低平均时延的重要作用。GPON 的主要优势有以下三点：

　　1）更远的传输距离：通过采用光纤传输，接入层的覆盖半径可以高达 20km。

　　2）更高的带宽：对每用户都可以实现下行 2.5G/上行 1.25G。

　　3）分光特性：从局端单根光纤经分光后引出多路到户光纤，可以大大节省光纤资源。

　　考试中常考的点：为了分离同一根光纤上多个用户的来去方向的信号，通常下行数据流采用广播技术，下行帧长为固定的 125μs，所有的 ONU 都能收到相同的数据，通过 Gemport ID，ONU 来识别、区分和过滤属于自己的数据。上行数据流采用 TDMA 技术实现，上行链路被分成不同的时隙，根据下行帧的 upstream bandwidth map 字段来给每个 ONU 分配上行时隙，这样所有的 ONU 就可以按照一定的顺序发送自己的数据了，不会产生时隙冲突。GPON 系统采用的波分复用技术中，下行波长为 **1490nm**，上行为 **1310nm**。

　　新一代的 GPON 有两个主要标准，分别是 XG-PON 和 XGS-PON。

XG-PON：10-Gigabit Passive Optical Network，是非对称 10G GPON，最大下行线路速率为 9.953Gb/s，最大上行线路速率为 2.488Gb/s（通常 XG-PON 在下行和上行方向的传输速率分别是 10Gb/s 和 2.5Gb/s）。XG-PON 在满足下行高速率需求的同时，上行速率相对较低，适用于大多数家庭宽带和业务应用场景。

XGS-PON：全称是 10-Gigabit Symmetric Passive Optical Network，是在 XG-PON 的基础上发展的对称 10G GPON，提供对称的传输速率，最大下行线路速率和上行线路速率均为 9.953Gb/s（通常 XGS-PON 在下行和上行方向都提供了对称的 10Gb/s 传输速率）。XGS-PON 通过对称传输更好地满足了上下行速率均要求较高的场景，如对称宽带业务和企业应用。

注意：基于 ATM 的 PON 技术（即 APON 技术）已经被淘汰，考试中比较关注的是 EPON 和 GPON 以及新一代 GPON 技术。

2.4　有线传输介质

2.4.1　考点分析

历年网络工程师考试试题涉及本部分的相关知识点有：同轴电缆、屏蔽双绞线、非屏蔽双绞线、光纤。

2.4.2　知识点精讲

1. 同轴电缆

同轴电缆由内到外分为四层：中心铜线、塑料绝缘体、网状导电层和电线外皮。电流传导与中心铜线和网状导电层形成回路。同轴电缆因中心铜线和网状导电层为同轴关系而得名。

同轴电缆从用途上分，可分为**基带同轴电缆**和**宽带同轴电缆**（即网络同轴电缆和视频同轴电缆）。同轴电缆分 50Ω 基带电缆和 75Ω 宽带电缆两类。基带电缆又分**细同轴电缆**和**粗同轴电缆**，基带电缆仅仅用于数字传输，数据率可达 10Mb/s。

2. 屏蔽双绞线

根据屏蔽方式的不同，屏蔽双绞线可分为两类，即 STP（Shielded Twisted-Pair）和 FTP（Foil Twisted-Pair）。STP 是指每条线都有各自屏蔽层的屏蔽双绞线，而 FTP 则是采用整体屏蔽的屏蔽双绞线。

注意：屏蔽只在整个电缆有屏蔽装置，并且两端正确接地的情况下才起作用。所以要求整个系统全部是屏蔽器件，包括电缆、插座、水晶头和配线架等，同时建筑物需要有良好的地线系统。

屏蔽双绞线电缆的外层由铝箔包裹以减小辐射，但这并不能完全消除辐射。屏蔽双绞线的价格相对较高，安装时要比非屏蔽双绞线电缆困难。类似于同轴电缆，它必须配有支持屏蔽功能的特殊连接器和相应的安装技术。但屏蔽双绞线有较高的传输速率，100m 内可以达到 155Mb/s，比相应的非屏蔽双绞线高。

3．非屏蔽双绞线

非屏蔽双绞线由 8 根不同颜色的线分成 4 对绞合在一起，成对扭绞的作用是尽可能减少电磁辐射与外部电磁干扰的影响。双绞线按电气特性可分为三类线、四类线、五类线、超五类线、六类线。网络中最常用的是五类线、超五类线和六类线。

（1）双绞线的线序标准有：568A 和 568B。

标准 568A 线序为绿白、绿、橙白、蓝、蓝白、橙、棕白、棕；**标准 568B** 线序为橙白、橙、绿白、蓝、蓝白、绿、棕白、棕。

在实际应用中，大多数都使用 568B 的标准，通常认为该标准对电磁干扰的屏蔽更好。

（2）交叉线与直连线。

交叉线是指一端是 568A 标准，另一端是 568B 标准的双绞线；**直连线**是指两端都是 568A 或 568B 标准的双绞线。

综合布线中对五类线、超五类线、六类线测试的参数有：衰减量、近端串扰、远端串扰、回波损耗、特性阻抗、接线方式。

4．光纤

光纤是光导纤维的简称，光纤传输介质由可以传送光波的**玻璃纤维或透明塑料**制成，**外包一层比玻璃折射率低的材料**。进入光纤的光波在两种材料的界面上形成**全反射**，从而不断地向前传播。光纤可以分为单模光纤和多模光纤。

光波在光纤中的传播模式与**芯线和包层的相对折射率**、**芯线的直径**以及**工作波长**有关。如果芯线的直径小到光波波长大小，则光纤就成为波导，光在其中无反射地沿直线传播，这种光纤叫**单模光纤**。

光波在光导纤维中以多种模式传播，不同的传播模式有不同波长的光波和不同的传播和反射路径，这样的光纤叫**多模光纤**。

表 2-4-1 给出了单模光纤和多模光纤的特性。

表 2-4-1 单模光纤和多模光纤的特性

	单模光纤	多模光纤
光源	激光二极管 LD	LED
光源波长	1310nm 和 1550nm 两种	850nm
纤芯直径/包层外径	9/125μm	50/125μm 和 62.5/125μm
距离	2～10km	550m 和 275m
光种类	一种模式的光	不同模式的光

光纤布线系统的测试指标包括：最大衰减限值、波长窗口参数和回波损耗限值。网络工程师考试的案例分析题中还会考单模和多模光纤传输的距离，在传输速率为 1000Mb/s 时，通常多模的传输距离为 500m 左右，而单模的传输距离为 500m 到几十千米。同时值得注意的是，单模光纤相对多模光纤而言，不考虑光模块的情况下，价格相对便宜。考虑到单模光纤使用的光模块，价格相对较贵，因此单模光纤系统的造价往往更高。

第 3 学时　数据链路层

本学时主要学习数据链路层所涉及的重要知识点。数据链路层是 OSI 参考模型中的第二层，处于物理层和网络层之间。数据链路层在物理层提供的服务的基础上向网络层提供服务，其最基本的服务是将源主机网络层传来的数据可靠地传输到相邻结点的目标机网络层。为达到这一目的，数据链路必须具备一系列相应的功能。在网络工程师考试中，主要考查这些功能的特性、技术原理、校验计算等。根据历年考试的情况来看，每次考试涉及相关知识点的分值在 3～8 分之间。数据链路层知识的考查主要集中在选择题的考试中。本学时考点知识结构图如图 3-0-1 所示。

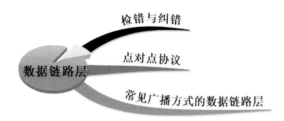

图 3-0-1　考点知识结构图

3.1　检错与纠错

3.1.1　考点分析

历年网络工程师考试试题涉及本部分的相关知识点有：基本概念、海明码、CRC 编码。

3.1.2　知识点精讲

1. 基本概念

通信链路都不是完全理想的。比特在传输的过程中可能会产生**比特差错**，即 1 可能会变成 0，0 也可能变成 1。

一帧包含 m 个数据位（即报文）和 r 个冗余位（校验位）。假设帧的总长度为 n，则有 $n=m+r$。包含数据和校验位的 n 位单元，通常称为 n 位**码字**（codeword）。

海明码距（码距）是两个码字中不相同的二进制位的个数；**两个码字的码距**是一个编码系统中任意两个合法编码（码字）之间不同的二进制数位数；**编码系统的码距**是整个编码系统中任意两个码字的码距最小值。**误码率**是传输错误的比特占所传输比特总数的比率。

如图 3-1-1 所示给出了一个编码系统，用两个比特位表示 4 个不同信息。任意两个码字之间不同的比特位数从 1 到 2 不等，但最小值为 1，故该编码系统的码距为 1。

二进制码字		
	a2	a1
0	0	0
1	0	1
2	1	0
3	1	1

图 3-1-1　码距为 1 的编码系统

如果任何码字中的一位或多位被颠倒或出错了，那么结果中的码字仍然是合法码字。例如，如果传送信息 10，而被误收为 11，因 11 是合法码字，所以接收方仍然认为 11 是正确的信息。

然而，如果用 3 个二进制位来编 4 个码字，那么码字间的最小距离可以增加到 2，如图 3-1-2 所示。

二进制码字		
	a3	a2	a1
0	0	0	0
1	0	1	1
2	1	0	1
3	1	1	0

图 3-1-2　改进后码距为 2 的编码系统

这里任意两个码字相互间最少有两个比特位不相同。因此，如果任何信息中的一个比特出错，那么将成为一个没有使用的码字，接收方能检查出来。例如，信息是 011，因出错成了 001，001 不是编码系统中已经规定使用的合法码字，这样接收方就能发现出错了。

海明研究发现，**检测 d 个错误，则编码系统码距 $\geq d+1$；纠正 d 个错误，则编码系统码距 $> 2d$**。

2. 海明码

海明码是一种多重奇偶检错系统，它具有检错和纠错的功能。海明码中的全部传输码字是由原来的信息和附加的奇偶校验位组成的。每一个这种奇偶校验位和信息位被编在传输码字的特定位置上。这种系统组合方式能找出错误出现的位置，无论是原有信息位还是附加校验位。

设海明码校验位为 k，信息位为 m，则它们之间的关系应满足 $m+k+1 \leq 2^k$。

下面以原始信息 101101 为例，讲解海明码的推导与校验的过程。

（1）确定海明码校验位长。

m 是信息位长，则 $m=6$。根据关系式 $m+k+1 \leq 2^k$，得到 $7+k \leq 2^k$。解不等式得到最小 k 为 4，即校验位为 4。信息位加校验位的总长度为 10 位。

（2）推导海明码（这一部分供学有余力的考生了解，目前的网络工程师考试中考查这个推导过程的概率极低）。

1）填写原始信息。从理论上讲，海明码校验位可以放在任何位置，但习惯上校验位被从左至右安排在 1、2、4、8、…、2^n 的位置上。原始信息则从左至右填入剩下的位置。如图 3-1-3 所示，校验位处于 B1、B2、B4、B8 位，剩下位为信息位，信息位按从左至右的顺序先行填写完毕。

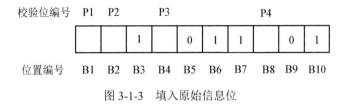

图 3-1-3　填入原始信息位

2）计算校验位。依据公式得到校验位：

$$P1 = B3 \oplus B5 \oplus B7 \oplus B9 = 1 \oplus 0 \oplus 1 \oplus 0 = 0$$
$$P2 = B3 \oplus B6 \oplus B7 \oplus B10 = 1 \oplus 1 \oplus 1 \oplus 1 = 0$$
$$P3 = B5 \oplus B6 \oplus B7 = 0 \oplus 1 \oplus 1 = 0$$
$$P4 = B9 \oplus B10 = 0 \oplus 1 = 1$$

（3-1-1）

注意：$\oplus$ 表示异或运算。

这个公式常用，但是直接死记硬背比较困难，不过在考试中，若需要进行计算，通常会给出监督表达式，可以用下面的方式进行理解记忆。

把除去 1、2、4、8（校验位位置值编号）之外的 3、5、6、7、9、10 值转换为二进制位，如表 3-1-1 所示。

表 3-1-1　二进制与十进制转换表

信息位	信息位编号的十进制	信息位编号的二进制			
		第 4 位	第 3 位	第 2 位	第 1 位
B3	3	0	0	1	1
B5	5	0	1	0	1
B6	6	0	1	1	0
B7	7	0	1	1	1
B9	9	1	0	0	1
B10	10	1	0	1	0

将所有信息编号的二进制的第 1 位为 1 的 Bi 进行"异或"操作，结果填入 P1。即上面讲的 $P1=B3 \oplus B5 \oplus B7 \oplus B9=1 \oplus 0 \oplus 1 \oplus 0=0$。

将所有信息编号的二进制的第 2 位为 1 的 Bi 进行"异或"操作，结果填入 P2。即上面讲的 $P2=B3 \oplus B6 \oplus B7 \oplus B10=1 \oplus 1 \oplus 1 \oplus 1=0$。

以此类推，将所有信息编号的二进制的第 3 位为 1 的 Bi 进行"异或"操作，结果填入 P3；将所有信息编号的二进制的第 4 位为 1 的 Bi 进行"异或"操作，结果填入 P4。

填入校验位后得到图 3-1-4。

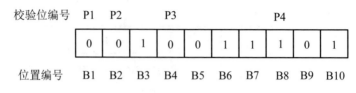

图 3-1-4　加入校验码后的信息

（3）校验。将所有信息位位置编号 1~10 的值转换为二进制位，如表 3-1-2 所示。

表 3-1-2　二进制与十进制转换表

信息位	信息位编号的十进制	信息位编号的二进制			
		第 4 位	第 3 位	第 2 位	第 1 位
B1	1	0	0	0	1
B2	2	0	0	1	0
B3	3	0	0	1	1
B4	4	0	1	0	0
B5	5	0	1	0	1
B6	6	0	1	1	0
B7	7	0	1	1	1
B8	8	1	0	0	0
B9	9	1	0	0	1
B10	10	1	0	1	0

将所有信息编号的二进制的第 1 位为 1 的 Bi 进行"异或"操作，得到 X1。
将所有信息编号的二进制的第 2 位为 1 的 Bi 进行"异或"操作，得到 X2。
将所有信息编号的二进制的第 3 位为 1 的 Bi 进行"异或"操作，得到 X4。
将所有信息编号的二进制的第 4 位为 1 的 Bi 进行"异或"操作，得到 X8。
即公式：

$$X1 = B1 \oplus B3 \oplus B5 \oplus B7 \oplus B9$$
$$X2 = B2 \oplus B3 \oplus B6 \oplus B7 \oplus B10$$
$$X4 = B4 \oplus B5 \oplus B6 \oplus B7$$
$$X8 = B8 \oplus B9 \oplus B10$$

（3-1-2）

得到一个形式为 X8X4X2X1 的二进制，转换为十进制时，结果为 0，则无错；结果非 0（假设为 Y），则错误发生在第 Y 位。

假设起始端发送加了上述校验码信息之后，目的端收到的信息为 0010111101，如图 3-1-5 所示。

校验位编号　P1　P2　　　P3　　　　　　　　P4

0	0	1	0	1	1	1	1	0	1

位置编号　　B1　B2　B3　B4　B5　B6　B7　B8　B9　B10

图 3-1-5　接收信息为 0010111101

依据公式（3-1-2），得到

$$X1=B1 \oplus B3 \oplus B5 \oplus B7 \oplus B9=0 \oplus 1 \oplus 1 \oplus 1 \oplus 0=1$$
$$X2=B2 \oplus B3 \oplus B6 \oplus B7 \oplus B10=0 \oplus 1 \oplus 1 \oplus 1 \oplus 1=0$$
$$X4=B4 \oplus B5 \oplus B6 \oplus B7=0 \oplus 1 \oplus 1 \oplus 1=1$$
$$X8=B8 \oplus B9 \oplus B10=1 \oplus 0 \oplus 1=0$$

则将 X8X4X2X1=0101 的二进制转换为十进制为 5，则错误发生在第 5 位。

3．CRC 编码

纠错码广泛用于无线通信中，因为无线线路比有线噪声更多、更容易出错，有线线路上的错误率非常低，所以对于偶然的错误，利用错误检测和重传机制更为有效。数据链路层广泛使用循环冗余校验码（Cyclical Redundancy Check，CRC）进行错误检测。CRC 编码又称为多项式编码（Polynomial Code）。CRC 的基本思想是把位串看成系数为 0 或 1 的多项式，一个 k 位的帧看成一个 $k-1$ 次多项式的系数列表，该多项式有 k 项，从 x^{k-1} 到 x^0。这样的多项式就是 $k-1$ 阶多项式，该多项式形为 $A_1x^{k-1}+A_2x^{k-2}+...+A_{n-2}x^1+A_{n-1}x^0$。例如，1101 有 4 位，可以代表一个 3 阶多项式，系数为 1、1、0、1，即 x^3+x^2+1。

使用 CRC 编码，需要先商定一个**生成多项式（Generator Polynomial）** $G(x)$。生成多项式的最高位和最低位必须是 1。假设原始信息有 m 位，则对应多项式 $M(x)$。生成校验码的思想就是在原始信息位后追加若干校验位，使得追加的信息能被 $G(x)$ 整除。接收方接收到带校验位的信息，然后用 $G(x)$ 整除。余数为 0，则没有错误；反之则发生错误。

（1）生成 CRC 校验码。这里以往年网络工程师考试题为例，讲述 CRC 校验码生成的过程。假设原始信息串为 10110，CRC 的生成多项式为 $G(x)=x^4+x+1$，求 CRC 校验码。

1）原始信息后"添 0"。假设生成多项式 $G(x)$ 的阶为 r，则在原始信息位后添加 r 个 0，新生成的信息串共 $m+r$ 位，对应多项式设定为 $x^r M(x)$。

$G(x)=x^4+x+1$ 的阶为 4，即 10011，则在原始信息 10110 后添加 4 个 0，新信息串为 10110 0000。

2）使用生成多项式除。**利用模 2 除法**，用对应的 $G(x)$ 位去除串 $x^r M(x)$ 对应的位串，得到长度为 r 位的余数。除法过程如图 3-1-6 所示。

$$10011 \overline{)101100000}$$
$$\underline{10011}$$
$$10100$$
$$\underline{10011}$$
$$11100$$
$$\underline{10011}$$
$$1111$$

图 3-1-6 CRC 计算过程

得到余数 1111。

注意：余数不足 r，则余数左边用若干个 0 补齐。如求得余数为 11，$r=4$，则补两个 0 得到 0011。

3）将余数添加到原始信息后。上例中，原始信息为 10110，添加余数 1111 后，结果为 10110 1111。

（2）CRC 校验。CRC 校验过程与生成过程类似，接收方接收了带校验和的帧后，用多项式 $G(x)$ 来除。余数为 0，则表示信息无错；否则要求发送方进行重传。

注意：收发信息双方需使用相同的生成多项式。

（3）常见的 CRC 生成多项式。

1）CRC–16$=x^{16}+x^{15}+x^2+1$。该多项式用于 FR、X.25、HDLC、PPP 中，用于校验除帧标志位外的全帧。

2）CRC–32$=x^{32}+x^{26}+x^{23}+x^{22}+x^{16}+x^{12}+x^{11}+x^{10}+x^8+x^7+x^5+x^4+x^2+x+1$。该多项式用于校验以太网（IEEE 802.3）帧（不含前导和帧起始符）、令牌总线（IEEE 802.4）帧（不含前导和帧起始符）、令牌环（IEEE 802.5）帧（从帧控制字段到 LLC 层数据）、FDDI 帧（从帧控制字段到 INFO）和 ATM 全帧和 PPP 除帧标志位外的全帧。

3.2 点对点协议

3.2.1 考点分析

历年网络工程师考试试题涉及本部分的相关知识点有：PPP、PPPoE、HDLC。

3.2.2 知识点精讲

1. PPP

点到点协议（Point-to-Point Protocol，PPP）提供了一种在点到点链路上封装网络层协议信息的标准方法。PPP 也定义了可扩展的链路控制协议（Link Control Protocol，LCP），使用验证协议磋商在链路上传输网络层协议前验证链路的对端。

PPP 有以下三个主要的组成部分：

● 在串行链路上封装数据报的方法。

● 建立、配置和测试数据链路链接（data-link connection）的 LCP 协议。

● 建立和配置不同网络层协议的一组网络控制协议（Network Control Protocol，NCP）。

为了在点到点链路（Point-to-Point Link）上建立通信，PPP 链路的一端必须在建立阶段（Establishment Phase）首先发送 LCP 包（packets）配置数据链路。链路建立后，在进入到网络层协议阶段前，PPP 提供一个可选择的验证阶段。

PPP 支持两种验证协议：密码验证协议（Password Authentication Protocol，PAP）和挑战握手验证协议（Challenge Handshake Authentication Protocol，CHAP）。

（1）PAP。PAP 提供了一种简单的方法，可以使对端（peer）使用 2 次握手建立身份验证，这个方法仅仅在链路初始化时使用。链路建立阶段完成后，对端不停地发送 ID/Password 对给验证者，一直到验证被响应或连接终止为止。

PAP 不是一个健全的身份验证方法。密码在电路上是明文发送的，并且对回送、重复验证和错误攻击没有保护措施。

（2）CHAP。CHAP 用于使用 3 次握手验证，这种验证可以在链路建立初始化时进行，也可以在链路建立后的任何时间内重复进行。

在链路建立完成后，验证者向对端发送一个 challenge 信息，对端使用一个 one-way-hash 函数计算出的值响应这个信息。验证者使用自己计算的 hash 值校验响应值。如果两个值匹配，则验证通过；否则连接应该终止。

2. PPPoE

PPPoE（Point-to-Point Protocol over Ethernet）可以使以太网的主机通过一个简单的桥接设备连到一个远端的接入集中器上。通过 PPPoE 协议，远端接入设备能够实现对每个接入用户的控制和计费。PPPoE 协议的工作流程包括发现和会话两个阶段，发现阶段是无状态的，目的是获得 PPPoE 终结端（在局端的 ADSL 设备或其他接入设备上）的以太网 MAC 地址，并建立一个唯一的 PPPoE SESSION-ID。发现阶段结束后就进入标准的 PPP 会话阶段。

3. HDLC

高级数据链路控制（High-level Data Link Control，HDLC），是一种面向比特的链路层协议，是 PPP 的前身。

HDLC 有三种工作站：主站（发送命令给其他站，根据具体响应控制数据流行动）、从站（响应主站命令，发送数据给其他站）、复合站（具有主站和从站双重功能）。

HDLC 的帧类型：

（1）信息帧（I 帧）：承载用户数据的信息帧。

（2）管理帧（S 帧）：流量和差错控制，又称监控帧。

（3）无编号帧（U 帧）：设置数据传输方式、传输信息、链路恢复的命令和响应帧。

3.3 常见广播方式的数据链路层

3.3.1 考点分析

历年网络工程师考试试题涉及本部分的相关知识点有：局域网的数据链路层结构、CSMA/CD、IEEE 802 系列协议、IEEE 802.3 规定的传输介质特性。

3.3.2 知识点精讲

1. 局域网的数据链路层结构

IEEE 802 标准把数据链路层分为两个子层：①逻辑链路控制（Logical Link Control，LLC），该层与硬件无关，实现流量控制等功能；②媒体接入控制层（Media Access Control，MAC），该层与硬件相关，提供硬件和 LLC 层的接口。局域网数据链路层结构如图 3-3-1 所示，LLC 层目前不常使用。

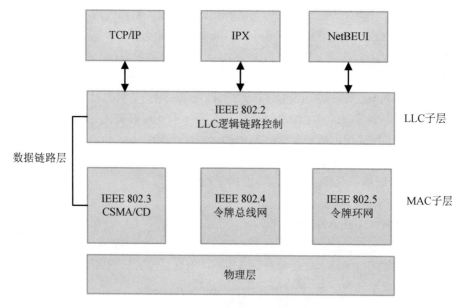

图 3-3-1   局域网数据链路层结构

（1）MAC。MAC 层的主要功能包括数据帧的封装/卸装、帧的寻址和识别、帧的接收与发送、链路的管理、帧的差错控制等。MAC 层的主要访问方式有 CSMA/CD、令牌环和令牌总线三种。

以太网发送数据需要遵循一定的格式，以太网中的 MAC 帧格式如图 3-3-2 所示。

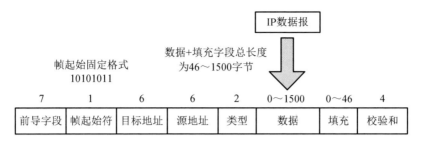

图 3-3-2　MAC 帧格式

帧由 8 个字段组成，每一个字段有一定的含义和用途。每个字段长度不等，下面分别加以简述。

- 前导字段：形为 1010…1010，长度为 7 个字节。
- 帧起始符字段：固定格式为 10101011，长度为 1 个字节。
- 目标地址、源地址字段：可以是 6 个字节。最高位为 0，代表普通地址；最高位为 1，代表组地址；全 1 的目标地址是广播地址。
- 类型字段：标识上一层使用什么协议，以便把收到的 MAC 帧数据上交给上一层协议，也可以表示长度。

类型字段是 DIX 以太网帧的说法，而 IEEE 802.3 帧中的该字段被称为长度字段。由于该字段有两个字节，可以表示 0~65535，因此该字段可以赋予多个含义，0~1500 用于表示长度值，1536~65535（0x0600~0xFFFF）用于描述类型值。考试中，该字段常标识为长度字段。

- 数据字段：上一层的协议数据，长度为 0~1500 字节。
- 填充字段：确保最小帧长为 64 个字节，长度为 0~46 字节。
- 校验和字段：32 位的循环冗余码，检验算法见本书的 CRC 部分。

注意：以太网的最小帧长为 64 字节，是指从**目的地址到校验和**的长度。在一些抓包工具中得到的以太网帧，往往不会显示 CRC 字段。

很多资料中往往提到"泛洪"一词，容易和广播混淆。广播和泛洪是不同的。广播帧形式为 FF.FF.FF.FF.FF.FF，广播是向子网所有端口（含自身端口）发送广播帧；泛洪是向所有端口（除自身端口）发送普通数据帧。

（2）MAC 地址。**MAC 地址**，也叫**硬件地址**，又叫**链路地址**，**由 48 比特组成**。MAC 地址结构如图 3-3-3 所示。

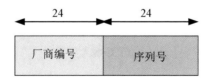

图 3-3-3　MAC 地址结构

MAC 地址的前 24 位是厂商编号，由 IEEE 分配给生产以太网网卡的厂家；后 24 位是序列号，由厂家自行分配，用于表示设备地址。网卡的物理地址通常是由网卡生产厂家烧入网卡的 EPROM

（一种闪存芯片，通常可以通过程序擦写），它存储的是真正表示主机的地址，用于发送和接收的终端传输数据。也就是说，在网络底层的物理传输过程中是通过物理地址来识别**第二层设备**的，一般也是全球唯一的。

（3）LLC。LLC 子层能向上提供以下四种不同类型的服务：

● 不确认的无连接服务：即数据报服务，适用于点对点通信、广播通信、多播通信（组播通信）。

● 面向连接服务：即虚电路服务，这种方式特别适合于传送很长的数据文件。

● 带确认的无连接服务：即可靠的数据报服务，这种方式特别适合于过程控制或自动化工厂环境中的告警信息或控制信号的传输。带确认的无连接服务只用在令牌总线网中。

● 高速传送服务：这种方式专为城域网使用。

2. CSMA/CD

载波监听多路访问/冲突检测（Carrier Sense Multiple Access/Collision Detect，CSMA/CD）是一种争用型的介质访问控制协议，起源于美国夏威夷大学开发的 ALOHA 网所采用的争用型协议，并对其进行了改进，具有更高的介质利用率。

CSMA/CD 的工作原理：发送数据前先监听信道是否空闲，若空闲，则立即发送数据。在发送数据时，边发送边继续监听。若监听到冲突，则立即停止发送数据，等待一段随机时间再重新尝试。

CSMA/CD 是一种解决访问冲突的协议，技术上易实现，网络中各工作站处于平等地位，不需要集中控制，不提供优先级控制。**在网络负载较小时，CSMA/CD 协议的通信效率很高；但在网络负载较大时，发送时间增加，发送效率急剧下降。这种网络协议适合传输非实时数据。**如图 3-3-4 所示描述了 CSMA/CD 和令牌环线路利用率与延时的关系。

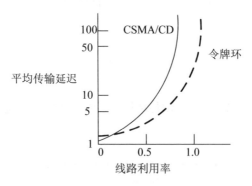

图 3-3-4　CSMA 特性

注意：万兆以太网标准（IEEE 802.3ae）采用了全双工方式，彻底抛弃了 CSMA/CD。

下面讲解 CSMA/CD 的重要组成和重要概念。

（1）多路访问。表明多路计算机连接在一根总线上。

（2）载波监听（CSMA）。表明发送数据前检测总线中是否有数据发送，如果有，则进入类似退避算法的程序，进而反复进行载波监听工作；如果没有，则依据一定的坚持算法决定如何发送。

这里要注意一个重要时间参数，以太网规定了**帧间最小间隔为 9.6μs**，使接收方在接收完数据后清理缓存，做好接收下一帧的准备。

坚持算法可以分为以下三类：

1）**1-持续 CSMA（1-persistent CSMA）**。当信道忙或发生冲突时，要发送帧的站一直持续监听，一旦发现信道有空闲（即在帧间最小间隔时间内没有检测到信道上有信号）便可发送。

特点：有利于抢占信道，减少信道空闲时间；较长的传播延迟和同时监听会导致多次冲突，降低系统性能。

2）**非持续 CSMA**。发送方并不持续侦听信道，而是在冲突时等待随机的一段时间 N，再发送。

特点：有更好的信道利用率，由于随机时延后退，从而减少了冲突的概率。然而，可能出现的问题是因后退而使信道闲置一段较长时间，这会使信道的利用率降低，而且增加了发送时延。

3）**p-持续 CSMA（p-persistent CSMA）**。发送方按 P 概率发送帧，即信道空闲时（即在帧间最小间隔时间内没有检测到信道上有信号），发送方不一定发送数据，而是按照 P 概率发送。以 $1-P$ 概率不发送，若不发送数据，下一时间间隔 τ 仍空闲，同理进行发送；若信道忙，则等待下一时间间隔 τ；若冲突，则等待随机的一段时间重新开始。τ **为单程网络传输时延。**

特点：P 的取值比较困难，大了会产生冲突，小了会延长等待时间。假定 n 个发送站等待发送，此时发现网络中有数据传送，当数据传输结束时，则有可能出现 $n \times P$ 个站发送数据。如果 $n \times P > 1$，则必然出现多个站点发送数据，这也必然导致冲突。有的站传输数据完毕后产生新帧，与等待发送的数据帧竞争，很可能加剧冲突。如果 P 太小，如 $P=0.01$，则表示一个站点中 100 个时间单位才会发送一次数据，这样 99 个时间单位就空闲了，造成浪费。

（3）冲突检测。CSMA/CD 采用"边发送边监听"方式，即边发送边检测信道信号电压变化，如果发现信号变化幅度超过一定限度，则认为总线上发生"冲突"。以下介绍几个重要定义和数据：

- 电磁波在 **1km** 电缆中传播的时延约为 **5μs**。
- 冲突检测最长时间为两倍的总线端到端的传播时延（2τ），2τ 称为争用期（contention period），又称为碰撞窗口。经过争用期还没有检测到碰撞时，才能肯定发送不会出现碰撞。
- **10M 以太网争用期定为 51.2μs**。对于 10Mb/s 网络，51.2μs 可以发送 512bit 数据，即 64 字节。
- 以太网规定 10Mb/s 以太网**最小帧长为 64 字节**，**最大帧长为 1518 字节**，**最大传输单元（MTU）为 1500 字节**。小于 64 字节的都是由于冲突而异常终止的**无效帧**，接收这类帧时应将其**丢弃（千兆以太网和万兆以太网最小帧长为 512 字节）**。
- **最小帧长=网络速率×2×(最大段长/信号传播速度)。**
- **吞吐率**：单位时间实际传送的数据位数。

吞吐率=帧长/(传输数据帧所花费的时间+1 帧发送到网络所花费的时间)=帧长/(网络段长/传播速度+1 帧长/网络数据速率)

- **网络利用率=吞吐率/网络数据速率。**

- **强化碰撞**，当发生碰撞时，发送数据的站除了立刻停止发送当前数据外，还需要发送 32bit 或 48bit 的**干扰信号（Jamming Signal）**，所有站都会收到阻塞信息（连续几个字节的全 1）。

- **传输一个数据帧所需时间**＝一个数据帧传输时间＋一个应答帧传输时间＝一个数据帧长/传输速率＋两站点间传输距离/信号传播速率＋应答帧帧长/传输速率＋两站点间传输距离/信号传播速率。通常传输速率＝200m/μs。

【例 3-1】以太网的最大帧长为 1518 字节，每个数据帧起前面有 8 个字节的前导字段，帧间隔 9.6μs，在 100Base-T 网络中发送 1 帧需要的时间为_____。

    A．123μs   B．132μs   C．12.3ms   D．13.2ms

例题解析：本题由于没有给出应答帧传输时间等条件，所以无法使用公式“传输一个数据帧所需时间＝一个数据帧传输时间＋一个应答帧传输时间”来进行计算。而根据题意，应采用公式“发送一帧的时间＝发送时间＋帧间间隔”，发送时间＝$(1518+8) \times 8 \div (100 \times 10^6)$＝122.08μs，122.08+9.6 ≈132μs。

答案：B

（4）退避算法。CSMA 只能减少冲突，不能完全避免冲突，只有当经过争用期这段时间还没有检测到碰撞时，才能肯定本次发送的数据不会发生碰撞。以太网使用退避算法中的一种（**截断的二进制指数退避算法**）来解决发送数据的碰撞问题。这种算法规定：发生碰撞的站在信道空闲后并不立即发送数据，而是推迟一个随机时间再进入发送流程。这种方法减少了重传时再次发生碰撞的概率。

算法如下：

1）设定基本退避时间为争用期 2τ。

2）从整数集合 $[0, 2^k-1]$ 中随机取一个整数 r，则 $r \times 2\tau$ 为发送站等待时间。其中，k＝min[重传次数,10]。

3）**重传次数大于 16 次**，则丢弃该帧数据并汇报高层。

从流程可知，该算法的特点是网络负载越重，可能后退的时间越长，没有对优先级进行定义，**不适合突发性业务和流式业务**。该算法考虑了网络负载对冲突的影响，在重负载下能有效化解冲突。

3．IEEE 802 系列协议

IEEE 802 协议包含了以下多种子协议。把这些协议汇集在一起就叫 IEEE 802 协议集，该协议集的组成如图 3-3-5 所示。

（1）IEEE 802.1 系列。IEEE 802.1 协议提供高层标准的框架，包括端到端协议、网络互连、网络管理、路由选择、桥接和性能测量。

- IEEE 802.1d：生成树协议（Spanning Tree Protocol，STP）。

- IEEE 802.1p：是交换机与优先级相关的流量处理的协议。

- IEEE 802.1q：虚拟局域网（Virtual Local Area Network，VLAN）协议定义了 VLAN 和封装技术，包括 GARP 协议及其源码、GVRP 协议及其源码。

第 1 天

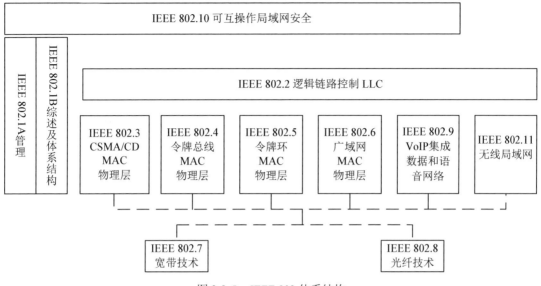

图 3-3-5　IEEE 802 体系结构

- **IEEE 802.1s：** 多生成树协议（Multiple Spanning Tree Protocol，MSTP）。
- **IEEE 802.1w：** 快速生成树协议（Rapid Spanning Tree Protocol，RSTP）。
- **IEEE 802.1x：** 基于端口的访问控制（Port Based Network Access Control，PBNAC）协议起源于 IEEE 802.11 协议，目的是解决无线局域网用户的接入认证问题。IEEE 802.1x 协议提供了一种用户接入认证的手段，并简单地通过控制接入端口的开/关状态来实现，不仅适用于无线局域网的接入认证，还适用于点对点物理或逻辑端口的接入认证。

（2）IEEE 802.2。**IEEE 802.2：** 逻辑链路控制（Logical Link Control，LLC）提供 LAN 和 MAC 子层与高层协议间的一致接口。

（3）IEEE 802.3 系列。IEEE 802.3 是考试的重中之重。IEEE 802.3 是以太网规范,定义 CSMA/CD 标准的媒体访问控制（MAC）子层和物理层规范。

- **IEEE 802.3ab：** 该标准针对实体媒介部分制定的 1000Base-T 规格，使得超高速以太网不再只限制于光纤介质。这是一个传输介质为 4 对 CAT-5 双绞线、100m 内达到以 1Gb/s 传输数据的标准。
- **IEEE 802.3u：** 快速以太网（Fast Ethernet）的最小帧长不变，数据速率提高了 10 倍，所以冲突时槽缩小为 5.12μs。以太网的计算冲突时槽的公式为

$$slot \approx 2S/0.7C + 2tphy$$

式中，S 为网络的跨距（最长传输距离）；$0.7C$ 为 0.7 倍光速（信号传播速率）；$tphy$ 为发送站物理层时延（由于往返需通过站点两次，所以取其时延的两倍值）。

- **IEEE 802.3z：** 千兆以太网（Gigabit Ethernet）。千兆以太网标准 IEEE 802.3z 定义了一种帧突发方式（frame bursting），这种方式是指一个站可以连续发送多个帧，用以保证传输

站点连续发送一系列帧而不中途放弃对传输媒体的控制，该方式仅适用于半双工模式。在成功传输一帧后，发送站点进入突发模式以允许继续传输后面的帧，直到达到每次 65536 比特的突发限制。该标准包含：1000Base-LX、1000Base-SX、1000Base-CX 三种。

- **IEEE 802.3ae**：万兆以太网（10 Gigabit Ethernet）。该标准仅支持光纤传输，提供两种连接：一种是和以太网连接，速率为 10Gb/s 的物理层设备，即 LAN PHY；另一种是与 SDH/SONET 连接，速率为 9.58464Gb/s 的 WAN 设备，即 WAN PHY。通过 WAN PHY 可以与 SONETOC-192 结合，通过 SONET 城域网提供端到端连接。该标准支持 10Gbase-s（850nm 短波）、10Gbase-l（1310nm 长波）、10Gbase-E（1550nm 长波）三种规格，最大传输距离分别为 300m、10km 和 40km。IEEE 802.3ae 支持 IEEE 802.3 标准中定义的最小帧长和最大帧长，不采用 CSMA/CD 方式，只用全双工方式（**千兆以太网和万兆以太网的最小帧长为 512 字节**）。

（4）**IEEE 802.4**：令牌总线网（Token-Passing Bus）。

（5）**IEEE 802.5**：令牌环线网。

（6）**IEEE 802.6**：城域网 MAN，定义城域网的媒体访问控制（MAC）子层和物理层规范。

（7）**IEEE 802.7**：宽带技术咨询组，为其他分委员会提供宽带网络技术的建议和咨询。

（8）**IEEE 802.8**：光纤技术咨询组，为其他分委员会提供使用有关光纤网络技术的建议和咨询。

（9）**IEEE 802.9**：集成数据和语音网络（Voice over Internet Protocol，VoIP）定义了综合语音/数据终端访问综合语音/数据局域网（包括 IVD LAN、MAN、WAN）的媒体访问控制（MAC）子层和物理层规范。

（10）**IEEE 802.10**：可互操作局域网安全标准，定义局域网互连安全机制。

（11）**IEEE 802.11**：无线局域网标准，定义了自由空间媒体的媒体访问控制（MAC）子层和物理层规范。

（12）**IEEE 802.12**：按需优先定义使用按需优先访问方法的 100Mb/s 以太网标准。

（13）**没有 IEEE 802.13 标准**。

（14）**IEEE 802.14**：有线电视标准。

（15）**IEEE 802.15**：无线个人局域网（Personal Area Network，PAN），适用于短程无线通信的标准（如蓝牙）。

（16）**IEEE 802.16**：宽带无线接入（Broadband Wireless Access，BWA）标准。

4. IEEE 802.3 规定的传输介质特性

前面介绍了以太网传输介质，下面介绍传输介质的选用方案。传输介质一般使用 10Base-T 形式进行描述。其中 10 是速率，即 10Mb/s；Base 表示传输速率，Base 是基带，Broad 是宽带；而 T 则代表传输介质，T 是双绞线，F 是光纤。

常见的传输介质及其特性见表 3-3-1。

表 3-3-1　常见的传输介质及其特性

名称	电缆	最大段长	特点
100Base-T4	4 对 3 类 UTP	100m	3 类双绞线，8B/6T，NRZ 编码
100Base-TX	2 对 5 类 UTP 或 2 对 STP	100m	100Mb/s 全双工通信，MLT-3 编码
100Base-FX	1 对光纤	2000m	100Mb/s 全双工通信，4B/5B、NRZI 编码
100Base-T2	2 对 3、4、5 类 UTP	100m	PAM5 的 5 电平编码方案
1000Base-CX	2 对 STP	25m	2 对 STP
1000Base-T	4 对 UTP	100m	4 对 UTP
1000Base-SX	62.5μm 多模	220m	模式带宽 160MHz·km，波长 850nm
		275m	模式带宽 200MHz·km，波长 850nm
	50μm 多模	500m	模式带宽 400MHz·km，波长 850nm
		550m	模式带宽 500MHz·km，波长 850nm
1000Base-LX	62.5μm 多模	550m	模式带宽 500MHz·km，波长 850nm
	50μm 多模		模式带宽 400MHz·km，波长 850nm
			模式带宽 500MHz·km，波长 850nm
	单模	5000m	波长 1310nm 或 1550nm
10Gbase-S	50μm 多模	300m	波长 850nm
	62.5μm 多模	65m	波长 850nm
10Gbase-L	单模	10km	波长 1310nm
10Gbase-E	单模	40km	波长 1550nm
10Gbase-LX4	单模	10km	波长 1310nm 波分多路复用
	50μm 多模	300m	
	62.5μm 多模		

注：通常用光纤传输信号的速率与其传输长度的乘积来描述光纤的模式带宽特性，用 B·L 表示，单位为 MHz·km。

第 4 学时　网络层

　　本学时主要学习网络层所涉及的重要知识点。网络层是 OSI 参考模型中的第三层，本层知识点相当重要，而且也很多。由于网络路由协议知识在基础知识题、案例分析题考试中均考到，因此该知识点统一放入路由器部分进行集中讲解。根据历年考试的情况来看，每次考试涉及相关知识点的分值（除去路由知识外）在 2～8 分之间。网络层知识的考查在基础知识题和案例题的考试中均有涉及。本学时考点知识结构图如图 4-0-1 所示。

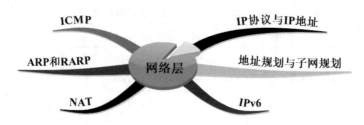

图 4-0-1　考点知识结构图

4.1　IP 协议与 IP 地址

4.1.1　考点分析

　　历年网络工程师考试试题涉及本部分的相关知识点有：IP 协议、IPv4 地址、IP 地址分类、几类特殊的 IP 地址、IP QoS。

4.1.2　知识点精讲

　　1. IP 协议

　　网络之间的互连协议（Internet Protocol，IP）是方便计算机网络系统之间相互通信的协议，是各大厂家遵循的计算机网络相互通信的规则。如图 4-1-1 所示给出了 IP 数据报头（Packet Header）结构，有些书称为 IP 数据报头。

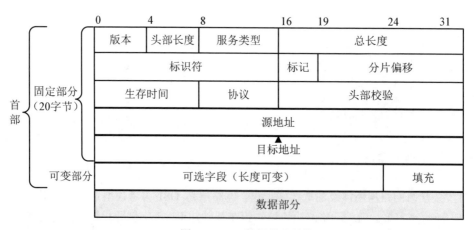

图 4-1-1　IP 数据报头结构

　　（1）版本。长度为 4 位，标识数据报的 IP 版本号，值为二进制 0100，则表示 IPv4。

　　（2）头部长度（Internet Header Length，IHL）。长度为 4 位。该字段表示数的单位是 32 位，

即 4 字节。常用的值是 5，也是可取的最小值，表示报头为 20 字节；可取的最大值是 15，表示报头为 60 字节。

（3）区分服务（Type of Service，ToS）。长度为 8 位，指定特殊数据处理方式。该字段分为两部分：优先权和 ToS。后来该字段被 IETF 改名为区分服务（Differentiated Services，DS）。该字段的前 6 位构成了区分代码点（Differentiated Services Code Point，DSCP）和显式拥塞通知（Explicit Congestion Notification，ECN）字段，DSCP 用于定义 64 个不同服务类别，而 ECN 用于通知拥塞，具体如图 4-1-2 所示。

图 4-1-2　区分服务字段

（4）总长度（Total Length）。该字段长度为 16 位，单位是字节，指的是首部加上数据之和的长度。所以，数据报的最大长度为 $2^{16}-1=65535$ 字节。由于有 MTU 限制（如以太网单个 IP 数据报就不能超过 1500 字节），所以超过 1500 字节的 IP 数据报就要分段，而总长度是所有分片报文的长度和。

（5）标识符（Identifier）。该字段长度为 16 位。同一数据报分段后，其标识符一致，这样便于重装成原来的数据报。

（6）标记（Flag）字段。该字段长度为 3 位，第 1 位不使用；第 2 位是不分段（DF）位，值为 1 表示不能分片，为 0 表示允许分片；第 3 位是更多分片（MF）位，值为 1 表示之后还有分片，为 0 表示最后一个分片。

（7）分片偏移（Fragment Offset）字段。该字段长度为 13 位，单位 8 字节，即每个分片长度是 8 字节的整数倍。该字段是标识所分片的分组，分片之后在原始数据中的相对位置。

（8）生存时间（Time to Live，TTL）。该字段长度为 8 位，用来设置数据报最多可以经过的路由器数，用于防止无限制转发。由发送数据的源主机设置，通常为 16、32、64、128 个。每经过一个路由器，其值减 1，直到为 0 时该数据报被丢弃。

（9）协议（Protocol）字段。该字段长度为 8 位，指明 IP 层所封装的上层协议类型，如 ICMP（1）、IGMP（2）、TCP（6）、UDP（17）等。

（10）头部校验（Header Checksum）。该字段长度为 16 位，是根据 IP 头部计算得到的校验和码。计算方法没有采用复杂的 CRC 编码，而是对头部中每个 16 比特进行二进制反码求和（与 ICMP、IGMP、TCP、UDP 不同，IP 报头不对 IP 报头后面的数据进行校验）。

（11）源地址、目标地址（Source and Destination Address）字段。该字段长度均为 32 位，用来标明发送 IP 数据报文的源主机地址和接收 IP 报文的目标主机地址，都是 IP 地址。

（12）可选字段（Options）。该字段长度可变，从 1 字节到 40 字节不等，用来定义一些任选项，如记录路径、时间戳等。这些选项很少被使用，并且不是所有主机和路由器都支持这些选项。可选项字段的长度必须是 32 位（4 字节）的整数倍，如果不足，必须填充 0 以达到此长度要求。

2．IPv4 地址

IP 地址就好像电话号码：有了某人的电话号码，你就能与他通话了。同样，有了某台主机的 IP 地址，你就能与这台主机通信了。TCP/IP 协议规定，IP 地址使用 32 位的二进制来表示，也就是 4 个字节。例如，采用二进制表示方法的 IP 地址形式为 00010010 00000010 10101000 00000001，这么长的地址，网络工程师操作和记忆起来太费劲。为了方便使用，IP 地址经常被写成十进制的形式，中间使用符号"."分开不同的字节。于是，上面的 IP 地址可以表示为 18.2.168.1。IP 地址的这种表示法叫作**点分十进制表示法**，这显然比 1 和 0 容易记忆得多。如图 4-1-3 所示将 32 位的地址映射到用点分十进制表示法表示的地址上。

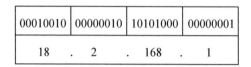

图 4-1-3 点分十进制与 32 位地址的对应表示形式

3．IP 地址分类

IP 地址分为五类：A 类用于大型网络，B 类用于中型网络，C 类用于小型网络，D 类用于组播，E 类保留用于实验。每一类有不同的网络号位数和主机号位数。各类地址特征如图 4-1-4 所示。

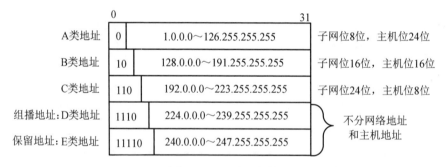

图 4-1-4 五类地址特征

（1）A 类地址。IP 地址写成二进制形式时，A 类地址的第一位总是 0。A 类地址的第 1 个字节为网络地址，其他 3 个字节为主机地址。

A 类地址范围：1.0.0.0～126.255.255.255。

A 类地址中的私有地址和保留地址：

1）10.X.X.X 是私有地址，就是在互联网上不使用，而只用在局域网络中的地址。网络号为 10，网络数为 1 个，地址范围为 10.0.0.0～10.255.255.255。

2）127.X.X.X 是保留地址，用作环回（Loopback）地址，环回地址（典型的是 127.0.0.1）向自己发送流量。发送到该地址的数据不会离开设备到网络中，而是直接回送到本主机。该地址既可以作为目标地址，又可以作为源地址，是一个虚 IP 地址。

（2）B 类地址。IP 地址写成二进制形式时，B 类地址的前两位总是 10。B 类地址的第 1 和第 2 字节为网络地址，第 3 和第 4 字节为主机地址。

B 类地址范围：128.0.0.0～191.255.255.255。

B 类地址中的私有地址和保留地址：

1）172.16.0.0～172.31.255.255 是私有地址。

2）**169.254.X.X 是保留地址。如果 PC 机上的 IP 地址设置自动获取，而 PC 机又没有找到相应的 DHCP 服务，那么最后 PC 机可能得到保留地址中的一个 IP。没有获取到合法 IP 后的 PC 机地址分配情况如图 4-1-5 所示。**

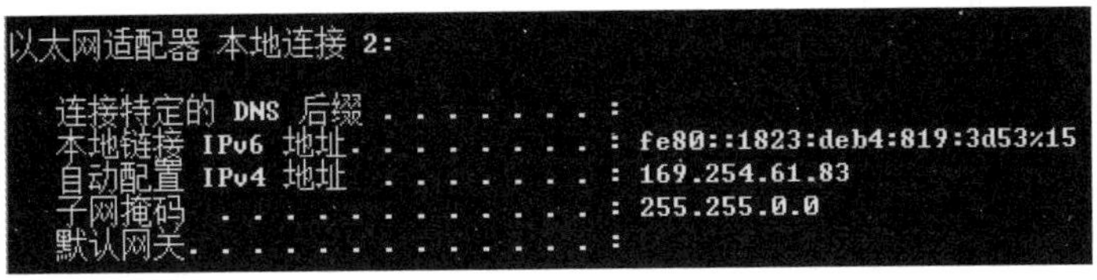

```
以太网适配器 本地连接 2:

   连接特定的 DNS 后缀 . . . . . . . :
   本地链接 IPv6 地址. . . . . . . . : fe80::1823:deb4:819:3d53%15
   自动配置 IPv4 地址 . . . . . . . : 169.254.61.83
   子网掩码  . . . . . . . . . . . . : 255.255.0.0
   默认网关. . . . . . . . . . . . . :
```

图 4-1-5　在断开的网络中，PC 机被随机分配了一个 169.254.X.X 保留地址

（3）C 类地址。IP 地址写成二进制形式时，C 类地址的前三位固定为 110。C 类地址第 1～3 字节为网络地址，第 4 字节为主机地址。

C 类地址范围：192.0.0.0～223.255.255.255。

C 类地址中的私有地址：192.168.X.X 是私有地址，地址范围：192.168.0.0～192.168.255.255。

（4）D 类地址。IP 地址写成二进制形式时，D 类地址的前四位固定为 1110。D 类地址不分网络地址和主机地址，该类地址用作组播。

D 类地址范围：224.0.0.0～239.255.255.255。其中，224.0.0.1 代表所有主机与路由器；224.0.0.2 代表所有组播路由器；224.0.0.5 代表 OSPF 路由器；224.0.0.6 代表 OSPF 指定路由器/备用指定路由器；224.0.0.7 代表 ST 路由器；224.0.0.8 代表 ST 主机；224.0.0.9 代表 RIP-2 路由器；224.0.0.12 代表 DHCP 服务器/中继代理；224.0.0.14 代表 RSVP 封装；224.0.0.18 代表虚拟路由器冗余协议（Virtual Router Redundancy Protocol，VRRP）。

（5）E 类地址。IP 地址写成二进制形式时，E 类地址的前四位固定为 11110。E 类地址不分网络地址和主机地址。

E 类地址范围：240.0.0.0～247.255.255.255。

4．几类特殊的 IP 地址

几类特殊的 IP 地址的结构和特性见表 4-1-1。

表 4-1-1　几类特殊的 IP 地址的结构和特性

地址名称	地址格式	特点	可否作为源地址	可否作为目标地址
有限广播	255.255.255.255（网络字段和主机字段全 1）	不被路由，会被送到相同物理网络段上的所有主机	N	Y

续表

地址名称	地址格式	特点	可否作为源地址	可否作为目标地址
直接广播	主机字段全 1，如 192.1.1.255	广播会被路由，并会发送到专门网络上的每台主机	N	Y
网络地址	主机位全 0，如 192.168.1.0	表示一个子网	N	N
全零地址	0.0.0.0	代表任意主机	Y	N
环回地址	127.X.X.X	向自己发送数据	Y	Y

5. IP QoS

QoS（Quality of Service）指利用各种基础技术为指定的网络通信提供更好的服务能力的技术，用来解决网络延迟和阻塞等问题。

QoS 机制的工作原理是，优先为某些通信分配资源。要做到这一点，首先必须识别不同的通信。通过"数据包分类"，将到达网络设备的通信分成不同的"流"。然后，每个流的通信被引向转发接口上的相应"队列"，每个接口上的队列都根据一些算法接受"服务"。队列服务算法决定了每个队列通信被转发的速度，进而决定分配给每个队列和相应流的资源。为提供网络 QoS，必须在网络设备中预备或配置下列各项：

● 信息分类，让设备把通信分成不同的流。

● 队列和队列服务算法，处理来自不同流的通信。

通常把这些一起称为"通信处理机制"。单独的通信处理机制并没有用，它们必须按一种统一的方式在很多设备上预备或配置，这种方式为网络提供了有用的端到端"服务"。因此，要提供有用的服务，既需要通信处理机制，也需要预备和配置机制。

QoS 相关技术与服务有如下几种。

（1）集成服务（IntServ）与资源预留协议（RSVP）。

集成服务是在传送数据之前，根据业务的 QoS 需求进行网络资源预留，从而为该数据流提供端到端的 QoS 保证。

资源预留协议是 IntServ 的核心，是一种信令协议，用于通知网络结点预留资源。资源预留的过程从应用程序流的源结点发送 Path 消息开始，该消息会沿着流所经路径传到流的目的结点，并沿途建立路径状态；目的结点收到该 Path 消息后，会向源结点回送 Resv 消息，沿途建立预留状态，如果源结点成功收到预期的 Resv 消息，则认为在整条路径上资源预留成功。如果资源预留失败，资源预留协议会向主机发回拒绝消息。

IntServ 能提供端到端的 QoS 保证。但 IntServ 对路由器的要求很高，当数据流数量很大时，路由器的处理能力会遇到很大的压力。IntServ 可扩展性很差，难以在 Internet 核心网络实施。

（2）区分服务（DiffServ）。区分服务是将用户的数据流按照服务质量要求划分等级，任何用户的数据流都可以自由进入网络，但是当网络出现拥塞时，级别高的数据流在排队和占用资源时比级别低的数据流有更高的优先权。

4.2　地址规划与子网规划

4.2.1　考点分析

历年网络工程师考试试题涉及本部分的相关知识点有：子网掩码、IP 地址结构、VLSM 和 CIDR、IP 地址和子网规划。

4.2.2　知识点精讲

1．子网掩码

子网掩码用于区分网络地址、主机地址、广播地址，是表示网络地址和子网大小的重要指标。子网掩码的形式是网络号部分全 1，主机号部分全 0。掩码也能像 IPv4 地址一样使用点分十进制表示法书写，但掩码不是 IP 地址。掩码还能使用"/从左到右连续 1 的总数"形式表示，这种描述方法称为**建网比特数**。

表 4-2-1 和表 4-2-2 给出了 B 类和 C 类网络可能出现的子网掩码，以及对应网络数量和主机数量。

表 4-2-1　B 类子网掩码特性

子网掩码	建网比特数	子网络数	可用主机数
255.255.255.252	/30	16384	2
255.255.255.248	/29	8192	6
255.255.255.240	/28	4096	14
255.255.255.224	/27	2048	30
255.255.255.192	/26	1024	62
255.255.255.128	/25	512	126
255.255.255.0	/24	256	254
255.255.254.0	/23	128	510
255.255.252.0	/22	64	1022
255.255.248.0	/21	32	2046
255.255.240.0	/20	16	4094
255.255.224.0	/19	8	8190
255.255.192.0	/18	4	16382
255.255.128.0	/17	2	32766
255.255.0.0	/16	1	65534

表 4-2-2　C 类子网掩码特性

子网掩码	建网比特数	子网络数	可用主机数
255.255.255.252	/30	64	2
255.255.255.248	/29	32	6
255.255.255.240	/28	16	14
255.255.255.224	/27	8	30
255.255.255.192	/26	4	62
255.255.255.128	/25	2	126
255.255.255.0	/24	1	254

注意：（1）主机数=可用主机数+2。在软考中，通常不考虑子网数-2的情况，但是在某些选择题中出现两个可用答案时，也要考虑子网络的个数-2，因为早期的路由器在划分子网之后，0号子网与没有划分子网之前的网络号是一样的，为了避免混淆，通常不使用0号子网。路由器上甚至有IP subnet-zero 这样的指令控制是否使用0号子网。

（2）A类地址的默认掩码是255.0.0.0；B类地址的默认掩码是255.255.0.0；C类地址的默认掩码是255.255.255.0。

2. IP 地址结构

早期 IP 地址结构为两级地址：

IP 地址::={<网络号>,<主机号>}

RFC 950 文档发布后增加一个子网号字段，变成三级网络地址结构

IP 地址::={<网络号>,<子网号>,<主机号>}

3. VLSM 和 CIDR

（1）可变长子网掩码（Variable Length Subnet Masking，VLSM）。传统的 A 类、B 类和 C 类地址使用固定长度的子网掩码，分别为 8 位、16 位、24 位，这种方式比较死板、浪费地址空间，VLSM 则是对部分子网再次进行子网划分，允许一个组织在同一个网络地址空间中使用多个不同的子网掩码。VLSM 使寻址效率更高，IP 地址利用率也更高。所以 VLSM 技术被用来节约 IP 地址，该技术可以理解为把大网分解成小网。

（2）无类别域间路由（Classless Inter-Domain Routing，CIDR）。在进行网段划分时，除了有将大网络拆分成若干个小网络的需求外，也有将小网络组合成大网络的需求。在一个有类别的网络中（只区分 A、B、C 等大类的网络），路由器决定一个地址的类别，并根据该类别识别网络和主机。而在 CIDR 中，路由器使用前缀来描述有多少位是网络位（或称前缀），剩下的位则是主机位。CIDR 显著提高了 IPv4 的可扩展性和效率，通过使用路由聚合（或称超网）可有效地减小路由表的大小，节省路由器的内存空间，提高路由器的查找效率。该技术可以理解为把小网合并成大网。

4．IP 地址和子网规划

IP 地址和子网规划是历次网络工程师考试的重点，每次考试的分值大约为 3～6 分，而且选择题、案例分析题都有可能考到。IP 地址和子网规划类的题目可以分为以下几种形式。

（1）给定 IP 地址和掩码，求网络地址、广播地址、子网范围、子网能容纳的最大主机数。

【例 4-1】已知 8.1.72.24，子网掩码是 255.255.192.0。计算网络地址、广播地址、子网范围、子网能容纳的最大主机数。

1）计算网络地址的步骤如图 4-2-1 所示。

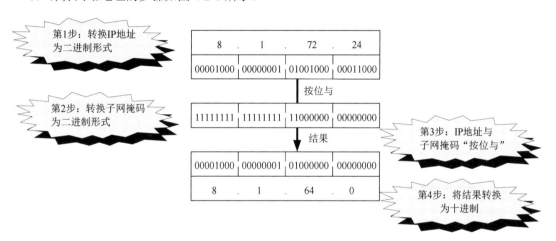

图 4-2-1　计算网络地址的步骤

2）计算广播地址的步骤如图 4-2-2 所示。

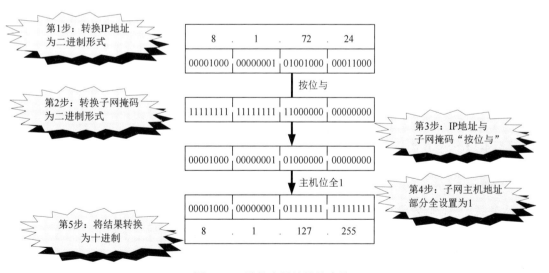

图 4-2-2　计算广播地址的步骤

3）子网范围。

子网范围=[子网地址]～[广播地址]=8.1.64.0～8.1.127.255。

4）子网能容纳的最大主机数。

子网能容纳的最大主机数=$2^{主机位}-2=2^{14}-2=16382$。

（2）给定现有的网络地址和掩码并给出子网数目，计算子网掩码及子网可分配的主机数。

【例 4-2】某公司网络的地址是 200.100.192.0，掩码为 255.255.240.0，要把该网络分成 16 个子网，则对应的子网掩码应该是多少？每个子网可分配的主机地址数是多少？

1）计算子网掩码。

计算子网掩码的步骤如图 4-2-3 所示。

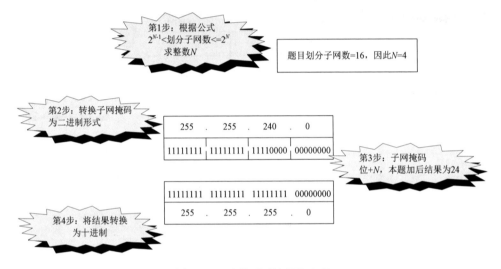

图 4-2-3　计算子网掩码的步骤

可以得到，本题的子网掩码为 255.255.255.0。

2）计算子网可分配的主机数。

子网能容纳的最大主机数=$2^{主机位}-2=2^8-2=254$。

（3）给出网络类型及子网掩码，求划分子网数。

【例 4-3】一个 B 类网络的子网掩码为 255.255.192.0，则这个网络被划分成了多少个子网？

1）根据网络类型确定网络号的长度。

本题网络类型为 B 类网，因此网络号为 16 位。

2）转换子网掩码为建网比特数。

本题中的子网掩码 255.255.192.0 可以用/18 表示。

3）子网号=建网比特数-网络号，划分的子网个数=$2^{子网号}$。

本题子网号=18-16=2，因此划分的子网个数=$2^2=4$。

（4）使用子网汇聚将给出的多个子网合并为一个超网，求超网地址。

【例 4-4】路由汇聚（Route Summarization）是把小的子网汇聚成大的网络，将 172.2.193.0/24、172.2.194.0/24、172.2.196.0/24 和 172.2.198.0/24 子网进行路由汇聚后的网络地址是多少？

1）将所有十进制的子网转换成二进制。

本题转换结果见表 4-2-3。

表 4-2-3   转换结果

	十进制	二进制
子网地址	172.2.193.0/24	**10101100.0000010.11000** 001.00000000
	172.2.194.0/24	**10101100.0000010.11000** 010.00000000
	172.2.196.0/24	**10101100.0000010.11000** 100.00000000
	172.2.198.0/24	**10101100.0000010.11000** 110.00000000
合并后的超网地址	172.2.192.0/21	**10101100.0000010.11000** 000.00000000

2）从左到右找连续的相同位和相同位数。

从表 4-2-3 中可以发现，相同位为 21 位，即 10101100.0000010.11000   000.00000000 为新网络地址，将其转换为点分十进制得到的汇聚网络为 172.2.192.0/21。

4.3   ICMP

4.3.1   考点分析

历年网络工程师考试试题涉及本部分的相关知识点有：ICMP 报文格式、ICMP 报文分类、ICMP 报文应用。

4.3.2   知识点精讲

Internet 控制报文协议（Internet Control Message Protocol，ICMP）是 TCP/IP 协议簇的一个子协议，是网络层协议，用于 IP 主机和路由器之间传递控制消息。控制消息是指网络通不通、主机是否可达、路由是否可用等网络本身的消息。这些控制消息虽然并不传输用户数据，但是对用户数据的传递起着重要的作用。

（1）ICMP 报文格式。ICMP 报文**封装在 IP 数据报**内传输，封装结构如图 4-3-1 所示。由于 IP 数据报首部校验和并不检验 IP 数据报的内容，因此不能保证经过传输的 ICMP 报文不产生差错。

ICMP 报文格式如图 4-3-2 所示。

（2）ICMP 报文分类。ICMP 报文分为 **ICMP 差错报告报文**和 **ICMP 询问报文**，具体见表 4-3-1。

图 4-3-1　ICMP 报文封装在 IP 数据报内部　　　　图 4-3-2　ICMP 报文格式

表 4-3-1　常考的 ICMP 报文

报文种类	类型值	报文类型	报文定义	报文内容
差错报告报文	3	目的不可达	路由器与主机不能交付数据时，就向源点发送目的不可达报文	包括网络不可达、主机不可达、协议不可达、端口不可达、需要进行分片却设置了不分片、源路由失败、目的网络未知、目的主机未知、目的网络被禁止、目的主机被禁止、由于服务类型 TOS 网络不可达、由于服务类型 TOS 主机不可达、主机越权、优先权中止生效
	4	源点抑制	由于拥塞而丢弃数据报时就向源点发送抑制报文，降低发送速率	
	5	重定向（改变路由）	路由器将重定向报文发送给主机，优化或改变主机路由	包括网络重定向、主机重定向、对服务类型和网络重定向、对服务类型和主机重定向
	11	时间超时	丢弃 TTL 为 0 的数据，向源点发送时间超时报文	
	12	参数问题	发现数据报首部有不正确字段时丢弃报文，并向源点发送参数问题报文	
询问报文	0	回送应答	收到**回送请求报文**的主机必须回应源主机**回送应答报文**	
	8	回送请求		
	13	时间戳请求	请求对方回答当前日期和时间	
	14	时间戳应答	回答当前日期和时间	

（3）ICMP 报文应用。ICMP 报文应用有 Ping 命令（使用回送应答和回送请求报文）和 Traceroute 命令（使用时间超时报文和目的不可达报文）。

注意：回送请求（类型值为 8）和回送应答（类型值为 0）两种报文、时间超时（类型值为 11）的报文定义常考。

4.4　ARP 和 RARP

4.4.1　考点分析

历年网络工程师考试试题涉及本部分的相关知识点有：ARP 和 RARP 定义、ARP 病毒、ARP 病毒的发现和解决手段。

4.4.2　知识点精讲

1. ARP 和 RARP 定义

地址解析协议（Address Resolution Protocol，ARP）是将 32 位的 IP 地址解析成 48 位的以太网地址；而反向地址解析（Reverse Address Resolution Protocol，RARP）则是将 48 位的以太网地址解析成 32 位的 IP 地址。ARP 报文**封装在以太网帧**中进行发送。ARP 的请求过程如下：

（1）发送 ARP 请求。请求主机以**广播方式**发出 **ARP 请求分组**。ARP 请求分组主要由**主机本身的 IP 地址、MAC 地址**以及**需要解析的 IP 地址**三个部分组成。具体发送 ARP 请求的过程如图 4-4-1 所示，该图要求找到 1.1.1.2 对应的 MAC 地址。

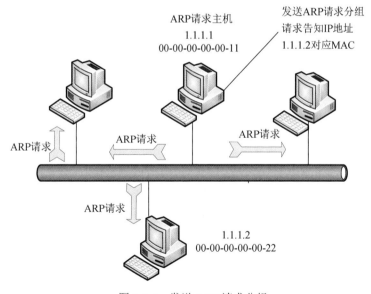

图 4-4-1　发送 ARP 请求分组

（2）ARP 响应。所有主机都能收到 ARP 请求分组，但只有与请求解析的 IP 地址一致的主机响应，并以**单播方式**向 ARP 请求主机发送 ARP 响应分组。ARP 响应分组由**响应方的 IP 地址**和 **MAC 地址**组成。具体过程如图 4-4-2 所示，地址为 1.1.1.2 的主机发出响应报文。

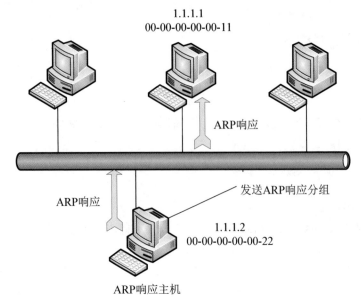

1.1.1.1
00-00-00-00-00-11

ARP响应

发送ARP响应分组

ARP响应

1.1.1.2
00-00-00-00-00-22

ARP响应主机

图 4-4-2　发送 ARP 响应分组

（3）A 主机写高速缓存。A 主机收到响应分组后，将 1.1.1.2 和 MAC 地址 00-00-00-00-00-22 对应关系写入 ARP 高速缓存。**ARP 高速缓存**记录了 IP 地址和 MAC 地址的对应关系，避免了主机进行一次通信就发送一次 ARP 请求分组的情况出现，减少了网络中 ARP 请求带来的广播报文。当然，高速缓存中的每个 IP 地址和 MAC 地址的对应关系都有一定的**生存时间**，大于该时间的对应关系将被删除。

2.　ARP 病毒

ARP 病毒是一种破坏性极大的病毒，利用了 ARP 协议设计之初没有任何验证功能这一漏洞而实施破坏。ARP 木马使用 ARP 欺骗手段破坏客户机建立正确的 IP 地址和 MAC 地址对应关系，把虚假的网关 MAC 地址发送给受害主机。达到盗取用户账户、阻塞网络、瘫痪网络的目的。

ARP 病毒利用感染主机的方法向网络发送大量虚假的 ARP 报文，**主机没有感染 ARP 木马时也有可能导致网络访问不稳定**。例如，向被攻击主机发送的虚假 ARP 报文中，目的 IP 地址为**网关 IP 地址**，目的 MAC 地址为**感染木马的主机 MAC 地址**。这样会将同网段内其他主机发往网关的数据引向发送虚假 ARP 报文的机器，并抓包截取用户口令信息。

ARP 病毒还能在局域网内产生大量的广播包，造成广播风暴。

3.　一类 ARP 病毒的发现和解决手段

网管员经常使用的发现和解决 ARP 病毒的手段有：接入交换机端口绑定固定的 MAC 地址、查看接入交换机的端口异常（一个端口短时间出现多个 MAC 地址）、安装 ARP 防火墙、发现主机 ARP 缓存中的 MAC 地址不正确时可以执行 arp -d 命令清除 ARP 缓存、主机使用 "arp-s 网关 IP 地址/网关 MAC 地址" 命令设置静态绑定。

第 1 天

通常还可以通过安装杀毒软件、为各类终端系统打补丁、交换机启用 ARP 病毒防治功能等组合方式阻挡攻击并去除 ARP 病毒。

4.5　IPv6

4.5.1　考点分析

历年网络工程师考试试题涉及本部分的相关知识点有：IPv6 的书写规则、单播地址、IPv6 报头。

4.5.2　知识点精讲

IPv6（Internet Protocol Version 6）是 IETF 设计的用于替代现行 IPv4 的下一代 IP 协议。IPv6 的地址长度为 128 位，但通常写作 8 组，每组为 4 个十六进制数，如 2002:0db8:85a3:08d3:1319:8a2e:0370:7345 是一个合法的 IPv6 地址。

1. IPv6 的书写规则

（1）任何一个 16 位段中起始的 0 不必写出来；任何一个 16 位段如果少于 4 个十六进制的数字，就认为忽略了起始部分的数字 0。

例如，2002:0db8:85a3:08d3:1319:8a2e:0370:7345 的第 2、第 4 和第 7 段包含起始 0。使用简化规则，该地址可以书写为 2002:db8:85a3:8d3:1319:8a2e:370:7345。

注意：只有起始的 0 才能被忽略，末尾的 0 不能忽略。

（2）任何由全 0 组成的 1 个或多个 16 位段的单个连续字符串都可以用一个双冒号 "::" 来表示。

例如：2002:0:0:0:0:0:0:0001 可以简化为 2002::1。

注意：双冒号只能用一次。

2. 单播地址

单播地址用于表示单台设备的地址，发送到此地址的数据包被传递给标识的设备。单播地址和多播地址的区别在于高 8 位不同，多播地址的高 8 位总是十六进制的 FF。单播地址有以下几类：

（1）**全球单播地址**。全球单播地址是指这个单播地址是全球唯一的，其地址格式如图 4-5-1 所示。

48位	16位	64位
全球路由选择前缀	子网ID	接口ID

图 4-5-1　全球单播地址格式

当前分配的全球单播地址最高位为 001（二进制）。

（2）**链路本地单播地址**。链路本地单播地址在邻居发现协议等功能中很有用，该地址主要用于启动时及系统尚未获取较大范围的地址时，链路结点的自动地址配置。该地址的起始 10 位固定为 1111111010（FE80::/10）。

（3）任意播地址。任意播地址更像一种服务，而不是一台设备，并且相同的地址可以驻留在提供相同服务的一台或多台设备中。任意广播地址取自单播地址空间，而且在语法上不能与其他地址区别开来。寻址的接口依据其配置确定单播和任意广播地址之间的差别。使用任意播地址的好处是路由器总选择到达最近的或代价最低的服务器路由。因此，提供一些通用服务的服务器能够通过一个大型的网络进行传播，并且流量可以由本地传送到最近的服务器，这样可以将流量模型变得更加有效。

（4）组播地址。组播地址也称多播地址，多播地址标识不是一台设备，而是多台设备组成一个多播组。发送给一个多播组的数据包可以由单台设备发起。一个多播数据包通常包括一个单播地址作为它的源地址，一个多播地址作为它的目的地址。一个数据包中，多播地址从来不会作为源地址出现。IPv6 中的组播在功能上与 IPv4 中的组播类似：表现为一组接口可以同时接收某一类的数据流量。IPv6 的组播地址格式如图 4-5-2 所示。

8位	4位	4位	112位
多播前缀 （0xFF）	标记	范围	组ID

图 4-5-2　IPv6 的组播地址格式

组播分组前 8 比特设置为 1，十六进制值为 FF。接下来的 4 比特是地址生存期：0 是永久的，1 是临时的。接下来的 4 比特说明了组播地址范围（分组可以达到多远）：1 为结点、2 为链路、5 为站点、8 为组织、E 为全局（整个因特网）。

表 4-5-1 给出了 IPv6 高位数字代表的地址类型。

表 4-5-1　IPv6 地址类型

地址类型	高位数字（二进制）	高位数字（十六进制）
未指定	00…0	::/128
环回地址	00…1	::1/128
多播地址	11111111	FF00::/8
链路本地单播地址	1111111010	FE80::/10
全球单播地址（当前分配的）	001	2xxx::/4 或者 3xxx::/4
剩下作为未来全球单播地址分配		

3. IPv6 报头

图 4-5-3 给出了 IPv6 的数据报头结构。

图 4-5-3　IPv6 的数据报头结构

（1）版本号：4 位，IPv6 协议版本号为 6。

（2）流量类型：8 位，区分不同优先级、类型的 IPv6 报文，与 IPv4 的 ToS 字段类似，用于支持 QoS。

（3）数据流标签：20 位，用于标记需要 IPv6 路由器进行特殊处理的数据流，如保证有特定质量要求的音频、视频等实时数据的传输。

（4）有效负载长度：16 位，负载长度包括扩展头和上层 PDU。

（5）下一个报文头：8 位，标识当前报头或者扩展报头的下一个头部类型。每一个类型的扩展报头都有特定值。

（6）跳数限制：8 位，与 IPv4 的 TTL 字段类似。包每经过一次转发，该字段减 1，减到 0 时就把这个包丢弃。

（7）源地址、目的地址：均 128 位。

4.6　NAT

4.6.1　考点分析

历年网络工程师考试试题涉及本部分的相关知识点有：基本 NAT、NAPT。

4.6.2　知识点精讲

网络地址转换（Network Address Translation，NAT）将数据报文中的 IP 地址替换成另一个 IP 地址，一般是私有地址转换为公有地址来实现访问公网的目的。这种方式只需要占用较少的公网 IP 地址，有助减少 IP 地址空间的枯竭。传统 NAT 包括基本 NAT 和 NAPT 两大类。

1. 基本 NAT

NAT 设备配置多个公用的 IP 地址，当位于内部网络的主机向外部主机发起会话请求时，把内部地址转换成公用 IP 地址。如果内部网络中主机的数目不大于 NAT 所拥有的公开 IP 地址的数目，则可以保证每个内部地址都能映射到一个公开的 IP 地址，否则允许同时连接到外部网络的内部主机的数目受到 NAT 公开 IP 地址数量的限制。也可以使用静态映射的方式把特定内部主机映射为一个特定的全球唯一的地址，保证了外部对内部主机的访问。基本 NAT 可以看成一对一的转换。

基本 NAT 又可以分为静态 NAT 和动态 NAT。静态 NAT 中，内、外网 IP 地址映射是固定的；动态 NAT 中，内、外网 IP 地址映射是动态的。

2. NAPT

网络地址端口转换（Network Address Port Translation，NAPT）是 NAT 的一种变形，它允许多个内部地址映射到同一个公有地址上，也可称之为**多对一地址转换**或地址复用。NAPT 同时映射 IP 地址和端口号，来自不同内部地址的数据报的源地址可以映射到同一个外部地址，但它们的端口号被转换为该地址的不同端口号，因而仍然能够共享同一个地址，即 NAPT 出口数据报中的内网 IP 地址被 NAT 的公网 IP 地址代替，出口分组的端口被一个高端端口代替。外网进来的数据报根据对应关系进行转换。NAPT 将**内部的所有地址映射到一个外部 IP 地址**（也可以是少数外部 IP 地址），这样做的好处是**隐藏了内部网络的 IP 配置、节省了资源**。

第 5 学时　传输层

本学时主要学习传输层所涉及的重要知识点。传输层是 OSI 参考模型中的第四层，重要知识点围绕 TCP 和 UDP 协议展开。根据历年考试的情况来看，每次考试涉及相关知识点的分值在 2～5 分之间。传输层知识点的考查主要集中在基础知识考试中。本章考点知识结构图如图 5-0-1 所示。

图 5-0-1　考点知识结构图

5.1　TCP

5.1.1　考点分析

历年网络工程师考试试题涉及本部分的相关知识点有：面向连接服务和无连接服务、TCP。

5.1.2　知识点精讲

1. 面向连接服务和无连接服务

网络服务分为面向连接服务和无连接服务两种方式。

（1）面向连接服务。面向连接的服务是双方通信的前提，即先要建立一条通信线路，这个过程分为三步：建立连接、使用连接和释放连接。面向连接服务的工作方式与电话系统类似。其特点也是打电话必须经过建立拨号、通话和挂电话这三个过程。

数据传输过程前必须经过建立连接、使用连接和释放连接这三个过程；建立之后，一个虚拟的电话联系信道就建立了。当数据正式传输时，数据分组不需要再携带目的地址。面向连接需要通信之前建立连接，但是这种方式比较复杂，相对无连接的效率不高。

（2）无连接服务。无连接的服务就是通信双方不需要事先建立一条通信线路，而是把每个带有目的地址的数据包（数据分组）送到线路上，由系统选定路线进行传输。IP 协议和 UDP 协议就是一种无连接协议；邮政系统可以看成一个无连接的系统。

无连接收发双方之间通信时，其下层资源只需在数据传输时动态地进行分配，不需要预留。收发双方只有在传输数据时才处于激活状态。

无连接服务通信比较迅速、使用灵活、连接开销小，但是这种方式可靠性低，不能防止报文丢失、重复或失序。

2．TCP

传输控制协议（Transmission Control Protocol，TCP）是一种可靠的、面向连接的字节流服务。源主机在传送数据前需要先和目标主机建立连接。然后在此连接上，被编号的数据段按序收发。同时要求对每个数据段进行确认，这样保证了可靠性。如果在指定的时间内没有收到目标主机对所发数据段的确认，源主机将再次发送该数据段。

（1）TCP 的三种机制。TCP 建立在无连接的 IP 基础之上，因此使用了三种机制实现面向连接的服务。

1）使用序号对数据报进行标记。这种方式便于 TCP 接收服务在向高层传递数据之前调整失序的数据包。

2）TCP 使用确认、校验和定时器系统提供可靠性。当接收者按照顺序识别出数据报未能到达或发生错误时，接收者将通知发送者；当接收者在特定时间没有发送确认信息时，那么发送者就会认为发送的数据包并没有到达接收方，这时发送者就会考虑重传数据。

3）TCP 使用窗口机制调整数据流量。TCP 使用可变大小的滑动窗口协议可以减小因接收方缓冲区满而造成丢失数据报文的可能性，从而进行流量控制。

（2）TCP 报文首部格式。TCP 报文首部格式如图 5-1-1 所示。

源端口（16）						目的端口（16）	
序列号（32）							
确认号（32）							
报头长度（4）	保留（6）	标记				窗口大小（16）	
		URG	ACK	PSH	RST	SYN	FIN
校验和（16）						紧急指针（16）	
选项（长度可变）						填充	
TCP 报文的数据部分（可变）							

图 5-1-1　TCP 报文首部格式

- 源端口（Source Port）和目的端口（Destination Port）

这两个字段长度均为 16 位。TCP 协议通过使用端口来标识源端和目标端的应用进程，端口号取值范围为 0～65535。

- 序列号（Sequence Number）

该字段长度为 32 位。因此序号范围为 $[0, 2^{32}-1]$。序号值是进行 mod 2^{32} 运算的值，即序号值为最大值 $2^{32}-1$ 后，下一个序号又回到 0。

【例 5-1】本段数据的序号字段为 1024，该字段长 100 字节，则下一个字段的序号字段值应为 1124。这里序列号字段又称为**报文段序号**。

- 确认号（Acknowledgement Number）

该字段长度为 32 位。期望收到对方下一个报文段的第一个数据字段的序号。

【例 5-2】接收方收到了序号为 100、数据长度为 300 字节的报文，则接收方的确认号设置应为 400。

注意：如果确认号=N，则表示 N-1 之前（包含 N-1）的所有数据都已正确收到。

- 报头长度（Header Length）

报头长度又称为数据偏移字段，长度为 4 位，单位 32 位。没有任何选项字段的 TCP 头部长度为 20 字节，最多可以有 60 字节的 TCP 头部。

- 保留字段（Reserved）

该字段长度为 6 位，通常设置为 0。

- 标记（Flag）

该字段包含的字段有：紧急（URG）——紧急有效，需要尽快传送；确认（ACK）——建立连接后的报文回应，ACK 设置为 1；推送（PSH）——接收方应该尽快将这个报文段交给上层协议，无须等缓存满；复位（RST）——重新连接；同步（SYN）——发起连接；终止（FIN）——释放连接。

- 窗口大小（Window Size）

该字段长度为 16 位。因此序号范围为 $[0, 2^{16}-1]$。该字段用来进行流量控制，单位为字节，是作为接收方让发送方设置其发送窗口的依据。这个值是本机期望下一次接收的字节数。

- 校验和（Checksum）

该字段长度为 16 位，对整个 TCP 报文段（即 TCP 头部和 TCP 数据）进行校验和计算，并由目标端进行验证。

- 紧急指针（Urgent Pointer）

该字段长度为 16 位。它是一个偏移量，和序号字段中的值相加表示紧急数据最后一个字节的序号。

- 选项（Option）

该字段长度可变到 40 字节。可能包括窗口扩大因子、时间戳等选项。为保证报头长度是 32 位的倍数，因此还需要填充 0。

（3）TCP 建立连接。TCP 会话通过**三次握手**来建立连接。三次握手的目标是使数据段的发送和接收同步，同时也向其他主机表明其一次可接收的数据量（窗口大小）并建立逻辑连接。这三次握手的过程可以简述如下（双方通信之前均处于 **CLOSED** 状态）：

1）**第一次握手**。源主机发送一个同步标志位 SYN=1 的 TCP 数据段。此段中同时标明初始序号（Initial Sequence Number，ISN）。ISN 是一个随时间变化的随机值，即 **SYN=1，SEQ=**x。源主机进入 **SYN-SENT** 状态。

2）**第二次握手**。目标主机接收到 SYN 包后发回确认数据报文。该数据报文 ACK=1，同时确认序号字段表明目标主机期待收到源主机下一个数据段的序号，即 ACK=x+1（表明前一个数据段已收到且没有错误）。

此外，在此段中设置 SYN=1，并包含目标主机的段初始序号 y，即 **ACK=1，确认序号 ACK=**x**+1，SYN=1，自身序号 SEQ=**y。此时目标主机进入 **SYN-RCVD** 状态，源主机进入 **ESTABLISHED** 状态。

3）**第三次握手**。源主机再回送一个确认数据段，同样带有递增的发送序号和确认序号（**ACK=1，确认序号 ACK=**y**+1，自身序号 SEQ+1**），TCP 会话的三次握手完成。接下来，源主机和目标主机可以互相收发数据。三次握手的过程如图 5-1-2 所示。

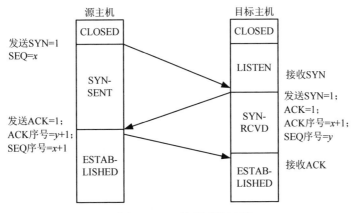

图 5-1-2　三次握手的过程

（4）TCP 释放连接。TCP 释放连接可以分为四步，具体过程如下（双方通信之前均处于 **ESTABLISHED** 状态）：

1）**第一步**：源主机发送一个释放报文（**FIN=1，自身序号 SEQ=**x），源主机进入 **FIN-WAIT** 状态。

2）**第二步**：目标主机接收报文后发出确认报文（**ACK=1，确认序号 ACK=**x**+1，自身序号 SEQ=**y），目标主机进入 **CLOSE-WAIT** 状态。此时，源主机停止发送数据，但是目标主机仍然可以发送数据，此时 TCP 连接为半关闭状态（**HALF-CLOSE**）。源主机接收到 ACK 报文后等待目标主机发出 FIN 报文，这可能会持续一段时间。

3）**第三步**：目标主机确定没有数据，向源主机发送后，发出释放报文（**FIN=1，ACK=1，确认序号 ACK=**x**+1，自身序号 SEQ=**z）。目标主机进入 **LAST-ACK** 状态。

注意：这里由于处于半关闭状态（HALF-CLOSE），目标主机还会发送一些数据，其序号不一定为 y+1，因此可设为 z。而且，目标主机必须重复发送一次确认序号 ACK=x+1。

4）**第四步**：源主机接收到释放报文后，对此发送确认报文（**ACK=1，确认序号 ACK=**z**+1，**

自身序号 SEQ=x+1），在等待一段时间确定确认报文到达后，源主机进入 **CLOSED** 状态。目标主机在接收到确认报文后，也进入 **CLOSED** 状态。释放连接的过程如图 5-1-3 所示。

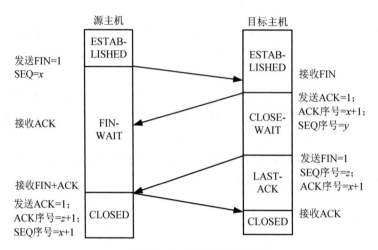

图 5-1-3   释放连接的过程

（5）TCP 拥塞控制。TCP 拥塞控制的概念是每个源端判断当前网络中有多少可用容量，从而知道它可以安全完成传送的分组数。拥塞控制就是防止过多的数据注入网络，避免网络中间设备（例如路由器）过载而发生拥塞。

注意：拥塞控制是一个全局性的过程，与流量控制不同，流量控制指点对点通信量的控制。

TCP 拥塞控制机制包括慢启动（Slow Start）、拥塞避免、快重传（Fast Retransmit）、快恢复（Fast Recovery）等。

1）慢启动与拥塞避免：又称慢开始。发送方维持的拥塞窗口是一个状态变量，网络拥塞程度动态决定 cwnd（congestion window）的值（网络出现拥塞，则 cwnd 值会调整小些；反之，则调整大些），发送方的发送窗口等于拥塞窗口，考虑到接收方的接收能力，发送窗口可能小于拥塞窗口。

慢启动的策略是，主机一开始发送大量数据，有可能引发网络拥塞，因此较好的可能是先探测一下，由小到大逐步增加拥塞窗口 cwnd 的大小。通常，在刚开始发送报文段时，cwnd 可设置为一个最大报文段 MSS 的数值。而在每收到一个对新报文段的确认后，将拥塞窗口增加至多一个报文（严格地说是增加一个 MSS 大小的字节）。这种方式下 cwnd 的值是逐步增加的。图 5-1-4 描述了慢启动的过程。

第一步：发送方设置 cwnd=1，并发送报文段 M_1，接收方接收后确认 M_1。

第二步：依据慢启动算法，发送方每收到一个新的报文确认（不计重传），则 cwnd 加 1。所以发送方接收 M_1 确认后，cwnd 由 1 变为 2，并发送报文段 M_2 和 M_3。接收方接受后发回对 M_2 和 M_3 的确认。

第三步：发送方接收到 M_2 和 M_3 确认后，cwnd 由 2 变为 4，并可以发送报文段 $M_4 \sim M_7$。由此可见，每经过 1 轮（就是 1 个往返时间 RTT），cwnd 值翻倍。

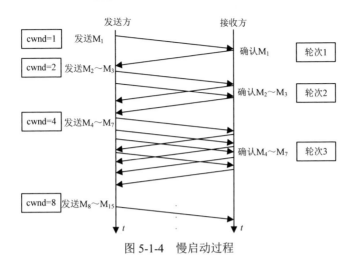

图 5-1-4　慢启动过程

慢启动的"慢"是指初始值小，但其 cwnd 增长是倍增的。由于 cwnd 倍增速度过快，因此需要使用一个**慢启动门限 ssthresh** 状态变量限制 cwnd 倍增。

①当 cwnd<ssthresh 时，使用慢启动算法。

②当 cwnd>ssthresh 时，改用拥塞避免算法。拥塞避免算法就是每经过 1 轮（就是 1 个往返时间 RTT），cwnd 值加 1，而不是倍增。

③当 cwnd=ssthresh 时，可任选慢启动与拥塞避免算法。

图 5-1-5 描述了慢启动与拥塞避免，控制 cwnd 增长，设定 ssthresh 阈值的过程和策略。

①TCP 连接初始化，cwnd 设为 1。设置 cwnd 增长的阈值 ssthresh=16。

②当 cwnd<ssthresh 时，执行多轮慢启动算法。

③当 cwnd=ssthresh=16 时，执行拥塞避免算法。拥塞窗口 cwnd 值线性增长。

④当 cwnd=24 时，突遇网络拥塞，出现超时。设置拥塞窗口 cwnd=1，增长的阈值 ssthresh=12（执行"乘法减小"，即出现超时的拥塞窗口值 24 的一半），并开始执行多轮慢启动算法。

"乘法减小"表示不管在慢启动阶段还是拥塞避免阶段，只要网络出现超时，慢启动的阈值 ssthresh 减半。

⑤当 cwnd=ssthresh=12 时，执行拥塞避免算法。拥塞窗口 cwnd 值线性增长。

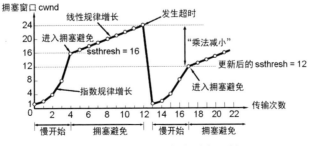

图 5-1-5　慢启动与拥塞避免示例

注意：拥塞避免并不能完全避免网络拥塞。

2）快重传和快恢复。快重传和快恢复是 TCP 拥塞控制机制中，为了进一步提高网络性能而设置的两个算法。

快重传规定：

①接收方在收到一个失序的报文段后就立即发出重复确认（目的是使发送方及早知道有报文段没有到达对方），而无须等到接收方发送数据时捎带确认。

②发送方只要收到三个连续重复确认就应当立即重传对方尚未收到的报文段，而无须等待设置的重传计时器的时间到期。

快重传示意图如图 5-1-6 所示。图中，接收方没有收到 M_3 而接收到了 M_4，出现了失序，因此重复发送三个重复的 M_2 确认；发送方接收到三个确认后，立刻重传报文 M_3。

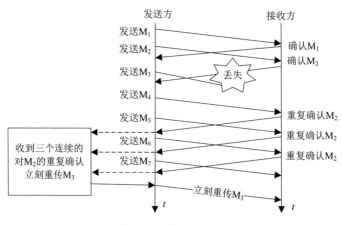

图 5-1-6　快重传示意图

快恢复算法是和快重传算法相配合的算法。快恢复算法要点为：当发送方连续收到三个重复的报文段确认时，慢启动阈值 ssthresh 减半，但之后并不执行慢启动算法，而是执行拥塞避免算法（拥塞窗口 cwnd 值线性增加）。执行过程如图 5-1-7 所示。快重传后使用快恢复的方式为"TCP Reno 版本"；而快重传后使用慢启动的方式为"TCP Tahoe 版本"，现在已经废弃不用。

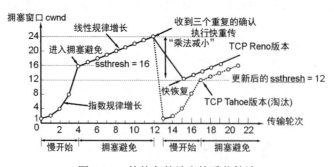

图 5-1-7　快恢复算法和快重传算法

3）随机早期检测（Random Early Detection，RED）。另一种 TCP 拥塞控制的方法是，预防性分组丢弃。即检测到网络拥塞的早期征兆时（路由器的平均队列长度超过一定的门限值），就用一定的概率 p 丢弃个别分组，从而避免网络全局拥塞，改进网络的性能。

早期，路由器采用尾部丢弃策略。但是这种方式下会出现两个问题：

①丢失分组必须重传，增加网络负担，导致 TCP 传输延时明显。

②全局同步现象。路由器的丢弃数据行为导致发送方出现超时重传，TCP 进入慢启动状态。这样一段时间内，网络通信量急剧下降；又因为许多 TCP 连接在大约同一时刻进入慢启动，它们也将在大约同一时刻脱离慢启动，而这将引起网络通信量的急剧上升，引发"盛宴与饥荒"的循环。这种情况的 TCP 术语为"全局同步"。

为了避免出现"全局同步"现象，路由器采用随机早期检测算法。RED 算法，路由器在输出缓存完全装满之前，就随机丢弃一个或多个分组，避免了发生全局性拥塞的现象，使得拥塞控制只是在个别的 TCP 连接上进行。

RED 算法中，路由器的队列维持两个参数，即队列长度最小门限 TH_{min} 和最大门限 TH_{max}。RED 对每一个到达的数据报都先计算平均队列长度 L_{AV}。

①若平均队列长度小于最小门限 TH_{min}，则将新到达的数据报放入队列进行排队。

②若平均队列长度超过最大门限 TH_{max}，则将新到达的数据报丢弃。

③若平均队列长度在最小门限 TH_{min} 和最大门限 TH_{max} 之间，则按照某一概率 p 将新到达的数据报丢弃。

这里需要注意的关键问题是最小门限 TH_{min}、最大门限 TH_{max} 和概率 p 的选择。

（6）TCP 协议的重传时间。TCP 可靠性的一个保证机制就是**超时重传**，而超时重传的核心是**重传超时时间的计算**。

计算超时重传时间的参数如下：

1）**往返时间（Round Trip Time，RTT）**：发送端发送一个数据包给对端，然后接收端返回一个 ACK。发送端计算出这个包来回所需的时间就是 RTT。

$$RTT=链路层的传播时间+端点协议栈的处理时间+中间设备的处理时间 \qquad (5-1-1)$$

RTT 前两个部分值相对固定，而中间设备处理时间（例如，路由器缓存排队时间）会随着网络拥塞程度的变化而变化，所以 RTT 的变化在一定程度上反映了网络的拥塞程度。

2）**加权平均往返时间（Smoothed RTT，RTTS）**：又称平滑往返时间，该时间是通过多次 RTT 的样本多次测量的结果。

其中，RTTS 的初始值=计算出来的第一个 RTT。之后，RTTS 计算公式如下：

$$新的 RTTS=(1-\alpha)\times(旧的 RTTS)+\alpha\times(新的 RTT 样本) \qquad (5-1-2)$$

根据 RFC 推荐 α 值为 1/8，这样计算的 RTTS 更加平滑。

3）**重传超时时间（Retransmission TimeOut，RTO）**：基于 RTT 计算出的一个定时器超时时间。RTO 的作用：发送方每发送一个 TCP 报文段，就开启一个**重传计时器**。当计时器超时还没有收到接收方的确认，就重传该报文段。RTO 计算公式如下：

$$RTO=RTTS+4\times RTTD \tag{5-1-3}$$

其中，RTTD 的初始值=1/2×RTT 样本值。之后，再计算 RTTD 时采用公式：

$$新的 RTTD=(1-\beta)\times(旧的 RTTD)+\beta\times|RTTS-新的 RTT 样本| \tag{5-1-4}$$

根据 RFC 推荐 β 值为 1/4。

（7）流量控制。TCP 协议的流量控制协议有"停止等待"协议、连续 AQR 协议、滑动窗口协议等。

攻克要塞软考研究团队提醒：数据链路层也有相似的流量控制机制。

1）"停止等待"协议就是发送方发送一个分组数据之后，停止发送，等待接收方的确认。确认完毕后，再发送下一分组数据。使用这种方式控制时，信道利用率较低。

2）连续 AQR 协议。连续 AQR 协议中，发送方维持一个固定大小的发送窗口，窗口内的所有分组数据可以连续发送，而**中途不需要等待**接收方确认。

图 5-1-8（a）阴影部分表示发送方的窗口，窗口大小为 3，表示此时发送方可以在不经确认的情况下，最多连续发送 3 个分组，分组编号为 1、2、3。

图 5-1-8（b）阴影部分表示发送方收到接收方对前面编号为 1 和 2 的两个分组确认时的发送方窗口，因为窗口大小固定为 3，此时发送窗口向前滑动了 2 格，表示发送方可以发送编号为 3、4、5 的 3 个分组。

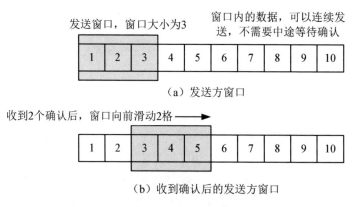

（a）发送方窗口

（b）收到确认后的发送方窗口

图 5-1-8 固定大小的窗口

3）滑动窗口协议。滑动窗口协议中，发送方和接收方各自都有一个可随通信状况变化的**滑动窗口**。根据窗口大小是否固定，滑动窗口协议可以分为**固定大小的滑动窗口协议和可变大小的滑动窗口协议**。

TCP 协议的流量控制采用的是可变大小的滑动窗口协议。TCP 报文头部中的"窗口"字段用于接收方指明接收缓冲区的大小，并成为发送方设置发送窗口大小的依据，从而实现流量控制。

5.2 UDP

5.2.1 考点分析

历年网络工程师考试试题涉及本部分的相关知识点有：UDP、端口。

5.2.2 知识点精讲

1. UDP

用户数据报协议（User Datagram Protocol，UDP）是一种不可靠的、无连接的数据报服务。源主机在传送数据前不需要和目标主机建立连接。数据附加了源端口号和目标端口号等 UDP 报头字段后，直接发往目的主机。这时，每个数据段的可靠性依靠上层协议来保证。在传送数据较少且较小的情况下，UDP 比 TCP 更加高效。

图 5-2-1 给出了 UDP 的头部结构。

源端口号（16 位）	目标端口号（16 位）
长度（16 位）	校验和（16 位）
数据	

图 5-2-1　UDP 的头部结构

- 源端口号字段

该字段长度为 16 位。作用与 TCP 数据段中的端口号字段相同，用来标识源端的应用进程。在需要对方回信时用，不需要时可用全 0。

- 目标端口号字段

该字段长度为 16 位。作用与 TCP 数据段中的端口号字段相同，用来标识目标端的应用进程。在目标交付报文时必须用到。

- 长度字段

该字段长度为 16 位。标明 UDP 头部和 UDP 数据的总长度字节。

- 校验和字段

该字段长度为 16 位。用来对 UDP 头部和 UDP 数据进行校验，有错就丢弃。和 TCP 不同的是，对 UDP 来说，此字段是可选项，而 TCP 数据段中的校验和字段是必须有的。

2. 端口

协议端口号（Protocol Port Number，Port）是标识目标主机进程的方法。TCP/IP 使用 16 位的端口号来标识端口，所以端口的取值范围为[0,65535]。

端口可以分为系统端口、登记端口、客户端使用端口。

（1）系统端口。该端口的取值范围为[0,1023]，常见协议号见表 5-2-1。

表 5-2-1　常见协议号

协议号	名称	功能
20	FTP-DATA	FTP 数据传输
21	FTP	FTP 控制
22	SSH	SSH 登录
23	TELNET	远程登录
25	SMTP	简单邮件传输协议
53	DNS	域名解析
67	DHCP	DHCP 服务器开启，用来监听和接收客户请求消息
68	DHCP	客户端开启，用于接收 DHCP 服务器的消息回复
69	TFTP	简单 FTP
80	HTTP	超文本传输
110	POP3	邮局协议
143	IMAP	交互式邮件存取协议
161	SNMP	简单网管协议
162	SNMP（trap）	SNMP Trap 报文

（2）登记端口。登记端口是为没有熟知端口号的应用程序使用的，端口范围为[1024,49151]，这些端口必须在 IANA 登记以避免重复。

（3）客户端使用端口。这类端口仅在客户进程运行时动态使用，使用完毕后，进程会释放端口。该端口范围为[49152,65535]。

QUIC（Quick UDP Internet Connections）协议是一种基于 UDP 的传输层协议。由 Google 开发，并于 2021 年 5 月被 IETF 推出标准版 RFC9000。QUIC 是基于不可靠的 UDP 协议实现可靠传输。QUIC 主要基于包号（PKN）和确认应答（SACK）机制。其中，数据包号是单调递增的。也就是说如果某次传输 PKN1,2,3 三个包，但是 PKN2 的包丢失，通过 SACK1 和 SACK3 确认应答，可以让发送方知道 PKN2 丢失，需要重传这个包，但是 PKN 号不再使用 2，而是单调递增，如使用 PKN4。之前发送的数据包（PKN=2）和重传的数据包（PKN=4），虽然数据一样，但包号不同。

由于包号是单调递增的，因此接收端必须通过数据偏移量（offset）保证数据的有序性，从而实现高效的可靠传输。

第 6 学时　应用层

本学时主要学习应用层所涉及的重要知识点。应用层是 OSI 参考模型中的最高层。根据历年考试的情况来看，每次考试涉及相关知识点的分值在 2~6 分之间。应用层知识的考查主要集中在基础知识考试中，而案例分析题考的则是这些知识点的应用配置，将在后面的章节中介绍。本章考点知识结构图如图 6-0-1 所示。

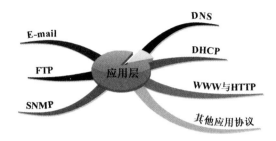

图 6-0-1　考点知识结构图

6.1　DNS

6.1.1　考点分析

历年网络工程师考试试题涉及本部分的相关知识点有：DNS 名字空间、域名服务器、资源记录、域名解析、DNS 通知。

6.1.2　知识点精讲

域名系统（Domain Name System，DNS）是把主机域名解析为 IP 地址的系统，解决了 IP 地址难记的问题。该系统是由解析器和域名服务器组成的。**DNS 主要基于 UDP 协议，较少情况下使用 TCP 协议，端口号均为 53。**域名系统由三部分构成：DNS 名字空间、域名服务器、DNS 客户机。

1. DNS 名字空间

DNS 系统属于分层式命名系统，即采用的命名方法是层次树状结构。连接在 Internet 上的主机或路由器都有一个唯一的层次结构名，即域名（Domain Name）。域名可以由若干个部分组成，每个部分代表不同级别的域名并使用“.”号分开。完整的结构为：**主机.….三级域名.二级域名.顶级域名.。**

注意：域名的每个部分不超过 63 个字符，整个域名不超过 255 个字符。顶级域名后的“.”号表示根域，通常可以不用写。

Internet 上域名空间的结构如图 6-1-1 所示。

（1）根域：根域处于 Internet 上域名空间结构树的最高端，是树的根，提供根域名服务。根域用“.”来表示。

（2）顶级域名（Top Level Domain，TLD）：顶级域名在根域名之下，分为三大类：国家顶级域名、通用顶级域名和国际顶级域名。常用域名见表 6-1-1。

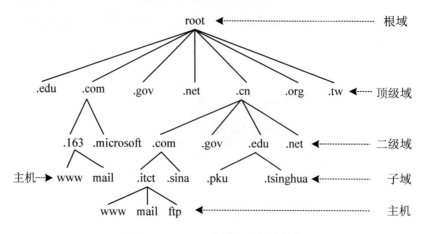

图 6-1-1   Internet 上域名空间的结构

表 6-1-1   常用域名

域名名称	作用
.com	商业机构
.edu	教育机构
.gov	政府部门
.int	国际组织
.mil	美国军事部门
.net	网络组织（如因特网服务商和维修商），现在任何人都可以注册
.org	非营利组织
.biz	商业
.info	网络信息服务组织
.pro	会计、律师和医生
.name	个人
.museum	博物馆
.coop	商业合作团体
.aero	航空工业
国家代码	国家（如 cn 代表中国）

（3）主机：属于最低层域名，处于域名树的叶子端，代表各类主机提供的服务。

2. 域名服务器

域名服务器运行模式为客户机/服务器模式（C/S 模式）。

（1）按域名空间层次，可以分为根域名服务器、顶级域名服务器、权限域名服务器、本地域名服务器，具体功能表 6-1-2。

表 6-1-2　按域名空间层次划分的服务器

名称	定义	作用
根域名服务器	最高层次域名服务器，该服务器保存了全球所有顶级域名服务器的 IP 地址和域名。全球有 100 多个	本地域名无法解析域名时，直接向根域名服务器请求
顶级域名服务器	管理本级域名（如.cn）上注册的所有二级域名	可以解析本级域名下的二级域名的 IP 地址；提交下一步所寻域名服务器地址
权限域名服务器	一个域可以分为多个区，每一个区都设置服务器，即权限服务器	该区域管理主机的域名和 IP 地址的映射、解析
本地域名服务器	主机发出的 DNS 查询报文最初送到的服务器	查询本地域名和 IP 地址的映射、解析。向上级域名服务器进行域名查询

（2）按域名服务器的作用，可以分为主域名服务器、辅域名服务器、缓存域名服务器、转发域名服务器，具体功能见表 6-1-3。

表 6-1-3　按作用划分的域名服务器

名称	定义	作用
主域名服务器	维护本区所有域名信息，信息存于磁盘文件和数据库中	提供本区域名解析，区内域名信息的权威。**具有域名数据库。一个域有且只有一个主域名服务器**
辅域名服务器	主域名服务器的备份服务器提供域名解析服务，信息存于磁盘文件和数据库中	主域名服务器备份，可进行域名解析的负载均衡。**具有域名数据库**
缓存域名服务器	向其他域名服务器进行域名查询，将查询结果保存在缓存中的域名服务器	改善网络中 DNS 服务器的性能，减少反复查询相同域名的时间，提高解析速度，节约出口带宽。**获取解析结果耗时最短，没有域名数据库**
转发域名服务器	负责**非本地和缓存中**无法查到的域名。接收域名查询请求，首先查询自身缓存，如果找不到对应的，则转发到指定的域名服务器查询	负责域名转发，由于转发域名服务器同样可以有缓存，因此可以减少流量和查询次数。**具有域名数据库**

3. 资源记录

DNS 数据库包括 DNS 服务器所使用的一个或多个区域文件，每个区域都拥有一组结构化的资源记录。资源记录的格式为：

[Domain] [TTL] [class] record-type record-specific-data

● Domain：资源记录引用的域对象名。可以是单台主机，也可以是整个域。Domain 字串用"."分隔，只要没有用一个"."标识结束，就与当前域有关系。

- TTL：生存时间记录字段。以秒为单位定义该资源记录中的信息存放在高速缓存中的时间长度。通常该字段为空，表示生存周期在授权资源记录开始中指定。
- class：指定网络的地址类。对于 TCP/IP 网络使用 IN。
- record-type：记录类型。标识这是哪一类资源记录，常见的资源记录见表 6-1-4。

表 6-1-4　常见的资源记录

资源记录名称	作用	举例（Windows 系统下的 DNS 数据库）
A	将 DNS 域名映射到 IPv4 的 32 位地址中	host1.itct.com.cn. IN A 202.0.0.10
AAAA	将 DNS 域名映射到 IPv6 的 128 位地址中	ipv6_ host2.itct.com.cn. IN AAAA 2002:0:1:2:3:4:567:89ab
CNAME	规范名资源记录，允许多个名称对应同一主机	aliasname.itct.com.cn. CNAME truename.itct.com.cn
MX	邮件交换器资源记录，其后的数字首选参数值（0～65535）指明与其他邮件交换服务器有关的邮件交换服务器的优先级。较低的数值被授予较高的优先级	example.itct.com.cn. MX 10 mailserver1.itct.com.cn
NS	域名服务器记录，指明该域名由哪台服务器来解析	example.itct.com.cn. IN NS nameserver1.itct.com.cn
PTR	指针，用于将一个 IP 地址映为一个主机名	202.0.0.10.in-addr.arpa. PTR host.itct.com.cn

- record-specific-data：指定与这个资源记录有关的数据。这个值是必要的。数据字段的格式取决于类型字段的内容。

4. 域名解析

域名解析就是将域名解析为 IP 地址。域名解析的方法分为递归查询和迭代查询。

（1）递归查询。递归查询为最主要的域名查询方式。主机有域名解析的需求时，首先查询本地域名服务器，如果成功，则由本地域名服务器反馈结果；如果失败，则查询上一级域名服务器，然后由上一级域名服务器完成查询。如图 6-1-2 所示是一个递归查询，表示主机 123.*abc.cn 要查询域名为 www.itct.com.cn 的 IP 地址。

（2）迭代查询。当主机有域名解析的需求时，首先查询本地域名服务器，如果成功，则由本地域名服务器反馈结果；如果失败，本地域名服务器则直接向根域名服务器发起查询请求，由其给出一个顶级域名服务器的 IP 地址 A.A.A.A；然后，本地域名服务器则直接向 A.A.A.A 顶级域名服务器发起查询请求，由其给出一个本地域名服务器（或者权限服务器）地址 B.B.B.B；如此迭代下去，直到得到结果 IP。如图 6-1-3 所示是一个迭代查询，表示主机 123.*abc.cn 要查询域名为 www.itct.com.cn 的 IP 地址。

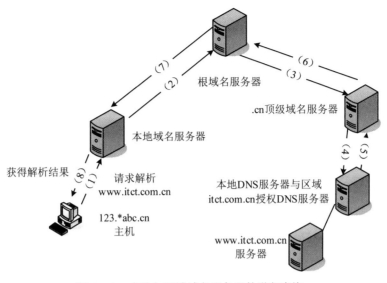

图 6-1-2　本地与区域域名服务器的递归查询

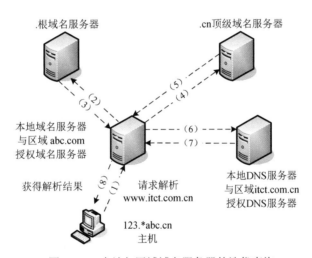

图 6-1-3　本地与区域域名服务器的迭代查询

　　在网络工程师考试中，常考的一个考点是客户端在进行 DNS 查询时的查询顺序。在部分 Linux 系统中，可以通过/etc/host.conf 中的配置 order hosts，bind 修改客户机查询的顺序。但是默认情况下，DNS 客户端先找 hosts 文件中的配置，然后再通过 DNS 查询。我们要知道具体的查找顺序：客户机先查找 DNS 缓存，只有在 DNS 缓存找不到时，才根据本机的配置确定是先查找 HOSTS 文件还是 DNS 服务器。

　　另外，稳定的 DNS 系统是保证网络正常运行的前提。网络管理员可以通过使用防火墙控制对 DNS 的访问、避免 DNS 的主机信息（HINFO）记录被窃取、限制区域传输等手段来加强 DNS 的安全。

5. DNS 通知

DNS 通知是一种安全机制，只有被通知的辅助服务器才能进行区域复制，以防止未授权的服务器非法区域复制。

DNS 通知是一种推进机制，辅助服务器能及时更新区域的信息。

6.2   DHCP

6.2.1   考点分析

历年网络工程师考试试题涉及本部分的相关知识点有：DHCP 基本知识、DHCP 工作过程、DHCP 管理。

6.2.2   知识点精讲

BOOTP 是最早的主机配置协议。动态主机配置协议（Dynamic Host Configuration Protocol，DHCP）则是在其基础之上进行了改良的协议，是一种用于简化主机 IP 配置管理的 IP 管理标准。通过采用 DHCP 协议，DHCP 服务器为 DHCP 客户端进行动态 IP 地址分配。同时 DHCP 客户端在配置时不必指明 DHCP 服务器的 IP 地址就能获得 DHCP 服务。当同一子网内有多台 DHCP 服务器时，在默认情况下，客户机采用最先到达的 DHCP 服务器分配的 IP 地址。

1. DHCP 基本知识

当需要跨越多个网段提供 DHCP 服务时，必须使用 **DHCP 中继代理**，就是在 DHCP 客户和服务器之间转发 DHCP 消息的主机或路由器。

DHCP 服务端使用 **UDP 的 67 号端**口来监听和接收客户请求消息，客户端使用 **UDP 的 68 号端**口接收来自 DHCP 服务器的消息回复。

在 Windows 系统中，在 DHCP 客户端无法找到对应的服务器、获取合法 IP 地址失败的前提下，获取的 IP 地址值为 **169.254.X.X**。

注意：Windows 2000 以前的系统在获取合法 IP 地址失败的前提下，获取的 IP 地址值为 **0.0.0.0**。

2. DHCP 工作过程

DHCP 的工作过程如图 6-2-1 所示。

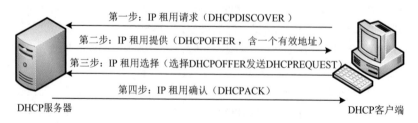

第一步：IP 租用请求（DHCPDISCOVER）
第二步：IP 租用提供（DHCPOFFER，含一个有效地址）
第三步：IP 租用选择（选择DHCPOFFER发送DHCPREQUEST）
第四步：IP 租用确认（DHCPACK）

DHCP服务器   DHCP客户端

图 6-2-1   DHCP 的工作过程

第 1 天

（1）DHCP 客户端发送 IP 租用请求。DHCP 客户机启动后发出一个 DHCPDISCOVER 广播消息，其封包的源地址为 0.0.0.0，目标地址为 255.255.255.255。

（2）DHCP 服务器提供 IP 租用服务。当 DHCP 服务器收到 DHCPDISCOVER 数据包后，通过 UDP 的 67 号端口给客户机回应一个 DHCPOFFER 信息，其中包含一个还没有被分配的有效 IP 地址。

（3）DHCP 客户端 IP 租用选择。客户机可能从不止一台 DHCP 服务器收到 DHCPOFFER 信息。客户机选择最先到达的 DHCPOFFER 并发送 DHCPREQUEST 消息包。

（4）DHCP 客户端 IP 租用确认。DHCP 服务器向客户机发送一个确认（DHCPACK）信息，信息中包括 IP 地址、子网掩码、默认网关、DNS 服务器地址以及 IP 地址的租约（默认为 8 天）。

（5）DHCP 客户端重新登录。获取 IP 地址后的 DHCP 客户端再重新联网，不再发送 DHCPDISCOVER，直接发送包含前次分配地址信息的 DHCPREQUEST 请求（此处还是使用广播）。DHCP 服务器收到请求后，如果该地址可用，则返回 DHCPACK 确认；否则发送 DHCPNACK 信息否认。收到 DHCPNACK 的客户端需要从第一步开始重新申请 IP 地址。

（6）更新租约。DHCP 服务器向 DHCP 客户机出租的 IP 地址一般都有一个租借期限，期满后，DHCP 服务器便会收回出租的 IP 地址。如果 DHCP 客户机要延长其 IP 租约，则必须更新其 IP 租约。DHCP 客户机启动及 IP 租约期限过一半时，DHCP 客户机都会自动向 DHCP 服务器发送更新其 IP 租约的信息。

3．DHCP 管理

由于用户不同，需要租约的 IP 地址时间就会不同。因此，分配的 IP 地址需要区别对待。如频繁变化的、出差的、使用远程访问的笔记本、移动设备，就只需要提供较短的租约时间。解决办法是：把所有使用 DHCP 协议获取 IP 地址的主机划分为不同的类别进行管理。

6.3　WWW 与 HTTP

6.3.1　考点分析

历年网络工程师考试试题涉及本部分的相关知识点有：WWW、HTTP。

6.3.2　知识点精讲

1．WWW

万维网（World Wide Web，WWW）是一个规模巨大、可以互联的资料空间。该资料空间的资源依靠 URL 进行定位，通过 HTTP 协议传送给使用者，又由 HTML 来进行文档的展现。由定义可以知道，WWW 的核心由三个主要标准构成：URL、HTTP、HTML。

（1）URL。统一资源标识符（Uniform Resource Locator，URL）是一个全世界通用的、负责给万维网上资源定位的系统。URL 由四个部分组成：

<协议>://<主机>:<端口>/<路径>

- <协议>：表示使用什么协议来获取文档，之后的 ":\//" 不能省略。常用协议有 HTTP、HTTPS、FTP。
- <主机>：表示资源主机的域名。
- <端口>：表示主机服务端口，有时可以省略。
- <路径>：表示最终资源在主机中的具体位置，有时可以省略。

（2）HTTP。超文本传送协议（HyperText Transport Protocol，HTTP）负责规定浏览器和服务器怎样进行互相交流。

（3）HTML。超文本标记语言（HyperText Markup Language，HTML）是用于描述网页文档的一种标记语言。

WWW 采用客户机/服务器的工作模式，工作流程具体如下：

1）用户使用浏览器或其他程序建立客户机与服务器的连接，并发送浏览请求。

2）Web 服务器接收到请求后返回信息到客户机。

3）通信完成后关闭连接。

2. HTTP

HTTP 是互联网上应用最为广泛的一种网络协议，该协议由万维网协会（World Wide Web Consortium，W3C）和 Internet 工作小组（Internet Engineering Task Force，IETF）共同提出。该协议使用 TCP 的 80 号端口提供服务。

（1）HTTP 工作过程。HTTP 是工作在客户/服务器（C/S）模式下、基于 TCP 的协议。客户端是终端用户，服务器端是网站服务器。

客户端通过使用 Web 浏览器、网络爬虫或其他工具，发起一个到服务器上指定端口（默认端口为 80）的 HTTP 请求。一旦收到请求，服务器向客户端发回响应消息，消息的内容可能是请求的文件、错误消息或一些其他信息。客户端请求和连接端口需大于 1024。

图 6-3-1 给出了客户端单击 http://www.itct.com.cn/net/index.html 所发生的事件。

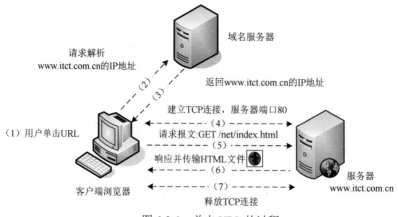

图 6-3-1　单击 URL 的过程

HTTP 使用 TCP 而不是 UDP 的原因在于，打开一个网页必须传送很多数据，而 TCP 协议提供传输控制，可以按顺序组织数据，并且期间可以对错序数据进行纠正。

（2）HTTP 报文。HTTP 报文分为请求报文和响应报文。

● 请求报文：客户端向服务器发送的报文。

● 响应报文：服务器应答客户端的报文。

常见的 HTTP 请求报文方法见表 6-3-1。

表 6-3-1　常见的 HTTP 请求报文方法

方法	意义
GET	请求读取 URL 标识的信息
HEAD	请求读取 URL 标识的信息的首部
POST	把消息（如注释）加载到指定网页上，没有 Read 方法
PUT	指明 URL 创建或修改资源，用于上传资源
DELETE	删除 URL 所指定的资源
OPTION	请求一些参数信息
TRACE	进行环回测试
CONNECT	用于代理服务器

（3）HTTP 1.1。Web 服务器往往访问压力较大，为了提高效率，HTTP 1.0 规定浏览器与服务器只保持短暂的连接，浏览器的每次请求都需要与服务器建立一个 TCP 连接，服务器完成请求处理后立即断开 TCP 连接，服务器不跟踪每个客户，也不记录过去的请求。

这样访问多图的网页就需要建立多个单独连接来请求与响应，每次连接只是传输一个文档和图像，上一次和下一次请求完全分离。客户端、服务器端的建立和关闭连接比较费事，会严重影响双方的性能。当网页包含 Applet、JavaScript、CSS 等，也会出现类似情况。

为了克服上述缺陷，HTTP 1.1 支持持久连接。即一个 TCP 连接上可以传送多个 HTTP 请求和响应，减少建立和关闭连接的消耗和延迟。一个包含多图像的网页文件的多个请求与应答可在同一个连接中传输。当然每个单独的网页文件的请求和应答仍然需要使用各自的连接。HTTP 1.1 还允许客户端不用等待上一次请求结果返回，就可以发出下一次请求，但服务器端必须按照接收到客户端请求的先后顺序依次回送响应结果，以保证客户端能够区分出每次请求的响应内容，这样也减少了整个下载所需的时间。

HTTP 1.1 还通过增加更多的请求头和响应头来改进和扩充功能。

（1）同一 IP 地址和端口号配置多个虚拟 Web 站点。HTTP 1.1 新增加 Host 请求头字段后，Web 浏览器可以使用主机头名来明确表示要访问服务器上的哪个 Web 站点，这样可以在一台 Web 服务器上用同一 IP 地址、端口号、不同的主机名来创建多个虚拟 Web 站点。

（2）实现持续连接。Connection 请求头的值为 Keep-Alive 时，客户端通知服务器返回本次请求结果后保持连接；Connection 请求头的值为 close 时，客户端通知服务器返回本次请求结果后关闭连接。

（3）HTTP 2.0。HTTP 2.0 兼容于 HTTP 1.X，同时大大提升了 Web 性能，进一步减少了网络延迟，减少了前端方面的优化工作。HTTP 2.0 采用了新的二进制格式，解决了多路复用（即连接共享）问题，可对 header 进行压缩，使用较为安全的 HPACK 压缩算法，重置连接表现更好，有一定的流量控制功能，使用更安全的 SSL。

6.4 E-mail

6.4.1 考点分析

历年网络工程师考试试题涉及本部分的相关知识点有：常见的电子邮件协议、邮件安全、邮件客户端。

6.4.2 知识点精讲

电子邮件（electronic mail，E-mail）又称电子信箱，昵称"伊妹儿"，是一种用网络提供信息交换的通信方式。通过网络，电子邮件系统可以用非常低廉的价格、以非常快速的方式与世界上任何一个角落的网络用户联系，邮件形式可以是文字、图像、声音等。

电邮地址的格式是：用户名@域名。

其中，@是英文 at 的意思。选择@的理由比较有意思，电子邮件的发明者汤姆林森给出的解释是："它在键盘上那么显眼的位置，我一眼就看中了它。"

电子邮件地址表示在某部主机上的一个使用者账号。

1. 常见的电子邮件协议

常见的电子邮件协议有：简单邮件传输协议、邮局协议和 Internet 邮件访问协议。

（1）简单邮件传输协议（Simple Mail Transfer Protocol，SMTP）。SMTP 主要负责底层的邮件系统如何将邮件从一台机器发送至另外一台机器。该协议工作在 TCP 协议的 25 号端口。

（2）邮局协议（Post Office Protocol，POP）。目前的版本为 POP3，POP3 是把邮件从邮件服务器中传输到本地计算机的协议。该协议工作在 TCP 协议的 110 号端口。

（3）Internet 邮件访问协议（Internet Message Access Protocol，IMAP）。目前的版本为 IMAP4，是 POP3 的一种替代协议，提供了邮件检索和邮件处理的新功能。用户可以完全不必下载邮件正文就可以看到邮件的标题和摘要，使用邮件客户端软件就可以对服务器上的邮件和文件夹目录等进行操作。IMAP 协议增强了电子邮件的灵活性，同时也减少了垃圾邮件对本地系统的直接危害，同时相对节省了用户查看电子邮件的时间。除此之外，IMAP 协议可以记忆用户在脱机状态下对邮件的操作（如移动邮件、删除邮件等），在下一次打开网络连接时会自动执行，该协议工作在 TCP 协议的 143 号端口。

2．邮件安全

电子邮件在传输中使用的是 SMTP 协议，它不提供加密服务，攻击者可以在邮件传输中截获数据。其中的文本格式和非文本格式的二进制数据（如.exe 文件）都可以轻松地还原。同时还存在发送的邮件是冒充的邮件、邮件误发送等问题。因此安全电子邮件的需求越来越强烈，安全电子邮件可以解决邮件的加密传输问题、验证发送者的身份验证问题、错发用户的收件无效问题。

PGP（Pretty Good Privacy）是一款邮件加密软件，可以对邮件保密以防止非授权者阅读，还能为邮件加上数字签名，从而使收信人可以确认邮件的发送者，并能确信邮件没有被篡改。PGP 采用了 **RSA 和传统加密的杂合算法、数字签名的邮件文摘算法**和加密前压缩等手段，功能强大、加/解密快且开源。PGP 具体工作过程如图 6-4-1 所示。

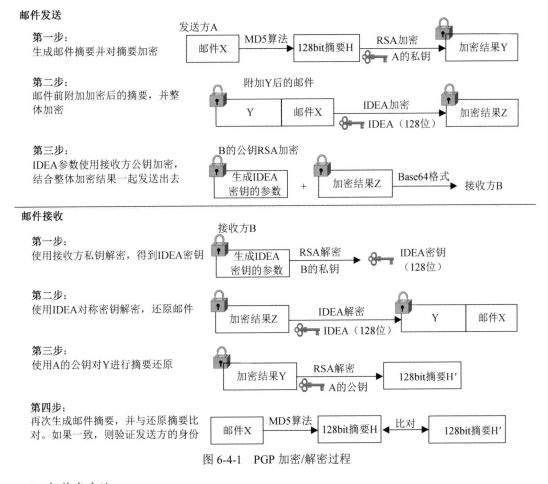

图 6-4-1　PGP 加密/解密过程

3．邮件客户端

常见的电子邮件客户端有 Foxmail、Outlook 等。在阅读邮件时，使用网页、程序、会话方式都有可能运行恶意代码。为了防止电子邮件中的恶意代码，应该用纯文本方式阅读电子邮件。

6.5　FTP

6.5.1　考点分析

历年网络工程师考试试题涉及本部分的相关知识点有：FTP、TFTP。

6.5.2　知识点精讲

1．FTP

文件传输协议（File Transfer Protocol，FTP）简称"文传协议"，用于在 Internet 上控制文件的双向传输。FTP 客户上传文件时，通过服务器 **20 号端口**建立的连接是建立在 TCP 之上的**数据连接**，通过服务器 **21 号端口**建立的连接是建立在 TCP 之上的**控制连接**。

FTP 协议有两种工作方式：主动式（PORT）和被动式（PASV）。**主动与被动是相对于服务器是否首先发起数据连接而言的。**

（1）主动式（PORT）。主动式（PORT）的连接过程：

1）当需要传输数据时，客户端从一个任意的非系统端口 N（$N \geqslant 1024$）连接到 FTP 服务器的 21 号端口（控制连接端口）。

2）客户端开始监听端口 $N+1$ 并发送 FTP 命令"Port $N+1$"到 FTP 服务器。

3）服务器会从 20 号数据端口向客户端指定的 $N+1$ 号端口发送连接请求，并建立一条数据链路来传送数据。

具体流程如图 6-5-1 所示。

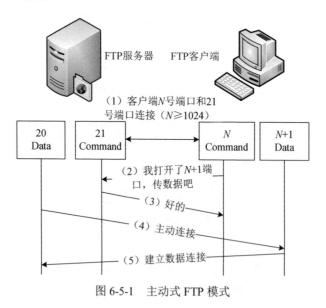

图 6-5-1　主动式 FTP 模式

　　（2）被动式（PASV）。在被动式 FTP 中，命令连接和数据连接都由客户端发起，这样就可以解决从服务器到客户端的数据端口的入方向连接被客户端所在网络防火墙过滤掉的问题。被动式（PASV）的连接过程：

　　1）当需要传输数据时，客户端从一个任意的非系统端口 N（$N \geq 1024$）连接到 FTP 服务器的 21 号端口（控制连接端口）。

　　2）客户端发送 PASV 命令，且服务器响应。

　　3）服务器开启一个任意的非系统端口 Y（$Y \geq 1024$）。

　　4）客户端从端口 $N+1$ 连接到 FTP 服务器的 Y 号端口。

　　具体流程如图 6-5-2 所示。

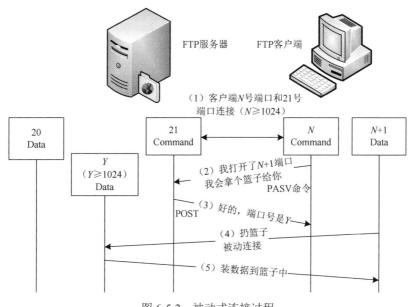

图 6-5-2　被动式连接过程

2．TFTP

　　简单文件传送协议（Trivial File Transfer Protocol，TFTP）的功能与 FTP 类似，是一个小而简单的文件传输协议，该协议基于 UDP 协议。一般用于路由器、交换机、防火墙配置文件传输。

6.6　SNMP

6.6.1　考点分析

　　历年网络工程师考试试题涉及本部分的相关知识点有：OSI 定义的网络管理、CMIS/CMIP、网络管理系统组成、SNMP、管理信息库、管理信息结构。

6.6.2 知识点精讲

网络管理是对网络进行有效而安全的监控、检查。网络管理的任务就是检测和控制。

1. OSI 定义的网络管理

OSI 定义的网络管理功能有以下五类。

（1）性能管理（Performance Management）。性能是在最少的网络资源和最小时延的前提下，网络能提供可靠、连续的通信能力。性能管理的功能有性能检测、性能分析、性能管理、性能控制。

（2）配置管理（Configuration Management）。用来定义、识别、初始化、监控网络中的被管对象，改变被管对象的操作特性，报告被管对象状态的变化。配置管理的功能有配置信息收集（信息包含设备地理位置、命名、记录，维护设备的参数表、及时更新，维护网络拓扑）和利用软件设置参数并配置硬件设备（设备初始化、启动、关闭、自动备份硬件配置文件）。

（3）故障管理（Fault Management）。故障管理是对网络中被管对象故障的检测、定位和排除。故障管理的功能有故障检测、故障告警、故障分析与定位、故障恢复与排除、故障预防。

（4）安全管理（Security Management）。保证网络不被非法使用。安全管理的功能有管理员身份认证、管理信息加密与完整性、管理用户访问控制、风险分析、安全告警、系统日志记录与分析、漏洞检测。

（5）计费管理（Accounting Management）。记录用户使用网络资源的情况并核收费用，同时也统计网络的利用率。计费管理的功能有账单记录、账单验证、计费策略管理。

2. CMIS/CMIP

公共管理信息服务/协议（Common Management Information Service/Protocol，CMIS/CMIP）是 OSI 提供的网络管理协议簇。CMIS 定义了每个网络组成部件提供的网络管理服务，CMIP 则是实现 CMIS 服务的协议。

3. 网络管理系统组成

网络管理系统由以下四个要素组成：

（1）管理站（Network Manager）。管理站是位于网络系统主干或者靠近主干的工作站，是网络管理系统的核心，负责管理代理和管理信息库，定期查询代理信息，确定独立的网络设备和网络状态是否正常。

（2）代理（Agent）。代理又称为管理代理，位于被管理设备内部。负责收集被管理设备的各种信息和响应管理站的命令或请求，并将其传输到 MIB 数据库中。代理所在地设备可以是网管交换机、服务器、网桥、路由器、网关及任何合法结点的计算机。

（3）管理信息库（Management Information Base，MIB）。相当于一个虚拟数据库，提供有关被管理网络各类系统和设备的信息，属于分布式数据库。

（4）网络管理协议。用于管理站和代理之间传递、交互信息。常见的网管协议有 SNMP 和 CMIS/CMIP。

网管站通过 SNMP 向被管设备的网络管理代理发出各种请求报文，代理则在接收这些请求后完成相应的操作，可以把自身信息主动通知给网管站。

网络管理各要素的组成结构如图 6-6-1 所示。

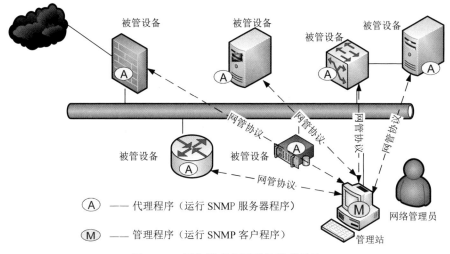

图 6-6-1　网络管理各要素的组成结构

在 SNMPv3 中把管理站和代理统一叫作 SNMP 实体。SNMP 实体由一个 SNMP 引擎和一个或多个 SNMP 应用程序组成。

4. SNMP

简单网络管理协议（Simple Network Management Protocol，SNMP）是在应用层上进行网络设备间通信的管理协议，可以进行网络状态监视、网络参数设定、网络流量统计与分析、发现网络故障等。SNMP 基于 UDP 协议，**是一组标准，由 SNMP 协议、管理信息库（MIB）和管理信息结构（SMI）组成。**

（1）SNMP PDU。SNMP 规定了五个重要的协议数据单元（Protocol Data Unit，PDU），也称为 SNMP 报文。SNMP 报文可以分为从管理站到代理的 SNMP 报文和从代理到管理站的 SNMP 报文（SNMP 报文建议不超过 484 个字节）。常见的 SNMP 报文见表 6-6-1。

表 6-6-1　常见的 SNMP 报文

从管理站到代理的 SNMP 报文		从代理到管理站的 SNMP 报文
从一个数据项取数据	把值存储到一个数据项	
Get-Request（从代理进程处提取一个或多个数据项）	**Set-Request**（设置代理进程的一个或多个数据项）	**Get-Response**（这个操作是代理进程作为对 **Get-Request**、**Get-Next-Request**、**Set-Request** 的响应）
Get-Next-Request（从代理进程处提取一个或多个数据项的下一个数据项）		**Trap**（代理进程主动发出的报文，通知管理进程有某些事件发生）

SNMP 协议实体发送请求和应答报文的默认端口号是 161，SNMP 代理发送陷阱报文（Trap）的默认端口号是 162。

目前 SNMP 有 SNMPv1、SNMPv2、SNMPv3 三个版本。各版本的特点见表 6-6-2。

表 6-6-2　各版本 SNMP 的特点

版本	特点
SNMPv1	易于实现、**使用团体名认证**（属于同一团体的管理站和被管理站才能互相作用）
SNMPv2	可以实现**分布和集中**两种方式的管理；**增加管理站之间的信息交换**；改进管理信息机构（可以高效获取大量数据的 GetBulk 操作，可收到响应报文的 Inform 操作）；增加多协议支持；引入了信息模块的概念（**模块有 MIB 模块、MIB 的依从性声明模块、代理能力说明模块**）
SNMPv3	模块化设计，提供安全的支持，**基于用户的安全模型**

（2）SNMPv2 接收报文和发送报文。在 SNMPv2 中，一个实体接收到一个报文一般经过以下四个步骤：

1）对报文进行语法检查，丢弃出错的报文。

2）把 SNMP 报文部分、源端口号和目标端口号交给认证服务。如果认证失败，发送一个陷阱，丢弃报文。

3）如果认证通过，则把 SNMP 报文转换成 ASN.1 的形式。

4）协议实体对 SNMP 报文做语法检查。如果通过检查，则根据团体名和适当的访问策略作相应的处理。

在 SNMPv2 中，一个实体发送一个报文一般经过以下四个步骤：

1）根据要实现的协议操作构造 SNMP 报文。

2）把 SNMP 报文、源端口地址和目标端口地址及要加入的团体名传送给认证服务，认证服务产生认证码或对数据进行加密，返回结果。

3）加入版本号和团体名构造报文。

4）进行 BER 编码，产生 0/1 比特串并发送出去。

（3）SNMPv3 安全分类。在 SNMPv3 中共有两类安全威胁是一定要提供防护的：主要安全威胁和次要安全威胁。

1）主要安全威胁。主要安全威胁有两种：修改信息和假冒。修改信息是指擅自修改 SNMP 报文，篡改管理操作，伪造管理对象；假冒就是冒充用户标识。

2）次要安全威胁。次要安全威胁有两种：修改报文流和消息泄露。修改报文流可能出现乱序、延长、重放的威胁；消息泄露则可能造成 SNMP 之间的信息被窃听。

另外有两种服务不被保护或者无法保护：拒绝服务和通信分析。

（4）SNMP 轮询监控。SNMP 采用轮询监控方式，管理者按一定时间间隔向代理获取管理信息，并根据管理信息判断是否有异常事件发生。当管理对象发生紧急情况时，可以使用名为 Trap

信息的报文主动报告。轮询监控的主要优点是对代理资源要求不高，缺点是管理通信开销大。SNMP 的基本功能包括网络性能监控、网络差错检测和网络配置。

假定在 SNMP 网络管理中，轮询周期为 N，单个设备轮询时间为 T，网络没有拥塞，则

$$支持的设备数\ X = \frac{轮询周期 N}{单个设备轮询时间 T} \tag{6-6-1}$$

例如，某局域网采用 SNMP 进行网络管理，所有被管设备在每 15 分钟内轮询一次，网络没有明显拥塞，单个轮询时间为 0.4s，则该管理站最多可支持 $X = N/T = (15 \times 60) \div 0.4 = 2250$ 个设备。

5. 管理信息库（Management Information Base，MIB）

MIB 指定主机和路由器等被管设备需要保存的数据项和可以对这些数据项进行的操作。换句话说，就是只有在 MIB 中的对象才能被 SNMP 管理。目前使用的是 MIB-2，常见的 MIB-2 信息见表 6-6-3。

表 6-6-3　常见的 MIB-2 信息

类别（标号）	描述
system（1）	主机、路由器操作系统
interface（2）	网络接口信息
Address translation（3）	地址转换（已经废弃多年）
ip（4）	IP 信息
icmp（5）	ICMP 信息
tcp（6）	TCP 信息
udp（7）	UDP 信息
egp（8）	EGP 信息
cmot（9）	CMOT 信息（废弃多年）

每个 MIB-2 信息下面包含若干个 MIB 变量，如 system 组下的 sysuptime 表示距上次启动的时间，ip 组下的 ipDefaultTTL 表示 IP 在生存时间字段的值。SNMP MIB 中被管对象的访问方式有**只读、读写、只写和不可访问**四种，不包括可执行。

6. 管理信息结构（Structure of Management Information，SMI）

SMI 定义了命名管理对象和定义对象类型（包括范围和长度）的通用规则，以及把对象和对象的值进行编码的规则。SMI 的功能：命名被管理对象、存储被管对象的数据类型、编码管理数据。

SMI 规定，所有被管对象必须在对象命名树（Object Naming Tree）上，如图 6-6-2 所示为对象命名树的一部分。图中结点 IP 下名为 ipInReceives 的 MIB 变量名字全称为 iso.org.dod.internet.mgmt.mib.ip.ipInReceives，对应数值为 1.3.6.1.2.1.4.3。

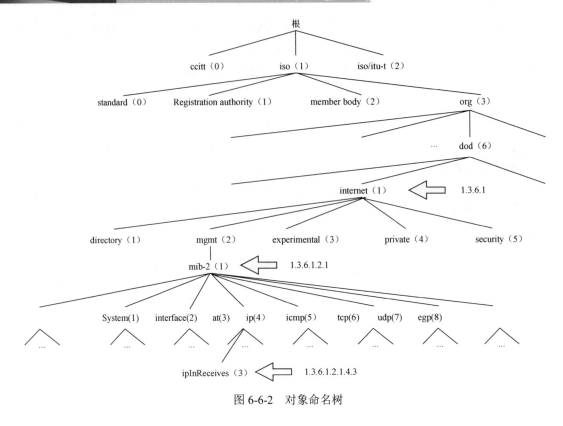

图 6-6-2　对象命名树

6.7　其他应用协议

6.7.1　考点分析

历年网络工程师考试试题涉及本部分的相关知识点有：Telnet、代理服务器、SSH、VoIP。

6.7.2　知识点精讲

1. Telnet

TCP/IP 终端仿真协议（TCP/IP Terminal Emulation Protocol，Telnet）是一种基于 TCP 的虚拟终端通信协议，端口号为 23。Telnet 采用客户端/服务器的工作方式，采用网络虚拟终端（Net Virtual Terminal，NVT）实现客户端和服务器的数据传输，可以实现远程登录、远程管理交换机和路由器。

2. 代理服务器

代理服务器（Proxy Server）处于客户端和需要访问的网络之间，客户向网络发送信息和接收信息均通过代理服务器转发而实现。代理服务器的优点有：共享 IP 地址、缓存功能提高访问速度、信息转发、过滤和禁止某些通信、提升上网效率、隐藏内部网络细节，以提高安全性、监控用户行为、避免来自 Internet 上病毒的入侵、提高访问某些网站的速度、突破对某些网站的访问限制。

3. SSH

传统的网络服务程序（如 FTP、POP 和 Telnet）本质上都是不安全的，因为它们在网络上用明文传送数据、用户账号和用户口令，很容易受到中间人（man-in-the-middle）攻击方式的攻击，即存在另一个人或一台机器冒充真正的服务器接收用户传给服务器的数据，然后再冒充用户把数据传给真正的服务器。

安全外壳协议（Secure Shell，SSH）是目前较可靠、专为远程登录会话和其他网络服务提供安全性的协议。由 IETF 的网络工作小组（Network Working Group）所制定，是创建在应用层和传输层基础上的安全协议。

利用 SSH 协议可以有效防止远程管理过程中的信息泄露问题。通过 SSH 可以对所有传输的数据进行加密，也能够防止 DNS 欺骗和 IP 欺骗。

SSH 的另一个优点是其传输的数据是经过压缩的，所以可以加快传输的速度。SSH 有很多功能，既可以代替 Telnet，又可以为 FTP、POP 甚至 PPP 提供一个安全的"通道"。

4. VoIP

VoIP（Voice over Internet Protocol）就是将模拟声音信号数字化，通过数据报在 IP 数据网络上做实时传递。VoIP 可以在 IP 网络上便宜地传送语音、传真、视频和数据等业务，如统一消息、虚拟电话、虚拟语音/传真邮箱、查号业务、Internet 呼叫中心、Internet 呼叫管理、电视会议、电子商务、传真存储转发和各种信息的存储转发等。

第2天
夯实基础，再学理论

通过第 1 天的学习，您应当对网络工程师考试的体系结构和基础知识脉络有了一个整体上的把握，而且应当也找出了自己的弱点在哪里。学习了 7 层模型各层上的重要知识点和关键知识之后，第 2 天就该学习有一定难度的理论知识了。您应当掌握这些基础知识点并学会分析解题，在各个分知识点中还会涉及一些计算题和综合理解题。

第 2 天学习的知识点包括网络安全、无线基础知识、存储技术基础、网络规划与设计、计算机硬件知识、计算机软件知识。

第 1 学时　网络安全

本学时主要学习安全相关的重要知识点。安全是历年考试的重点，根据历年考试的情况来看，每次考试涉及相关知识点的分值在 2～6 分之间，网络安全知识的考查主要集中在基础知识中。而案例分析题的考查则是这些知识点的应用配置，这将在后面的章节中介绍。本学时考点知识结构图如图 7-0-1 所示。

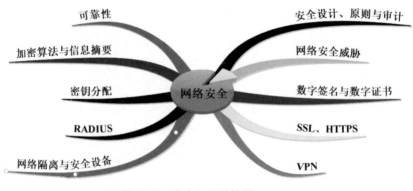

图 7-0-1　考点知识结构图

7.1 安全设计、原则与审计

7.1.1 考点分析

历年网络工程师考试试题涉及本部分的相关知识点有：网络安全设计原则、网络安全体系设计、安全审计、信息安全的五要素、安全等级保护。

7.1.2 知识点精讲

1. 网络安全设计原则

网络安全设计是保证网络安全运行的基础，网络安全设计有以下基本设计原则：

（1）充分、全面、完整地对系统的安全漏洞和安全威胁等各类因素进行分析、评估和检测是设计网络安全系统的必要前提条件。

（2）强调安全防护、监测和应急恢复。要求在网络发生被攻击的情况下，必须尽快恢复网络信息中心的服务，减少损失。

（3）网络安全的"木桶原则"强调对信息均衡、全面地进行保护。木桶的最大容积取决于最短的一块木板，**因此系统安全性取决于最薄弱模块的安全性**。

（4）良好的等级划分是实现网络安全的保障。

（5）网络安全应以不影响系统的正常运行和合法用户的操作活动为前提。

（6）考虑安全问题应考虑安全与保密系统的设计要与网络设计相结合，同时要兼顾性能价格的平衡。

网络安全设计原则还有易操作性原则、动态发展原则、技术与管理相结合原则。

2. 网络安全体系设计

网络安全体系设计可按层次分为物理环境安全、操作系统安全、网络安全、应用安全、管理安全等多个方面，各类涉及的内容见表 7-1-1。

表 7-1-1 网络安全体系设计内容

分类	层次	手段
物理环境安全	物理层安全	线路安全（备份、管理）、设备安全（备份、备件、抗干扰）、机房安全（温度、湿度、电源、烟监控、除尘设施、防盗、防雷）
操作系统安全	系统层安全	网络操作系统自身安全（系统漏洞补丁、访问控制、身份认证）、系统安全正确配置、防范病毒、防范木马、数据库容灾
网络安全	网络层安全	基于网络层的资源访问控制、基于网络层的身份验证、路由安全性
应用安全	应用层安全	各类应用软件和数据的安全（如数据库容灾）
管理安全	网络管理层安全	建立安全管理制度、加强人员管理

3. 安全审计

安全审计是一个新概念，指由专业审计人员根据有关的法律法规、财产所有者的委托和管理当局的授权对计算机网络环境下的有关活动或行为进行系统的、独立的检查验证，并做出相应评价。

安全审计分为四个基本要素：

（1）控制目标：企业根据具体的计算机应用，结合单位实际制定出的安全控制要求。

（2）安全漏洞：系统的安全薄弱环节，容易被干扰或破坏的地方。

（3）控制措施：企业为实现其安全控制目标所制定的安全控制技术、配置方法及各种规范制度。

（4）控制测试：将企业的各种安全控制措施与预定的安全标准进行一致性比较，确定各项控制措施是否存在、是否得到执行、对漏洞的防范是否有效，评价企业安全措施的可依赖程度。

4. 信息安全的五要素

信息安全的基本要素主要包括五个方面：

（1）机密性：保证信息不泄露给未经授权的进程或实体，只供授权者使用。

（2）完整性：信息只能被得到允许的人修改，并且能够被判别该信息是否已被篡改过。同时一个系统也应该按其原来规定的功能运行，不被非授权者操纵。

（3）可用性：只有授权者才可以在需要时访问该数据，而非授权者应被拒绝访问数据。

（4）可控性：可控制数据流向和行为。

（5）可审查性：出现问题有据可循。

另外，有人将五要素进行了扩展，增加了可鉴别性和不可抵赖性。

● 可鉴别性：网络应对用户、进程、系统和信息等实体进行身份鉴别。

● 不可抵赖性：数据的发送方与接收方都无法对数据传输的事实进行抵赖。

5. 安全等级保护

网络安全等级保护是指对国家秘密信息、法人和其他组织及公民的专有信息以及公开信息和存储、传输、处理这些信息的信息系统分等级实行安全保护，对信息系统中使用的信息安全产品实行按等级管理，对信息系统中发生的信息安全事件分等级响应、处置。

等级保护中的安全等级划分，主要是根据**受侵害的客体**和**对客体的侵害程度**来划分的。

等级保护工作可以分为五个阶段，分别是**定级、备案、等级测评、安全整改、监督检查**。

其中，定级的流程可以分为五步，分别是**确定定级对象、用户初步定级、组织专家评审、行业主管部门审核、公安机关备案审核**。

等级保护相关政策的考点主要是《信息安全等级保护管理办法》（公通字〔2007〕43 号），考查过的条款有：

第七条　信息系统的安全保护等级分为以下五级：

第一级，信息系统受到破坏后，会对公民、法人和其他组织的合法权益造成损害，但不损害国家安全、社会秩序和公共利益。

第二级，信息系统受到破坏后，会对公民、法人和其他组织的合法权益产生严重损害，或者对社会秩序和公共利益造成损害，但不损害国家安全。

第三级，信息系统受到破坏后，会对社会秩序和公共利益造成严重损害，或者对国家安全造成损害。

第四级，信息系统受到破坏后，会对社会秩序和公共利益造成特别严重损害，或者对国家安全造成严重损害。

第五级，信息系统受到破坏后，会对国家安全造成特别严重损害。

第十四条　信息系统建设完成后，运营、使用单位或者其主管部门应当选择符合本办法规定条件的测评机构，依据《信息系统安全等级保护测评要求》等技术标准，定期对信息系统安全等级状况开展等级测评。**第三级信息系统应当每年至少进行一次等级测评，第四级信息系统应当每半年至少进行一次等级测评**，第五级信息系统应当依据特殊安全需求进行等级测评。

信息系统运营和使用单位及其主管部门应当定期对信息系统安全状况、安全保护制度及措施的落实情况进行自查。**第三级信息系统应当每年至少进行一次自查，第四级信息系统应当每半年至少进行一次自查，第五级信息系统应当依据特殊安全需求进行自查。**

经测评或者自查，信息系统安全状况未达到安全保护等级要求的，运营、使用单位应当制定方案进行整改。

7.2　可靠性

7.2.1　考点分析

历年网络工程师考试试题涉及本部分的相关知识点有：系统可靠性涉及的概念、系统可靠性。

7.2.2　知识点精讲

系统可靠性是系统在规定的时间、环境下，持续完成规定功能的能力，就是系统无故障运行的概率。

1. 系统可靠性涉及的概念

（1）平均无故障时间（Mean Time to Failure，MTTF）。MTTF 指系统无故障运行的平均时间，取所有从系统开始正常运行到发生故障之间的时间段的平均值。

（2）平均修复时间（Mean Time to Repair，MTTR）。MTTR 指系统从发生故障到维修结束之间的时间段的平均值。

（3）平均失效间隔（Mean Time Between Failure，MTBF）。MTBF 指系统两次故障发生时间之间的时间段的平均值。

三者关系如图 7-2-1 所示。

平均无故障时间：$MTTF=\sum T1/N$

平均修复时间：$MTTR=\sum (T2+T3)/N$

平均失效间隔：$MTBF=\sum (T2+T3+T1)/N$

三者之间的关系：$MTBF=MTTF+MTTR$　　　　　　　　　(7-2-1)

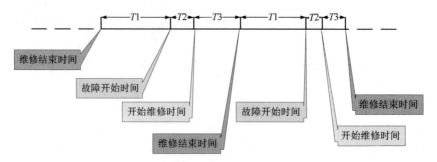

图 7-2-1　MTTF、MTTR 和 MFBF 的关系图

（4）失效率。单位时间内失效元件和元件总数的比率，用 λ 表示。

$$MTBF=1/\lambda \qquad (7\text{-}2\text{-}2)$$

2. 系统可靠性

系统可靠性是系统正常运行的概率，通常用 R 表示，可靠性和失效率的关系如下：

$$R=e^{-\lambda} \qquad (7\text{-}2\text{-}3)$$

系统可以分为串联系统、并联系统和模冗余系统。

（1）串联系统：由 n 个子系统串联而成，一个子系统失效，则整个系统失效。具体结构如图 7-2-2（a）所示。

（2）并联系统：由 n 个子系统并联而成，n 个系统互为冗余，只要有一个系统正常，则整个系统正常。具体结构如图 7-2-2（b）所示。

（3）模冗余系统：由 n 个系统和一个表决器组成，通常表决器是视为永远不会坏的，以多数相同结果的输出作为系统输出。具体结构如图 7-2-2（c）所示。

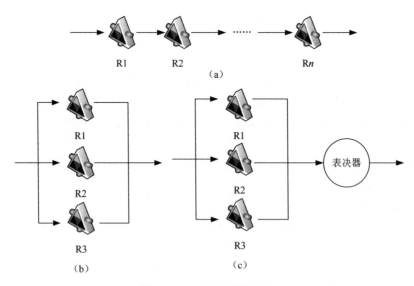

图 7-2-2　系统可靠性模型

系统可靠性和失效率见表 7-2-1。

表 7-2-1　可靠性和失效率计算

	可靠性	失效率
串联系统	$\prod_{i=1}^{n} R_i$	$\sum_{i=1}^{n} \lambda_i$
并联系统	$R = 1 - \prod_{i=1}^{n}(1 - R_i)$	$\dfrac{1}{\dfrac{1}{\lambda}\sum_{j=1}^{n}\dfrac{1}{j}}$
模冗余系统	$R = \sum_{i=n+1}^{m} C_m^i \times R^i \times (1-R)^{m-i}$	

7.3　网络安全威胁

7.3.1　考点分析

历年网络工程师考试试题涉及本部分的相关知识点有：安全攻击类型，病毒、蠕虫、木马、僵尸网络、DoS、DDoS、垃圾邮件。

7.3.2　知识点精讲

1．安全攻击类型

网络攻击是以网络为手段窃取网络上其他计算机的资源或特权、对其安全性或可用性进行破坏的行为。安全攻击依据攻击特征可以分为四类，具体见表 7-3-1。

表 7-3-1　安全攻击类型

类型	定义	攻击的安全要素
中断	攻击计算机或网络系统，使得其资源变得不可用或不能用	可用性
窃取	访问未授权的资源	机密性
篡改	截获并修改资源内容	完整性
伪造	伪造信息	真实性

常见的网络攻击有很多，如连续不停 Ping 某台主机、发送带病毒和木马的电子邮件、暴力破解服务器密码等，也有类似有危害但不是网络攻击的（如向多个邮箱群发一封电子邮件）；又如重放攻击，通过发送目的主机已经接收过的报文来达到攻击目的。

2．病毒、蠕虫、木马、僵尸网络、DoS、DDoS、垃圾邮件

（1）定义。

计算机病毒：是一段附着在其他程序上的、可以自我繁殖的、有一定破坏能力的程序代码。复制后的程序仍然具有感染和破坏的功能。

蠕虫：是一段可以借助程序自行传播的程序或代码。

木马：是利用计算机程序漏洞侵入后窃取信息的程序，这个程序往往伪装成善意的、无危害的程序。

僵尸网络（Botnet）：是指采用一种或多种传播手段使大量主机感染 bot 程序（僵尸程序），从而在控制者和被感染主机之间形成的一个可以一对多控制的网络。

拒绝服务（Denial of Service，DoS）：利用大量合法的请求占用大量网络资源，以达到瘫痪网络的目的。例如，驻留在多个网络设备上的程序在短时间内同时产生大量的请求消息冲击某 Web 服务器，导致该服务器不堪重负，无法正常响应其他合法用户的请求，这种形式的攻击就称为 DoS 攻击。又如，TCP SYN Flooding 建立大量处于半连接状态的 TCP 连接就是一种使用 SYN 分组的 DoS 攻击。

分布式拒绝服务攻击（Distributed Denial of Service，DDoS）：很多 DoS 攻击源一起攻击某台服务器就形成了 DDoS 攻击。常见防范 DoS 和 DDoS 的方式有：根据 IP 地址对数据包进行过滤、为系统访问提供更高级别的身份认证、使用工具软件检测不正常的高流量，由于这种攻击并不在被攻击端植入病毒，因此安装防病毒软件无效。

垃圾邮件：未经用户许可就强行发送到用户邮箱中的任何电子邮件。

（2）各类恶意代码的命名规则。

恶意代码的一般命名格式为：恶意代码前缀.恶意代码名称.恶意代码后缀。

恶意代码前缀是根据恶意代码特征起的名字，具有相同前缀的恶意代码通常具有相同或相似的特征。恶意代码的常见前缀名见表 7-3-2。

表 7-3-2　恶意代码的常见前缀名

前缀	含义	解释	例子
Boot	引导区病毒	通过感染磁盘引导扇区进行传播的病毒	Boot.WYX
DOSCom	DOS 病毒	只通过 DOS 操作系统进行复制和传播的病毒	DosCom.Virus.Dir2.2048（DirII 病毒）
Worm	蠕虫病毒	通过网络或漏洞进行自主传播，向外发送带毒邮件或通过即时通信工具（QQ、MSN）发送带毒文件	Worm.Sasser（震荡波）、震网（攻击基础设施）
Trojan	木马	木马通常伪装成有用的程序诱骗用户主动激活，或利用系统漏洞侵入用户计算机。计算机感染特洛伊木马后的典型现象是有未知程序试图建立网络连接	Trojan.Win32.PGPCoder.a（文件加密机）、Trojan.QQPSW
Backdoor	后门	通过网络或者系统漏洞入侵计算机并隐藏起来，方便黑客远程控制	Backdoor.Huigezi.ik（灰鸽子变种 IK）、Backdoor.IRCBot

前缀	含义	解释	例子
Win32、PE、Win95、W32、W95	文件型病毒或系统病毒	感染可执行文件（如.exe、.com）、.dll 文件的病毒。 若与其他前缀连用，则表示病毒的运行平台	Win32.CIH Backdoor.Win32.PcClient.al，表示运行在 32 位 Windows 平台上的后门
Macro	宏病毒	宏语言编写，感染办公软件（如 Word、Excel），并且能通过宏自我复制的程序	Macro.Melissa、Macro.Word、Macro.Word.Apr30
Script、VBS、JS	脚本病毒	使用脚本语言编写，通过网页传播、感染、破坏或调用特殊指令下载并运行病毒、木马文件	Script.RedLof（红色结束符）、Vbs.valentin（情人节）
Harm	恶意程序	直接对被攻击主机进行破坏	Harm.Delfile（删除文件）、Harm.formatC.f（格式化 C 盘）
Joke	恶作剧程序	不会对计算机和文件产生破坏，但可能会给用户带来恐慌和麻烦，如控制鼠标	Joke.CrazyMouse（疯狂鼠标）

另外注意近些年出现的勒索病毒，如 WannaCry 等，其特点是主要以邮件、程序木马、网页挂马的形式进行传播，一旦目标机器中病毒，则系统的文件都被加密，无法解密，必须缴纳一定量的虚拟货币赎金才能解密文件，也因此被称为勒索病毒。

（3）SQL 注入。SQL 注入就是把 SQL 命令插入到 Web 表单、域名输入栏或者页面请求的查询字符串中，最终达到欺骗服务器执行恶意的 SQL 命令。

SELECT * FROM users WHERE name = ' " + userName + " '

这条语句的目的是获取用户名。如果此时输入的用户名被恶意改造，语句的作用就发生了变化。例如，将用户名设置为 a' or 't'='t 之后，执行的 SQL 语句就变为：

SELECT * FROM users WHERE name = 'a' or 't'='t'

由于该语句中't'='t'恒成立，因此可以达到不用输入正确用户名和密码就完成登录的目的。

还有一些注入形式可用于获取数据的一些重要信息，如数据库名、表名、用户名等。典型的例子是"xxx and user>0"，因为 user 是 SQL Server 的一个内置变量，其值是当前连接的用户名，类型为 nvarchar。当构造一个 nvarchar 的值与 int 类型的值 0 比较时，系统会进行类型转换，并在转换过程中出错并显示在网页上，从而获得当前用户的信息。

使用自带的安全 API、加强用户输入认证、避免特殊字符输入等方式可以避免 SQL 注入攻击。

（4）跨站攻击。跨站攻击（Cross Site Script Execution，XSS）：恶意攻击者往 Web 页面里插入恶意 HTML 代码，当用户浏览该页时，嵌入到 Web 中的 HTML 代码会被执行，从而达到特殊目的。

避免跨站攻击的方法有过滤特殊字符、限制输入字符的长度、限制用户上传 Flash 文件、使用内容安全策略（CSP）、增强安全意识等防范措施。

7.4 加密算法与信息摘要

7.4.1 考点分析

历年网络工程师考试试题涉及本部分的相关知识点有：对称加密算法、非对称加密算法、信息完整性验证算法。

7.4.2 知识点精讲

1. 对称加密算法

加密密钥和解密密钥相同的算法，称为对称加密算法。对称加密算法相对非对称加密算法来说，加密的效率高，适合大量数据加密。常见的对称加密算法有 DES、3DES、RC5、IDEA、RC4、AES 国密 SMx 系列算法，具体特性见表 7-4-1。

表 7-4-1　常见的对称加密算法

加密算法名称	特点
DES	明文分为 64 位一组，密钥 64 位（实际位是 56 位的密钥和 8 位奇偶校验）。注意：考试中填实际密钥位，即 56 位
3DES	3DES 是 DES 的扩展，是执行了三次的 DES。其中，第一、第三次加密使用同一密钥的方式下，密钥长度扩展到 128 位（112 位有效）；三次加密使用不同密钥，密钥长度扩展到 192 位（168 位有效）
RC5	RC5 由 RSA 中的 Ronald L. Rivest 发明，是参数可变的分组密码算法，三个可变的参数是：分组大小、密钥长度和加密轮数
IDEA	明文、密文均为 64 位，密钥长度 128 位
RC4	常用流密码，密钥长度可变，用于 SSL 协议。曾经用于 IEEE 802.11 WEP 协议中。也是 Ronald L. Rivest 发明的
AES	明文分为 128 位一组，具有可变长度的密钥（128 位、192 位或 256 位）
SM1	明文、密文均为 64 位，密钥长度 128 位
SM4	明文、密文均为 64 位，密钥长度 128 位
SM7	明文、密文均为 64 位，密钥长度 128 位

2. 非对称加密算法

加密密钥和解密密钥不相同的算法，称为非对称加密算法，这种方式又称为公钥密码体制，解决了对称密钥算法的密钥分配与发送的问题。在非对称加密算法中，私钥用于解密和签名，公钥用于加密和认证。

（1）加密、解密的表示方法。式（7-4-1）表示了明文通过加密算法变成密文的方法，其中 K1 表示密钥。

$$Y=E_{K1}(X) \qquad (7\text{-}4\text{-}1)$$

明文 X 通过加密算法 E，使用密钥 K1 变为密文 Y。

式（7-4-2）表示了密文通过解密算法还原成明文的方法，其中 K2 表示密钥。

$$X=D_{K2}(Y) \qquad (7\text{-}4\text{-}2)$$

密文 Y 通过解密算法 D，使用密钥 K2 还原为明文 X。

（2）RSA。RSA（Rivest Shamir Adleman）是典型的非对称加密算法，该算法基于大素数分解。RSA 适合进行数字签名和密钥交换运算。

RSA 密钥生成过程见表 7-4-2。

表 7-4-2　RSA 密钥生成过程

选出两个大质数 p 和 q，使得 p≠q
p×q=n
(p-1)×(q-1)
选择 e，使得 1<e<(p-1)×(q-1)，并且和 (p-1)×(q-1) 互为质数
计算解密密钥，使得 ed=1 mod (p-1)×(q-1)
公钥=(n,e)
私钥=d
消除原始质数 p 和 q

注意：质数就是真正因子，只有 1 和本身两个因数，属于正整数，计算中所得到的 p×q=n 在确定密钥的时候没有用到，但是在加密和解密中是要用到的。

RSA 加密和解密过程如图 7-4-1 所示。

明文 X　　$Y=X^e \bmod n$　　密文 Y　　$X=Y^d \bmod n$　　明文 X

图 7-4-1　RSA 加密和解密过程

【例 7-1】按照 RSA 算法，若选两个奇数 p=5，q=3，公钥 e=7，则私钥 d 为（　　）。

A．6　　　　　B．7　　　　　C．8　　　　　D．9

【解析】

按 RSA 算法求公钥和密钥：

（1）选两奇数 p=5，q=3；

（2）n=p×q=5×3=15；

（3）(p-1)×(q-1)=8；

（4）公钥 e=7，则依据 ed=1 mod (p-1)×(q-1)，即 7d=1 mod 8。

结合四个选项，得到 d=7，即 49 mod 8=1。

国密非对称加密算法分别是基于椭圆曲线的 SM2 和基于标识的 SM9。

3. 信息完整性验证算法

报文摘要算法（Message Digest Algorithms）使用特定算法对明文进行摘要，生成固定长度的密文。这类算法重点在于"摘要"，即对原始数据依据某种规则提取；摘要和原文具有联系性，即被"摘要"数据与原始数据一一对应，只要原始数据稍有改动，"摘要"的结果就不同。因此，这种方式可以验证原文是否被修改。

消息摘要算法采用"单向函数"，即只能从输入数据得到输出数据，无法从输出数据得到输入数据。常见报文摘要算法有安全散列标准 SHA-1、MD5 系列标准。

（1）SHA-1。安全 Hash 算法（SHA-1）也是基于 MD5 的，使用一个标准把信息分为 512 比特的分组，并且创建一个 160 比特的摘要。

（2）MD5。消息摘要算法 5（MD5），把信息分为 512 比特的分组，并且创建一个 128 比特的摘要。

（3）SM3。SM3 是一种安全性相当于 SHA-256 的摘要算法，生成长度 256 比特的摘要，主要用于数字签名及验证、消息认证码生成及验证、随机数生成等应用。

7.5　数字签名与数字证书

7.5.1　考点分析

历年网络工程师考试试题涉及本部分的相关知识点有：数字签名、数字证书。

7.5.2　知识点精讲

1. 数字签名

数字签名的作用就是确保 A 发送给 B 的信息就是 A 本人发送的，并且没有改动。数字签名和验证的过程如图 7-5-1 所示。

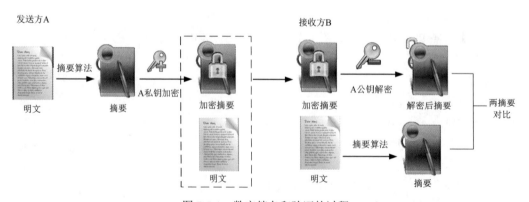

图 7-5-1　数字签名和验证的过程

数字签名的基本过程：

（1）A 使用"摘要"算法（如 SHA-1、MD5 等）对发送信息进行摘要。

（2）使用 A 的私钥对消息摘要进行加密运算，将加密摘要和原文一并发给 B。

验证签名的基本过程：

（1）B 接收到加密摘要和原文后，使用和 A 一样的"摘要"算法对原文再次摘要，生成新摘要。

（2）使用 A 公钥对加密摘要解密，还原成原摘要。

（3）两个摘要对比，一致则说明由 A 发出且没有经过任何篡改。

由此可见，数字签名功能有信息身份认证、信息完整性检查、信息发送不可否认性，但不提供原文信息加密，不能保证对方能收到消息，也不对接收方身份进行验证。

2. 数字证书

场景：A 声明自己是某银行办事员向客户索要账户和密码，客户验证了 A 的签名，确认索要密码的信息是 A 发过来的，那么客户就愿意告诉 A 用户名和密码吗？

显然不会。因为客户仅仅证明信息确实是 A 发过来的没有经过篡改的信息，但不能确认 A 就是银行职员、做的事情是否合法。这时需要有一个权威中间部门 M（如政府、银监会等），该部门向 A 颁发了一份证书，确认其银行职员身份。这份证书里有这个权威机构 M 的数字签名，以保证这份证书确实是 M 所发。

数字证书采用公钥体制进行加密和解密。每个用户有一个私钥来解密和签名；同时每个用户还有一个公钥来加密和验证。

某网站向证书颁发机构（Certification Authority，CA）申请了数字证书，用户通过 CA 的签名来验证网站的真伪。在用户与网站进行安全通信时，用户可以通过证书中的公钥进行加密和验证，该网站通过网站的私钥进行解密和签名。

（1）X.509 格式。目前数字证书的格式大多是 X.509 格式，X.509 是由国际电信联盟（ITU-T）制定的数字证书标准。

在 X.509 标准中，包含在数字证书中的数据域有证书、版本号、序列号（唯一标识每一个 CA 下发的证书）、算法标识、颁发者、有效期、有效起始日期、有效终止日期、使用者、使用者公钥信息、公钥算法、公钥、颁发者唯一标识、使用者唯一标识、扩展、证书签名算法、证书签名（发证机构，即 CA 对用户证书的签名）。

（2）证书发放。证书由 CA 中心发放，无须特别措施。由于网络存在多个 CA 中心，因此提出了证书链。证书链服务是一个 CA 扩展其信任范围的机制，实现不同认证中心发放的证书的信息交换。如果用户 UA 从 A 地的发证机构取得了证书，用户 UB 从 B 地的发证机构取得了证书，那么 UA 通过证书链交换了证书信息，则可以与 UB 进行安全通信。

（3）证书吊销。当用户个人身份信息发生变化或私钥丢失、泄露、疑似泄露时，证书用户应及时地向 CA 提出证书的撤销请求，CA 也应及时地把此证书放入公开发布的证书撤销列表（Certification Revocation List，CRL）。

证书撤销的流程如下：

1）用户或其上级单位向注册机构（Registration Authority，RA）提出撤销请求。

2）RA 审查撤销请求。

3）审查通过后，RA 将撤销请求发送给 CA 或 CRL 签发机构。

4）CA 或 CRL 签发机构修改证书状态并签发新的 CRL。

当该数字证书被放入 CRL 后，数字证书则被认为失效，而失效并不意味着无法被使用。如果窃取到甲的私钥的乙，用甲的私钥签名了一份文件发送给丙，并附上甲的证书，而丙忽视了对 CRL 的查看，丙就依然会用甲的证书成功验证这份非法的签名，并会认为甲对这份文件签过名而接收该文件。

7.6 密钥分配

7.6.1 考点分析

历年的网络工程师考试试题涉及本部分的相关知识点有：对称密钥分配、公钥分配、SET 协议。

7.6.2 知识点精讲

密钥分配分为对称密钥分配和公钥分配体制。

1. 对称密钥分配

Kerberos 一词来源于希腊神话"三个头的狗——地狱之门守护者"。Kerberos 协议主要用于计算机网络的身份鉴别（Authentication），鉴别验证对方是合法的，而不是冒充的。同时，Kerberos 协议也是密钥分配中心（Key Distribution Center，KDC）的核心。Kerberos 进行密钥分配时使用 AES 加密。

使用 Kerberos 时，用户只需输入一次身份验证信息，就可以凭借此验证获得的票据（Ticket-Granting ticket）访问多个服务，即单点登录（Single Sign On，SSO）。由于在每个 Client 和 Service 之间建立了共享密钥，使得该协议具有相当的安全性。

（1）Kerberos 组成。Kerberos 使用两个服务器：鉴别服务器（Authentication Server，AS）和票据授予服务器（Ticket-Granting Server，TGS）。

1）鉴别服务器。AS 就是一个密钥分配中心（KDC）。同时负责用户的 AS 注册、分配账号和密码，负责确认用户并发布用户和 TGS 之间的会话密钥。

2）票据授予服务器。TGS 是发行服务器方的票据，提供用户和服务器之间的会话密钥。Kerberos 把用户验证和票据发行分开了。虽然 AS 只用对用户本身的 ID 验证一次，但为了获得不同的真实服务器票据，用户需要多次联系 TGS。

（2）Kerberos 流程。Kerberos 的工作原理如图 7-6-1 所示。

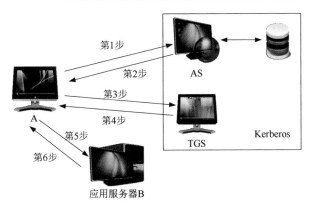

图 7-6-1　Kerberos 的工作原理

第 1 步：用户 A 使用明文向 AS 验证身份。认证成功后，用户 A 和 TGS 联系。

第 2 步：AS 向 A 发送用 A 的对称密钥 K_A 加密的报文，该报文包含 A 和 TGS 通信的会话密钥 K_s 及 AS 发送到 TGS 的票据（该票据使用 TGS 的对称密钥 K_{TGS} 加密）。报文到达 A 时，输入口令则得到数据。

注意：票据包含发送人身份和会话密钥。

第 3 步：转发 AS 获得的票据、要访问的应用服务器 B 名称，以及用会话密钥 K_S 加密的时间戳（防止重放攻击）发送给 TGS。

第 4 步：TGS 返回两个票据，第一个票据包含 B 名称和会话密钥 K_{AB}，使用 K_S 加密；第二个票据包含 A 和会话密钥 K_{AB}，使用 K_B 加密。

第 5 步：A 将 TGS 收到的第二个票据（包含 A 名称和会话密钥 K_{AB}，使用 K_B 加密）使用 K_{AB} 加密的时间戳（防止重放攻击）发送给应用服务器 B。

第 6 步：服务器 B 进行应答，完成认证过程。

最后，A 和 B 就使用 TGS 发的密钥 K_{AB} 加密。

2．公钥分配

公钥基础设施（Public Key Infrastructure，PKI）是一种遵循既定标准的密钥管理平台，它能为所有网络应用提供加密和数字签名等密码服务及必需的密钥和证书管理体系。简单来说，PKI 是一组规则、过程、人员、设施、软件和硬件的集合，可以用来进行公钥证书的发放、分发和管理。

典型的 PKI 系统由 5 个基本部分组成，分别是证书申请者、注册机构、CA 认证中心、证书库和证书信任方。

国际电信联盟 ITU X.509 协议是 PKI 技术体系中应用最广泛、最基础的一个国际标准，它定义了一个规范的数字证书的格式。

3．SET 协议

电子商务在提供机遇和便利的同时，也面临着一个巨大的挑战，即交易的安全问题。在网上购物环境中，持卡人希望在交易中保密自己的账户信息，使之不被人盗用；商家则希望客户的定单不可抵赖，并且在交易过程中，交易双方都希望验明其他方的身份，以防止被欺骗。针对这种情况，由美国 Visa 和 MasterCard 两大信用卡组织联合国际上多家科技机构，共同制定了应用于 Internet 上的以信用卡为基础进行在线交易的安全标准，这就是安全电子交易（Secure Electronic Transaction，SET）。它采用公钥密码体制和 X.509 数字证书标准，主要用于保障网上购物信息的安全性。

由于 SET 提供了消费者、商家和银行之间的认证，确保了交易数据的安全性、完整可靠性和交易的不可否认性，特别是使用双签名的技术保证不将消费者的银行卡号暴露给商家等优点，因此成了目前公认的信用卡/借记卡网上交易的国际安全标准。

SET 协议本身比较复杂，设计比较严格，安全性高，它能保证信息传输的机密性、真实性、完整性和不可否认性。SET 协议是 PKI 框架下的一个典型实现。

7.7　SSL、HTTPS

7.7.1　考点分析

历年网络工程师考试试题涉及本部分的相关知识点有：SSL、SSL 协议的工作流程、HTTPS、S-HTTP。

7.7.2　知识点精讲

1．SSL

安全套接层（Secure Sockets Layer，SSL）协议是一个安全传输、保证数据完整的安全协议，之后的传输层安全（Transport Layer Security，TLS）是 SSL 的非专有版本。SSL 处于应用层和传输层之间。

SSL 主要包括 SSL 记录协议、SSL 握手协议、SSL 告警协议、SSL 修改密文协议等，协议栈如图 7-7-1 所示。

SSL 握手协议	SSL 修改密文协议	SSL 告警协议	HTTP
SSL 记录协议			
TCP			
IP			

图 7-7-1　SSL 协议栈

2．SSL 协议的工作流程

（1）浏览器向服务器发送请求信息（包含协商 SSL 版本号、询问选择何种对称密钥算法），开始新会话连接。

（2）服务器返回浏览器请求信息，附加生成主密钥所需的信息，确定 SSL 版本号和对称密钥算法，发送服务器证书（包含了 RSA 公钥），并使用某 CA 中心私钥加密。

（3）浏览器对照自己的可信 CA 表判断服务器证书是否在可信 CA 表中。如果不在，则通信中止；如果在，则使用 CA 表中对应的公钥解密，得到服务器的公钥。

（4）浏览器随机产生一个对称密钥，使用服务器公钥加密并发送给服务器。

（5）浏览器和服务器相互发一个报文，确定使用此对称密钥加密；再相互发一个报文，确定浏览器端和服务器端握手过程完成。

（6）握手完成，双方使用该对称密钥对发送的报文加密。

3. HTTPS

安全超文本传输协议（HyperText Transfer Protocol over Secure Socket Layer，HTTPS）是以安全为目标的 HTTP 通道，简单讲是 HTTP 的安全版。它使用 SSL 对信息内容进行加密，使用 TCP 的 443 端口发送和接收报文。其使用语法与 HTTP 类似，使用"HTTPS:// + URL"形式。

4. S-HTTP

安全超文本传输协议（Secure HyperText Transfer Protocol，S-HTTP）是一种面向安全信息通信的协议，是 EIT 公司结合 HTTP 而设计的一种消息安全通信协议。S-HTTP 可提供通信保密、身份识别、可信赖的信息传输服务及数字签名等。

S-HTTP 和 SSL 的异同见表 7-7-1。

表 7-7-1　S-HTTP 和 SSL 的异同

	SSL	S-HTTP
工作层次	传输层和应用层之间	应用层
处理对象	数据流	应用数据
基于消息的抗抵赖性证明	不可以	可以
加密算法	RC4	可以协商加密算法（如 RSA、DSA、DES）

7.8　RADIUS

7.8.1　考点分析

历年网络工程师考试试题涉及本部分的相关知识点有：RADIUS。

7.8.2　知识点精讲

远程用户拨号认证系统（Remote Authentication Dial in User Service，RADIUS）是目前应用最广泛的授权、计费和认证协议。

RADIUS 认证过程如图 7-8-1 所示。

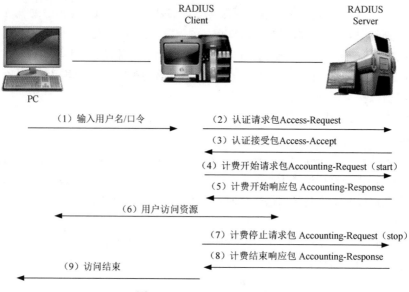

图 7-8-1 RADIUS 认证过程

（1）用户输入用户名/口令。

（2）客户端根据获取的用户名和口令向 RADIUS 服务器发送认证请求包（Access-Request）。

（3）RADIUS 服务器将该用户信息与 users 数据库信息进行对比分析，如果认证成功，则将用户的权限信息以认证接受包（Access-Accept）发送给 RADIUS 客户端；如果认证失败，则返回 Access-Reject 响应包。

（4）RADIUS 客户端根据接收到的认证结果接入/拒绝用户。如果可以接入用户，则 RADIUS 客户端向 RADIUS 服务器发送计费开始请求包（Accounting-Request），status-type 取值为 start。

（5）RADIUS 服务器返回计费开始响应包（Accounting-Response）。

（6）此时用户可以访问资源。

（7）RADIUS 客户端向 RADIUS 服务器发送计费停止请求包（Accounting-Request），status-type 取值为 stop。

（8）RADIUS 服务器返回计费结束响应包（Accounting-Response）。

（9）通知访问结束。

7.9 VPN

7.9.1 考点分析

历年网络工程师考试试题涉及本部分的相关知识点有：VPN 基础知识、VPN 隧道技术、IPSec、MPLS。

7.9.2　知识点精讲

1. VPN 基础知识

虚拟专用网络（Virtual Private Network，VPN）是在公用网络上建立专用网络的技术。由于整个 VPN 网络中的任意两个结点之间的连接并没有传统专网所需的端到端的物理链路，而是架构在公用网络服务商所提供的网络平台，所以称之为虚拟网。实现 VPN 的关键技术主要有隧道技术、加/解密技术、密钥管理技术和身份认证技术。

2. VPN 隧道技术

实现 VPN 的最关键部分是在公网上建立虚信道，而建立虚信道是利用隧道技术实现的，IP 隧道的建立可以在链路层和网络层。

VPN 主要隧道协议有 PPTP、L2TP、IPSec、SSL VPN、TLS VPN。

（1）PPTP（点到点隧道协议）。PPTP 是一种用于让远程用户拨号连接到本地的 ISP，是通过 Internet 安全访问内网资源的技术。它能将 PPP 帧封装成 IP 数据包，以便能够在基于 IP 的互联网上进行传输。PPTP 使用 TCP 连接、创建、维护、终止隧道，并使用 GRE（通用路由封装）将 PPP 帧封装成隧道数据。被封装后的 PPP 帧的有效载荷可以被加密、压缩或同时被加密与压缩。该协议是第 2 层隧道协议。

（2）L2TP 协议。L2TP 是 PPTP 与 L2F（第二层转发）的一种综合，是由思科、微软等公司推出的一种工业标准。该协议是第 2 层隧道协议。L2TP 的封装格式为 PPP 帧封装 L2TP 报头，再封装 UDP 报头，再封装 IP 头。具体如下：

IP	UDP	L2TP	PPP

L2TP 协议和 PPTP 协议功能类似，PPTP 使用单一隧道，L2TP 使用多隧道；L2TP 提供包头压缩、隧道验证，而 PPTP 不支持。

（3）IPSec 协议。IPSec 协议在隧道外面再封装，保证了隧道在传输过程中的安全。该协议是第 3 层隧道协议。

（4）SSL VPN、TLS VPN。两类 VPN 使用了 SSL 和 TLS 技术，在传输层实现 VPN 的技术。该协议是第 4 层隧道协议。由于 SSL 需要对传输数据加密，因此 SSL VPN 的速度比 IPSec VPN 慢。SSL VPN 的配置和使用又比其他 VPN 简单。

3. IPSec

Internet 协议安全性（Internet Protocol Security，IPSec）是通过对 IP 协议的分组进行加密和认证来保护 IP 协议的网络传输协议簇（一些相互关联的协议的集合）。IPSec 工作在 TCP/IP 协议栈的网络层，为 TCP/IP 通信提供访问控制机密性、数据源验证、抗重放、数据完整性等多种安全服务。

IPSec 是一个协议体系，由建立安全分组流的密钥交换协议和保护分组流的协议两个部分构成，前者即为 IKE 协议，后者则包含 AH、ESP 协议。

（1）IKE 协议。Internet 密钥交换协议（Internet Key Exchange Protocol，IKE）属于一种混合型协议，由 Internet 安全关联和密钥管理协议（Internet Security Association and Key Management

Protocol，ISAKMP）与两种密钥交换协议（OAKLEY 与 SKEME）组成，即 IKE 由 ISAKMP 框架、OAKLEY 密钥交换模式以及 SKEME 的共享和密钥更新技术组成。IKE 定义了自己的密钥交换方式（**手工密钥交换和自动 IKE**）。

注意：ISAKMP 只对认证和密钥交换提出了结构框架，但没有具体定义，因此支持多种不同的密钥交换。

IKE 使用了两个阶段的 ISAKMP：①协商创建一个通信信道（IKE SA）并对该信道进行验证，为双方进一步的 IKE 通信提供机密性、消息完整性及消息源验证服务；②使用已建立的 IKE SA 建立 IPSec SA。

（2）AH。认证头（Authentication Header，AH）是 IPSec 体系结构中的一种主要协议，它为 IP 数据报提供完整性检查与数据源认证，并防止重放攻击。AH 不支持数据加密。AH 常用摘要算法（单向 Hash 函数）MD5 和 SHA-1 实现摘要和认证，确保数据完整。

（3）ESP。封装安全载荷（Encapsulating Security Payload，ESP）可以同时提供数据完整性确认和数据加密等服务。ESP 通常使用 DES、3DES、AES 等加密算法实现数据加密，使用 MD5 或 SHA-1 来实现摘要和认证，确保数据完整。

（4）IPSec VPN 应用场景。IPSec VPN 应用场景分为站点到站点、端到端、端到站点三种模式。

1）站点到站点（Site-to-Site）。站点到站点又称为网关到网关，多个异地机构利用运营商网络建立 IPSec 隧道，将各自的内部网络联系起来。

2）端到端（End-to-End）。端到端又称为 PC 到 PC，即两个 PC 之间的通信由 IPSec 完成。

3）端到站点（End-to-Site）。端到站点，两个 PC 之间的通信由网关和异地 PC 之间的 IPSec 会话完成。

（5）IPSec 工作模式。IPSec 的两种工作模式分别是**传输模式**和**隧道模式**，具体如图 7-9-1 所示。

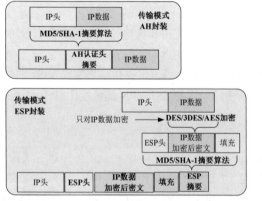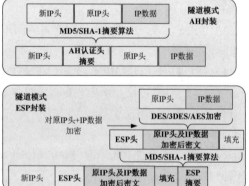

图 7-9-1　IPSec 两种工作模式

由图 7-9-1 可知，传输模式下的 AH 和 ESP 处理后的 IP 头部不变，而隧道模式下的 AH 和 ESP 处理后需要封装一个新的 IP 头。AH 只作摘要，因此只能验证数据完整性和合法性；而 ESP 既做摘要，也做加密，因此除了验证数据完整性和合法性之外，还能进行数据加密。

4. MPLS

多协议标记交换（Multi-Protocol Label Switching，MPLS）是核心路由器利用含有边缘路由器在 IP 分组内提供的前向信息的标签（Label）或标记（Tag），实现网络层交换的一种交换方式。

MPLS 技术主要是为了提高路由器转发速率而提出的，其核心思想是利用标签交换取代复杂的路由运算和路由交换。该技术实现的核心就是把 **IP 数据报**封装在 **MPLS** 数据包中。MPLS 将 IP 地址映射为简单、固定长度的标签，这和 IP 中的包转发、包交换不同。

MPLS 根据标记对分组进行交换。以以太网为例，MPLS 包头的位置应插入在以太帧头与 IP 头之间，是属于二层和三层之间的协议，也称为 2.5 层协议。

注意：考试中应填 2.5 层。

MPLS 标签结构与具体承载结构如图 7-9-2 所示。

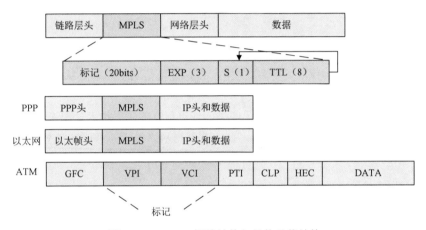

图 7-9-2　MPLS 标签结构与具体承载结构

（1）MPLS 流程。当分组进入 MPLS 网络时，由边缘路由器（Label Edge Router，LER）划分为不同的转发等价类（FEC）并打上不同标记，该标记定长且包含了目标地址、源地址、传输层端口号、服务质量、带宽、延长等信息。分类建立，分组被转发到标记交换通路（Label Switch Path，LSP）中，由标签交换路由器（Label Switch Router，LSR）根据标记作转发。在出口 LER 上去除标记，使用 IP 路由机制将分组向目的地转发。

（2）MPLS VPN。MPLS VPN 承载平台由 **P 路由器**、**PE 路由器**和 **CE 路由器**组成。

1）P（Provider）路由器。P 路由器是 MPLS 核心网中的路由器，在运营商网络中，这种路由器只负责**依据 MPLS 标签完成数据包的高速转发**，P 路由器只维护到 PE 路由器的路由信息，而不维护 VPN 相关的路由信息。P 路由器是不连接任何 CE 路由器的骨干网路由设备，相当于标签交换路由器（LSR）。

2）PE（Provider Edge）路由器。PE 路由器是 MPLS 边缘路由器，负责待传送数据包的 **MPLS 标签的生成和去除**，还负责发起根据路由**建立交换标签的动作**，相当于标签边缘路由器（LER）。PE 路由器连接 CE 路由器和 P 路由器，是最重要的网络结点。用户的流量通过 PE 路由器流入用户网络，或者通过 PE 路由器流到 MPLS 骨干网。

3）CE（Customer Edge）路由器。CE 路由器是用户边缘设备，是直接与电信运营商相连的用户端路由器，该设备上不存在任何带有标签的数据包。CE 路由器通过连接一个或多个 PE 路由器为用户提供服务接入。CE 路由器通常是一台 IP 路由器，它与连接的 PE 路由器建立邻接关系。

7.10　网络隔离与安全设备

7.10.1　考点分析

历年网络工程师考试试题涉及本部分的相关知识点有：网络隔离、各种常见的安全设备等。

7.10.2　知识点精讲

1．网络隔离

网络隔离技术的目标是确保隔离有害的攻击，在保证可信网络内部信息不外泄的前提下，完成网络间数据的安全交换。

Mark Joseph Edwards 对协议隔离进行了归类，他将现有的隔离技术从理论上分为了五类。

（1）第一代隔离技术——完全的隔离。此方法使得网络处于信息孤岛状态，做到了完全的物理隔离。这种方式需要至少两套网络和系统，更重要的是信息交流的不便和成本的提高，给维护和使用带来了极大的不便。

（2）第二代隔离技术——硬件卡隔离。在客户端增加一块硬件卡，客户端硬盘或其他存储设备首先连接到该卡，然后再转接到主板上，通过该卡能控制客户端硬盘或其他存储设备。而在选择不同的硬盘时，同时选择了该卡上不同的网络接口以连接到不同的网络。但是，这种隔离产品在大多数情况下仍然需要网络布线为双网线结构，产品存在着较大的安全隐患。

（3）第三代隔离技术——数据转播隔离。利用转播系统分时复制文件的途径来实现隔离，切换时间非常久，甚至需要手工完成，不仅明显地减缓了访问速度，更不支持常见的网络应用，失去了网络存在的意义。

（4）第四代隔离技术——空气开关隔离。它是通过使用单刀双掷开关，使得内外部网络分时访问临时缓存器来完成数据交换的，但在安全和性能上存在许多问题。

（5）第五代隔离技术——安全通道隔离。此技术通过专用通信硬件和专有安全协议等安全机制来实现内外部网络的隔离和数据交换，不仅解决了以前隔离技术存在的问题，并有效地把内外部网络隔离开来，而且高效地实现了内外网数据的安全交换，透明地支持多种网络应用，成为当前隔离技术的发展方向。

常考的网络隔离技术有以下四种：

（1）防火墙。通过 ACL 隔离网络数据包是最常用的隔离方法。控制局限于传输层以下的攻击，对于病毒、木马、蠕虫等应用层的攻击毫无办法。适合小网络隔离，不适合大型、双向访问业务网络隔离。

（2）多重安全网关。多重安全网关（Unified Threat Management，UTM）被称为新一代防火墙，能做到从网络层到应用层的全面检测。UTM 的功能有 ACL、防入侵、防病毒、内容过滤、流量整形、防 DoS。

（3）VLAN 划分。VLAN 划分技术避免了广播风暴，解决了有效数据传递问题，通过划分 VLAN 隔离各类安全性部门。

（4）人工策略。断开网络物理连接，使用人工方式交换数据，这种方式安全性最好。

2．入侵检测

入侵检测技术是近 20 年来出现的一种主动保护自己免受黑客攻击的新型网络安全技术。入侵检测（Intrusion Detection）就是从系统运行过程中产生的或系统所处理的各种数据中查找出威胁系统安全的因素，并对威胁做出相应的处理。入侵检测的软件或硬件称为入侵检测系统（Intrusion Detection System，IDS）。入侵检测被认为是防火墙之后的第二道安全闸门，它在不影响网络性能的情况下对网络进行监测，从而提供对内部攻击、外部攻击和误操作的实时保护。

入侵检测包括两个步骤：**信息收集**和**数据分析**。入侵检测就是分析攻击者留下的痕迹，而这些痕迹会与正常数据混合。入侵检测就是收集这些数据并通过匹配模式、数据完整性分析、统计分析等方法找到痕迹。

入侵检测的常用检测方法有：

（1）模式匹配法：把收集到的信息与模式数据库中的已知信息进行比较，从而发现违背安全策略的行为。

（2）专家系统法：把安全专家的知识表示成规则知识库，再用推理算法检测入侵。

（3）基于状态转移分析的检测法：该方法是将攻击看成一个连续的、分步骤的并且各个步骤之间有一定关联的过程。在网络中发生入侵时及时阻断入侵行为，防止可能还会进一步发生的类似攻击行为。在状态转移分析方法中，一个渗透过程可以看作由攻击者做出的一系列行为，而导致系统从某个初始状态最终变为某个被危害的状态。

入侵检测设备可以部署在 DMZ 中，这样可以查看受保护区域主机被攻击的状态，可以检测防火墙系统的策略配置是否合理和 DMZ 中被黑客攻击的重点。部署在路由器和边界防火墙之间可以审计来自 Internet 上对受保护网络的攻击类型。

3．IPS

入侵防御系统（Intrusion Prevention System，IPS）是一种网络安全技术，旨在实时监控网络流量，检测、阻止和防御各种网络攻击和恶意活动。与传统的 IDS 不同，IPS 不仅能够识别威胁，还能主动采取行动来阻止这些威胁。IPS 通过在网络中的关键位置部署代理或传感器，实时监控进出的数据流量。通过检查每个数据包的内容，分析流量的情况，识别并阻断潜在的威胁，如病毒、蠕虫、木马、拒绝服务攻击（DoS/DDoS）、缓冲区溢出攻击。一旦发现可能存在的攻击行为，就可以立即采取丢弃、重定向流量等措施阻止该流量。

IPS 的核心功能包括：

（1）实时监控：IPS 能够实时分析网络中进出的流量，实时发现可能的攻击行为。

（2）深度包检测：通过深度检查数据包的内容，识别并阻止恶意软件和其他可能的安全威胁。

（3）签名匹配：使用已知攻击的特征签名数据库来匹配并识别流量中的攻击模式。

（4）异常检测：识别网络流量中的可能的异常行为，可能发现未知或 0Day 攻击。

（5）自动响应：IPS 一旦检测到攻击，它能自动采取行动，通常是通过阻断攻击源的流量、重置连接或修改防火墙规则实现相应的控制。

（6）报告与警报：在检测到潜在威胁时生成报告和警报，通知网络管理员。

（7）IPS 系统通过提供实时的威胁检测和自动防御能力，增强了传统的防火墙和防病毒软件的保护功能，提升了企业网络安全防范能力。

4．网络安全态势感知系统

网络安全态势感知是对一定时间和空间内的网络安全状况（问题或异常活动）进行分析，最终预测这些因素在未来的发展状态。如天气预报就是一种典型的态势感知。随着网络与信息技术的不断发展，我们应当认为网络遭受攻击是一种必然的、常态化的状态。虽然人们不能阻止攻击行为，但是可以提前识别和发现攻击行为，从而降低网络安全事故造成的损失。新时代的网络安全防护思想要从过去的被动防御向主动防护和智能防护转变。

态势感知可以分为三个层次，最早由 Mica Endsley 仿照人的认知过程提出了经典的态势感知模型——Endsley 模型。该模型将态势感知分为三个层级，分别是态势要素感知、态势理解和态势预测。

态势要素感知（Level 1）：感知环境中相关要素的状态、属性和动态等信息。

态势理解（Level 2）：通过识别、解读和评估，将原本不相关的要素信息联系起来，并关注这些信息对预期目标的影响。

态势预测（Level 3）：基于对前两级信息的理解，预测未来的发展态势和可能产生的影响。

5．漏洞扫描系统

漏洞扫描是一种基于漏洞数据库的安全检测行为，它通过扫描手段对远程或本地计算机系统的安全脆弱性进行检测，以发现可被利用的漏洞。这种扫描行为涵盖了网络漏洞扫描、主机漏洞扫描和数据库漏洞扫描等多种类型。网络管理员通过扫描网络，能够深入了解网络的安全配置和运行中的应用服务，及时发现潜在的安全漏洞，并据此客观评估网络风险等级。根据扫描结果，管理员可以修正网络安全漏洞和系统中的错误配置，从而在黑客攻击发生之前采取预防措施。

6．UTM

统一威胁管理（Unified Threat Management，UTM）是一个集成了多种安全功能的全面安全产品，它通常包括防火墙、防病毒软件、内容过滤和垃圾邮件过滤器等功能。UTM 的主要优势在于其简单性和流线型的安装与使用过程，能够同时更新所有安全功能或程序，及时调整以防范新出现的威胁，从而减轻系统管理员维护多种安全程序的负担。

在硬件整合方面，中小企业可以购买、部署及管理单一设备，而在较大规模的环境中，管理员则可以管理少量设备，而不是多种设备。这简化了管理和修补流程。UTM 提供集中式管理，使管理员能够从单一控制台管理面向本地和远程环境的大量威胁。由于只有一种或相对较少的设备需要修补，补丁管理工作也得以简化。相比购买多台设备，UTM 的硬件整合方案提供了一个较低的价格点，同时允许管理员将他们的知识和培训聚焦于一种设备上，从而降低费用。尽管 UTM 功能看似很多，实际上可能每一项功能都比不上专业的设备。

　　7. 运维安全管理与审计系统（堡垒机）

　　运维堡垒机的概念源自于跳板机，大约在 2000 年，为了集中管理运维人员的远程登录行为，要求运维人员在进行维护工作之前，统一登录到部署在机房中的跳板机——即一台专用的服务器。从这台跳板机出发，运维人员再登录到目标设备进行维护操作。尽管跳板机为远程登录提供了一个集中的入口点，但它并没有实现对运维人员操作行为的控制和审计功能。这意味着在使用跳板机的过程中，仍然存在由于误操作或违规操作导致的操作事故风险。一旦发生操作事故，快速定位事故原因和确定责任人变得非常困难，因为缺乏有效的监控和记录机制来追踪运维人员的具体行为。因此一种能满足角色管理、授权管理、资源访问控制、操作记录和审计要求的系统——运维安全管理与审计系统（堡垒机）应运而生。

　　运维安全管理与审计系统是一套集认证（Authentication）、授权（Authorization）、账号（Account）和审计（Audit）等功能于一体的安全管理系统。

　　堡垒机的核心功能包括：

　　（1）访问控制：确保运维人员在其账号有效权限、期限内合法访问操作资源，降低操作风险。

　　（2）账号管理：同步导入账号集中管理与密码批量修改，一键批量设置 SSH 密钥对等。

　　（3）资源授权：支持云主机、局域网主机等多种形式的主机资源授权，采用基于角色的访问控制模型，实现细致化的授权管理。

　　（4）指令审核：对敏感指令进行阻断响应或触发审核操作，拦截未通过审核的敏感指令。

　　（5）身份认证：提供不同强度的认证方式，实现用户认证的统一管理和单点登录。

　　（6）操作审计：集中管理与分析所有操作日志，监控用户行为，进行数据挖掘以便于安全事故操作审计认定。

　　在部署方式上，堡垒机可以采用单机部署或 HA 高可靠性部署。

　　（1）单机部署：旁路部署，逻辑串联，不影响现有网络结构。

　　（2）HA 高可靠性部署：旁路部署两台堡垒机，通过心跳线连接同步数据，对外提供虚拟 IP，实现会话负载分配和数据同步、冗余存储。当主机出现故障时，备机自动接管服务。这种部署方式提高了系统的可靠性和稳定性。

第 2 学时　无线基础知识

　　本学时主要学习无线基础知识，是每次考试的重点。根据历年考试的情况来看，每次考试涉及相关知识点的分值在 3～10 分之间，知识点的考查在基础知识题、案例分析题中均有涉及，而且案例题分值比重也较大。本学时考点知识结构图如图 8-0-1 所示。

图 8-0-1　考点知识结构图

8.1　无线局域网

8.1.1　考点分析

历年网络工程师考试试题涉及本部分的相关知识点有：IEEE 802.11 基础知识概述与物理层知识、IEEE 802.11 系列标准、IEEE 802.11MAC 层协议、AP 与 AC。

8.1.2　知识点精讲

1. IEEE 802.11 基础知识概述与物理层知识

IEEE 802.11 定义了无线局域网的两种工作模式：**基础设施网络（Infrastructure Networking）**和**自主网络（Ad Hoc Networking）**。基础设施网络是预先建立起来的，具有一系列能覆盖一定地理范围的固定基站。构建自主网络时，网络组建不需要使用固定的基础设施，仅靠自身就能临时构建网络。自主网络就是一种不需要有线网络和接入点支持的点对点网络，每个结点都有路由能力，该网络使用的路由协议有目的结点序列距离矢量（Destination Sequenced Distance Vector，DSDV）协议。

（1）服务集。IEEE 802.11 规定无线局域网的最小构件是**基本服务集**（Basic Service Set，BSS），一个基本服务集覆盖的区域为**基本服务区**（Basic Service Area，BSA）。一个接入 AP 可以成为基本服务集中的**基站**（Base Station）。一个服务集通过接入 AP 连接到**分配系统**（Distribution System，DS），然后再连接一个基本服务集，这样就构成了**扩展服务集**（Extended Service Set，ESS）。安装 AP 需要给 AP 分配一个不超过 32 字节的**服务集标识符**（Service Set Identifier，SSID）和一个信道。

（2）ISM。工业、科学和医疗频段（Industrial Scientific Medical Band，**ISM Band**）是国际通信联盟无线电通信局的无线电通信部门（ITU Radio Communication Sector，ITU-R）定义的。此频段主要是开放给工业、科学和医学三个主要机构使用，属于 Free License，无须授权许可，只需要遵守一定的发射功率（一般低于 1W），只要不对其他频段造成干扰即可。其中，重要的 **2.4GHz 频段**为各国共同的 ISM 频段，因此无线局域网、蓝牙、ZigBee 等无线网络均可以工作在 2.4GHz 频段上。在中国区域内，2.4GHz 无线频段分为 13 个信道。

（3）IEEE 802.11 物理层。IEEE 802.11 物理层比较复杂，最初使用了三种物理层技术。

1）跳频（Frequency-Hopping Spread Spectrum，FHSS）。

扩频技术的基本特征是使用比发送的信息数据速率高很多倍的伪随机码，将载有信息数据的基带信号的频谱进行扩展，形成宽带的低功率频谱密度的信号来发射。简而言之，就是用伪随机序列对代表数据的模拟信号进行调制。它的特点是对无线噪声不敏感、产生的干扰小、安全性较高，但是占用带宽较高。**增加带宽可以在低信噪比、等速率的情况下，提高数据传输的可靠性。**而扩频技术属于跳频技术的一种。

FHSS 系统的基本运作过程：发送端首先把信息数据调制成基带信号，然后进入载波频率调制阶段。此时载波频率受伪随机码发生器控制，在给定的某带宽远大于基带信号的频带内随机跳变，使基带信号带宽扩展到发射信号使用的带宽，然后跳频信号便由天线发送出去。接收端接收到跳频信号后，首先从中提取出同步信息，使本机伪随机序列控制的频率跳变与接收到的频率跳变同步，这样才能得到数据载波，将载波解调（即扩频解调）后得到发射机发出的信息。

传统无线通信为了节约宝贵频率资源，在保证通信质量前提下采用最窄带宽；FHSS 则相反，因此安全性较高、带宽消耗较大，占用了比传输信息带宽高许多倍的频率带宽。伪随机序列好比音乐家的指挥棒，而各种乐器好比各种频率，只有在指挥棒指挥各种乐器前提下才能演奏和谐的交响曲。只不过 FHSS 接收方和发送方的指挥棒一定是相同的。

2）红外技术（InfraRed，IR）。红外线是波长在 750nm～1mm 之间的电磁波，它的频率高于微波而低于可见光，是一种人眼看不到的光线。由于红外线的波长较短，对障碍物的衍射能力差，所以更适合应用在需要短距离无线通信的场合，进行点对点的直线数据传输。红外数据协会将红外数据通信所采用的光波波长的范围限定在 850～900nm 之内。

3）直接序列扩频（Direct Sequence Spread Spectrum，DSSS）。DSSS 的扩频方式是：首先用高速率的伪噪声（PN）码序列与信息码序列作**模二加（波形相乘）运算**，得到一个复合码序列；然后用这个复合码序列去控制载波的相位，从而获得 DSSS 信号。

DSSS 又称为噪声调制扩展，利用了通信中的"废物"噪声，窄带信号通过噪声扩展到相当宽的频道上，数据流比特和噪声比特结合成了更宽的信号，接收双方只有知道承载的噪声特性才能分析出有效信号。

1999 年，人们又引入了 OFDM 和 HR-DSSS 两种新的扩频技术。

1）正交频分复用技术（Orthogonal Frequency Division Multiplexing，OFDM）。OFDM 是一种无线环境下的高速传输技术。OFDM 技术的主要思想就是在频域内将给定信道分成许多正交子信道，在每个子信道上使用一个子载波进行调制，且各子载波并行传输。通俗地讲就是 OFDM 使用了多个频率，在 52 个频率中，48 个用于数据，4 个用于同步。由于在 OFDM 的传输过程中可能会同时使用多个不同的频率，这类工作特性说明 OFDM 也是一种扩频技术。

2）高速直接序列扩频（High Rate Direct Sequence Spread Spectrum，HR-DSSS）。高速直接序列扩频是另一种扩频技术，使得在 2.4GHz 频段内达到了 11Mb/s 的速率。HR-DSSS 采用了补码键控（CCK）等调制技术。

2．IEEE 802.11 系列标准

IEEE 802.11 由 IEEE 802.11 工作组制定，该工作组成立于 1990 年，是一个专门研究无线 LAN 技术、开发无线局域网物理层协议和 MAC 层协议的组织。IEEE 在 1997 年推出了 IEEE 802.11 无线局域网（Wireless LAN）标准，经过多年的补充和完善，形成了一个系列（即 IEEE 802.11 系列）

标准。目前，该系列标准已经成为无线局域网的主流标准。

IEEE 802.11 系列标准见表 8-1-1。

表 8-1-1　IEEE 802.11 系列标准

标准	运行频段	主要技术	数据速率
IEEE 802.11	2.400～2.483GHz	DBPSK、DQPSK	1Mb/s 和 2Mb/s
IEEE 802.11a	5.150～5.350GHz、5.725～5.850GHz，与 IEEE 802.11b/g 互不兼容	OFDM 调制技术	54Mb/s
IEEE 802.11b	2.400～2.483GHz，与 IEEE 802.11a 互不兼容	CCK 技术	11Mb/s
IEEE 802.11g	2.400～2.483GHz	OFDM 调制技术	54Mb/s
IEEE 802.11n	支持双频段，兼容 IEEE 802.11b 与 IEEE 802.11a 两种标准	MIMO（多进多出）与 OFDM 技术	300～600Mb/s
IEEE 802.11ac	核心技术基于 IEEE 802.11a，工作在 5.0GHz 频段上以保证向下兼容性	MIMO（多进多出）与 OFDM 技术	可达 1Gb/s
IEEE 802.11ax	支持双频段，兼容 2.4GHz 和 5GHz	MU-MIMO 与 OFDMA 技术	9.6Gb/s
IEEE 802.11be	支持三频段同时工作，兼容 2.4GHz，5GHz 和 6GHz	CMU-MIMO 与 4096-QAM	可达 30Gb/s

● 多进多出（Multiple Input Multiple Output，MIMO）技术

发射端和接收端都采用多个天线（或阵列天线）和多个通道。只要其发射端和接收端都采用了多个天线（或天线阵列），就构成了一个无线 MIMO 系统。MIMO 无线通信技术采用空时处理技术进行信号处理，在多路径环境下，无线 MIMO 系统可以极大地提高频谱利用率，增加系统的数据传输速率。MIMO 技术非常适用于室内环境下的无线局域网系统使用。采用 MIMO 技术的无线局域网系统在室内环境下的频谱效率可以达到 20～40b/s/Hz，而使用传统无线通信技术在移动蜂窝中的频谱效率仅为 1～5b/s/Hz，在点到点的固定微波系统中也只有 10～12b/s/Hz。

3. IEEE 802.11MAC 层协议

IEEE 802.11 采用了类似于 IEEE 802.3 CSMA/CD 协议的载波侦听多路访问/冲突避免协议（Carrier Sense Multiple Access/Collision Avoidance，CSMA/CA），不采用 CSMA/CD 协议的原因有两点：①无线网络中，接收信号的强度往往远小于发送信号，因此要实现碰撞的花费过大；②隐蔽站（隐蔽终端问题），并非所有站都能听到对方，如图 8-1-1（a）所示。而暴露站的问题是检测信道忙碌但未必影响数据发送，如图 8-1-1（b）所示。因此，CSMA/CA 就是减少碰撞，而不是检测碰撞。

CSMA/CA 的 MAC 层分为 DCF 和 PCF 两层。

（1）分布协调功能（Distributed Coordination Function，DCF）。DCF 没有中心控制，通过争用信道获取信道信息发送权，用于支持突发式通信。

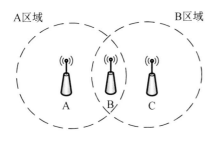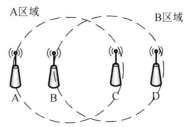

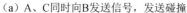

（a）A、C同时向B发送信号，发送碰撞　　（b）B向A发送信号，避免碰撞，阻止C
　　　　　　　　　　　　　　　　　　　　　　　　　向D发送数据

图 8-1-1　隐蔽站和暴露站问题

（2）点协调功能（Point Coordination Function，PCF）。PCF 选择接入 AP 集中控制 BSS，支持多媒体应用。

为了避免碰撞，IEEE 802.11 提出帧间隔（InterFrame Space，IFS）。帧间隔的长短取决于发送帧的类型。优先级高的 IFS 时间短，反之则长。IEEE 802.11 规定了三种常用的 IFS，见表 8-1-2。

表 8-1-2　IEEE 802.11 的各类帧间隔

类别	定义	长度	优先级	适用范围
SIFS	短帧间间隔	最短	最高	适用 ACK、CTS 帧、过长 MAC 帧后分片数据帧
PIFS	点协调帧间间隔	适中（SIFS+1 个时隙时间）	中	使用点协调 PCF 方式时
DIFS	分布协调功能帧间间隔	最长（SIFS+2 个时隙时间）	低	使用分布式协调 DCF 方式时

CSMA/CA 算法如下：

（1）若站点最初有数据需要发送，并且检测发现传输信道处于空闲状态，则等待时间 DIFS 后发送数据帧。

（2）否则，站点就执行 CSMA/CA 协议的退避算法，其间如果检测到信道忙，就暂停运行退避计时算法。只要信道空闲，退避计时器就继续运行退避计时算法。

（3）当退避计算机时间减少到零时，站点不管信号是否忙，都发送整个数据帧并等待确认。

（4）发送站收到确认就知道已发送的帧完成。这时如果要发送第二帧，就要从步骤（2）开始，执行 CSMA/CA 退避算法，随机选定一段退避时间。

若发送站在规定时间内没有收到确认帧 ACK 就必须重传，再次使用 CSMA/CA 协议争用接入信道，直到收到确认，或者经过若干次失败放弃传送。

注意：发送第一个数据帧时可以不使用退避算法，其余情况都需要使用退避算法。

4．AP 与 AC

（1）无线接入点（Access Point，AP）。无线接入点又称无线网桥、无线网关，"瘦"AP（FIT

AP），是无线网络中的交换机，也是组建无线局域网的核心设备。每个无线 AP 都有以太网接口，这样 AP 就可以把无线网络与有线网络进行连接。AP 的作用是连接各个无线客户端以及无线信号中继和放大。无线接入点可以看成有线网络集线器。在高校学生宿舍、酒店、商业办公大楼等房间密集的场景中，针对 Wi-Fi 信号穿墙时衰减严重的问题，华为提供了敏捷分布式 Wi-Fi 网络架构。该网络由中心 AP 和远端单元（Remote Unit，RU）组成，中心 AP 部署在机房、弱电间和走廊，RU 直接安装到房间内，中心 AP 下行网口直连 RU，或者通过 PoE 交换机扩展接入更多 RU。与传统无线网络相比，敏捷分布式 Wi-Fi 减少了由于穿墙而造成的信号衰减，确保每个房间都能享受到良好的无线网络接入服务。理论上来说 AP 数量越多，无线网络覆盖面越广，容纳的无线终端越多。

"胖"AP（FAT AP），就是通常说的无线路由器，具备多个 WAN、LAN 接口，提供 DHCP、DNS、VPN、防火墙等复杂的功能。

（2）接入控制器（Access Control，AC）。无线 AC 就是无线接入控制器，负责汇聚不同 AP 的数据并连接至 Internet，以实现对 AP 设备的配置和管理、无线用户的认证、管理及宽带访问、安全等控制等功能。

通常无线 AC 能自动发现所有工作在瘦 AP 模式下的 AP，并对 AP 进行统一配置和管理。常见的 AC、AP 组网结构如图 8-1-2 所示。

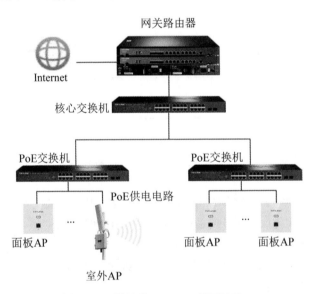

图 8-1-2　常见的 AC、AP 组网结构

（3）AC+AP 网络架构工作过程。在 AC+AP 的组网架构中，所有无线接入功能由 AP 和 AC 共同完成，其中 AC 集中处理所有的安全、控制和管理功能，如移动管理、身份验证、VLAN 划分、射频资源管理和数据包转发等。而 FIT AP 完成无线射频接入功能，如无线信号发射与探测响应、数据加密解密、数据传输确认等。AP 和 AC 之间采用 CAPWAP 协议进行通信，AP 与 AC 间可以

跨越二层网络或三层网络。

在集中式网络架构中，FIT AP 需要完成上线过程，AC 才能实现对 AP 的集中管理和控制。AP 的上线过程包括 6 个阶段：

1）AP 获取 IP 地址。

AP 获取 IP 地址的方式主要包括 3 种：①静态方式：登录到 AP 设备上手工配置 IP 地址；②DHCP 方式：通过配置 DHCP 服务器，使 AP 作为 DHCP 客户端向 DHCP 服务器请求 IP 地址；③SLAAC 方式：AP 通过无状态自动地址分配方式获取 IP 地址，该方式只支持获取 IPv6 地址。

2）CAPWAP 隧道建立阶段。

A．Discovery 阶段（也就是 AP 发现 AC 阶段）：通过发送 Discovery Request 报文，找到可用的 AC。AC 判断是否允许该 AP 接入。对于不允许接入的 AP 发送的 Discovery Request 报文，AC 不进行回应。

B．建立 CAPWAP 隧道阶段。本阶段完成 CAPWAP 隧道建立，包括数据隧道和控制隧道。

数据隧道：AP 接收的业务数据报文经过 CAPWAP 数据隧道集中到 AC 上转发。同时还可以选择对数据隧道进行数据传输层安全 DTLS（Datagram Transport Layer Security）加密，使能 DTLS 加密功能后，CAPWAP 数据报文都会经过 DTLS 加解密。

控制隧道：通过 CAPWAP 控制隧道实现 AP 与 AC 之间的控制报文的交互。同时还可以选择对控制隧道进行数据传输层安全 DTLS 加密，使能 DTLS 加密功能后，CAPWAP 控制报文都会经过 DTLS 加解密。

3）AP 接入控制阶段。AP 发送 Join Request 请求，AC 收到后会判断是否允许该 AP 接入，并响应 Join Response 报文。其中，Join Response 报文携带了 AC 上配置的关于 AP 的版本升级方式及指定的 AP 版本信息。

4）AP 的版本升级阶段。AP 根据收到的 Join Response 报文中的参数判断当前的系统软件版本是否与 AC 上指定的一致。如果不一致，则 AP 开始更新软件版本，升级方式包括 AC 模式、FTP 模式和 SFTP 模式。

5）CAPWAP 隧道维持阶段。AP 与 AC 之间交互 Keepalive（UDP 端口号为 5247）报文来检测数据隧道的连通状态。AP 与 AC 交互 Echo（UDP 端口号为 5246）报文来检测控制隧道的连通状态。

6）AC 业务配置下发阶段。AC 向 AP 发送 Configuration Update Request 请求消息，AP 回应 Configuration Update Response 消息，AC 再将 AP 的业务配置信息下发给 AP。

8.2　无线局域网安全

8.2.1　考点分析

历年网络工程师考试试题涉及本部分的相关知识点有：WEP、IEEE 802.11i、WLAN 用户通过 RADIUS 服务器登录的过程。

8.2.2 知识点精讲

1. WEP

IEEE 802.11b 定义了无线网的安全协议（Wired Equivalent Privacy，WEP）。WEP 协议是对在两台设备间无线传输的数据进行加密的方式，用以防止非法用户窃听或侵入无线网络。WEP 加密和解密使用同样的算法和密钥。WEP 采用的是 RC4 算法，使用 40 位或 64 位密钥，有些厂商将密钥位数扩展到 128 位（WEP2）。由于科学家找到了 WEP 的多个弱点，于是在 2003 年被淘汰。

2. IEEE 802.11i

Wi-Fi 保护接入（Wi-Fi Protected Access，WPA）是新一代的 WLAN 安全标准，该协议采用新的加密协议并结合 IEEE 802.1x 实现访问控制。在数据保密方面定义了三种加密机制，具体见表 8-2-1。

表 8-2-1 WPA 的三种加密机制

简写	全称	特点
TKIP	Temporal Key Integrity Protocol	临时密钥完整性技术使用 WEP 机制的 RC4 加密，可通过升级硬件或驱动方式来实现
CCMP	Counter-Mode/CBC-MAC Protocol	使用 AES（Advanced Encryption Standard）加密和 CCM（Counter-Mode/CBC-MAC）认证，该算法对硬件要求较高，需要更换硬件
WRAP	Wireless Robust Authenticated Protocol	使用 AES 加密和 OCB 加密

3. WLAN 用户通过 RADIUS 服务器登录的过程

WLAN 用户通过 RADIUS 服务器登录的过程：

（1）由无线工作站上的认证客户端发出认证请求。

（2）AP 上的认证系统接收之后交给 RADIUS 服务器进行认证。

（3）通过认证之后对该用户进行授权，并且返回认证成功信息给认证系统。

（4）认证系统打开该用户的数据通道并允许其进行数据传输。

8.3 无线局域网配置

8.3.1 考点分析

历年网络工程师考试试题涉及本部分的相关知识点有：AC+AP 的基本配置。

8.3.2 知识点精讲

在现代企业的无线网络部署中，由于覆盖范围越来越大，网络控制的相关要求越来越多，因此一般会通过部署 AC+AP 的方式实现。其中无线接入控制器（WLAN Access Controller，AC）是无线局域网中的核心设备，通常部署于汇聚层，用于实现对无线接入点（Access Point，AP）的批量业务配置和管理，尤其是在组建中大型园区网络、企业办公网络、无线城域网络等应用环境广为使用。以下通过一个基于三层网络隧道转发的 AC+AP 部署的例子，介绍无线网络的基本配置。

这里以某无线网络为例：

某企业的无线网络拓扑如图 8-3-1 所示，通过三层组网，业务数据采用隧道转发的方式，实现内部用户可以使用无线网络办公。其中 AC 作为所有 AP 的 DHCP 服务器，汇聚层交换机 SwitchC 作为内网所有工作站的 DHCP 服务器。根据管理员的规划，管理 Vlan 使用 Vlan 10 和 Vlan 100，业务 Vlan 使用 Vlan Pool。

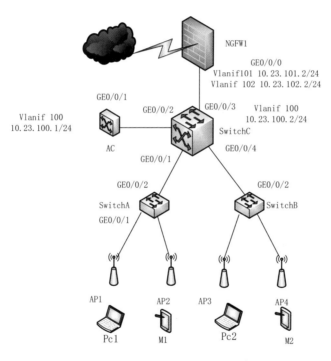

图 8-3-1　某企业的无线网络拓扑

具体配置步骤如下：

1. 配置周围设备基本 vlan 与 IP 地址，实现三层互通

配置接入交换机 SwitchA 的 GE0/0/1 和 GE0/0/2 接口加入 VLAN10，GE0/0/1 的缺省 VLAN 为 VLAN10。SwitchB 的配置与 SwitchA 类似，此处不再赘述。

```
<HUAWEI> system-view
[HUAWEI] sysname SwitchA
[SwitchA] vlan batch 10
[SwitchA] interface gigabitethernet 0/0/1
```

```
[SwitchA-GigabitEthernet0/0/1] port link-type trunk
[SwitchA-GigabitEthernet0/0/1] port trunk pvid vlan 10
[SwitchA-GigabitEthernet0/0/1] port trunk allow-pass vlan 10
[SwitchA-GigabitEthernet0/0/1] port-isolate enable
[SwitchA-GigabitEthernet0/0/1] quit
[SwitchA] interface gigabitethernet 0/0/2
[SwitchA-GigabitEthernet0/0/2] port link-type trunk
[SwitchA-GigabitEthernet0/0/2] port trunk allow-pass vlan 10
[SwitchA-GigabitEthernet0/0/2] quit
```

配置汇聚交换机 SwitchC 的接口 GE0/0/1 和 GE0/0/4 加入 VLAN10，接口 GE0/0/2 加入 VLAN100、VLAN101 和 VLAN102，接口 GE0/0/3 加入 VLAN101 和 VLAN102，并创建接口 VLANIF100，地址为 10.23.100.2/24。

```
<HUAWEI> system-view
[HUAWEI] sysname SwitchC
[SwitchC] vlan batch 10 100 101 102
[SwitchC] interface gigabitethernet 0/0/1
[SwitchC-GigabitEthernet0/0/1] port link-type trunk
[SwitchC-GigabitEthernet0/0/1] port trunk allow-pass vlan 10
[SwitchC-GigabitEthernet0/0/1] quit
[SwitchC] interface gigabitethernet 0/0/4
[SwitchC-GigabitEthernet0/0/4] port link-type trunk
[SwitchC-GigabitEthernet0/0/4] port trunk allow-pass vlan 10
[SwitchC-GigabitEthernet0/0/4] quit
[SwitchC] interface gigabitethernet 0/0/2
[SwitchC-GigabitEthernet0/0/2] port link-type trunk
[SwitchC-GigabitEthernet0/0/2] port trunk allow-pass vlan 100 101 102
[SwitchC-GigabitEthernet0/0/2] quit
[SwitchC] interface gigabitethernet 0/0/3
[SwitchC-GigabitEthernet0/0/3] port link-type trunk
[SwitchC-GigabitEthernet0/0/3] port trunk allow-pass vlan 101 102
[SwitchC-GigabitEthernet0/0/3] quit
[SwitchC] interface vlanif 100
[SwitchC-Vlanif100] ip address 10.23.100.2 24
[SwitchC-Vlanif100] quit
```

配置 NGFW1 的接口 GE1/0/0 加入 VLAN101 和 VLAN102，创建接口 VLANIF101 并配置 IP 地址为 10.23.101.2/24，创建接口 VLANIF102 并配置 IP 地址为 10.23.102.2/24。用于内部网络的网关地址。此处不再赘述。

2. 配置 AC 与其他网络设备互通

配置 AC 的接口 GE0/0/1 加入 VLAN100、VLAN101 和 VLAN102，并创建接口 VLANIF100。

```
<HUAWEI> system-view
[HUAWEI] sysname AC
[AC] vlan 100
[AC-vlan100] quit
[AC] interface vlanif 100
[AC-Vlanif100] ip address 10.23.100.1 24
[AC-Vlanif100] quit
```

```
[AC] interface gigabitethernet 0/0/1
[AC-GigabitEthernet0/0/1] port link-type trunk
[AC-GigabitEthernet0/0/1] port trunk allow-pass vlan 100 101 102
[AC-GigabitEthernet0/0/1] quit
```

配置 AC 到 AP 的路由，下一跳为 SwitchC 的 VLANIF100。

```
[AC] ip route-static 10.23.10.0 24 10.23.100.2
```

3. 配置 DHCP 服务为 AP 和 STA 分配 IP 地址

在 SwitchC 上配置 DHCP 中继，代理 AC 分配 IP 地址。

```
[SwitchC] dhcp enable
[SwitchC] interface vlanif 10
[SwitchC-Vlanif10] ip address 10.23.10.1 24
[SwitchC-Vlanif10] dhcp select relay
[SwitchC-Vlanif10] dhcp relay server-ip 10.23.100.1
[SwitchC-Vlanif10] quit
```

在 SwitchC 上创建 VLANIF101 和 VLANIF102 接口为 STA 提供地址，并指定默认网关。

```
[SwitchC] interface vlanif 101
[SwitchC-Vlanif101] ip address 10.23.101.1 24
[SwitchC-Vlanif101] dhcp select interface
[SwitchC-Vlanif101] dhcp server gateway-list 10.23.101.2
[SwitchC-Vlanif101] quit
[SwitchC] interface vlanif 102
[SwitchC-Vlanif102] ip address 10.23.102.1 24
[SwitchC-Vlanif102] dhcp select interface
[SwitchC-Vlanif102] dhcp server gateway-list 10.23.102.2
[SwitchC-Vlanif102] quit
```

在 AC 上创建全局地址池为 AP 提供地址。

```
[AC] dhcp enable
[AC] ip pool ITCTCOM
[AC-ip-pool-huawei] network 10.23.10.0 mask 24
[AC-ip-pool-huawei] gateway-list 10.23.10.1
[AC-ip-pool-huawei] option 43 sub-option 3 ascii 10.23.100.1
[AC-ip-pool-huawei] quit
[AC] interface vlanif 100
[AC-Vlanif100] dhcp select global
[AC-Vlanif100] quit
```

4. 配置 VLAN pool，用于作为业务 VLAN

在 AC 上新建 VLAN pool，并将 VLAN101 和 VLAN102 加入其中，配置 VLAN pool 中的 VLAN 分配算法为 "hash"。

```
[AC] vlan batch 101 102
[AC] vlan pool sta-pool
[AC-vlan-pool-sta-pool] vlan 101 102
[AC-vlan-pool-sta-pool] assignment hash
[AC-vlan-pool-sta-pool] quit
```

5. 配置 AP 上线

创建 AP 组，用于将相同配置的 AP 都加入同一 AP 组中。

```
[AC] wlan
```

```
[AC-wlan-view] ap-group name ap-group1
[AC-wlan-ap-group-ap-group1] quit
```

创建域管理模板，在域管理模板下配置 AC 的国家码并在 AP 组下引用域管理模板。

```
[AC-wlan-view] regulatory-domain-profile name default
[AC-wlan-regulate-domain-default] country-code cn
[AC-wlan-regulate-domain-default] quit
[AC-wlan-view] ap-group name ap-group1
[AC-wlan-ap-group-ap-group1] regulatory-domain-profile default
Continue?[Y/N]:y
[AC-wlan-ap-group-ap-group1] quit
[AC-wlan-view] quit
```

配置 AC 的源接口。

```
[AC] capwap source interface vlanif 100
```
Set the DTLS PSK(contains 6-32 plain-text characters, or 48 or 68 cipher-text characters that must be a combination of at least two of the following: lowercase letters a to z, uppercase letters A to Z, digits, and special characters):******

Set the DTLS inter-controller PSK(contains 6-32 plain-text characters, or 48 or 68 cipher-text characters that must be a combination of at least two of the following: lowercase letters a to z, uppercase letters A to Z, digits, and special characters):******

Set the user name for FIT APs(contains 4-31 plain-text characters, which can only include letters, digits and underlines. And the first character must be a letter):admin

Set the password for FIT APs(plain-text password of 8-128 characters or cipher-text password of 48-188 characters that must be a combination of at least three of the following: lowercase letters a to z, uppercase letters A to Z, digits, and special characters):********

Set the global temporary-management psk(contains 8-63 plain-text characters, or 48-108 cipher-text characters that must be a combination of at least two of the following: lowercase letters a to z, uppercase letters A to Z, digits, and special characters):********

开启 CAPWAP DTLS 不认证方式。因为华为某些版本的 AC 默认开启了 DTLS 认证，会导致 AP 上线失败，因此先要设置为不认证方式。

```
[AC] capwap dtls no-auth enable
```

在 AC 上离线导入 AP，并将 AP 加入 AP 组"ap-group1"中。假设 AP 的 MAC 地址为 00e0-fc76-e360，并且根据 AP 的部署位置为 AP 配置名称，便于从名称上就能够了解 AP 的部署位置。例如，MAC 地址为 00e0-f237-e138 的 AP 部署在 1 号区域，命名此 AP 为 area_1。

```
[AC] wlan
[AC-wlan-view] ap auth-mode mac-auth
[AC-wlan-view] ap-id 0 ap-mac 00e0-f237-e138
[AC-wlan-ap-0] ap-name area_1
Warning: This operation may cause AP reset. Continue? [Y/N]:y
[AC-wlan-ap-0] ap-group ap-group1
Warning: This operation may cause AP reset. If the country code changes, it will clear channel, power and antenna gain configurations of the radio, Whether to continue? [Y/N]:y
[AC-wlan-ap-0] quit
```

将 AP 上电后，当执行命令 display ap all 查看到 AP 的"State"字段为"nor"时，表示 AP 正常上线。

```
[AC-wlan-view] display ap all
Total AP information:
nor   : normal          [1]
Extra information:
```

```
P    : insufficient power supply
-----------------------------------------------------------------------------------------
ID   MAC          Name    Group    IP          Type           State STA  Uptime   ExtraInfo
-----------------------------------------------------------------------------------------
0    00e0-f237-e138 area_1 ap-group1 10.23.100.254 AirEngine8760-X1-PRO nor   0     10S        -
-----------------------------------------------------------------------------------------
Total: 1
```

\# 关闭 CAPWAP DTLS 不认证方式，待 AP 上线完成之后关闭。

```
[AC-wlan-view] quit
[AC] undo capwap dtls no-auth enable
[AC] wlan
```

6. 配置 WLAN 业务

\# 创建名为"wlan-net"的安全模板，并配置安全策略。

```
[AC-wlan-view] security-profile name wlan-net
[AC-wlan-sec-prof-wlan-net] security wpa-wpa2 psk pass-phrase ITCT.COM aes
[AC-wlan-sec-prof-wlan-net] quit
```

\# 创建名为"wlan-net"的 SSID 模板，并配置 SSID 名称为"wlan-net"。

```
[AC-wlan-view] ssid-profile name wlan-net
[AC-wlan-ssid-prof-wlan-net] ssid wlan-net
[AC-wlan-ssid-prof-wlan-net] quit
```

\# 创建名为"wlan-net"的 VAP 模板，配置业务数据转发模式、业务 VLAN，并且引用安全模板和 SSID 模板。

```
[AC-wlan-view] vap-profile name wlan-net
[AC-wlan-vap-prof-wlan-net] forward-mode tunnel
[AC-wlan-vap-prof-wlan-net] service-vlan vlan-pool sta-pool
[AC-wlan-vap-prof-wlan-net] security-profile wlan-net
[AC-wlan-vap-prof-wlan-net] ssid-profile wlan-net
[AC-wlan-vap-prof-wlan-net] quit
```

\# 配置 AP 组引用 VAP 模板，AP 上射频 0 和射频 1 都使用 VAP 模板"wlan-net"的配置。

```
[AC-wlan-view] ap-group name ap-group1
[AC-wlan-ap-group-ap-group1] vap-profile wlan-net wlan 1 radio 0
[AC-wlan-ap-group-ap-group1] vap-profile wlan-net wlan 1 radio 1
[AC-wlan-ap-group-ap-group1] quit
```

7. 配置 AP 射频的信道和功率

配置自动调优，自动选择 AP 最佳信道和功率（默认开启）。

\# 开启 AP 射频的信道和功率自动调优功能（默认开启）。

```
[AC-wlan-view] ap-group name ap-group1
[AC-wlan-ap-group-ap-group1] radio 0
[AC-wlan-group-radio-ap-group1/0] calibrate auto-channel-select enable
[AC-wlan-group-radio-ap-group1/0] calibrate auto-txpower-select enable
[AC-wlan-group-radio-ap-group1/0] quit
[AC-wlan-ap-group-ap-group1] radio 1
[AC-wlan-group-radio-ap-group1/1] calibrate auto-channel-select enable
[AC-wlan-group-radio-ap-group1/1] calibrate auto-txpower-select enable
[AC-wlan-group-radio-ap-group1/1] quit
[AC-wlan-ap-group-ap-group1] quit
```

第 2 天

手动触发一次射频调优。

```
[AC-wlan-view] calibrate manual startup
Warning: The operation may cause business interruption, Continue? [Y/N]:y
```

待执行手动调优一小时后，调优结束。可配置射频调优模式为定时调优，并将调优时间定为用户业务空闲时段（如当地时间 00:00—06:00 时段）。默认每天 03:00:00 开始自动进行射频调优。

```
[AC-Wlan-view] calibrate enable schedule time 03:00:00
```

配置固定信道功率。

关闭 AP 射频的信道和功率自动调优功能。

```
[AC-wlan-view] ap-group name ap-group1
[AC-wlan-ap-group-ap-group1] radio 0
[AC-wlan-group-radio-ap-group1/0] calibrate auto-channel-select disable
[AC-wlan-group-radio-ap-group1/0] calibrate auto-txpower-select disable
[AC-wlan-group-radio-ap-group1/0] quit
[AC-wlan-ap-group-ap-group1] radio 1
[AC-wlan-group-radio-ap-group1/1] calibrate auto-channel-select disable
[AC-wlan-group-radio-ap-group1/1] calibrate auto-txpower-select disable
[AC-wlan-group-radio-ap-group1/1] quit
[AC-wlan-ap-group-ap-group1] quit
```

按照网规结果中每台 AP 的信道功率，为每台 AP 分别配置其射频 0 和射频 1 的信道功率。

```
[AC-wlan-view] ap-id 0
[AC-wlan-ap-0] radio 0
[AC-wlan-radio-0/0] channel 20mhz 6
Warning: This action may cause service interruption. Continue?[Y/N]y
[AC-wlan-radio-0/0] eirp 127
[AC-wlan-radio-0/0] quit
[AC-wlan-ap-0] radio 1
[AC-wlan-radio-0/1] channel 20mhz 149
Warning: This action may cause service interruption. Continue?[Y/N]y
[AC-wlan-radio-0/1] eirp 127
[AC-wlan-radio-0/1] quit
[AC-wlan-ap-0] quit
```

至此，配置完成。

注意：软考中经常考查在无线网络建设中，如何保证无线信号的可靠覆盖。通常的措施是采用 1,6,11 信道隔离，避免同频干扰。采用敏捷部署，通过中心 AP+RU 的方式，确保信号可靠覆盖。通过适当的功率调整，确保信号的有效覆盖等。

纯组播报文由于协议要求在无线空口没有 ACK 机制保障，且由于无线空口链路不稳定，为了保证纯组播报文能够稳定发送，通常会以很低速发送。如果网络侧有大量异常组播报文进入，会造成无线空口堵塞。为了减小大量低速组播报文对无线网络造成的冲击，通常要求配置组播报文抑制功能。

当业务数据转发方式采用直接转发时，建议在直连 AP 的交换机接口上配置组播报文抑制。

当业务数据转发方式采用隧道转发时，建议在 AC 的流量模板下配置组播报文抑制。同时，建议在与 AP 直连的设备接口上配置端口隔离，避免在 VLAN 内形成大量不必要的广播报文，导致网络阻塞，降低网络速度。

8.4　4G/5G 关键技术

8.4.1　考点分析

历年网络工程师考试试题涉及本部分的相关知识点有：4G 技术、5G 技术。

8.4.2　知识点精讲

码分多址（Code-Division Multiple Access，CDMA）技术是近年来在数字移动通信进程中出现的一种先进的无线扩频通信技术，其具有频谱利用率高、话音质量好、容量大、覆盖广等特点。

CDMA 是一种信道复用技术，它允许多个用户同时使用同一频带进行通信。为了避免干扰，在 CDMA 中，每一个比特时间再划分为 m 个短的间隔，称为码片，为了方便计算，这里假定 m 为 8。使用 CDMA 的所有站点都被分配一个唯一的 $m$bit 码片序列，这些序列是经过精心计算和挑选的，不仅要各不相同，而且还必须与其他用户的码片序列正交。所谓正交就是将两个码片序列的对应分量先相乘，再相加，最后除以码片序列的长度（即 m）。如果结果为 0，则两个码片序列正交。

如果一个站要发送比特 1，则发送它自己的 $m$bit 码片序列。如果要发送比特 0，则发送该码片序列的二进制反码。例如，指派给 S 站的 8bit 码片序列是 00011011，当 S 发送比特 1 时，它就发送序列 00011011；而当 S 发送 0 时，实际就是发送 11100100。为了方便，通常将码片中的 0 写为 -1，将 1 写成 +1，因此 S 站的码片序列就是(-1-1-1+1+1-1+1+1)。如系统中还有 R 站的码片序列是（-1-1+1-1+1+1+1+1-1），则可以通过如下规格化内积（部分教材也称为点积）计算确认 R 站和 S 站的码片序列正交。

S*R=((-1*-1)+(-1*-1)+(-1*+1)+(+1*-1)+(+1*+1)+(-1*+1)+(+1*+1)+(+1*-1))/8=(1+1-1-1+1-1+1-1)/8= 0/8=0。因为点积为 0，所以两个站点的码片是正交的。

在接收端，某个站点收到的信号是系统中多个用户发送的码片序列的叠加。为了解码特定用户 S 的信号，接收端使用与用户 S 相同的码片序列进行规格化内积计算。由于码片序列的正交性，其他用户的信号将被消除，只留下目标用户 S 的信号。假如用户收到一个叠加的信号是 +3 +1，要确定 S 是否发送了信号，发的是什么信号，可以参考以下具体计算如下：

S 的码片与收到信号的点积=((-1*-1)+(-1*-3)+(-1*+1)+(+1*-1)+(+1*+1)+(-1*-1)+(+1*+3)+(+1*+1))/8= (1+3-1-1+1+1+3+1)/8=+1，说明 S 站发送的数据是比特 1。

注意这部分计算，在软考中可能考到的就是如何根据收到的叠加信号，判断是哪个站发了什么数据。

4G（4th Generation Communication System）：第四代移动通信技术，是第三代技术（3G）的延续。4G 可以提供比 3G 更快的数据传输速度。ITU（国际电信联盟）最初确立的 4G 标准有 3 个，分别是 UMB（Ultra Mobile Broadband）、LTE（Long Term Evolution）和 WiMAXⅡ（IEEE 802.16m）。

5G 网络作为第五代移动通信网络，其峰值理论传输速度可达每秒数十 Gb，比 4G 网络的传输速度快数百倍，5G 是具有高速率、低时延和大连接特点的移动通信技术。其采用的关键技术主要有：超密集异构无线网络、大规模多输入多输出、毫米波通信、软件定义网络（Software Defined Network，SDN）和网络功能虚拟化等。其中，软件定义网络是常考的一个知识点。软件定义网络是一种网络设计理念。只要是网络硬件可以集中式软件管理、可编程、控制部分和数据转发分开，就可以理解为 SDN 网络。在当前主流的 SDN 架构中，保留了传统硬件设备上的操作系统和基础的协议功能，通过控制器收集整个网络中的设备信息，具有如下主要优点：

（1）网络可编程。网络设备提供应用编程接口（API），使开发和管理人员能够通过编程语言向网络设备发送指令。网络工程师可以使用脚本自动化创建和分配任务，收集网络统计信息。

（2）网络抽象化。控制器作为中间层，通过南北向 API 接口与网络设备和应用程序进行交互，将底层的硬件设备抽象为虚拟化的资源池，应用和服务不再与硬件紧耦合。

（3）降低成本。保留了原有的网络设备，硬件设备仍然具备管理、控制、转发的全部功能，方便进行整网的改造，无须进行大规模的搬迁。控制器的引入可大大提升运维效率，降低运维成本。

（4）业务灵活调度。传统的硬件设备在网络中无法进行灵活的负载分担，流量的调度仍然强依赖于管理员对单台设备的配置，因此传统的硬件设备是一种分布式的管理模式。SDN 在没有改变硬件设备整体逻辑的基础上，通过增加开放的南北向接口，实现了将计算机语言到配置命令行的翻译，解决了传统网络业务调度不灵活的问题。

（5）集中管理。传统网络设备的管理是分布式的，单台网络设备不感知整个网络的状态。通过集中式管理，管理员可以直接感知整个网络的状态，及时调整带宽和优化策略，便于进行整网的管理。

（6）开放性。SDN 架构支持供应商开发自己的生态系统，开放的 API 支持云编排、SaaS 等多种应用程序，同时也可以通过 Openflow 控制多个供应商的硬件。

第 3 学时　存储技术基础

本学时主要学习存储相关知识。如今，数据变得越来越重要，数据量变得越来越巨大，因此存储海量数据、安全保护数据、出现问题及时恢复数据是网络工程师和网络管理员必备的技能。根据历年考试的情况来看，每次考试涉及相关知识点的分值在 0～3 分之间。存储知识的考查主要集中在基础知识题中。本学时考点知识结构图如图 9-0-1 所示。

图 9-0-1　考点知识结构图

9.1　RAID

9.1.1　考点分析

历年网络工程师考试试题涉及本部分的相关知识点有：RAID 技术。

9.1.2　知识点精讲

独立磁盘冗余阵列（Redundant Array of Independent Disk，RAID）是由美国加利福尼亚大学伯克利分校于 1987 年提出的，其利用一个磁盘阵列控制器和一组磁盘组成一个可靠、高速的、大容量的逻辑硬盘。

RAID 分为很多级别，常见的 RAID 如下：

（1）RAID0。无容错设计的条带磁盘阵列（Striped Disk Array without Fault Tolerance）。数据并不是保存在一个硬盘上，而是分成数据块保存在不同的驱动器上。因为将数据分布在不同的驱动器上，所以数据吞吐率大大提高。如果是 **n 块硬盘，则读取相同数据时间减少为 $1/n$**。由于**不具备冗余技术**，如果一块盘坏了，则阵列数据全部丢失。实现 RAID0 至少需要 2 块硬盘。

（2）RAID1。磁盘镜像，可并行读数据，由于在不同的两块磁盘写入相同数据，写入数据比 RAID0 慢点。安全性最好，但空间利用率为 50%，利用率最低。实现 RAID1 至少需要 2 块硬盘。

（3）RAID2。使用了海明码校验和纠错。将数据条块化分布于不同硬盘上，现在几乎不再使用。实现 RAID2 至少需要 2 块硬盘。

（4）RAID3。使用单独的 1 块校验盘进行奇偶校验。**磁盘利用率=$(n-1)/n$**，其中 n 为 RAID3 中的磁盘总数。实现 RAID3 至少需要 3 块硬盘。

（5）RAID5。具有独立的数据磁盘和分布校验块的磁盘阵列，无专门的校验盘。RAID5 常用于 I/O 较频繁的事务处理上。RAID5 可以为系统提供数据安全保障，虽然可靠性比 RAID1 低，但是磁盘空间利用率要比 RAID1 高。RAID5 具有和 RAID0 近似的数据读取速度，只是多了一个奇偶校验信息，写入数据的速度比对单个磁盘进行写入操作的速度稍慢。**磁盘利用率=$(n-1)/n$**，其中 n 为 RAID5 中的磁盘总数。实现 RAID5 至少需要 3 块硬盘。

（6）RAID6。具有独立的数据硬盘与两个独立的分布校验方案，即存储两套奇偶校验码。因此安全性更高，但构造更复杂。磁盘**利用率=$(n-2)/n$**，其中 n 为 RAID6 中的磁盘总数。实现 RAID6 至少需要 4 块硬盘。

（7）RAID10。高可靠性与高性能的组合。RAID10 是建立在 RAID0 和 RAID1 基础上的，即先做镜像然后做条带化，这样既利用了 RAID0 极高的读写效率，又利用了 RAID1 的高可靠性。磁盘利用率为 50%。实现 RAID10 至少需要 4 块硬盘。

9.2 NAS 和 SAN

9.2.1 考点分析

历年网络工程师考试试题涉及本部分的相关知识点有：NAS、SAN、DS。

9.2.2 知识点精讲

1. 网络附属存储（Network Attached Storage，NAS）

NAS 采用独立的服务器，单独为网络数据存储而开发一种文件服务器来连接所有存储设备。数据存储至此不再是服务器的附属设备，而成为网络的一个组成部分。

2. 存储区域网络及其协议（Storage Area Network and SAN Protocols，SAN）

SAN 是一种专用的存储网络，用于将多个系统连接到存储设备和子系统。SAN 可以被看作负责存储传输的后端网络，而前端的数据网络负责正常的 TCP/IP 传输。作为一种新的存储连接拓扑结构，光纤通道为数据访问提供了高速的访问能力，它被设计用来代替现有的系统和存储之间的 SCSI I/O 连接。SAN 可以分为 FC SAN 和 IP SAN。

3. 分布式存储（Distributed Storage，DS）

分布式存储是相对于集中式存储而言的，其最初的设计目的是希望通过廉价的服务器来解决大规模、高并发场景下的 Web 访问问题。通过利用多台存储服务器分担存储负荷，不仅提高了系统的可靠性、可用性和存取效率，还易于扩展。云存储和大数据是构建在分布式存储之上的应用，云存储的核心还是后端的大规模分布式存储系统。大数据则不仅需要存储海量数据，还需要通过合适的计算框架或者工具对这些数据进行分析，抽取其中有价值的部分。目前市场上的主流技术主要有以下三类。

（1）中间控制节点架构：以 HDFS 为典型代表。在这种架构中，一部分节点 NameNode 存放管理数据（元数据），另一部分节点 DataNode 存放业务数据，这种类型的服务器负责管理具体数据。这种架构就像公司的层次组织架构，NameNode 就如同老板，只管理下属的经理（DataNode），而下属的经理们来管理节点下本地盘上的数据。这种分布式存储架构可以通过横向扩展 DataNode 的数量来增加承载能力，也即实现了动态横向扩展的能力。

（2）完全无中心架构——计算模式：以 Ceph 为典型代表。在该架构中与 HDFS 不同的地方在于该架构中没有中心节点。客户端是通过一个设备映射关系计算出来其写入数据的位置，这样客户端可以直接与存储节点通信，从而避免中心节点的性能瓶颈。

（3）完全无中心架构——一致性哈希：以 swift 为典型代表。与 Ceph 的通过计算方式获得数据位置的方式不同，它是通过一致性哈希的方式获得数据位置。一致性哈希的方式就是将设备做成一个哈希环，然后根据数据名称计算出的哈希值映射到哈希环的某个位置，从而实现数据的定位。

第 4 学时　网络规划与设计

本学时主要学习网络规划与设计相关知识。作为网络工程师，在实际项目中需要从宏观角度去设计网络，知道交换机、路由器、防火墙等设备应处于什么位置，什么时候能派上用场，网络设计的流程如何。根据历年考试的情况来看，网络规划与设计知识的考查主要集中在基础知识题中，案例分析题中偶尔考到，一旦出现就是一道 15 分的大题。每次考试涉及相关知识点的分值一般在 0～3 分之间，偶尔会出现 15 分大题。本章考点知识结构图如图 10-0-1 所示。

图 10-0-1　考点知识结构图

10.1　网络生命周期

10.1.1　考点分析

历年网络工程师考试试题涉及本部分的相关知识点有：五阶段周期模型。

10.1.2　知识点精讲

网络生命周期就是网络系统从思考、调查、分析、建设到最后淘汰的总过程。常见的网络生命周期是五阶段周期，该模型分为五个阶段，分别为需求规范阶段、通信规范阶段、逻辑网络设计阶段、物理网络设计阶段、实施阶段，如图 10-1-1 所示。

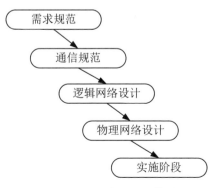

图 10-1-1　五阶段周期模型

（1）需求规范阶段的任务就是进行网络需求分析。

（2）通信规范阶段的任务就是进行网络体系分析。

（3）逻辑网络设计阶段的任务就是确定逻辑的网络结构

（4）物理网络设计阶段的任务就是确定物理的网络结构。

（5）实施阶段的任务就是进行网络设备安装、调试及网络运行时的维护工作。

10.2　网络需求分析

10.2.1　考点分析

历年网络工程师考试试题涉及本部分的相关知识点有：需求分析的内容、网络工程文档的编制。

10.2.2　知识点精讲

需求分析阶段就是分析现有网络，与用户从多个角度做深度交流，最后得到比较全面的需求。需求分析阶段的主要工作内容（即了解的各类需求）如下：

（1）功能需求：用户和用户业务具体需要的功能。

（2）应用需求：用户需要的应用类型、地点和网络带宽的需求；对延迟的需求；吞吐量需求。

（3）计算机设备需求：主要是了解各类 PC 机、服务器、工作站、存储等设备以及运行操作系统的需求。

（4）网络需求：网络拓扑结构需求、网络管理需求、资源管理需求、网络可扩展的需求。

（5）安全需求：可靠性需求、可用性需求、完整性需求、一致性需求。

需求分析的几点注意事项：任何网络都不可能是一张能够满足各项功能需求的万能网；采用合适的而不是最先进的网络设备，获得合适的而不是最高的网络性能；网络需求分析不能脱离用户、应用系统等现实因素；考虑网络的扩展性，极大地保护投资。

需求分析完毕后需要编制需求说明书，这是一类网络工程文档。实际上，网络工程的每个阶段完成后都需要生成相关的项目文档。网络工程文档的编制在网络项目开发工作中占有突出的地位，是设计人员在一定阶段内的工作成果和结束标识，有助于提高网络规划人员的设计效率。按照规范要求生成一套文档的过程，就是按照网络分析与设计规范完成网络项目分析与设计的过程。

10.3　通信规范分析

10.3.1　考点分析

历年网络工程师考试试题涉及本部分的相关知识点有：通信规范分析任务、80/20 规则、20/80 规则。

10.3.2　知识点精讲

1. 通信规范分析任务

通信规范分析就是通过分析网络通信模式和网络的流量特点，发现网络的关键点和瓶颈，为逻辑网络设计工作提供有意义的参考和模型依据，从而避免设计的盲目性。

通信规范分析任务包含：

（1）通信模式分析。对通信模式进行分析，确定现有网络中的网络通信模式。通信模式有对等通信模式、客户机/服务器（C/S）通信模式、浏览器/服务器通信模式、分布式计算通信模式四种。

（2）通信边界分析。确定局域网通信边界（广播域、冲突域）、广域网通信边界（自治区域、路由算法区域和局域网交界）、虚拟专用网络通信边界。

（3）通信流分布分析。通信流分布分析有时需要汇总所有单个信息流量的大小。

【例 10-1】假设生产管理网络系统采用 B/S 工作方式，经常上网的用户数为 300 个，每个用户每分钟产生 2 个事务处理任务，平均事务量大小为 0.1MB，则这个系统需要的信息传输速率为多少？

$$需要的传输速率 = 用户数 \times 每单位时间产生事务的数量 \times 事务量大小 \qquad (10\text{-}3\text{-}1)$$

$$需要的传输速率 = 300 \times \frac{2}{60} \times 0.1 \times 8 = 8\text{Mb/s}$$

计算单个信息流量的方式比较复杂，汇总就更加麻烦，因此可以引入一些简单规则，如 80/20 规则、20/80 规则等。

2. 80/20 规则

对于一个网段内部总的通信流量，80%的流量流转在网段内部，而剩下的 20%则是网段外部流量。这个规则适用于内部交流较多而外部访问较少的网络。

3. 20/80 规则

对于一个网段内部总的通信流量，20%的流量流转在网段内部，而剩下的 80%则是网段外部流量。这个规则适用于外部联系较多而内部联系较小的网络，可以较大限度地满足用户的远程联网需求，这个规则适用的网络允许存在具有特殊外部应用的网段。

通信规范分析完毕的同时，网络规划人员需要完成通信规范说明书的编写。

10.4　逻辑网络设计

10.4.1　考点分析

历年网络工程师考试试题涉及本部分的相关知识点有：分层化网络设计模型、网络设计原则。

10.4.2　知识点精讲

逻辑网络设计就是根据需求分析，依据用户分布、特点、数量和应用需求等形成符合的逻辑网络结构，大致得出网络互连特性及设备分布，但不涉及具体设备和信息点的确定。简而言之，逻辑网络设计阶段的任务是根据需求规范和通信规范实施资源分配和安全规划。

逻辑网络设计工作主要包括网络结构的设计、物理层技术选择、局域网技术选择与应用、广域网技术选择与应用、地址设计和命名模型、路由选择协议、网络管理和网络安全等。

逻辑网络设计的一个重要概念是分层化网络设计模型。

1.　分层化网络设计模型

分层化网络设计模型可以帮助设计者按层次设计网络结构，并对不同层次赋予特定的功能，为不同层次选择正确的设备和系统。三层网络模型是最常见的分层化网络设计模型，通常划分为接入层、汇聚层和核心层。

（1）接入层。网络中直接面向用户连接或访问网络的部分称为接入层，接入层的作用是允许终端用户连接到网络，因此接入层交换机具有低成本和高端口密度特性。接入层的其他功能有用户接入与认证、二三层交换、QoS、MAC 地址过滤。

（2）汇聚层。位于接入层和核心层之间的部分称为汇聚层，汇聚层是多台接入层交换机的汇聚点，它必须能够处理来自接入层设备的所有通信流量，并提供到核心层的上行链路，因此汇聚层交换机与接入层交换机比较需要更高的性能、更少的接口和更高的交换速率。汇聚层的其他功能有访问列表控制、VLAN 间的路由选择执行、分组过滤、组播管理、QoS、负载均衡、快速收敛等。

（3）核心层。核心层的功能主要是实现骨干网络之间的优化传输，骨干层设计任务的重点通常是冗余能力、可靠性和高速的传输。网络核心层将数据分组从一个区域高速地转发到另一个区域，快速转发和收敛是其主要功能。网络的控制功能最好尽量少地在骨干层上实施。核心层一直被认为是所有流量的最终承受者和汇聚者，所以对核心层的设计及网络设备的要求十分严格。核心层的其他功能有链路聚合、IP 路由配置管理、IP 组播、静态 VLAN、生成树、设置陷阱和报警、服务器群的高速连接等。

2.　网络设计原则

网络设计原则有：

（1）考虑设备先进性，但不一定必须采用最先进的设备，需要考虑合理性。

（2）网络系统设计应该采用开放的标准和技术。

（3）网络设计考虑近期目标和远期目标，要考虑其扩展性，为将来扩展考虑。

（4）结合实际情况进行设计考虑。例如，在进行金融业务系统的网络设计时，应该优先考虑高可用性原则；在进行小型企业的网络设计时，应该优先考虑经济性原则。

逻辑网络设计完成时需要生成逻辑设计文档。

10.5　物理网络设计

10.5.1　考点分析

历年网络工程师考试试题涉及本部分的相关知识点有：设备选择原则、综合布线。

10.5.2　知识点精讲

在网络系统设计过程中，物理网络设计阶段的任务是依据逻辑网络设计的要求，确定设备的具体物理分布和运行环境。

1. 设备选择原则

物理网络阶段的设备选择比较关键。下面介绍分层模型下的设备选择原则，具体见表 10-5-1。

表 10-5-1　分层模型下设备选择原则

层次	设备选择原则
接入层	提供多种固定端口数量搭配供组网选择，可堆叠、易扩展；在满足技术性能要求的基础上，最好价格便宜、使用方便、即插即用、配置简单；支持二层交换和高带宽链路；支持 ACL 和安全接入；具备一定的网络服务质量、控制能力及端到端的 QoS；支持三层交换、远程管理和 SNMP
汇聚层	提供多种固定端口数量搭配供组网选择，可堆叠、易扩展；在满足技术性能要求的基础上，最好价格便宜、使用方便、即插即用、配置简单；支持 IP 路由，提供高带宽链路，保证高速数据转发；具备一定的网络服务质量、控制能力及端到端的 QoS；提供负载均衡的自动冗余链路、远程管理和 SNMP
核心层	数据的高速交换、高稳定性；保证设备的正常运行和管理；支持提供数据负载均衡和自动冗余链路、VLAN 定义与下发、生成树

网络设备选型原则还要考虑以下几点：

- 所有网络设备尽可能选取同一厂家的产品，这样在设备可互连性、协议互操作性、技术支持、价格等方面都更有优势。
- 尽可能保留并延长用户对原有网络设备的投资，减少在资金投入上的浪费。
- 选择性能价格比高、质量过硬的产品，使资金的投入产出达到最大值。
- 根据实际需要进行选择。选择稍好的设备，尽量保留现有设备，或降级使用现有设备。
- 网络设备选择要充分考虑其可靠性。
- 厂商技术支持，即定期巡检、咨询、故障报修、备件响应等服务是否及时。
- 产品备件库，设备出现故障时是否能及时更换。

2. 综合布线

综合布线是能支持话音、数据、图形图像应用的布线技术。综合布线支持 UTP、光纤、STP、同轴电缆等各种传输载体，能支持话音、图形、图像、数据多媒体、安全监控、传感等各种信息的传输。

综合布线系统由工作区子系统、水平子系统、干线子系统、设备间子系统、管理子系统、建筑群子系统 6 个部分组成，具体组成如图 10-5-1 所示。

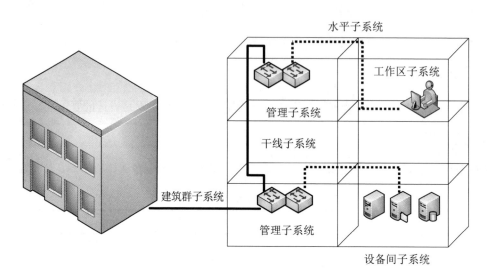

图 10-5-1　综合布线系统

（1）工作区子系统：是由终端设备连接到信息插座的连线组成的，包括连接线和适配器。工作区子系统中信息插座的安装位置距离地面的高度为 30～50cm；如果信息插座到网卡之间使用无屏蔽双绞线，布线距离最大为 10m。

（2）水平子系统：连接干线子系统和用户工作区，是各个楼层配线间中的配线架到工作区信息插座之间所安装的线缆。

（3）干线子系统：是各水平子系统（各楼层）设备之间的互连系统。

（4）设备间子系统：位置处于设备间，并且集中安装了许多大型设备（主要是服务器、管理终端）的子系统。

（5）管理子系统：该系统由互相连接、交叉连接和配线架、信息插座式配线架及相关跳线组成。

（6）建筑群子系统：将一个建筑物中的电缆、光缆等延伸到建筑群的另外一些建筑物中的通信设备和装置上。建筑群之间往往采用单模光纤进行连接。

最后一个阶段是实施阶段，该阶段的作用是测试（线路测试、设备测试）、运行和维护，如布线实施后需要进行测试。

在测试线路的主要指标中，近端串扰是指电信号传输时，在两个相邻的线对之间，会发生一个线对与另一个线对的信号产生耦合的现象。衰减是由集肤效应、绝缘损耗、阻抗不匹配、连接电阻等因素造成信号沿链路传输时的损失。

计算机网络机房建设过程中，单独设置接地体时，**安全接地电阻应小于 4Ω**。

第 5 学时　计算机硬件

本学时主要学习计算机硬件的相关知识点。计算机硬件知识涉及的面比较广，内容比较多。根据历年考试的情况来看，每次考试涉及相关知识点的分值在 4～7 分之间。这部分知识点的考查主要集中在选择题中。本学时考点知识结构图如图 11-0-1 所示。

图 11-0-1　考点知识结构图

11.1　CPU 体系结构

11.1.1　考点分析

历年网络工程师考试试题涉及本部分的相关知识点有：CPU 体系结构、指令集、各种主要寄存器的作用等。历年考试中基本寄存器的作用考查得比较多。

11.1.2　知识点精讲

1. CPU 体系结构

中央处理单元（Central Processing Unit，CPU）也称为微处理器（Microprocessor）。CPU 是计算机中最核心的部件，主要由运算器、控制器、寄存器组和内部总线等构成。

控制器由程序计数器（Program Counter，PC）、指令寄存器（Instruction Register，IR）、地址寄存器（Address Register，AR）、数据寄存器（Data Register，DR）、指令译码器等组成。

（1）程序计数器（PC）：用于指出下条指令在主存中的存放地址，CPU 根据 PC 的内容去主存处取得指令。由于程序中的指令是按顺序执行的，所以 PC 必须有自动增加的功能，也就是指向下一条指令的地址。

（2）指令寄存器（IR）：用于保存当前正在执行的这条指令的代码，所以指令寄存器的位数取决于指令字长。

（3）地址寄存器（AR）：用于存放 CPU 当前访问的内存单元地址。

（4）数据寄存器（DR）：用于暂存从内存储器中读出或写入的指令或数据。

（5）指令译码器：用于对获取的指令进行译码，产生该指令操作所需要的一系列微操作信号，以控制计算机各部件完成该指令。

运算器由算术逻辑单元（Arithmetic Logic Unit，ALU）、通用寄存器、数据暂存器等组成，程序状态字寄存器接收从控制器送来的命令并执行相应的动作，主要负责对数据的加工和处理。

（1）算术逻辑单元（ALU）：用于进行各种算术逻辑运算（如与、或、非等）、算术运算（如加、减、乘、除等）。

（2）通用寄存器：用来存放操作数、中间结果和各种地址信息的一系列存储单元。常见通用寄存器如下：

● 数据寄存器

AX：Accumulator Register，累加寄存器，算术运算的主要寄存器；BX：Base Register，基址寄存器；CX：Count Register，计数寄存器，串操作、循环控制的计数器；DX：Data Register，数据寄存器。

● 地址指针寄存器

SI：Source Index Register，源变址寄存器；DI：Destination Index Register，目的变址寄存器；SP：Stack Pointer Register，堆栈寄存器；BP：Base Pointer Register，基址指针寄存器。

● 累加寄存器（Accumulator Register，AC）

又称为累加器，当运算器的逻辑单元执行算术运算或者逻辑运算时，为 ALU 提供一个工作区。例如，执行减法时，被减数暂时放入 AC，然后取出内存存储的减数，同 AC 内容相减，并将结果存入 AC。运算结果是放入 AC 的，所以运算器至少要有一个 AC。

（3）数据暂存器：用来暂存从主存储器读出的数据，这个数据不能存放在通用寄存器中，否则会破坏其原有的内容。

（4）程序状态字寄存器（Program Status Word，PSW）：用于保留与算术逻辑运算指令或测试指令的结果对应的各种状态信息。移位器在 ALU 输出端用暂存器来存放运算结果，具有对运算结果进行移位运算的功能。

2．CPU 指令的执行

计算机中的一条指令就是机器语言的一个语句，由一组二进制代码来表示。一条指令由两部分构成：操作码和地址码，如图 11-1-1 所示。

| 操作码 | 地址码 |

图 11-1-1　计算机指令结构

其中，操作码用于说明指令的操作性质及功能；地址码用于说明操作数的地址。一条指令必须有一个操作码，但有可能包含几个地址码。CPU 为了执行任何给定的指令，必须用指令译码器对操作码进行测试，以便识别所要求的操作。指令寄存器中操作码字段的输出就是指令译码器的输入。操作码经过译码后，即可向操作控制器发出具体操作的对应信号。

CPU 中指令的执行过程分为以下 3 个步骤：

（1）取指令。根据程序计数器（PC）提供的指令地址从主存储器中读取指令，送到主存数据缓冲器中。然后再送往 CPU 内的指令寄存器（IR）中，同时改变程序计数器的内容，使其指向下一条指令地址或紧跟当前指令的立即数或地址码。

（2）取操作数。如果无操作数指令，则可以直接进入下一个过程；如果需要操作数，则根据寻址方式计算地址，然后到存储器中去取操作数；如果是双操作数指令，则需要两个取数周期来取操作数。

（3）执行操作。根据操作码完成相应的操作，并根据目的操作数的寻址方式保存结果。

其中与操作紧密相关的是指令执行的周期，在指令执行过程中要清楚各个周期中机器所完成的工作。

- 取指周期：地址由 PC 给出，取出指令后，PC 内容自动递增。当出现转移情况时，指令地址在执行周期被修改。取操作数周期期间要解决的是计算操作数地址并取出操作数。
- 执行周期：执行周期的主要任务是完成由指令操作码规定的动作，包括传送结果及记录状态信息。执行过程中要保留状态信息，尤其是条件码要保存在 PSW 中。若程序出现转移，则在执行周期内还要决定转移地址的问题。因此，执行周期的操作对不同指令也不相同。
- 指令周期：一条指令从取出到执行完成所需要的时间称为指令周期。

指令周期与机器周期和时钟周期的关系如下：指令周期是完成一条指令所需的时间，包括取指令、分析指令和执行指令所需的全部时间。指令周期划分为几个不同的阶段，每个阶段所需的时间称为机器周期，又称为 CPU 工作周期或基本周期，一般来说与取指时间或访存时间是一致的。时钟周期是时钟频率的倒数，也可称为节拍脉冲，是处理操作的最基本单位。一个指令周期由若干个机器周期组成，每个机器周期又由若干个时钟周期组成。一个机器周期内包含的时钟周期个数决定于该机器周期内完成的动作所需的时间。一个指令周期包含的机器周期个数也与指令所要求的动作有关，如单操作数指令只需要一个取操作数周期，而双操作数指令需要两个取操作数周期。

3．CPU 指令系统

CPU 根据所使用的指令集可以分为 CISC 指令集和 RISC 指令集两种。

（1）复杂指令集（Complex Instruction Set Computer，CISC）处理器中，不仅程序的各条指令是顺序串行执行的，而且每条指令中的各个操作也是顺序串行执行的。顺序执行的优势是控制简单，但计算机各部分的利用率低，执行速度相对较慢。为了能兼容以前开发的各类应用程序，现在还在继续使用这种结构。

（2）精简指令集（Reduced Instruction Set Computer，RISC）技术是在 CISC 指令系统基础上发展起来的，实际上 CPU 执行程序时，各种指令的使用频率非常悬殊，使用频率最高的指令往往是一些非常简单的指令。因此 RISC 型 CPU 不仅精简了指令系统，而且采用了超标量和超流水线结构，大大增强了并行处理能力。RISC 的特点是指令格式统一、种类比较少、寻址方式简单，因此处理速度大大提高。但是 RISC 与 CISC 在软件和硬件上都不兼容，当前中高档服务器中普遍采用 RISC 指令系统的 CPU 和 UNIX 操作系统。

这两种不同指令系统的主要区别在于以下几个方面：

（1）指令系统的指令数目。通常 CISC 的 CPU 指令系统的指令数目要比同样功能的 RISC 的 CPU 指令数目多得多。

（2）编程的便利性。CISC 系统的编程相对要容易一些，因为其可用的指令多，编程方式灵活。而 RISC 指令较少，要实现与 CISC 相同功能的程序代码一般编程量更大，源程序更长。

（3）寻址方式。RISC 使用尽可能少的寻址方式以简化实现逻辑，提高效率；CISC 则使用较丰富的寻址方式来为用户编程提供灵活性。

（4）指令长度。RISC 指令格式非常规整，绝大部分使用等长的指令，而 CISC 则使用可变长的指令。

（5）控制器复杂性。正是因为 RISC 指令格式整齐划一，指令在执行时间和效率上相对一致，因此控制器可以设计得比较简单。RISC 控制器用硬件实现（硬布线控制，又叫组合逻辑控制器），CISC 控制器大多采用微程序控制器来实现。

4. CPU 的主要性能指标

（1）主频。主频也叫时钟频率，单位是 MHz（或 GHz），用来表示 CPU 的运算和处理数据的速度。主频仅仅是 CPU 性能的一个方面，不能代表 CPU 的整体运算能力，但人们还是习惯于用主频来衡量 CPU 的运算速度。

（2）位和字长。

位：计算机中采用二进制代码来表示数据，代码只有 0 和 1 两种。无论是 0 还是 1，在 CPU 中都是 1 "位"。

字长：CPU 在单位时间内能一次处理的二进制数的位数称为字长。通常能一次处理 16bit 数据的 CPU 就叫 16 位的 CPU。

（3）缓存。缓存是位于 CPU 与内存之间的高速存储器，通常其容量比内存小，但速度却比内存快，甚至接近 CPU 的工作速度。缓存主要是为了解决 CPU 运行速度与内存读写速度之间不匹配的问题。缓存容量的大小是 CPU 性能的重要指标之一。缓存的结构和大小对 CPU 速度的影响非常大。

通常 CPU 有三级缓存：一级缓存、二级缓存和三级缓存，用于解决 CPU 和内存的速度不匹配的问题。

一级缓存（L1 Cache）是 CPU 的第一层高速缓存，分为数据缓存和指令缓存。受制于 CPU 的面积，L1 通常很小。

二级缓存（L2 Cache）是 CPU 的第二层高速缓存，按芯片所处的位置分为内部和外部两种。内部的芯片二级缓存运行速度与主频接近，而外部芯片的二级缓存运行速度则只有主频的 50%左右。L2 高速缓存容量也会影响 CPU 的性能，理论上芯片的容量是越大越好，但实际上会综合考虑成本与性能等各种因素，CPU 的 L2 高速缓存一般是 2～4MB。

三级缓存（L3 Cache）的作用是进一步降低内存延迟，提升大数据量计算时处理器的性能。因此在数值计算领域的服务器 CPU 上增加 L3 缓存可以在性能方面获得显著的效果。

11.2　流水线技术

11.2.1　考点分析

历年网络工程师考试试题涉及本部分的相关知识点有：流水线技术、流水线的性能指标。

11.2.2　知识点精讲

1. 流水线技术

流水线（Pipeline）是一种将指令分解为多个小步骤，并让几条不同指令的各个操作步骤重叠，从而实现几条指令并行处理以加速程序运行速度的技术。因为计算机中的一个指令可以分解成多个小步骤，如取指令、译码、执行等。在 CPU 内部，取指令、译码和执行都是由不同的部件来完成的。因此在理想的运行状态下，尽管单条指令的执行时间没有减少，但是由多个不同部件同时工作，同一时间执行指令的不同步骤，从而使总执行时间极大地减少，甚至可以少至这个过程中最慢的那个步骤的处理时间。如果各个步骤的处理时间相同，则指令分解成多少个步骤，处理速度就能提高到标准执行速度的多少倍。

假设执行一条指令需要执行以下 3 个步骤：

（1）取指令：从内存中读取出指令。

（2）译码：将指令翻译出来，指出具体要执行什么动作。

（3）执行：将指令交给运算器运行出结果。

这 3 个步骤在 CPU 内部对应地需要 3 个执行部件，假设每个部件执行的时间均为 T。若不采用流水线，则执行一条指令需要依次执行这 3 个步骤，总的执行时间为 $3T$。以此类推，要顺序执行 N 条指令，所需要的总时间就是 $3T \times N$。可以看到，3 个部件在 $3T$ 时间内总是只有一个部件在运行，其余三个部件处于闲置状态，显然这不是一种好的方法。

如图 11-2-1 所示，采用流水线执行方式，在第 1 个 T 时间内，第一条指令在取指令，其余两个部件空闲。在第 2 个 T 时间内，第 1 条指令完成取指令，直接交给第 2 个部件进行分析，同时取指令部件可以去取第 2 条指令。此时同时有两条指令在运行，只有执行部件空闲。在第 3 个 T 时间内，第 1 条指令可以直接进入执行部件执行，第 2 条指令直接进入分析部件分析，取指令部件可以去取第 3 条指令。此时 3 个部件都在工作，同时有 3 条指令在运行。

图 11-2-1　流水线时空图

以此类推，可以看到，每经过一个 T 时间，就会有一条指令执行完毕，因此执行 N 条指令的总时间是 $3T+(n-1)\times T$，也就是第一条指令从开始执行到执行完毕的总时间是 $3T$，以后每隔一个 T 时间就会多完成一条指令。因此只要再过$(n-1)\times T$ 时间后，余下的 $n-1$ 条指令都会执行完毕。从上面的分析还可以看出，在线性流水线中，流水线中执行时间最长的那段变成了整个流水线的瓶颈。一般来说，将其执行时间称为流水线的周期。所以执行的总时间主要取决于**流水操作步骤中最长时间的那个操作**。

据此得出：设流水线由 N 段组成，每段所需时间分别为 Δt_i（$1\leqslant i\leqslant N$），完成 M 个任务的实际时间为 $\sum\limits_{i=1}^{n}\Delta t_i+(M-1)\Delta t_j$，其中 Δt_j 为时间最长的那一段的执行时间。

【例 11-1】若指令流水线把一条指令分为取指、分析和执行三部分，且三部分的时间分别是 $t_{取指}=2\text{ns}$、$t_{分析}=2\text{ns}$、$t_{执行}=1\text{ns}$，则 100 条指令全部执行完毕需多长时间？

从题中可以看出，三个操作中，执行时间最长的操作时间是 $T=2\text{ns}$，因此总时间为 $(2+2+1)+(100-1)\times 2=5+198=203\text{ns}$。

2. 流水线的性能指标

一种流水线处理方式的性能高低主要由吞吐率、加速比和效率这三个参数来决定。

（1）吞吐率。吞吐率指的是计算机中的流水线在单位时间内可以处理的任务或执行指令的个数。

［例 11-1］中执行 100 条指令的吞吐率可以表示为 $TP=\dfrac{N}{T}=\dfrac{100}{203\times 10^{-9}}$，其中 N 表示指令的条数，T 表示执行完 N 条指令的时间。

（2）加速比。加速比是指某一流水线采用串行模式的工作速度与采用流水线模式的工作速度的比值。加速比数值越大，说明这条流水线的工作安排方式越好。

［例 11-1］中，若串行执行 100 条指令的时间是 $T1=5\times 100=500\text{ns}$，采用流水线工作方式的时间 $T2=203\text{ns}$，因此加速比 $R=T1/T2=500/203=2.463$。

（3）效率。效率是指流水线中各个部件的利用率。由于流水线在开始工作时存在建立时间，在结束时存在排空时间，各个部件不可能一直工作，总有某个部件在某一个时间处于闲置状态。用处于工作状态的部件和总部件的比值来说明这条流水线的工作效率。

目前考试中这部分内容的考试频率有所降低。

11.3　内存结构与寻址

11.3.1　考点分析

历年网络工程师考试试题涉及本部分的相关知识点有：存储器类型、内存容量计算、命中率的计算等。

11.3.2　知识点精讲

计算机中的存储器按用途大致可分为两类：主存储器和辅助存储器。主存储器也称为内存储器，辅助存储器也称为外存储器。外存通常是磁性介质或光盘，能长期保存信息（如硬盘、磁带等），其速度相对内存而言要慢很多。在近几年的网络工程师考试中，外部的辅助存储器的相关概念和计算题已经很少考查，因此本节主要讨论内存储器。

1.　内存储器类型

在计算机中，存储器按照数据的存取方式可以分为五类。

（1）随机存取存储器（Random Access Memory，RAM）。随机存取是指 CPU 可以对存储器中的数据随机存取，与信息所处的物理位置无关。RAM 具有读写方便、灵活的特点，但断电后信息全部丢失，因此常用于主存和高速缓存中。

RAM 又可分为 DRAM 和 SRAM 两种。其中 DRAM 的信息会随时间的延长而逐渐消失，因此需要定时对其刷新来维持信息不丢失；SRAM 在不断电的情况下，信息能够一直保持而不丢失，也不需要刷新。系统主存主要由 DRAM 组成。

（2）只读存储器（Read Only Memory，ROM）。ROM 也是随机存取方式的存储器，但 ROM 中的信息是固定在存储器内的，只可读出，不能修改，其读取的速度通常比 RAM 要慢一些。

（3）顺序存取存储器（Sequential Access Memory，SAM）。SAM 只能按某种顺序存取，存取时间的长短与信息在存储体上的物理位置相关，所以只能用平均存取时间作为存取速度的指标。磁带机就是 SAM 的一种。

（4）直接存取存储器（Direct Access Memory，DAM）。DAM 采用直接存取方式对信息进行存取，当需要存取信息时，直接指向整个存储器中的某个范围（如某个磁道）；然后在这个范围内顺序检索，找到目的地后再进行读写操作。DAM 的存取时间与信息所在的物理位置有关，相对 SAM 来说，DAM 的存取时间更短。

（5）相联存储器（Content Addressable Memory，CAM）。CAM 是一种基于数据内容进行访问的存储设备。当写入数据时，CAM 能够自动选择一个未使用的空单元进行存储；当读出数据时，并不直接使用存储单元的地址，而是使用该数据或该数据的一部分内容来检索地址。CAM 能同时对所有存储单元中的数据进行比较，并标记符合条件的数据以供读取。因为比较是并行进行的，所以 CAM 的速度非常快。

2.　高速缓存

在计算机存储系统的层次结构中，介于中央处理器和主存储器之间的高速小容量存储器和主存储器一起构成一级的存储器。高速缓冲存储器和主存储器之间信息的调度和传送是由硬件自动完成的。当 CPU 存取主存储器时，硬件首先自动对存取地址进行译码，以便检查主存储器中的数据是否在高速缓存中：若要存取的主存储器单元的数据已在高速存储器中，则称为命中，硬件就将存取主存储器的地址映射为高速存储器的地址并执行存取操作；若该单元不在高速存储器中，则称为脱靶，硬件将执行存取主存储器操作，并自动将该单元所在的主存储器单元调入高速存储器中的空闲存储单元中。

3. 命中率

高速缓存中，若直接访问主存的时间为 M 秒，访问高速缓存的时间为 N 秒，CPU 访问内存的平均时间为 L 秒，设命中率为 H，则满足下列公式：$L=M\times(1-H)+N\times H$。

【例 11-2】若主存读写时间为 30ns，高速缓存的读写时间为 3ns，平均读写时间为 3.27ns，则该高速缓存的命中率可以代入公式 $3.27=30\times(1-H)+3\times H$，解方程可知 $H=0.99$，即命中率为 99%。

4. 内存地址编址

编址也就是给"内存单元"编号，通常用十六进制数字表示，按照从小到大的顺序连续编排成为内存的地址。每个内存单元的大小通常是 8bit，也就是 1 个字节。内存容量与地址之间有如下关系：

$$内存容量=最高地址-最低地址+1$$

【例 11-3】若某系统的内存按双字节编址，地址从 B5000H 到 DCFFFH 共有多大容量？若用存储容量为 16k×16bit 的存储芯片构成该内存，至少需要多少片芯片？

这种题实际上是考查考生对内存地址表示的理解，属于套用公式的计算型题目。内存容量=DCFFF-B5000+1=28000，转化为十进制为 160k。又因为系统是双字节，所以总容量为 160k×16bit。而存储的容量是 16k×16bit，所以需要 160×16/16×16=10 片才能实现。

5. 虚拟内存

虚拟内存属于计算机内存管理技术，该技术开辟一个逻辑连续的内存（一段连续完整的地址空间）。物理上，它通常被分隔成多个物理内存碎片，还有部分暂时存储在外部磁盘存储器上，只有需要时才进行数据交换。常用的虚拟内存通常由内存和外存两级存储构成。

6. 地址变换

【例 11-4】某计算机系统页面大小为 4k，进程的页面变换表表 11-3-1。若进程的逻辑地址为 2D16H。该地址经过变换后，其物理地址应为（　　　　）。

表 11-3-1　页面变换表

页号	物理块号
0	1
1	3
2	4
3	6

A. 2048H　　　　　B. 4096　　　　　C. 4D16H　　　　　D. 6D16H

解析：本题是一个逻辑地址转换为物理地址的计算题。

（1）系统页面大小为 4k，说明系统页面大小占 3 个十六进制位。

（2）题目中逻辑地址是 2D16H，由页号（1 个十六进制位）和页内地址（3 个十六进制位）

组成。所以，页号为 2。查表得该页号对应物理块号为 4。

（3）物理地址=物理块号（4）+页内地址(D16H)=4D16H。

11.4　数的表示与计算

11.4.1　考点分析

历年网络工程师考试试题涉及本部分的相关知识点有：原码、反码、补码、移码等的基本概念及相关计算。

11.4.2　知识点精讲

如今在计算机中为了方便计算，数值并不是完全以真值形式的二进制码来表示。计算机中的数大致可以分为定点数和浮点数两类。所谓定点，就是指机器数中小数点的位置是固定的。根据小数点固定的位置不同，可以分为定点整数和定点小数。

- 定点整数：指机器数的小数点位置固定在机器数的最低位之后。
- 定点小数：指机器数的小数点位置固定在符号位之后，有效数值部分在最高位之前。

所谓浮点数，就是把一个数的有效数字和数的范围分别用存储单元存放，用这种数的范围和精度分别表示的方法表示的数的小数点位置是在一定范围内自由浮动的，因此将用这种表示方法表示的数称为浮点数。定点数在计算机中的主要表示方式有三种：原码、反码和补码，另外为了方便阶码的运算，还定义了移码。

1. 原码

用真实的二进制值直接表示数值的编码就叫原码。原码表示法在数值前面增加了一位符号位，通常用 0 表示正数，1 表示负数。8 位原码的表示范围是（$-127\sim-0$ $+0\sim127$）共 256 个。

定点整数的原码表示：

$$[X]_{原} = \begin{cases} X & 0 \leqslant X < 2^n \\ 2^n - X & -2^n < X \leqslant 0 \end{cases}$$

定点小数的原码表示：

$$[X]_{原} = \begin{cases} X & 0 \leqslant X < 1 \\ 1 - X & -1 < X \leqslant 0 \end{cases}$$

【例 11-5】定点整数。

$X_1=+1001$，则$[X_1]_{原}=01001$

$X_2=-1001$，则$[X_2]_{原}=11001$

【例 11-6】定点小数。

$X_1=+0.1001$，则$[X_1]_{原}=01001$

$X_2=-0.1001$，则$[X_2]_原=11001$

注意：用带符号位的原码表示的数在加减运算时可能会出现问题，如［例 11-7］。

【例 11-7】$(1)_{10}-(1)_{10}=(1)_{10}+(-1)_{10}=(0)_{10}$ 可以转化为$(00000001)_原+(10000001)_原=(10000010)_原=(-2)$，显然这是不正确的。因此计算机通常不使用原码来表示数据。

2. 反码

正整数的反码就是其本身，而负整数的反码则通过对其绝对值按位求反来取得。基本规律是：除符号位外的其余各位逐位取反，即可得到反码。反码表示的数和原码相同，且一一对应。

定点整数的反码表示：

$$[X]_反 = \begin{cases} X & 0 \leqslant X < 2^n \\ 2^{n+1}-1+X & -2^n < X \leqslant 0 \end{cases}$$

定点小数的反码表示：

$$[X]_反 = \begin{cases} X & 0 \leqslant X < 1 \\ 2-2^{n-1}-X & -1 < X \leqslant 0 \end{cases}$$

【例 11-8】定点整数。

$X_1=+1001$，则$[X_1]_反=01001$

$X_2=-1001$，则$[X_2]_反=10110$

【例 11-9】定点小数。

$X_1=+0.1001$，则$[X_1]_反=01001$

$X_2=-0.1001$，则$[X_2]_原=10110$

注意：带符号位的负数在运算上也会出现问题，如［例 11-10］。

【例 11-10】$(1)_{10}-(1)_{10}=(1)_{10}+(-1)_{10}=(0)_{10}$ 可以转化为$(00000001)_反+(11111110)_反=(11111111)_反=(-0)$，则结果是-0，也就是 0。但这样反码中就出现了两个 0：$+0(00000000)_反$和$-0(11111111)_反$。

3. 补码

正数的补码与原码一样；负数的补码是对其原码（除符号位外）按各位取反，并在末位补加 1 而得到的。

定点整数的补码表示：

$$[X]_补 = \begin{cases} X & 0 \leqslant X < 2^n \\ 2^{n+1}+X & -2^n \leqslant X < 0 \end{cases}$$

定点小数的补码表示：

$$[X]_补 = \begin{cases} X & 0 \leqslant X < 1 \\ 2+X & -1 \leqslant X < 0 \end{cases}$$

【例 11-11】定点整数。

$X_1=+1001$，则$[X_1]_补=01001$

$X_2=-1001$，则$[X_2]_补=10111$

【例 11-12】定点小数。

X_1=+0.1001，则$[X_1]_补$=01001

X_2=−0.1001，则$[X_2]_补$=10111

上面反码的问题出现在(+0)和(−0)上，在现实计算中，零是不分正负的。因此计算机中引入了补码概念。负数的补码就是对反码加 1，而正数不变。因此正数的原码、反码和补码都是一样的。在 8 位补码中，用(−128)代替了(−0)，所以 8 位补码的表示范围为（−128～0～127）共 256 个。因此(−128)没有相对应的原码和反码，这里要尤其注意，网络工程师考试往往就考这些特殊的数字。

【例 11-13】

$(1)_{10}$−$(1)_{10}$=$(1)_{10}$+$(−1)_{10}$=$(0)_{10}$

$(00000001)_补$+$(11111111)_补$=$(00000000)_补$=(0)

$(1)_{10}$−$(2)_{10}$=$(1)_{10}$+$(−2)_{10}$=$(−1)_{10}$

$(01)_补$+$(11111110)_补$=$(11111111)_补$=$(−1)$

可以看到，这两个结果都是正确的。

4．移码

又叫增码，是符号位取反的补码，一般用做浮点数的阶码表示，因此只用于整数。目的是保证浮点数的机器零为全零。移码和补码仅仅是符号位相反，如［例 11-14］。

【例 11-14】

X=+1001，则$[X]_补$=01001，移码$[X]_移$=11001

X=−1001，则$[X]_补$=10111，移码$[X]_移$=00111

11.5　总线与中断

11.5.1　考点分析

历年网络工程师考试试题涉及本部分的相关知识点有：总线的类型、中断的原理等。

11.5.2　知识点精讲

1．总线的类型

总线（Bus）是连接计算机有关部件的一组信号线，是计算机中用来传送信息的公共通道。通过总线，计算机内的各部件之间可以相互通信，而不是任意两个部件之间直连，从而大大提高系统的可扩展性。总线可以分为两类：一类是内部总线，也就是 CPU 内部连接各寄存器的总线；另一类是系统总线，即通常意义上所说的总线，是 CPU 与主存储器及外部设备接口相连的总线。按传输信号的种类可分为数据总线（Data Bus，DB）、地址总线（Address Bus，AB）和控制总线（Control Bus，CB）。

（1）数据总线：一般情况下是双向总线，用于各个部件之间的数据传输。

（2）地址总线：单向总线，是微处理器或其他主设备发出的地址信号线。

（3）控制总线：微处理器与存储器或接口等之间控制信号。

CPU 向地址总线提供访问主存单元或 I/O 接口的地址；向数据总线发送或接收数据，以完成与主存单元或 I/O 接口之间的数据传送，主存和 I/O 设备之间也可以通过数据总线传送数据；通过控制总线向主存或 I/O 设备发送或接收相关的控制信号，I/O 设备也可以向控制总线发出控制信号。

尤其要注意在存储器的地址总线中，地址线的根数与存储器的容量大小之间有密切的关系，若设地址线的根数为 N，则此地址总线可以访问的最大存储容量为 $M=2^N$ 字节，根据需要可以进一步换算成 KB 和 MB 等。

2. 中断的原理

计算机中，**主存与外设间进行数据传输**的控制方法主要有程序控制方式、中断方式、DMA 等。

程序控制方式是通过 CPU 执行相应的程序代码控制数据的输入/输出，此过程依赖程序代码和 CPU 运算，是效率比较低的一种方式。

中断的控制方式是在系统运行过程中有紧急事件发生时，CPU 暂停当前正在执行的程序，先转去处理紧急事件的子程序，此时需要保存 CPU 中各种寄存器的值，称为保存现场；紧急事件处理结束后恢复原来的状态，再继续执行原来的程序。这种对紧急事件的处理方式称为程序中断控制方式，简称**中断**。而中断程序的入口地址，称为**中断向量**。

根据计算机系统对中断处理的策略不同，中断可分为单级中断系统和多级中断系统。

● 单级中断系统：当响应某一中断请求时，执行该中断源的中断服务程序。在此期间，不允许其他中断源再打断。只有该中断服务程序执行完毕之后，才能响应其他中断。

● 多级中断系统：系统中有多个不同优先级的中断源，优先级高的中断可以打断优先级低的中断服务程序，以程序嵌套方式进行工作。这种方式使用**堆栈**保护断电和现场最有效。

中断方式提供了一种让 CPU 处理紧急事件的手段，但是每一次中断的处理都要进行现场的保存和中断的恢复，需要额外占用一定的 CPU 周期，因此效率不会非常高。

在 DMA 控制方式下，主存与外设之间建立了直接的数据通路。当 CPU 处理 I/O 事件时有大量数据需要处理，通常不使用中断，而采用 DMA 方式。所谓 DMA 方式，是指在传输数据时从一个地址空间复制到另一个地址空间的过程中，只要 CPU 初始化这个传输动作，传输动作的具体操作由 DMA 控制器来实行和完成，这个过程中不需要 CPU 参与，数据传送完毕后再把信息反馈给 CPU，这样就极大地减轻了 CPU 的负担，节省了系统资源，提高了 I/O 系统处理数据的能力，并减少了 CPU 的周期浪费。

第 6 学时　计算机软件

本学时主要学习计算机软件的相关知识点。计算机软件知识涉及的面比较广，内容非常多。根据历年考试的情况来看，每次考试涉及相关知识点的分值在 4～8 分之间。这部分知识点的考查主要集中在选择题中。本学时考点知识结构图如图 12-0-1 所示。

图 12-0-1 考点知识结构图

12.1 操作系统概念

12.1.1 考点分析

历年网络工程师考试试题涉及本部分的相关知识点有：操作系统、应用软件进程等。

12.1.2 知识点精讲

1. 操作系统

操作系统是用户与计算机硬件之间的桥梁，用户通过操作系统管理和使用计算机的硬件来完成各种运算和任务。目前计算机上流行的操作系统有 Windows、UNIX 和 Linux 三类，最常见的是 Windows 系统。现在流行的 Windows 服务器的版本是由 Windows NT 发展而来的。

UNIX 系统具有多用户分时、多任务处理特点，以及良好的安全性和强大的网络功能，成了互联网的主流服务器操作系统。

Linux 是在 UNIX 的基础之上发展而来的一种完全免费的操作系统，其程序源代码完全向用户免费公开，因此也得到了广泛的应用。

2. 应用软件

应用软件是指用户利用计算机的软硬件资源为某一专门的应用目的而开发的软件，通常通过程序设计语言来开发。通过程序设计语言编制程序后，由计算机运行该程序，按设计者的意图对数据进行处理。计算机系统中各种软件的对应关系如图 12-1-1 所示。

图 12-1-1 计算机系统软件层次示意图

操作系统是计算机系统中的核心系统软件，负责管理和监控系统中的所有硬件和软件资源，其他系统软件主要是一些编译程序和数据库管理系统等。应用软件包含常见的办公软件、管理软件和某些行业应用的软件等。

3. 进程的状态转换

进程简单来说就是操作系统中正在运行的程序，以及与之相关的资源的集合。操作系统中进程的运行有三种基本状态：就绪态、运行态和阻塞态。这三种基本状态在进程的生命周期中是不断变换的，如图 12-1-2 所示表明了进程各种状态转换的情况。

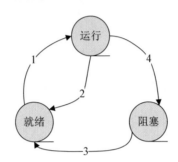

图 12-1-2　进程的状态转换

从图 12-1-2 中可以看出，由于调度程序的调度，可以将就绪状态的进程转入运行状态；当运行的进程由于分配的时间片用完了，也可以转入就绪状态；由于 I/O 操作完成，将阻塞状态的进程从阻塞队列中唤醒，使其进入就绪状态；还有一种情况就是运行状态的进程可能由于 I/O 请求的资源得不到满足而进入阻塞状态。在网络工程师考试中，进程的基本状态和变化条件是出题较多的知识点，因此掌握这个知识点是非常必要的。

4. 进程的同步和互斥

进程是操作系统的核心，引进进程的目的就是让程序能并发执行，提高资源利用率和系统的吞吐量。考生需要注意并发和并行是两个完全不同的概念。

（1）所谓并发是指：在一定时间内，物理机器上有两个或两个以上的程序同时处于开始运行且尚未结束的状态，并且次序并不是事先确定的。在单处理机系统中同时存在多个并发程序，从宏观上看，这些程序是同时执行的；从微观上看，任何时刻都只有一个程序在执行，这些程序按照分配的时间片在 CPU 上轮流执行。

并发进程间的关系可以是无关的，也可以是相互影响的。

并发进程间无关是指它们是各自独立的，即一个进程的执行不影响其他进程的执行，且与其他进程的运行情况无关，就不需要特别的控制。并发进程间的相互影响是指一个进程的执行可能影响其他进程的执行，即一个进程的执行依赖其他进程的运行情况。相互影响的并发进程之间一定会共享某些资源。

（2）所谓并行是指：严格意义上的同时执行在多处理机系统中才可能实现。

进程之间互相竞争某一个资源，这种关系称为进程的互斥，也就是说对于某个系统资源，如果一个进程正在使用，其他的进程就必须等待其用完才能供自己使用，而不能同时供两个以上的进程使用。例如，A 和 B 两个进程共享一台打印机，如果系统已经将打印机分配给了 A 进程，当 B 进程需要打印时，因得不到打印机而等待，只有 A 进程将打印机释放后，系统才将 B 进程唤醒，B 进程才有可能获得打印机。

并发进程使用共享资源时，除了竞争资源之外也有协作，要利用互通消息的办法来控制执行速度，使相互协作的进程正确工作。进程之间相互协作来完成某一任务，这种关系称为进程的同步。例如，A 和 B 两个进程通过一个数据缓冲区合作完成一项任务，A 进程将数据送入缓冲区后通知 B 进程缓冲区中有数据，B 进程从缓冲区中取走数据再通知 A 进程缓冲区已经为空。当缓冲区为空时，B 进程因得不到数据而阻塞，只有当 A 进程将数据送入缓冲区时才将 B 进程唤醒；反之，当缓冲区满时，A 进程因不能继续送数据而阻塞，只有当 B 进程取走数据时才唤醒 A 进程。相互影响的并发进程可能会同时使用共享资源，如果对这种情况不加以控制，在使用共享资源时就会出错。

对于进程之间的互斥和同步，操作系统必须采取某种控制手段才可以保证进程安全可靠地执行。对于进程互斥，要保证在临界区内不能交替执行；对于进程同步，则要保证合作进程必须相互配合、共同推进，并严格按照一定的先后顺序。因此，操作系统必须使用信号量机制来保证进程的同步和互斥。

12.2　软件开发

12.2.1　考点分析

历年网络工程师考试试题涉及本部分的相关知识点有：结构化程序设计、面向对象的基本概念、软件开发模型、软件测试等。

12.2.2　知识点精讲

1. 结构化程序设计

结构化程序设计是以模块功能和详细处理过程设计为主的一种传统的程序设计思想，通常采用自顶向下、逐步求精的方式进行。在结构化程序设计中，任何程序都可以由顺序、选择、循环三种基本结构构成。结构化程序往往采用模块化设计的思想来实现，其基本思路是：任何复杂问题都是由若干相对简单的问题构成的。从这个角度来看，模块化是把程序要解决的总目标分解为若干个相对简单的小目标来处理，甚至可以再进一步分解为具体的任务项来实现。每一个小目标就称为一个模块。由于模块相互独立，因此在模块化的程序设计中，应尽量做到模块之间的高内聚低耦合。也就是说，功能的实现尽可能在模块内部完成，以降低模块之间的联系，减少彼此之间的相互影响。

2. 面向对象的基本概念

（1）对象。对象，简单来说就是要研究的任何事物，可以是自然界的任何事物，如一本书、一条流水生产线等，它不仅能表示有形的实体，也能表示抽象的规则、计划或事件等。对象由数据和作用于数据的操作构成一个独立整体。从程序设计者来看，对象是一个程序模块；从用户来看，对象可以提供用户所希望的行为。

（2）类。类可以看作对象的模板。类是对一组有相同数据和相同操作的对象的定义，一个类所包含的方法和数据描述一组对象的共同属性和行为。类是在对象之上的抽象，对象则是类的具体化，是类的实例。面向对象的程序设计语言通过类库来代替传统的函数库，程序设计语言的类库越丰富，则该程序设计语言越成熟。面向对象的软件工程可以把多个相关的类构成一个组件。

（3）消息和方法。对象之间进行通信的机制叫作消息。在对象的操作中，当一个消息发送给某个对象时，消息包含接收对象去执行某种操作的信息。发送一条消息至少要包括接收消息的对象名、发送给该对象的消息名等基本信息，通常还要对参数加以说明，参数一般是认识该消息的对象所知道的变量名。类中操作的实现过程叫作方法，一个方法有方法名、参数等信息。

3. 面向对象的主要特征

（1）继承性。继承性是子类自动共享父类的数据结构和方法的一种机制。在定义和实现一个类时，可以在一个已经存在的类的基础上进行，把这个已经存在的类所定义的内容作为自己的内容，并加入若干新的内容。继承性是面向对象程序设计语言不同于其他语言的最重要的特点。在类层次中，子类若只继承一个父类的数据结构和方法，称为单重继承；若是子类继承了多个父类的数据结构和方法，则称为多重继承。在软件开发中，类的继承性使所建立的软件具有开放性和可扩充性。它简化了对象和类的创建工作量，增加了代码的可重用性。

（2）多态性。多态性是指相同的操作、函数或过程可作用于多种不同类型的对象上，并获得不同的结果。不同的对象收到同一个消息可以产生不同的结果，这种现象称为多态性。多态性允许每个对象以适合自身的方式去响应共同的消息，也增强了软件的灵活性和重用性。

（3）封装性。封装是一种信息隐蔽技术，它体现在类的说明上，是对象的一种重要特性。封装使数据和加工该数据的方法变为一个整体以实现独立性很强的模块，使得用户只能见到对象的外部特性，而对象的内部特性对用户是隐蔽的。封装的目的在于把对象的设计者和使用者分开，使用者不必知道行为实现的细节，只需用设计者提供的消息来访问该对象即可。

4. 面向对象的方法

面向对象开发方法主要有 Booch 方法、Coad 方法和 OMT 方法等。

（1）Booch 方法。Booch 方法最先探讨面向对象的软件开发方法中的基础问题，认为面向对象开发是一种根本不同于传统的功能分解的设计方法，软件分解应该最接近人对客观事物的理解。Booch 方法可分为逻辑设计和物理设计，其中逻辑设计包含类图文件和对象图文件；物理设计包含模块图文件和进程图文件，用以描述软件系统结构。Booch 方法中的基本概念有：

1）类图：描述类与类之间的关系。

2）对象图：描述实例和对象间传递消息。

3）模块图：描述构件。

4）进程图：描述进程分配处理器的情况。

Booch 方法也可划分为静态模型和动态模型，其中静态模型表示系统的构成和结构；动态模型表示系统执行的行为。动态模型又包含时序图和状态转换图。

1）时序图：描述对象图中不同对象之间的动态交互关系。

2）状态转换图：描述一个类的状态变化。

（2）Coad 方法。该方法是多年来开发大系统的经验与面向对象概念的有机结合，在对象、结构、属性和操作的认定方面提出了一套系统的原则。Coad 方法可分为面向对象分析（Object-Oriented Analysis，OOA）和面向对象设计（Object-Oriented Design，OOD）两部分。在 OOA 中建立了概念模型，由类与对象、属性、服务、结构和主题 5 个分析层次组成。

1）类与对象：从问题域和文字出发，寻找并标识类与对象。

2）属性：确定对象信息及其之间的关系。可分为原子概念层的单个数据和类结构中的公有属性与特定属性。

3）服务：标识消息连接和所有服务说明。

4）结构：标识类层次结构，确定类之间的整体部分结构与通用特定结构。

5）主题：主题是比结构更高层次的模块，与相关类一起控制着系统的复杂度。

面向对象设计（OOD）就是根据已建立的分析模型，运用面向对象技术进行系统软件设计，它将 OOA 模型直接变成 OOD 模型。

（3）OMT 方法。该方法认为开发工作的基础是对真实世界的对象建模，然后围绕这些对象使用分析模型来进行独立于语言的设计，面向对象的建模和设计促进了对需求的理解，有利于开发更清晰、更容易维护的软件系统。

5．软件规模度量

准确的软件规模度量是科学进行项目工作量估算、计划进度编制和成本预算的前提。软件规模度量有助于开发人员把握开发时间、费用等。常用的方法有以下几种：

（1）代码行。代码行（line of code）指所有可执行的源代码行数。此方法的问题是只能等软件开发完毕之后才能准确地计算，而且越是高级的语言，实现同样的功能其代码行越多，因此现在已经很不准确了，在现代软件工程中不再使用此方法。

（2）功能点分析法。功能点分析法（Function Point Analysis，FPA）是在软件需求分析阶段依据系统功能的一种规模估算方法，由 IBM 的研究人员提出，随后被国际功能点用户协会（The International Function Point Users′ Group，IFPUG）提出的 IFPUG 方法继承。从系统的复杂性和特性两个角度来度量软件的规模，根据具体方法和编程语言的不同，功能点可以转换为代码行。

（3）德尔菲法。德尔菲法（Delphi Technique）是最流行的一种专家评估技术，这种方法适用于评定过去与将来、新技术与特定程序之间的差别，这个结果会受专家的影响，利用德尔菲技术可以尽量减少这种影响。

（4）构造性成本模型。构造性成本模型（Constructive Cost Model，COCOMO）是一种精确的、易于使用的基于模型的成本估算方法。该模型按其详细程度分为三种：基本模型、中间模型和详细模型。基本模型是一个静态模型；中间模型在基本模型的基础上，再参考产品、硬件、人员等因素的影响来调整工作量的估算；详细模型在中间模型的基础上，还要考虑对软件工程过程中的分析和设计等的影响。

6. UML

UML 最早由著名的 Jim Rumbaugh、Ivar Jacobson 和 Grady Booch 创造，因为他们的建模方法（分别是 OMT、OOSE 和 Booch）彼此之间存在竞争，于是他们一起创造了一种开放的标准。UML 成为标准建模语言主要是因为它与程序设计语言无关。而且，UML 符号集只是一种语言，而不是一种方法学，所以可以在不做任何更改的情况下，很容易地适应各种业务运作方式。

UML 提供了多种类型的模型描述图（Diagram），当使用这些图时，UML 使得开发中的应用程序更易理解。这些最常用的 UML 图包括用例图、类图、序列图、状态图、活动图、组件图和部署图。

（1）用例图。用例图描述了系统提供的一个功能单元，帮助开发人员以一种可视化的方式理解系统的功能需求。

（2）类图。类图表示不同的实体如何彼此相关，换句话说，它显示了系统的静态结构。类图可用于表示逻辑类（通常就是业务人员所谈及的事物种类）和实现类（程序员处理的实体）。

（3）序列图。序列图显示具体用例的详细流程。它几乎是自描述的，并且显示了流程中不同对象之间的调用关系，同时还可以很详细地显示对不同对象的不同调用。

（4）状态图。状态图表示某个类所处的不同状态和该类的状态转换信息。

（5）活动图。活动图表示在处理某个活动时，两个或多个类对象之间的过程控制流。活动图可用于在业务单元的级别上对更高级别的业务过程进行建模，或者对低级别的内部类操作进行建模。

（6）组件图。组件图提供系统的物理视图，显示系统中的软件对其他软件的依赖关系。

（7）部署图。部署图表示该软件系统如何部署到硬件环境中。用于显示该系统不同的组件将在何处运行，以及将彼此如何通信。

7. 软件开发模型

软件开发模型（Software Development Model）是指软件开发的全部过程、活动和任务的结构框架。其主要过程包括需求、设计、编码、测试及维护阶段等环节。软件开发模型使开发人员能清晰、直观地表达软件开发的全过程，明确了解要完成的主要活动和任务。对于不同的软件，通常会采用不同的开发方法和不同的程序设计语言，并运用不同的管理方法和手段。现在软件开发过程中，常用的软件开发模型可以概括成以下六类：

（1）瀑布模型。瀑布模型是最早出现的软件开发模型，它将软件生命周期分为制订计划、需求分析、软件设计、程序编写、软件测试和运行维护六个基本活动，并且规定了它们自上而下、相互衔接的固定次序，如同瀑布流水，逐级落下，因此形象地称为瀑布模型。在瀑布模型中，软件开发的各项活动严格按照线性方式组织，当前活动依据上一项活动的工作成果完成所需的工作内容。当前活动的工作成果需要进行验证，若验证通过，则该成果作为下一项活动的输入继续进行下一项活动；否则返回修改。尤其要注意瀑布模型强调文档的作用，并在每个阶段都进行仔细验证。由于这种模型的线性过程太过理想化，已不适合现代的软件开发模式。

（2）快速原型模型。快速原型模型首先建立一个快速原型，以实现客户与系统的交互，用户通过对原型进行评价，进一步细化软件的开发需求，从而开发出令客户满意的软件产品。因此快速原型法可以克服瀑布模型的缺点，减少由于软件需求不明确带来的风险。因此快速原型的关键在于尽可能快速地建造出软件原型，并能迅速修改原型以反映客户的需求。

（3）增量模型。增量模型又称演化模型，增量模型认为软件开发是通过一系列增量构件来设计、实现、集成和测试的，每一个构件由多种相互作用的模块构成。增量模型在各个阶段并不交付一个完整的产品，而仅交付满足客户需求子集的一个可运行产品即可。整个产品被分解成若干个构件，开发人员逐个构件地交付产品以便适应需求的变化，用户可以不断地看到新开发的软件，从而降低风险。但是需求的变化会使软件过程的控制失去整体性。

（4）螺旋模型。结合了瀑布模型和快速原型模型的特点，尤其强调了风险分析，特别适合于大型复杂的系统。螺旋模型沿着螺线进行若干次迭代以实现系统的开发，是由风险驱动的，强调可选方案和约束条件，从而支持软件的重用，因此尤其注重软件质量。

（5）喷泉模型。喷泉模型也称为面向对象的生存期模型，相对传统的结构化生存期而言，其增量和迭代更多。生存期的各个阶段可以相互重叠和多次反复，而且在项目的整个生存期中还可以嵌入子生存期。就像喷泉水喷上去又可以落下来，可以落在中间，也可以落在最底部一样。

（6）混合模型。混合模型也称为过程开发模型或元模型（Meta-Model），把几种不同模型组合成一种混合模型，它允许一个项目沿着最有效的路径发展，这就是过程开发模型。

在实际的软件开发模型的选择上，通常开发企业为了确保开发，都是使用由几种不同的开发方法组成的混合模型。

8. CMM 与 CMMI 模型

能力成熟度模型（Capability Maturity Model for Software，CMM）是一种用于评价软件承包能力并帮助其改善软件质量的方法，侧重于软件开发过程的管理及工程能力的提高与评估。CMM 分为五个等级：

（1）初始级：这个级别的特点是无秩序，甚至是混乱。整个软件开发过程中没有一个标准的规范或步骤可以遵循的状态，所开发的软件产品能否取得成功往往取决于个别人的努力或机遇。初始级的软件过程是一种无定义的随性过程，项目的执行也很随意。

（2）可重复级：这个级别已经建立了最基本的项目管理过程，可以对成本、进度等进行跟踪管理。对类似的软件项目，可以借鉴之前的成功经验来获取成功。也就是说，在软件管理过程中，一个可以借鉴的成功过程是一个可重复的过程，并且这个重复能逐渐完善和成熟。

（3）可定义级：这个级别已经用于管理和工程的软件过程标准化，并形成相应的文档进行管理。各种项目都可以采用结合实际情况修改后的标准软件过程来进行操作。此级别中的过程管理可以遵照形成了标准的文档执行，各种开发的项目都需要根据这个标准进行操作。

（4）可管理级：这个级别通过详细的度量标准来衡量软件过程和产品质量，实现了质量和管理的量化。

（5）优化级：这个级别通过将新方法、新技术等各种有用信息进行定量分析，从而持续对软件过程和管理进行改进。

能力成熟度模型集成（Capability Maturity Model Integration，CMMI）是 CMM 模型的最新版本。CMMI 也划分为五个成熟度级别：

（1）**完成级**。该级别下，企业清楚项目目标和要完成的事情，但由于项目完成具有偶然性，无法保证同类项目仍然能完成。该级别的企业的项目实施**对实施人员有很大的依赖性**。

（2）**管理级**。该级别下，企业在项目实施上可以遵守既定的计划与流程，有资源准备，权责到人，项目实施人员有相应的培训，整个流程有监测与控制，并与上级单位对项目与流程进行审查。这一系列的管理手段排除了企业在一级时完成任务的随机性，保证了**企业的所有项目实施都会成功**。

（3）**定义级**。企业不仅对项目实施有一整套的管理措施，并且能够保障项目的完成；而且，企业能够依据自身的特点，将自身的**标准流程、管理体系**，予以制度化，这样企业成功实施同类型的项目，而且能够成功实施不同类型的项目。

（4）**量化管理级**。企业的项目管理不仅形成了一种制度，而且要对管理流程做到**量化**与**数字化**。通过量化技术来实现流程的稳定性，实现管理的精度，降低项目实施在质量上的波动。

（5）**优化级**。企业的项目管理达到了最高境界。企业不仅能够通过信息手段与数字化手段来实现对项目的管理，而且能够充分利用信息资料，对企业在项目实施过程中可能出现的次品予以预防，能够主动地改善流程，运用新技术，实现流程的优化。

9．软件测试

软件测试是软件开发过程中的一个重要环节，其主要目的是检验软件是否符合需求，尽可能多地发现软件中潜在的错误并加以改正。测试的对象不仅有程序部分，还有整个软件开发过程中各个阶段产生的文档，如需求规格说明、概要设计文档等。

根据动态测试在软件开发过程中所处的阶段和作用，动态测试可分为：单元测试、集成测试、系统测试、验收测试和回归测试。

（1）单元测试。单元测试是对软件中的基本组成单位进行的测试，如一个模块、一个过程等，是最微小规模的测试。它是软件动态测试最基本的部分，也是最重要的部分之一，其目的是检验软件基本组成单位的正确性。一个软件单元的正确性是相对于该单元的规约而言的，因此单元测试以被测试单位的规约为基准。典型的由程序员而非测试员来做，因为它需要工作人员知道内部程序设计和编码的细节知识。

（2）集成测试。集成测试是指一个应用系统各个部件的联合测试，以决定其能否在共同工作中没有冲突。部件可以是代码块、独立的应用、网络上的客户端或服务器端程序。这种类型的测试尤其与客户服务器和分布式系统有关。一般在集成测试前，单元测试已经完成。集成测试是单元测试的逻辑扩展，其最简单的形式是：两个已经测试过的单元组合成一个组件，并且测试它们之间的接口。从这一层意义上讲，组件是指多个单元的集成聚合。

在现实方案中，许多单元组合成组件，而这些组件又聚合成程序的更大部分。方法是测试片段的组合并最终扩展进程，将模块与其他组的模块一起测试。最后，将构成进程的所有模块一起测试。此外，如果程序由多个进程组成，应该对其进行成对测试，而不是同时测试所有进程。集成测试识别组合单元时出现的问题，通过使用要求在组合单元前测试每个单元，并确保每个单元的生存能力的测试计划，可以知道在组合单元时所发现的任何错误很可能与单元之间的接口有关。这种方法将可能发生的情况数量减少到更简单的分析级别系统测试。

（3）系统测试。系统测试的对象不仅包括需要测试的产品系统的软件，还包括软件所依赖的硬件、外设甚至某些数据、某些支持软件及其接口等。因此，必须将系统中的软件与各种依赖的资源结合起来，在系统实际运行环境下进行测试。

（4）验收测试。验收测试是系统开发生命周期方法的一个重要阶段，也是部署软件之前的最后一个测试操作。测试的目的就是确保软件准备就绪，并且可以让最终用户通过执行该软件实现既定功能和任务。测试中，相关的用户或独立测试人员根据测试计划和结果对系统进行测试和接收，让系统用户决定是否接收系统。它是一项确定产品是否能够满足合同或用户所规定的需求的测试。验收测试一般有四种策略：正式验收、非正式验收、α 测试、β 测试。

1）正式验收。正式验收测试是一项管理严格的过程，它通常是系统测试的延续。计划和设计这些测试的周密和详细程度甚至超过系统测试。正式验收测试一般是开发组织与最终用户组织的代表一起执行的。也有一些完全由最终用户组织执行。

2）非正式验收。在非正式验收测试中，执行测试过程的限制不如正式验收测试中那样严格。测试过程中，主要是确定并记录要研究的功能和业务任务，但没有可以遵循的特定测试用例。测试内容由各测试员决定。这种验收测试方法不像正式验收测试那样组织有序，并且主观性比较大。

3）α 测试（Alpha Testing）。又称 Alpha 测试，是由一个用户在开发环境下进行的测试，也可以是公司内部的用户在模拟实际操作环境下进行的受控测试。在系统开发接近完成时对应用系统进行的测试，测试后仍然会有少量的设计变更。这种测试一般由最终用户或其他人员来完成，不能由程序员或测试员完成。

4）β 测试（Beta Testing）。又称 Beta 测试、用户验收测试（UAT）。β 测试是软件的多个用户在一个或多个用户的实际使用环境下进行的测试。开发者通常不在测试现场。这种测试一般由最终用户或其他人员完成，不能由程序员或测试员完成。

（5）回归测试。回归测试是指在发生修改之后重新测试之前的测试，用以保证修改的正确性。理论上，软件产生新版本都需要进行回归测试，验证之前发现和修复的错误是否在新软件版本上再次出现。根据修复好了的缺陷再重新进行测试。回归测试的目的在于验证之前出现过但已经修复好的缺陷不再重新出现。一般指对某已知修正的缺陷再次围绕它原来出现时的步骤重新测试。通常确定所需的再测试范围时是比较困难的，特别当临近产品发布日期时。因为修正某缺陷必须更改源代码，因而就有可能影响这部分源代码所控制的功能。所以在验证修好的缺陷时，不仅要服从缺陷原来出现时的步骤重新测试，还要测试有可能受影响的所有功能。因此应当对所有回归测试用例进行自动化测试。

此外，考生还需要掌握白盒测试和黑盒测试的概念。

1）白盒测试（White Box Testing）。又称结构测试或逻辑驱动测试。它把测试对象看作一个能打开、可以看见内部结构的盒子。利用白盒测试法对软件进行动态测试时，主要测试软件产品的内部结构和处理过程，而不关注软件产品的功能。白盒测试法中，对测试的覆盖标准主要有逻辑覆盖、循环覆盖和基本路径测试。由于知道产品内部的工作过程，因此白盒测试可以检测产品内部动作是否按照规格说明书的规定正常进行，按照程序内部的结构测试程序，检验程序中的每条通路是否都有能按预定要求正确工作而不顾它的功能，白盒测试的主要方法有逻辑驱动、基路测试等，通常用于软件验证。

2）黑盒测试（Black Box Testing）。又称功能测试或数据驱动测试。是根据软件的规格进行的测试，这类测试把软件看作一个不能打开的盒子，因此不考虑软件内部的运作原理。软件测试人员以用户的角度，通过各种输入和对应的输出结果来发现软件存在的缺陷，而不关心程序具体是如何实现的。

10. 数据库

数据库（Database，DB）是长期存储在计算机内的，大量、有组织、可共享的数据集合。**数据库技术**是一种管理数据的技术，是信息系统的核心和基础。数据库管理系统（Database Management System，DBMS）是一种软件，负责数据库定义、操作、维护。DBMS 包括数据库、软件、硬件、数据库管理员四个部分。

事务是 DBMS 的基本工作单位，是由用户定义的一个操作序列。

事务具有四个特点，又称为事务的 ACID 准则：

（1）原子性（Atomicity）：**要么都做，要么都不做**。

（2）一致性（Consistency）：中间状态对外不可见，初始和结束状态对外可见。

（3）隔离性（Isolation）：多事务互不干扰。

（4）持久性（Durability）：事务结束前所有数据改动必须保存到物理存储中。

另外，复习过程中，还要注意 IT 行业中的一些新技术，如区块链，人工智能，量子通信和近些年比较流行的病毒，如勒索病毒等，这些内容在考试中偶尔考 1 分，大家在平时工作和生活中，留意一些行业最新的技术动态即可。

12.3 项目管理基础

12.3.1 考点分析

历年网络工程师考试试题涉及本部分的相关知识点有：关键路径的概念及相关计算、甘特图。

12.3.2 知识点精讲

网络工程师考试关于项目管理的主要内容就是考查 PERT 图和甘特图的基本特点，尤其是

PERT 图中的关键路径及计算。但是近些年，这个关键路径计算的题在考试中的比例也在不断下降，复习中掌握基本方法即可。

计划评审技术（Program Evaluation and Review Technique，PERT）是由美国海军提出的利用网络分析制定计划及对计划予以评价的技术。它能协调整个计划的各个任务，合理安排人力、物力、时间、资金，加速计划的完成，在现代计划的编制和分析中广泛应用。PERT 网络是一种类似流程图的箭线图，它描绘出项目包含的各种活动的先后次序，标明每项活动的时间或相关的成本。对于 PERT 网络，考生需主要掌握关键路径的计算。

1. 关键路径

在一个项目中，只有项目网络中最长或耗时最多的活动完成之后，项目才能结束，这条最长的活动路线就叫关键路径，组成关键路径的活动称为关键活动。关键路径法（Critical Path Method，CPM）是通过寻找项目过程中活动序列的进度安排的最少总时差，来预测项目工期的一种网络分析方法。用网络图表示各项工作之间的相互关系，找出控制工期的关键路线，在一定工期和资源条件下获得最佳的计划安排，以达到缩短工期、降低成本的目的。

关键路径法是确定网络图中每一条路线从起始到结束工期最长的线路的方法，也就是说，整个项目工期是由最长的线路来决定的。基本工作原理是：给每个最小任务单元计算工期，定义最早开始和结束日期、最迟开始和结束日期，按照活动的关系形成顺序的网络逻辑图，找出其中最长的路径，即为关键路径。

2. 关键路径法的时间计算

关键路径法的时间计算一般采用正推法或逆推法进行。

（1）正推法。正推法用于计算活动的最早时间，其算法如下：

1）选择一个开始于第一个结点的活动进行计算，如第一个结点的时间没有设置，则将其设置为 1。活动最早开始时间就是开始结点的最早时间。

2）在选择的活动最早开始时间上加上工期，就是其最早结束时间。

3）比较此活动的最早结束时间和结束结点的最早开始时间。如果结束结点还没有设置时间，则此活动的最早结束时间就是该结束结点的最早开始时间；如果活动的结束时间比结束结点的最早开始时间大，则取此活动的最早结束时间作为结束结点的最早开始时间；如果此活动的最早结束时间小于其结束结点的最早开始时间，则保留此结点的时间作为其最早开始时间。

4）检查是否还有其他活动开始于此结点，如果有，则回到步骤 2）进行计算；如果没有，则进入下一个结点的计算，并回到步骤 2）开始，直到最后一个结点。

（2）逆推法。逆推法用于计算活动最迟时间的计算，一般从项目的最后一个活动开始计算，直到计算到第一个结点的时间为止。在逆推法的计算中，首先令最后一个结点的最迟时间等于其最早时间，然后开始计算，具体的计算步骤如下：

1）设置最后一个结点的最迟时间，令其等于正推法计算出的最早时间。

2）选择一个以此结点为结束结点的活动进行计算。

3）令此活动的最迟结束时间等于此结点的最迟时间。

4）从此活动的最迟结束时间中减去工期，得到其最迟开始时间。

5）比较此活动的最迟开始时间和开始结点的最迟时间，如果开始结点还没有设置最迟时间，则将活动的最迟开始时间设置为此结点的最迟时间；如果活动的最迟开始时间早于结点的最迟时间，则将此活动的最迟开始时间设置为结点的最迟时间；如果活动的最迟开始时间迟于结点的最迟时间，则保留原结点的时间作为最迟时间。

6）检查是否还有其他活动以此结点为结束结点，如果有，则跳转至第 2）步计算；如果没有，则进入下一个结点，然后跳转至第 2）步计算，直至最后一个结点。

7）第一个结点的最迟时间是本项目必须要开始的时间，假设取最后一个结点的最迟时间和最早时间相等，则其值应该等于 1。

【例 12-1】某网络工程使用如图 12-3-1 所示的 PERT 图进行进度安排，则该工程的关键路径是（　　）；整个项目的最短工期为（　　）；在不延误项目总工期的情况下，任务 F 最多可以推迟开始时间（　　）天。

A．ACEGH　　　　B．ABEGH　　　　C．ABDFH　　　　D．ABDFGH

根据关键路径的定义可知，最长的路径就是关键路径，因此图中任务流 ACEGH 的持续时间是 5+3+10+4=22（天），其余的路径以此类推，可分别得到任务流 ABEGH 的持续时间是 25 天，ABDFGH 的持续时间是 23 天，ABDFH 的持续时间是 17 天。所以项目关键路径长度为 25 天，也就是整个项目的最短工期了，关键路径就是 ABEGH。路径 ABDFH 的持续时间是 17 天，路径 ABDFGH 的持续时间是 23 天，而总工期是 25 天，因此可以推迟 25-23=2 天。也就是找经过的事件 F 到完成的整个项目的所有路径中最长的那个时间。然后用总工期减去此时间即为可以提前的时间。也可以使用反推法，H 的最迟完成时间是 25 天，则 F 的最迟完成时间是 25-8=17 天，F 的最早完成时间是 15 天，因此最多可以推迟 17-15=2 天。

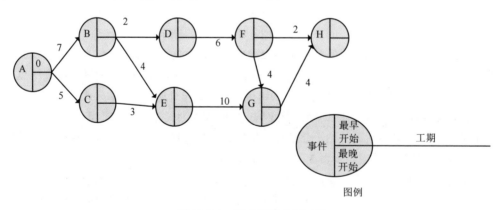

图 12-3-1　某工程的 PERT 图

3．甘特图

甘特图内在思想简单，基本是一条线条图，横轴表示时间，纵轴表示活动，线条表示在整个期间计划和实际的活动完成情况。它直观地表明任务计划在什么时候进行，及实际进展与计划要求的对比；也可以表示子任务之间的并行和串行关系。管理者由此可以极为便利地弄清一项任务还剩下哪些工作要做，并评估工作进度。但是甘特图不能清晰地描述任务之间的依赖关系，也不能清晰地指出关键任务在哪里。

在甘特图的表示中，往往用水平线表示任务的工作阶段，其起点和终点分别对应任务的开始时间和完成时间，水平线的长度表示完成任务的时间。

【例 12-2】网络工程师小张制定的某项目的开发计划中有 X、Y、Z 三个任务，任务之间的关系满足下列条件：任务 X 必须最先开始，其完成时间为 4 周；任务 Y 必须在任务 X 启动 2 周后才能开始，且需要 3 周完成；任务 Z 必须在任务 X 全部完成后才能开始，且需要 2 周完成，则此项目的甘特图如图 12-3-2 所示。

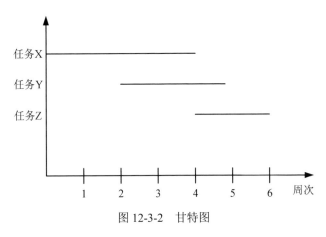

图 12-3-2　甘特图

4．沟通途径计算

沟通途径条数的计算公式：

$$沟通途径条数=[n×(n-1)]/2$$

式中，n 指的是人数。比如，当项目团队有 3 个人时，沟通渠道数为[3×(3-1)]/2=3；而当项目团队有 6 个人时，沟通渠道数为[6×(6-1)]/2=15。由于沟通是需要花费项目成本的，所以应尽量控制团队规模，避免大规模团队中常常出现的沟通不畅问题。

除此之外，在项目管理的各个知识域内，都有可能出题，但是目前来看，每次考试的分值基本就是 1 分，可能涉及合同管理，风险管理等。

12.4　软件知识产权

12.4.1　考点分析

历年网络工程师考试试题涉及本部分的相关知识点有：著作权人及其权利、权限的保护期限、权利的限制、侵权的判断、专利权、商标权，通常的考试分值是 1～2 分。近几年关于标准化方面的知识点出题的可能性越来越小，本书不再讨论。

12.4.2　知识点精讲

著作权法旨在保护文学、艺术和科学作品作者的著作权及与著作权有关的权益。著作权法中涉及到的作品的概念是文学、艺术和自然科学、社会科学、工程技术等作品。具体来说，这些作品包括以下九类：

（1）文字作品：包括小说、散文、诗词和论文等表现形式的作品。

（2）口述作品：如演说、辩论等以口头形式表现的作品。

（3）音乐、戏剧、曲艺、舞蹈、杂技艺术作品。

（4）美术、建筑作品、摄影作品。

（5）电影作品和以类似摄制电影的方法创作的作品。

（6）工程设计图、产品设计图、地图、示意图等图形作品和模型作品。

（7）地图、示意图等图形作品。

（8）计算机软件。

（9）法律、行政法规规定的其他作品。

计算机软件著作权是指软件的开发者或其他权利人依据有关著作权法律的规定，对软件作品所享有的各项专有权利。就权利的性质而言是一种民事权利，具备民事权利的基本特征。著作权是知识产权中的一种特殊情况，因为著作权的取得无须经过他人确认，这就是所谓的"自动保护"原则。软件经过登记后，软件著作权人即享有发表权、开发者身份权、使用权、使用许可权和获得报酬权。

著作权法只保护作品的表达，不保护作品的思想、原理、概念、方法、公式、算法等。

1.　著作权人及其权利

著作权法中的著作权人包括作者或能合法取得著作权的公民、法人或组织。著作权的人身权和财产权就是所谓的版权，包括以下具体权利：

（1）发表权：决定是否公之于众的权利。

（2）署名权：表明作者身份，在作品上署名的权利。

（3）修改权：修改或者授权他人修改作品的权利。

（4）保护作品完整权：保护作品不受篡改的权利。

（5）复制权：以印刷、复印、录音、录像、翻拍等方式将作品制作一份或多份的权利。

（6）发行权：以出售或者赠与方式向公众提供作品的原件或复制件的权利。

（7）出租权：有偿许可他人临时使用电影作品或以类似摄制电影的方法创作的作品的权利。

（8）展览权：公开陈列美术作品、摄影作品的原件或复制件的权利。

（9）表演权：公开表演作品，以及用各种手段公开播送作品的表演的权利。

（10）放映权：通过放映机、幻灯机等技术设备公开再现美术、摄影、电影和以类似摄制电影的方法创作的作品等权利。

（11）广播权：以无线方式公开广播，以有线传播或转播的方式向公众传播广播的作品的权利。

（12）信息网络传播权：以有线或无线方式向公众提供作品，使公众可以在其个人选定的时间和地点获得作品的权利。

（13）摄制权：以摄制电影或者以类似摄制电影的方法将作品固定在载体上的权利。

（14）改编权：改编作品，创作出具有独创性的新作品的权利。

（15）翻译权：将作品从一种语言文字转换成另一种语言文字的权利。

（16）汇编权：将作品或作品的片段通过选择或者编排汇集成新作品的权利。

创作作品的公民是作者。由法人或其他组织主持，代表法人或其他组织意志创作，并由法人或其他组织承担责任的作品，法人或其他组织视为作者。通常在作品上署名的公民、法人或其他组织为作者。

2．权利的保护期限

著作权利中作者的署名权、修改权、保护作品完整权的保护期不受限制。公民的作品，其发表权及其他相关权利的保护期为作者终生及其死亡后五十年，截止于作者死亡后第五十年的 12 月 31 日；若是合作作品，则截止于最后死亡的作者死亡后第五十年的 12 月 31 日。

法人或者其他组织的作品、著作权（署名权除外）由法人或者其他组织享有的职务作品，其发表权及其他相关权利的保护期为五十年，截止于作品首次发表后第五十年的 12 月 31 日，但作品自创作完成后五十年内未发表的不再保护。

电影作品和以类似摄制电影的方法创作的作品、摄影作品，其发表权及其他相关权利的保护期为五十年，截止于作品首次发表后第五十年的 12 月 31 日，但作品自创作完成后五十年内未发表的，不再保护。

3．权利的限制

在下列情况下使用作品可以不经著作权人许可，不向其支付报酬，但应当指明作者姓名和作品名称，并且不得侵犯著作权人依照本法享有的其他权利：

（1）为个人学习、研究或者欣赏，使用他人已经发表的作品。

（2）介绍、评论某一作品或者说明某一问题，在作品中适当引用他人已经发表的作品。

（3）报道时事新闻，在报纸、期刊、电台等媒体中不可避免地再现或者引用已经发表的作品。

（4）报纸、期刊、广播电台、电视台等媒体刊登或者播放其他报纸、期刊、广播电台、电视台等媒体已经发表的关于政治、经济、宗教问题的时事性文章，但作者声明不许刊登、播放的除外。

（5）报纸、期刊、广播电台、电视台等媒体刊登或者播放在公众集会上发表的讲话，但作者声明不许刊登、播放的除外。

（6）为学校课堂教学或科学研究翻译或者少量复制已经发表的作品，供教学或科研人员使用，但不得出版发行。

（7）国家机关为执行公务在合理范围内使用已经发表的作品。

（8）图书馆、档案馆、纪念馆、博物馆、美术馆等为陈列或者保存版本的需要，复制本馆收藏的作品。

（9）免费表演已经发表的作品，该表演未向公众收取费用，也未向表演者支付报酬。

（10）对设置或陈列在室外公共场所的艺术作品进行临摹、绘画、摄影、录像。

（11）将中国公民、法人或其他组织已经发表的以汉语言文字创作的作品翻译成少数民族语言文字作品在国内出版发行。

（12）将已经发表的作品改成盲文出版。

以上规定适用于对出版者、表演者、录音录像制作者、广播电台、电视台的权利的限制。为实施九年制义务教育和国家教育规划而编写出版教科书，除作者事先声明不许使用的外，可以不经著作权人许可，在教科书中汇编已经发表的作品片段、短小的文字作品、音乐作品或单幅的美术作品、摄影作品，但应当按照规定支付报酬，指明作者姓名和作品名称，并且不得侵犯著作权人的其他权利。

4. 侵权的判断

网络工程师考试中对著作权的考查，往往是以案例的形式考查考生是否掌握了如何判断侵权行为。因此这一节中提到的侵权行为必须充分掌握。对计算机软件侵权行为的认定，实际是指对发生争议的某一个计算机程序与具有明确权利的正版程序的对比和鉴别。

凡是侵权人主观上具有故意或过失对著作权法和计算机软件保护条例保护的软件人身权和财产权实施侵害行为的，都构成计算机软件的侵权行为。对著作权侵权行为的判断主要基于以下几个方面：

（1）未经软件著作权人的同意而发表其软件作品。软件著作人享有对软件作品的公开发表权，未经允许，著作权人以外的任何人都无权擅自发表特定的软件作品。这种行为侵犯著作权人的发表权。

（2）将他人开发的软件当作自己的作品发表。这种行为的构成主要是行为人欺世盗名，剽窃软件开发者的劳动成果，将他人开发的软件作品假冒为自己的作品而署名发表。只要行为人实施了这种行为，不管其发表该作品是否经过软件著作人的同意都构成侵权。这种行为侵犯了身份权和署名权。

（3）未经合作者的同意将与他人合作开发的软件当作自己独立完成的作品发表。这种侵权行为发生在软件作品的合作开发者之间。作为合作开发的软件，软件作品的开发者身份为全体开发者，软件作品的发表权也应由全体开发者共同行使。如果未经其他开发者同意，将合作开发的软件当作自己的独创作品发表即构成侵权。

（4）在他人开发的软件上署名或者涂改他人开发的软件上的署名。这种行为是在他人开发的软件作品上添加自己的署名，替代软件开发者署名或者将软件作品上开发者的署名进行涂改的行为。这种行为侵犯身份权和署名权。

（5）未经软件著作权人的同意修改、翻译、注释其软件作品。这种行为侵犯了著作权人的使用权中的修改权、翻译权与注释权。对不同版本的计算机软件，新版本往往是旧版本的提高和改善。这种提高和改善应认定为是对原软件作品的修改和演绎。这种行为应征求原版本著作权人的同意，否则构成侵权。如果征得软件作品著作人的同意，因修改和改善新增加的部分，创作者应享有著作权。**对是职务作品的计算机软件，参与开发的人员离开原单位后，如其对原单位享有著作权的软件进行修改、提高，应经过原单位许可，否则构成侵权。**软件程序员接受第一个单位委托开发完成一个软件，又接受第二个单位委托开发功能类似的软件，仅将受第一个单位委托开发的软件略作改动即算完成提交给第二个单位，这种行为也构成侵权。

（6）未经软件著作权人的同意，复制或部分复制其软件作品。这种行为侵犯了著作权人的使用权中的复制权。计算机软件的复制权是计算机软件最重要的著作财产权，也是通常计算机软件侵权行为的对象。这是由于软件载体价格相对低廉，复制软件简单易行、效率极高，而销售非法复制的软件即可获得高额利润。因此，复制是最为常见的侵权行为，是防止和打击的主要对象。当软件著作权经当事人的约定合法转让给转让者后，软件开发者未经允许不得复制该软件，否则也构成侵权。

（7）未经软件著作权人同意，向公众发行、展示其软件的复制品。这种行为侵犯了发行权与展示权。

（8）未经软件著作权人同意，向任何第三方办理软件权利许可或转让事宜。这种行为侵犯了许可权和转让权。

5．专利权

专利权的主体（即专利权人）是指有权提出专利申请并取得专利权的人，包括以下几种人：

（1）**发明人或设计人**。他们是直接参加发明创造活动的人。应当是自然人，不能是单位或者集体等。如果是多人共同做出的，应当将所有人的名字都写上。在完成发明创造的过程中，只负责组织工作的人、为物质技术条件的利用提供方便的人或者从事其他辅助工作的人，不应当被认为是发明人或者设计人。发明人可以就非职务发明创造申请专利，申请被批准后该发明人为专利权人。

（2）**发明人的单位**。职务发明创造申请专利的权利属于单位，申请被批准后该单位为专利权人。

（3）**合法受让人**。合法受让人指以转让、继承方式取得专利权的人，包括合作开发中的合作方、委托开发中的委托方等。

（4）外国人。具备以下 4 个条件中任何一项的外国人，便可在我国申请专利：①其所属国为巴黎公约成员国；②其所属国与我国有专利保护的双边协议；③其所属国对我国国民的专利申请予以保护；④该外国人在中国有经常居所或者营业场所。

专利权人拥有如下权利：

（1）**独占实施权**。发明或实用新型专利权被授予后，任何单位或个人未经专利权人许可，都不得实施其专利。

（2）**转让权**。转让是指专利权人将其专利权转移给他人所有。专利权转让的方式有出卖、赠与、投资入股等。

（3）**实施许可权**。实施许可是指专利权人许可他人实施专利并收取专利使用费。

（4）专利权人的义务。专利权人的主要义务是缴纳专利年费。

（5）专利权的期限。**发明专利权的期限为 20 年，实用新型专利权的期限为 10 年，外观设计专利权的期限为 15 年**，均自申请日起计算。此处的申请日是指向国务院专利行政主管部门提出专利申请之日。

6．商标权

商标是指能够将不同的经营者所提供的商品或者服务区别开来，并可为视觉所感知的标记。商标权的内容有**使用权、禁止权、许可权和转让权**。

使用权是指注册商标所有人在核定使用的商品上使用核准注册的商标的权利。商标的使用方式主要是直接使用于商品、商品包装、商品容器，也可以是间接地将商标使用于商品交易文书、商品广告宣传、展览及其他业务活动中。

禁止权指商标所有人禁止任何第三方未经其许可在相同或类似商品上使用与其注册商标相同或近似的商标的权利。禁止权的效力范围大于使用权的效力范围，不仅包括核准注册的商标、核定使用的商品，还扩张到与注册商标相近似的商标和与核定商品相类似的商品。

许可权是注册商标所有人许可他人使用其注册商标的权利。商标使用许可关系中，许可人应当提供合法的、被许可使用的注册商标，监督被许可人使用其注册商标的商品质量。被许可人应在合同约定的范围内使用被许可商标，保证被许可使用商标的商品质量，以及在生产的商品或包装上应标明自己的名称和商品产地。

转让权是指注册商标所有人将其注册商标转移给他人所有的权利。转让注册商标除了由双方当事人签订合同之外，转让人和受让人应共同向商标局提出申请，经商标局核准并予以公告。未经核准登记的，转让合同不具有法律效力。

注册商标的有效期为 10 年，但商标所有人需要继续使用该商标并维持专用权的，可以通过续展注册延长商标权的保护期限。续展注册应当在有效期满前 6 个月内办理；在此期间未能提出申请的，有 6 个月的宽展期。宽展期仍未提出申请的，注销其注册商标。每次续展注册的有效期为 10 年，自该商标上一届有效期满的次日起计算。续展注册没有次数的限制。

7. 《计算机软件保护条例》

《计算机软件保护条例》对软件著作权的保护包括目标程序、源程序、软件文档，不包括算法。

第**3**天
操作系统，实战操作

经过第 2 天的学习，我们应当已经掌握了网络工程师考试所涉及的大部分基础知识了，也学习了计算机软件和计算机硬件这两个核心知识领域的知识。那么在第 3 天的学习中，将重点讲述 Windows 系统中的常见网络命令和相关参数以及 UOS Linux 的管理和命令。

第 1 学时　选择题、案例分析题考试共同考点——Windows 网络命令

本学时主要学习 Windows 命令这一部分，作为最为常见的网络操作系统，Windows 系统中提供了非常多的命令，可以分为 IP 网络有关的命令、系统服务及管理有关的命令、与故障诊断和系统监控相关的命令。根据历年考试的情况来看，每次考试主要涉及 IP 网络命令和故障诊断命令，这两个相关知识点的分值在 3～5 分之间。本章考点知识结构图如图 13-0-1 所示。

图 13-0-1　考点知识结构图

13.1　Windows IP 配置网络命令

13.1.1　考点分析

本节主要讲解网络工程师考试中最常考查的 Windows 系统中与配置 IP 网络相关的命令，这部分出题的频率比较高。**注意本书中涉及的各类配置命令参数太多，因此只讲重要的、常考的参数。**

13.1.2　知识点精讲

1. ipconfig

ipconfig 是 Windows 网络中最常使用的命令，用于显示计算机中网络适配器的 IP 地址、子网掩码及默认网关等信息。这仅是 ipconfig 不带参数的用法，在网络工程师考试中主要考查的是带参数用法的题，尤其是下面讨论到的基本参数，必须熟练掌握。

命令基本格式：

ipconfig [**/all** | **/renew** [*adapter*] | **/release** [*adapter*] | **/flushdns** | **/displaydns** | **/registerdns** |]

具体参数解释见表 13-1-1。

表 13-1-1　ipconfig 基本参数表

参数	参数作用	备注
/all	显示所有网络适配器的完整 TCP/IP 配置信息	尤其是查看 MAC 地址信息，DNS 服务器等配置
/release adapter	释放全部（或指定）适配器的、由 DHCP 分配的动态 IP 地址，仅用于 DHCP 环境	DHCP 环境中的释放 IP 地址
/renew adapter	为全部（或指定）适配器重新分配 IP 地址。常与 release 结合使用	DHCP 环境中的续借 IP 地址
/flushdns	清除本机的 DNS 解析缓存	
/registerdns	刷新所有 DHCP 的租期和重注册 DNS 名	DHCP 环境中的注册 DNS
/displaydns	显示本机的 DNS 解析缓存	

在 Windows 中可以选择"开始"→"运行"命令并输入 CMD，进入 Windows 的命令解释器，然后输入各种 Windows 提供的命令；也可以执行"开始"→"运行"命令，直接输入相关命令。在实际应用中，为了完成一项工作往往会连续输入多个命令，最好直接进入命令解释器界面。

ipconfig/all 命令显示效果如图 13-1-1 所示。

```
Ethernet adapter 无线网络连接:

        Connection-specific DNS Suffix  . :
        Description . . . . . . . . . . . : Intel(R) Wireless WiFi Link
4965AG
        Physical Address. . . . . . . . . : 00-1F-3B-CD-29-DD
        Dhcp Enabled. . . . . . . . . . . : Yes
        Autoconfiguration Enabled . . . . : Yes
        IP Address. . . . . . . . . . . . : 192.168.0.235
        Subnet Mask . . . . . . . . . . . : 255.255.255.0
        Default Gateway . . . . . . . . . : 192.168.0.1
        DHCP Server . . . . . . . . . . . : 192.168.0.1
        DNS Servers . . . . . . . . . . . : 202.103.96.112
                                            211.136.17.108
        Lease Obtained. . . . . . . . . . : 20xx年10月6日 10:59:50
        Lease Expires . . . . . . . . . . : 20xx年10月6日 11:29:50
```

图 13-1-1　ipconfig/all 显示效果图

从此命令中不仅可以知道本机的 IP 地址、子网掩码和默认网关，还可以看到系统提供的 DHCP 服务器地址和 DNS 服务器地址。从图中最后两项还可以看到 DHCP 服务器设置的租期是半个小时。

2. tracert

tracert 是 Windows 网络中 Trace Route 功能的缩写。基本工作原理是：通过向目标发送不同 IP 生存时间（TTL）值的 ICMP ECHO 报文，在路径上的每个路由器转发数据包之前，将数据包上的 TTL 减 1。当数据包上的 TTL 减为 0 时，路由器返回给发送方一个超时信息。

在 tracert 工作时，先发送 TTL 为 1 的回应报文，并在随后的每次发送过程中将 TTL 增加 1，直到目标响应或 TTL 达到最大值为止，通过检查中间路由器超时信息确定路由。

以下命令是网络工程师在实际中最常使用的检查数据包路由路径的命令，其基本格式如下：

tracert　[**-d**]　[**-h** *maximumhops*]　[**-w** *timeout*]　[**-R**] [**-S** *srcAddr*] [**-4**][**-6**]　*targetname*

其中各参数的含义如下：

- -d：禁止 tracert 将中间路由器的 IP 地址解析为名称，这样可加速显示 tracert 的结果。
- -h maximumhops：指定搜索目标的路径中存在结点数的最大数（默认为 30 个结点）。
- -w timeout：指定等待 "ICMP 已超时" 或 "回显答复" 消息的时间。如果超时的时间内未收到消息，则显示一个星号（＊）（默认的超时时间为 4000 毫秒）。
- -R：指定 IPv6 路由扩展标头用来将 "回显请求" 消息发送到本地计算机，使用目标作为中间目标，并测试反向路由。
- -S：指定在 "回显请求" 消息中使用的源地址，仅当跟踪 IPv6 地址时才使用该参数。
- -4：指定 IPv4 协议。
- -6：指定 IPv6 协议。
- targetname：指定目标，可以是 IP 地址或计算机名。

【例 13-1】tracert 应用实例。为了提高其回显的速度，可以使用-d 选项，tracert 不会对每个 IP 地址都查询 DNS。命令显示如下：

```
C:\Documents and Settings\Administrator>tracert  -d  61.187.55.33
Tracing route to 61.187.55.33 over a maximum of 30 hops
  1    <1 ms    <1 ms    <1 ms  172.28.27.254
  2     1 ms    <1 ms    <1 ms  10.0.1.1
  3     3 ms     3 ms     3 ms  61.187.55.33
Trace complete.
```

从命令返回的结果可以看到，数据包必须通过两个路由器 172.28.27.254 和 10.0.1.1 才能到达目标计算机 61.187.55.33，同时也可以知道本计算机的默认网关是 172.28.27.254。另外，若是内部的网络地址使用了地址转换，则地址转换之后的地址范围一般就是 61.187.55.33 同一网络的地址。

如果要查找从本地出发、经过 3 个跳步到达名为 www.hunau.net 的目标主机的路径，则其命名显示如下：

```
C:\Documents and Settings\Administrator>tracert -h 3 www.hunau.net
Tracing route to www.hunau.net [61.187.55.40]
over a maximum of 3 hops:
  1     3 ms     4 ms     4 ms  10.1.0.1
```

| 2 | 16 ms | 39 ms | 3 ms | 222.240.45.188 |
| 3 | 5 ms | 4 ms | 4 ms | 61.187.55.40 |

Trace complete.

3. pathping

要跟踪路径并为路径中的每个路由器和链路提供网络延迟和数据包丢失等相关信息，此时应该使用 pathping 命令。其工作原理类似于 tracert，并且会在一段指定的时间内定期将 ping 命令发送到所有路由器，并根据每个路由器的返回数值生成统计结果。命令行下返回的结果有两部分内容，第一部分显示到达目的地经过了哪些路由；第二部分显示路径中源和目标之间的中间结点处的滞后和网络丢失的信息。pathping 在一段时间内将多个回应请求消息发送到源和目标之间的路由器，然后根据各个路由器返回的数据包计算结果。因为 pathping 显示在任何特定路由器或链接处的数据包的丢失程度，因此用户可据此确定存在故障的路由器或子网。

命令基本格式：

pathping[**-g** *host-list*] [**-h** *maximum_hops*] [**-i** *address*] [**-n**] [**-p** *period*] [**-q** *num_queries*] [**-w** *timeout*] [**-4**] [**-6**] *target_name*

其中各参数的含义如下：

- -g host-list：与主机列表一起的松散源路由。
- -h maximum_hops：指定搜索目标路径中的结点最大数（默认值为 30 个结点）。
- -i address：使用指定的源地址。
- -n：禁止将中间路由器的 IP 地址解析为名字，可以提高 pathping 显示速度。
- -p period：两次 ping 之间等待的时间（单位为毫秒，默认值为 250 毫秒）。
- -q num_queries：指定发送到路径中每个路由器的回响请求消息数。默认值为 100 查询。
- -w timeout：指定等待每个应答的时间（单位为毫秒，默认值为 3000 毫秒）。
- -4：强制使用 IPv4。
- -6：强制使用 IPv6。
- target_name 指定目的端，它既可以是 IP 地址，也可以是计算机名。

pathping 参数要区分大小写。实际使用中要注意：为了避免网络拥塞，影响正在运行的网络业务，应以足够慢的速度发送 ping 信号。

【例 13-2】pathping 应用实例。

```
C：\Documents and Settings\Administrator>pathping 61.187.55.33
Tracing route to 61.187.55.33 over a maximum of 30 hops
  0  1be2f61eecdb4fc [172.28.27.249]
  1  172.28.27.254
  2  10.0.1.1
  3   *        *        *
Computing statistics for 75 seconds...
     Source to Here   This Node/Link         Hop     RTT    Lost/Sent = Pct     Lost/Sent = Pct Address
  0  1be2f61eecdb4fc  [172.28.27.249]                0/ 100 =  0%     |
  1  0ms  0/ 100 =  0%   0/ 100 =  0%  172.28.27.254              0/ 100 =  0%   |
```

| 2 | 0ms | 0/ 100 = 0% | 0/ 100 = 0% | 10.0.1.1 | 100/ 100 =100% | | |
| 3 | --- | 100/ 100 =100% | 0/ 100 = 0% | 1be2f61eecdb4fc [0.0.0.0] | | |

Trace complete.

若带有-n 参数，则上例中的"0　1be2f61eecdb4fc [172.28.27.249]"位置不会解析 172.28.27.249 对应的机器名，也可以提高命令回显的速度。当运行 pathping 时，将首先显示路径信息。此路径与 tracert 命令所显示的路径相同。接着，将显示约 75 秒的繁忙消息，这个时间随着中间结点数的变化而变化。在此期间，命令会从先前列出的所有路由器及其链接之间收集信息，结束时将显示测试结果。

在［例 13-2］中，This Node/Link、Lost/Sent = Pct 和 Lost/Sent = Pct Address 列显示出 172.28.27.254 与 10.0.1.1 之间的链接丢失了 0%的数据包。在 Lost/Sent = Pct Address 列中显示的链接丢失速率表明造成路径上转发数据包丢失的链路拥挤状态；路由器所显示的丢失速率表明这些路由器已经超载。

4．ARP

在以太网中规定，同一局域网中的一台计算机要与另一台计算机进行直接通信，必须知道目标计算机的 MAC 地址。而在 TCP/IP 协议中，网络层和传输层只考虑目标计算机的 IP 地址。因此在以太网中使用 TCP/IP 协议时，必须能根据目的计算机的 IP 地址获得对应的 MAC 地址，这就是 ARP 协议。另一种情况是，当发送计算机和目的计算机不在同一个局域网中时，必须经过路由器才可以通信。因此，发送计算机通过 ARP 协议获得的就不是目的计算机的 MAC 地址，而是作为网关路由器接口的 MAC 地址。所有发送给目的计算机的帧都将先发给该路由器，然后通过它发给目标计算机，这就是 ARP 代理（ARP Proxy）。

由于 ARP 在工作过程中无法响应数据的来源、进行真实性验证，导致很多基于 ARP 的攻击出现，解决的基本方法是绑定 IP 和 MAC，或者使用专门的 ARP 防护软件。具体做法就是由管理员在网内把客户计算机和网关用静态命令对 IP 和 MAC 绑定。

命令基本格式：

（1）**ARP -s** inet_addr　eth_addr　[if_addr]

（2）**ARP -d** inet_addr [if_addr]

（3）**ARP -a** [inet_addr] [**-N** if_addr]

参数说明：

-s：静态指定 IP 地址与 MAC 地址的对应关系。

-a：显示所有的 IP 地址与 MAC 地址的对应，使用-g 的参数与-a 是一样的，尤其注意一下这个参数。

-d：删除指定的 IP 与 MAC 的对应关系。

-N if_addr：只显示 if_addr 这个接口的 ARP 信息。

【例 13-3】arp 应用示例。

在主机上设置命令"arp -s 172.28.27.249　AA-BB-AA-BB-AA-BB"后，通过执行 arp -a 可以看到相关提示：

Internet Address	Physical Address	Type
172.28.27.249	AA-BB-AA-BB-AA-BB	static

而在 arp 默认的动态解析情况下看到的是：

```
Internet Address Physical    Address              Type
172.28.27.249                AA-BB-AA-BB-AA-BB    dynamic
```

这种方式对于计算机数量比较大的网络而言是非常不便的，因为每次重启之后均要重新设置，因此网络中通常使用防护软件来自动设置。

5. route

route 命令主要用于手动配置静态路由并显示路由信息表。

基本命令格式：

route [**-f**] [**-p**] *command* [*destination*] [**mask** *netmask*] [*gateway*] [**metric** metric] [**if interface**]

参数说明：

（1）-f：清除所有不是主路由（子网掩码为 255.255.255.255 的路由）、环回网络路由（目标为 127.0.0.0 的路由）或多播路由（目标为 224.0.0.0，子网掩码为 240.0.0.0 的路由）的条目路由表。如果它与命令 Add、Change 或 Delete 等结合使用，路由表会在运行命令之前清除。

（2）-p：与 add 命令共同使用时，指定路由被添加到注册表并在启动 TCP/IP 协议的时候初始化 IP 路由表。默认情况下，启动 TCP/IP 协议时不会保存添加的路由，与 Print 命令一起使用时，则显示永久路由列表。

（3）command：该选项下可用以下几个命令：

1）print：用于显示路由表中的当前项目，由于用 IP 地址配置了网卡，因此所有这些项目都是自动添加的。

【例 13-4】route print 应用示例。

```
C:\ route print   172.*
显示 IP 路由表中以 172.开始的所有路由。
```

2）add：用于向系统当前的路由表中添加一条新的路由表条目。

【例 13-5】route add 应用示例。

```
C:\ route add 210.43.230.33 mask 255.255.255.224 202.103.123.7 metric 5
设定一个到目的网络 210.43.230.33 的路由，子网掩码为 255.255.255.224，中间要经过 5 个路由器网段，首先要经过
本地网络上的一个路由器，其 IP 为 202.103.123.7。
```

3）delete：从当前路由表中删除指定的路由表条目。

【例 13-6】route delete 应用示例。

```
C:\ route delete 10.41.0.0 mask 255.255.0.0
删除到目标子网 10.41.0.0，掩码为 255.255.0.0 的路由
C:\ route delete 10.*
删除所有的以 10.起始的目标子网的 IP 路由表
```

4）change：修改当前路由表中已经存在的一个路由条目，但不能改变数据的目的地。

【例 13-7】route change 应用示例。

```
C:\ route change 210.43.230.33 mask 255.255.255.224 202.103.123.250 metric 3
命令将数据的路由改到另一个路由器，它采用一条包含 3 个网段的更近的路径。
```

（4）destination：指定路由的网络目标地址。目标地址对于计算机路由是 IP 地址，对于默认路由是 0.0.0.0。

（5）mask netmask：指定网络目标地址的子网掩码。子网掩码对于 IP 网络地址可以是一个适当的子网掩码，对于计算机路由是 255.255.255.255，对于默认路由是 0.0.0.0。如果将其忽略，则使用子网掩码 255.255.255.255。

（6）gateway：指定超过由网络目标和子网掩码定义的可达到的地址集的前一个或下一个结点 IP 地址。对于本地连接的子网路由，网关地址是分配给连接子网接口的 IP 地址。

（7）Metric：为路由指定所需结点数的整数值（范围是 1～9999），用来在路由表里的多个路由中选择与转发包中的目标地址最为匹配的路由。所选的路由具有最少的结点数。

（8）if interface：指定目标可以到达的接口索引。

13.2　Windows 诊断命令

13.2.1　考点分析

本节主要讲解网络工程师考试中最常考查的 Windows 系统中的诊断命令，这部分内容经常出选择题。

13.2.2　知识点精讲

1. netstat

netstat 是一个监控 TCP/IP 网络的工具，它可以显示路由表、实际的网络连接、每一个网络接口设备的状态信息，以及与 IP、TCP、UDP 和 ICMP 等协议相关的统计数据。一般用于检验本机各端口的网络连接情况。

若计算机接收到的数据报导致出现出错数据或故障，TCP/IP 可以容许这些类型的错误，并能够自动重发数据报。

netstat 基本命令格式：

netstat [-a] [-e] [-n] [-o] [-p *proto*] **[-r] [-s] [-v] [interval]**

-a：显示所有连接和监听端口。

-e：用于显示关于以太网的统计数据。它列出的项目包括传送的数据报的总字节数、错误数、删除数、数据报的数量和广播的数量。这些统计数据既有发送的数据报数量，也有接收的数据报数量。此选项可以与 -s 选项组合使用。

-n：以数字形式显示地址和端口号。

-o：显示与每个连接相关的所属进程 ID。

-p proto：显示 proto 指定协议的连接；proto 可以是下列协议之一：TCP、UDP、TCPv6 或 UDPv6。如果与-s 选项一起使用则显示按协议统计信息。

-r：显示路由表，与 route print 显示效果一样。

-s：显示按协议统计信息。默认显示 IP、IPv6、ICMP、ICMPv6、TCP、TCPv6、UDP 和 UDPv6

的统计信息。

-v：与 -b 选项一起使用时，将显示包含为所有可执行组件创建连接或监听端口的组件。

interval：重新显示选定统计信息，每次显示之间暂停的时间间隔（以秒计）。按 Ctrl+C 组合键停止重新显示统计信息。如果将其省略，则 netstat 只显示一次当前配置信息。

【例 13-8】netstat 示例 1。

以数字方式显示系统所有的连接和端口，显示结果如下：

```
C:\Documents and Settings\Administrator>netstat -an
Active Connections

  Proto   Local Address        Foreign Address        State
  TCP     0.0.0.0：135         0.0.0.0：0             LISTENING
  TCP     0.0.0.0：445         0.0.0.0：0             LISTENING
  TCP     127.0.0.1：1028      127.0.0.1：1029        ESTABLISHED
  TCP     127.0.0.1：1029      127.0.0.1：1028        ESTABLISHED
```

【例 13-9】netstat 示例 2。

显示以太网统计信息，显示结果如下：

```
C:\Documents and Settings\Administrator>netstat -e
Interface Statistics

                          Received            Sent
Bytes                    243559830         37675026
Unicast packets           360118            341200
Non-unicast packets      178339252          39836
Discards                     0                 0
Errors                       0                75
Unknown protocols         33074
```

【例 13-10】netstat 示例 3。

显示系统的路由表，功能同 route print，显示结果如下：

```
C:\Documents and Settings\Administrator>netstat -r
Route Table
===========================================================================
Interface List
0x1 ........................... MS TCP Loopback interface
0x20006 ...00 19 21 d3 3b 05 ...... Realtek RTL8139 Family PCI Fast Ethernet NIC

Active Routes:
Network Destination        Netmask          Gateway        Interface   Metric
        0.0.0.0            0.0.0.0       172.28.27.254   172.28.27.249    20
      127.0.0.0          255.0.0.0        127.0.0.1       127.0.0.1       1
    172.28.27.0       255.255.255.0    172.28.27.249   172.28.27.249    20
  172.28.27.249     255.255.255.255     127.0.0.1       127.0.0.1      20
  172.28.255.255    255.255.255.255   172.28.27.249   172.28.27.249    20
      224.0.0.0        240.0.0.0      172.28.27.249   172.28.27.249    20
  255.255.255.255   255.255.255.255   172.28.27.249   172.28.27.249     1
Default Gateway:       172.28.27.254
===========================================================================
Persistent Routes:
  None
```

2. nslookup

nslookup（name server lookup）是一个用于查询 Internet 域名信息或诊断 DNS 服务器问题的工具。Windows 下的 nslookup 命令格式比较丰富，可以直接使用带参数的形式，也可以使用交互式命令设置参数。

（1）非交互式查询。简单查询时可以使用非交互式查询，基本命令格式：

nslookup [- *option*] [{*name*| [-*server*]}]

参数说明：

-option：在非交互式中可以使用选项直接指定要查询的参数，具体如下：

● -timeout=x：指明系统查询的超时时间，如"-timeout=10"表示超时时间是 10 秒。

● -retry=x：指明系统查询失败时重试的次数。

● -qt=x：指明查询的资源记录的类型，x 可以是 A、PTR、MX、NS 等。

name：要查询的目标域名或 IP 地址。若 name 是 IP 地址，并且查询类型为 A 或 PTR 资源记录类型，则返回计算机的名称。

-server：使用指定的 DNS 服务器解析，而非默认的 DNS 服务器。

【例 13-11】nslookup 应用示例。

```
C:>nslookup  -qt=mx  hunau.net
Server:   ns1.hn.chinamobile.com
Address:  211.142.210.98
Non-authoritative answer:
hunau.net                MX preference = 5, mail exchanger = mail.hunau.net
hunau.net                nameserver = ns.timeson.com.cn
hunau.net                nameserver = db.timeson.com.cn
mail.hunau.net           internet address = 61.187.55.38
db.timeson.com.cn        internet address = 202.103.64.139
ns.timeson.com.cn        internet address = 202.103.64.138
```

由此可以看出，本机的默认 DNS 服务器是 211.142.210.98。查询 hunau.net 的 mx 记录可以知道，邮件服务器的名字是 mail.hunau.net，其优先级是 5。hunau.net 注册的名字服务器是 ns.timeson.com.cn 和 db.timeson.com.cn，这两台 DNS 服务器的 IP 地址分别是 202.103.64.139 和 202.103.64.138。

（2）交互式查询。使用交互式时，命令基本格式：**nslookup**。

直接使用 nslookup 命令且不带任何参数，即进入 nslookup 的交互式模式查询界面。可以使用的交互命令如下：

● NAME：显示域名为 NAME 的域的相关信息。

● server NAME：设置查询的默认服务器为 NAME 所指定的服务器。

● exit：退出 nslookup。

● set option：设置 nslookup 的选项，nslookup 有很多选项，用于查找 DNS 服务器上相关的设置信息。下面对这些选项进行仔细讲解。

all：显示当前服务器或主机的所有选项。

domain=NAME：设置默认的域名为 NAME。

root=NAME：设置根服务器的 NAME。

retry=X：设置重试次数为 X。

timeout=X：设置超时时间为 X 秒。

type=X：设置查询的类型，可以是 A、ANY、CNAME、MX、NS、PTR、SOA、SRV 等。

qt=X：与 type 命令的设置一样。

【例 13-12】查询 hunau.net 域名信息，此时查询 PC 的 DNS 服务器是 211.142.210.98。

```
C:>nslookup
Default Server:   ns1.hn.chinamobile.com
Address:   211.142.210.98
#当前的 DNS 服务器，可用 server 命令改变。设置查询条件为所有类型记录（A、MX 等）查询域名
> set qt=ns
> hunau.net
#交互式命令，先输入查询的类型，再输入要查询的域名
Non-authoritative answer:
#非权威回答，出现此提示表明该域名的注册主 DNS 非提交查询的 DNS 服务器
hunau.net           nameserver = db.timeson.com.cn
hunau.net           nameserver = ns.timeson.com.cn
#查询域名的名字服务器
> set qt=soa
> hunau.net
Server:   ns1.hn.chinamobile.com
Address:   211.142.210.98
Non-authoritative answer:
hunau.net   #返回 hunau.net 的信息
primary name server = ns.timeson.com.cn
##主要名字服务器
responsible mail addr = admin. hunau.net
#联系人邮件地址 admin@hunau.net
serial = 2001082925
#区域传递序号，又叫文件版本，当发生区域复制时，该域用来指示区域信息的更新情况
refresh = 3600（1 hour）
#重刷新时间，当区域复制发生时，指定区域复制的更新时间间隔
retry = 900    (15 mins)
#重试时间，区域复制失败时，重新尝试的时间
expire = 1209600   (14 days)
#有效时间，区域复制在有效时间内不能完成，则终止更新
default TTL =43200    (12 hours)
#TTL 设置
hunau.net           nameserver = ns.timeson.com.cn
hunau.net           nameserver = db.timeson.com.cn
db.timeson.com.cn         internet address = 202.103.64.139
ns.timeson.com.cn         internet address = 202.103.64.138
#域名注册的 DNS 服务器的
```

关于 DNS 服务器，网络工程师考试中需要注意以下情况：任何合法有效的域名都必须有至少一个主名字服务器。当主 DNS 服务器失效时，才会使用辅助名字服务器。

DNS 中的记录类型有很多，分别起到不同的作用，常见的有 A、MX、CNAME、SOA 和 PTR

等。一个有效的 DNS 服务器必须在注册机构注册，这样才可以进行区域复制。所谓区域复制，就是把自己的记录定期同步到其他服务器上。当 DNS 接收到非法 DNS 发送的区域复制信息后，会将信息丢弃。

3．FTP 客户端命令

FTP 是一个 Windows 机器常使用的命令。这部分命令大致了解即可，实际考试考得并不多。

（1）FTP 命令基本格式为：

FTP [**-v**] [**-n**][**-s:***filename*] [**-a**] [**-A**] [**-x:***sendbuffer*] [**-r:***recvbuffer*] [**-b:***asyncbuffers*] [**-w:***windowsize*] [**host**]

参数说明：

- -v：显示远程服务器的所有响应信息。
- -n：禁止在初始连接时自动登录。
- -s:filename：指定一个包含 FTP 命令的文本文件，这些命令会在 FTP 开始之后自动运行。
- -a：可以使用任意的本地接口绑定数据连接。
- -A：以匿名用户（Anonymous）身份登录。
- -x:sendbuffer：覆盖默认的 SO_SNDBUF 大小 8192。
- -r:recvbuffer：覆盖默认的 SO_RCVBUF 大小 8192。
- -b:asyncbuffers：覆盖默认的异步计数 3。
- -w:windowsize：覆盖默认的传输缓冲区大小 65535。
- host：FTP 服务器的 IP 地址或主机名。

（2）使用 FTP 命令连接主机之后，还可以使用内部命令进行操作，常见方法如下：

- ![cmd[args]]：在本地主机中执行交互 shell 命令，exit 回到 ftp 环境，如!dir *.zip。
- ascii：数据传输使用 ascii 类型传输方式。
- bin：数据传输使用二进制文件传输方式。
- bye：退出 ftp 会话过程。
- cd remote-dir：进入远程主机目录。
- close：中断与远程服务器的 ftp 会话（与 open 对应）。
- delete remote-file：删除远程主机文件。
- dir[remote-dir][local-file]：显示远程主机目录，并将结果存入本地文件 local-file 中。
- get remote-file[local-file]：将远程主机的文件 remote-file 传至本地硬盘的 local-file 中。
- lcd[dir]：将本地工作目录切换至 dir。
- mdelete[remote-file]：删除远程主机文件。
- mget remote-files：传输多个远程文件。
- mkdir dir-name：在远程主机中建一个目录。
- mput local-file：将多个文件传输至远程主机。
- open host[port]：建立指定 ftp 服务器连接，可指定连接端口。
- passive：进入被动传输方式。

- put local-file[remote-file]：将本地文件 local-file 传送至远程主机。
- pwd：显示远程主机的当前工作目录。
- rmdir dir-name：删除远程主机目录。
- user user-name [password]：向远程主机表明自己的身份，需要口令时必须输入口令，如 user anonymous test@ITCT.CN。

除以上命令外，也有可能考到 Windows 中的 netshell 命令，但是概率很低。这个命令比较复杂，尤其是在交互式命令环境下，可以实现复杂的功能，大家并不需要去了解每一个参数，大致了解基本使用即可，这里不再赘述。

第 2 学时　UOS Linux 分区与文件管理

本学时主要学习 UOS Linux 分区与文件管理所涉及的重要知识点。UOS 本质上还是一个 Linux 系统，拥有 Linux 的基本特性。Linux 的命令是历年考试的核心考点之一。根据历年考试的情况来看，每次考试涉及相关知识点的分值在 3～7 分之间。Linux 管理知识点的考查主要在选择题中，案例分析题中也有可能出现。本学时考点知识结构图如图 14-0-1 所示。**注意本书中涉及的各类配置命令参数较多，因此只讲重要的、常考的参数。**

图 14-0-1　考点知识结构图

14.1　分区与文件管理

本部分主要讲解 Linux 的分区格式与文件管理。

14.1.1　考点分析

历年网络工程师考试试题涉及本部分的相关知识点有：Linux 分区管理、Linux 常见分区格式、文件管理、设备管理、Linux 主要目录及其作用。

14.1.2　知识点精讲

Linux 系统相关的管理和配置指令是网络工程师考试中一个比较重要的知识点，对于 UOS Linux，大部分考生并不是特别熟悉，因此我们主要掌握 UOS Linux 系统最基本的知识点，包括分区格式、常用系统管理命令和网络配置命令等。

1. Linux 分区管理

为了区分每个硬盘上的分区，系统分配了 1～16 的序列号码，用于表示硬盘上的分区，如第一个 IDE 硬盘的第一个分区就用 hda1 表示，第二个分区就用 hda2 表示。因为 Linux 规定每一个硬盘设备最多能有 4 个主分区（包含扩展分区），任何一个扩展分区都要占用一个主分区号码，也就是在一个硬盘中，主分区和扩展分区一共最多有 4 个。主分区的作用就是使计算机可以启动操作系统的分区，因此每一个操作系统启动的引导程序都应该存放在主分区上。

Linux 的分区不同于其他操作系统分区，一般 Linux 至少需要两个专门的分区 Linux Native 和 Linux Swap。通常在 Linux 中安装 Linux Native 硬盘分区。

● Linux Native 分区是存放系统文件的地方，它能用 EXT2 和 EXT3 等分区类型。对 Windows 用户来说，操作系统的文件必须装在同一个分区里。而 Linux 可以把系统文件分几个区来装，也可以装在同一个分区中。

● Linux Swap 分区的特点是不用指定"载入点"（Mount Point），既然作为交换分区并为其指定大小，它至少要等于系统实际内存容量。一般来说，取值为系统物理内存的 2 倍比较合适。系统也支持创建和使用一个以上的交换分区，最多支持 16 个。

2. Linux 常见分区格式

（1）ext。ext 是第一个专门为 Linux 设计的文件系统类型，叫作扩展文件系统。

（2）ext2。ext2 是为解决 ext 文件系统的缺陷而设计的一种高性能的文件系统，又称为二级扩展文件系统。ext2 是目前 Linux 文件系统类型中使用最多的格式，并且在速度和 CPU 利用率上表现突出，是 Linux 系统中标准的文件系统，其特点是存取文件的性能极好。

（3）ext3。ext3 是由开放资源社区开发的日志文件系统，是 ext2 的升级版本，尽可能地方便用户从 ext2fs 向 ext3fs 迁移。ext3 在 ext2 的基础上加入了记录元数据的日志功能，因此 ext3 是一种日志式文件系统。

（4）ext4。UOS Linux 系统中默认的分区格式，具有良好的兼容性和稳定性。ext4 支持大型文件和目录，并能提供日志功能，可以在系统崩溃时保护数据安全。

（5）XFS。一种高性能的日志型文件系统，适用于大型数据存储和高并发访问场景。XFS 具有优秀的扩展性，提供强大的数据恢复能力，防止数据丢失。

（6）Btrfs。Linux 内核中的一种新型文件系统，具有写时复制、快照、检查点等功能。Btrfs 支持在线碎片整理和数据压缩，节省存储空间并提高性能。此外，Btrfs 支持多设备卷，提高存储空间利用率

3. 文件管理

每种操作系统都有自己独特的文件系统，用于对本系统的文件进行管理，文件系统包括了文件的组织结构、处理文件的数据结构、操作文件的方法等。Linux 文件系统采用了多级目录的树型层次结构管理文件。

（1）树型结构的最上层是根目录，用"/"表示。

（2）在根目录下是各层目录和文件。在每层目录中可以包含多个文件或下一级目录，每个目

录和文件都有由多个字符组成的目录名或文件名。

系统所处的目录称为当前目录。这里的目录是一个驻留在磁盘上的文件，称为目录文件。

4. 设备管理

Linux 中只有文件的概念，因此系统中的每一个硬件设备都映射到一个文件。对设备的处理简化为对文件的处理，这类文件称为设备文件。

5. Linux 主要目录及其作用

（1）/：根目录。

（2）/boot：包含了操作系统的内核和在启动系统过程中所要用到的文件。

（3）/proc：虚拟文件系统，包含系统进程的相关信息，如/proc/{pid}目录中包含与特定进程相关的信息。

（4）/tmp：系统临时目录，很多命令程序在该目录中存放临时使用的文件。

（5）/var：系统专用数据和配置文件，即用于存放系统中经常变化的文件，如日志文件、用户邮件等。

（6）/dev：终端和磁盘等设备的各种设备文件，如光盘驱动器、硬盘等。

（7）/etc：用于存放系统中的配置文件，Linux 中的配置文件都是文本文件，可以使用相应的命令查看。

（8）/bin：用于存放系统提供的一些二进制可执行文件。

（9）/sbin：用于存放标准系统管理文件，通常也是可执行的二进制文件。

（10）/mnt：挂载点，所有的外接设备（如 CD-ROM、U 盘等）均要挂载在此目录下才可以访问。

在网络工程师考试中，只需要知道常见的目录及其作用即可。

14.2　守护进程

本部分主要讲述 Linux 系统的守护进程。

14.2.1　考点分析

历年网络工程师考试试题涉及本部分的相关知识点有：守护进程的概念、常见守护进程。

14.2.2　知识点精讲

1. 守护进程的概念

守护进程，也就是通常说的 Daemon 进程，Linux 系统中的后台服务多种多样，每个服务都运行一个对应程序，这些后台服务程序对应的进程就是守护进程。守护进程常常在系统引导时自动启动，在系统关闭时才终止，平时并没有一个程序界面与之对应。系统中可以看到很多如 DHCPD 和 HTTPD 之类的进程，这里的结尾字母 D 就是 Daemon 的意思，表示守护进程。

在早期的 Linux 版本中，有一种称为 inetd 的网络服务管理程序，也叫作"超级服务器"，就是

监视一些网络请求的守护进程，它根据网络请求调用相应的服务进程来处理连接请求。inetd.conf
则是 inetd 的配置文件，它告诉 inetd 监听哪些网络端口，为每个端口启动哪个服务。在任何网络
环境中使用 Linux 系统，要做的第一件事就是了解服务器到底要提供哪些服务。不需要的服务应该
被禁止掉，这样可以提高系统的安全性。用户可以通过打开/etc/inetd.conf 文件，了解 inetd 提供和
开放了哪些服务，以根据实际情况进行相应的处理。

除了 xinetd 这个超级服务器之外，其默认配置文件在/etc/xinetd.conf，Linux 系统中的每个服务
都有一个对应的守护进程。考生必须了解一些基本守护进程。

2. 常见守护进程

Linux 系统的常见守护进程如下：

- dhcpd：动态主机控制协议（Dynamic Host Control Protocol，DHCP）的服务守护进程。
- crond：crond 是 UNIX 下的一个传统程序，该程序周期性地运行用户调度的任务。比起传统
  的 UNIX 版本，Linux 版本添加了不少属性，而且更安全、配置更简单。类似于 Windows
  中的计划任务。
- httpd：Web 服务器 Apache 守护进程，可用来提供 HTML 文件及 CGI 动态内容服务。
- iptables：iptables 防火墙守护进程。
- named：DNS（BIND）服务器守护进程。
- syslog：根据日志的类别和优先级将日志保存到不同的文件中，位于/etc/syslog 或
  /etc/syslogd。
- smb：Samba 文件共享/打印服务守护进程。
- snmpd：简单网络管理守护进程。
- sshd：SSH 服务器守护进程。Secure Shell Protocol 可以实现安全地远程管理主机。

14.3　常见配置文件

14.3.1　考点分析

历年网络工程师考试试题涉及本部分的相关知识点有：配置文件及作用。

14.3.2　知识点精讲

本部分主要讲解 UOS Linux 系统中的常见配置文件及基本作用。

1. /etc/sysconfig/network-script/ifcfg-ensxx 配置文件

用于存放系统以太网接口的 IP 配置信息，类似于 Windows 中"本地连接"的属性界面能修改
的参数。文件位于/etc/sysconfig/network-script/ifcfg-ensxx 中，x 可以是不同的数字，代表不同的网
卡接口。

具体内容如下：

```
TYPE=Ethernet
BOOTPROTO=static
DEFROUTE=yes
Name=ensxx
ONBOOT=yes
IPADDR=220.169.45.188
PREFIX=24
GATEWAY=220.169.45.254
DNS1=10.8.9.125
IPV6INIT=yes
IPV6_AUTOCONF=yes
IPV6_DEFROUTE=yes
IPV6_FAILLURE_FATAL=no
```

一般情况下，系统默认读取这个配置文件。如果修改了这个配置文件，要使配置生效，需要重新启动网络服务。

2．/etc/host.conf 配置文件

用于保存系统解析主机名或域名的解析顺序。

```
[root@hunau ~]#   Vi host.conf
order hosts，bind
#用于配置本机的名称解析顺序，本例中是先检查本机 hosts 文件中的名字与 IP 的对应关系，找不到再用 DNS 解析
```

3．/etc/hosts 配置文件

用于存放系统中的 IP 地址和主机对应关系的一个表，在网络环境中使用计算机名或域名时，系统首先会去/etc/host.conf 文件中寻找配置，确定解析主机名的顺序。实际的 hosts 文件配置如下：

```
[root@hunau ~]#   Vi   /etc/hosts
# Do not remove the following line，or various programs
# that require network functionality will fail.
127.0.0.1 hunau.net localhost.localdomain localhost
#配置基本的主机名与 IP 地址的对应关系，在访问主机名时，配合 host.conf 的配置可以直接从本文件中获取对应的
IP 地址，也可以到 DNS 服务中去查询
```

4．/etc/resolv.conf 配置文件

用于存放 DNS 客户端设置文件。

```
[root@hunau ~]# vi /etc/resolv.conf
用于存放 DNS 客户端配置文件
[root@hunau ~]# vi /etc/resolv.conf
nameserver    10.8.9.125
#此文件设置本机的 DNS 服务器是 10.8.9.125
```

以上就是 UOS Linux 系统中与网络工程师考试有关的主要配置文件，因此复习过程中要注意全面了解。

14.4 文件管理命令

本部分主要讲解 Linux 系统管理命令、文件系统的概念、文件系统的管理与维护等。

14.4.1 考点分析

历年网络工程师考试试题涉及本部分的相关知识点有：文件管理命令、系统管理命令、权限管理命令等。

14.4.2 知识点精讲

常见的 Linux 系统管理命令如下：

（1）ls [list] 命令。

基本命令格式：**ls**　[*OPTION*]　[*FILE*]

这是 Linux 控制台命令中最重要的几个命令之一，其作用相当于 dos 下的 dir，用于查看文件和目录信息的命令。ls 最常用的参数有三个：-a、-l、-F。

- ls -a：Linux 中以 "." 开头的文件被系统视为隐藏文件，仅用 ls 命令是看不到的，而用 ls -a 除了能显示一般文件名外，连隐藏文件也会显示出来。
- ls -b：把文件名中不可输出的字符用反斜杠加字符编号的形式输出。
- ls -c：配合参数-lt：根据 ctime 排序。ctime 文件状态最后更改的时间。
- ls -d：显示目录信息，不显示目录下的文件信息。
- ls -l：可以使用长格式显示文件内容，通常要查看详细的文件信息时，就可以使用 ls -l 这个指令。

【例 14-1】ls -l 示例。

```
[root@hunau ~]# ls -l
文件属性     文件数  拥有者   所属的group   文件大小   建档日期        文件名
drwx------    2     Guest    users        1024      Nov 11 20：08   book      /
brwx--x--x    1     root     root         69040     Nov 19 23：46   test      *
lrwxrwxrwx    1     root     root         4         Nov 3 17：34    zcat->gzip  @
-rwsr-x---    1     root     bin          3853      Aug 10 5：49    javac     *
```

第一列：表示文件的属性。Linux 的文件分为三个属性：可读（r）、可写（w）、可执行（x）。从上例可以看到，一共有十个位置可以填。第一个位置表示类型，可以是目录或连结文件，其中 d 表示目录，l 表示连结文件，"-" 表示普通文件，b 表示块设备文件，c 表示字符设备文件。剩下的 9 个位置以每 3 个为一组。因为 Linux 是多用户多任务系统，所以一个文件可能同时被多个用户使用，所以管理员一定要设好每个文件的权限。文件的权限位置排列顺序是：rwx（Owner）r-x（Group）-（Other）。

第二列：表示文件个数。如果是文件，这个数就是 1；如果是目录，则表示该目录中的文件个数。

第三列：表示该文件或目录的拥有者。

第四列：表示所属的组（group）。每一个使用者都可以拥有一个以上的组，但是大部分的使用者应该都只属于一个组。

第五列：表示文件大小。文件大小用 byte 来表示，而空目录一般都是 1024byte。

第六列：表示创建日期。以 "月，日，时间" 的格式表示。

第七列：表示文件名。

- ls -F：使用这个参数表示在文件的后面多添加表示文件类型的符号，如*表示可执行，/表示目录，@表示连接文件。
- ls -t：以时间排序。

（2）">" 输入/输出重定向。

基本命令格式：cmd1 > cmd2

在 Linux 命令行模式中，如果命令所需的输入不是来自键盘，而是来自指定的文件，这就是输入重定向。同理，命令的输出也可以不显示在屏幕上，而是写入指定文件中，这就是输出重定向。

【例 14-2】输入重定向示例。

```
[root@hunau ~]# wc xx.txt
```

将文件 xx.txt 作为 wc 命令的输入，统计出 xx.txt 的行数、单词数和字符数。所输入的信息不再是键盘，而是文件 xx.txt。

【例 14-3】输出重定向示例。

```
[root@hunau ~]# ls> xx.txt
```

ls 命令的输出不再显示在屏幕上，而是保存在一个名为 xx.txt 的文件中。如果 ">" 符号后边的文件已存在，则直接覆盖该文件。

（3）"|" 管道命令。

基本命令格式：cmd1 | cmd2 | cmd3

利用 Linux 提供的管道符 "|" 将两个命令隔开，管道符左边命令的输出就会作为管道符右边命令的输入。连续使用管道意味着第一个命令的输出会作为第二个命令的输入，第二个命令的输出又会作为第三个命令的输入，以此类推。

【例 14-4】一个管道示例。

```
[root@hunau ~]# rpm -qa|grep gcc
```

这条命令使用管道符 "|" 建立了一个管道。管道将 rpm -qa 命令输出系统中所有安装的 RPM 包作为 grep 命令的输入，从而列出带有 gcc 字符的 RPM 包。

多个管道示例如下：

```
[root@hunau ~]# cat /etc/passwd | grep /bin/bash | wc -l
```

这条命令使用了两个管道，利用第一个管道使 cat 命令显示 passwd 文件的内容输出送给 grep 命令，grep 命令找出含有 "/bin/bash" 的所有行；第二个管道将 grep 的输出送给 wc 命令，wc 命令统计出输入中的行数。这个命令的功能在于找出系统中有多少个用户使用 bash。

（4）chmod 命令。

基本命令格式：**chmod** *modefile*

Linux 中文档的存取权限分为三级：文件拥有者、与拥有者同组的用户、其他用户，不管权限位如何设置，root 用户都具有超级访问权限。利用 chmod 可以精确地控制文档的存取权限。默认情况下，系统将创建的普通文件的权限设置为-rw-r--r--。

Mode：权限设定字串，格式为[ugoa...][[+-=][rwxX]...][,...]，其中 u 表示该文档的拥有者，g 表示与该文档的拥有者同一个组（group）者，o 表示其他的人，a 表示所有的用户。

如图 14-4-1 所示，"+"表示增加权限、"-"表示取消权限、"="表示直接设定权限。"r"表示可读取，"w"表示可写入，"x"表示可执行。此外，chmod 也可以用数字来表示权限。

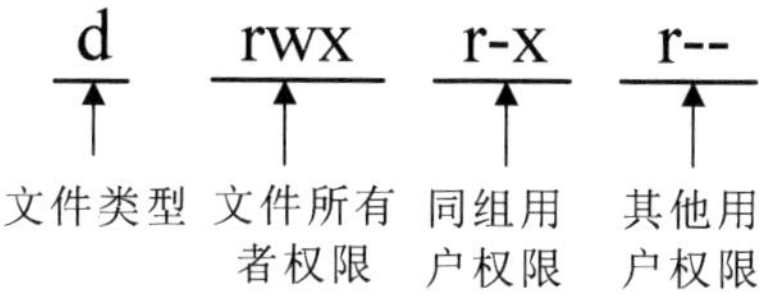

$$\underset{\text{文件类型}}{\underline{d}}\quad \underset{\substack{\text{文件所有}\\\text{者权限}}}{\underline{rwx}}\quad \underset{\substack{\text{同组用}\\\text{户权限}}}{\underline{r\text{-}x}}\quad \underset{\substack{\text{其他用}\\\text{户权限}}}{\underline{r\text{--}}}$$

图 14-4-1　文件权限位示意图

数字权限基本命令格式：**chmod** *abc　file*

其中，a、b、c 各为一个数字，分别表示 User、Group 及 Other 的权限。其中各个权限对应的数字为 r=4，w=2，x=1。因此对应的权限属性如下：

属性为 rwx，则对应的数字为 4+2+1=7；

属性为 rw-，则对应的数字为 4+2=6；

属性为 r-x，则对应的数字为 4+1=5。

命令示例如下：

chmod a=rwx file 和 chmod 777 file 效果相同
chmod ug=rwx，o=x file 和 chmod 771 file 效果相同

（5）cd 命令。

基本命令格式：**cd**　[*change directory*]

其作用是改变当前目录。

注意：Linux 的目录对大小写是敏感的。

【例 14-5】cd 命令示例。

[root@hunau ~]# cd /
[root@hunau /]#

此命令将当前工作目录切换到"/"目录。

（6）mkdir 和 rmdir 命令。

基本命令格式：

- **mkdir**　[*directory*]
- **rmdir**　[*option*]　[*directory*]

mkdir 命令用来建立新的目录，rmdir 用来删除已建立的目录。其中 rmdir 的参数主要是-p，该参数在删除目录时，会删掉指定目录中的每个目录，包括其中的父目录。如"rmdir -p a/b/c"的作用与"rmdir a/b/c a/b a"的作用类似。

【例 14-6】mkdir 和 rmdir 命令示例。

[root@hunau /]# **mkdir** testdir

在当前目录下创建名为 testdir 的目录。

[root@hunau /]# **rmdir** testdir

在当前目录下删除名为 testdir 的目录。

（7）cp 命令。

基本命令格式：**cp** -r 源文件（source）目的文件（target）

主要参数-r 是指连同源文件中的子目录一同拷贝，在复制多级目录时特别有用。

cp -a 命令相当于将整个文件夹目录备份。

cp -f 命令相当于强制复制。

【例 14-7】cp 命令示例。

```
[root@hunau etc]# mkdir /backup/etc
[root@hunau etc]# cp -r /etc /backup/etc
```

该命令的作用是将/etc 下的所有文件和目录复制到/backup/etc 下作为备份。

（8）rm 命令。

基本命令格式：**rm**　[*option*]　*filename*

作用是删除文件，常用的参数有-i、-r、-f。"-i"参数系统会加上提示信息，确认后才能删除；"-r"操作可以连同这个目录下面的子目录都删除，功能和 rmdir 相似；"-f"操作是进行强制删除。

【例 14-8】rm 命令示例。

```
[root@hunau etc]## rm -i /backup/etc/etc/mail.rc
rm：   remove regular file `/backup/etc/etc/mail.rc'? n
[root@hunau etc]# rm -f /backup/etc/etc/mail.rc
```

带"-i"参数系统会提示是否删除，而带"-f"参数就直接删除了。

（9）**mv** 命令。

基本命令格式：**mv** [*option*] *source dest*

移动目录或文件，可以用于给目录或文件重命名。当使用该命令移动目录时，它会连同该目录下面的子目录一同移动。常用参数"-f"表示强制移动，覆盖之前也不会提示。

【例 14-9】mv 命令示例。

```
[root@hunau etc]# mv -f /etc /test
```

将/etc 下的所有文件和目录全部移动到/test 目录下，若/test 中有同名文件则会被直接覆盖。

（10）cat 命令。

基本命令格式：**cat** [*option*] [*file*]

它的功能是显示或连结一般的 ascii 文本文件，类似于 DOS 下面的 type。cat 可以结合重定向符号一起使用，如 cat file1 file2>file3，把 file1 和 file2 的内容结合起来，再"重定向（>）"到 file3 文件中。若 file3 不存在，则自动创建；若 file3 是已经存在的文件，则被覆盖。

【例 14-10】cat 命令示例。

```
[root@hunau etc]# cat /etc/hosts
# Do not remove the following line，or various programs
# that require network functionality will fail.
127.0.0.1 hunau localhost.localdomain localhost
```

［例 14-10］中输入 cat /etc/hosts 命令，则直接显示/etc/hosts 文件的内容。

（11）pwd 命令。

基本命令格式：**pwd**

用于显示用户的当前工作目录。

【例 14-11】pwd 命令示例。

```
[root@hunau etc]# pwd
/etc
```

［例 14-11］显示目前所在工作目录的绝对路径名称是/etc。

（12）ln [link]。

基本命令格式：**ln** *source_file* **-s** *des_file*

该命令的作用是为某一个文件在另外一个位置建立一个不同的链接，常用的参数是-s，要注意两个问题：①ln 命令会保持每一处链接文件的同步性，也就是说，不论改动了哪一处，其他文件都会发生相同的变化；②ln 的链接有软链接和硬链接两种，软链接是 ln -s **，它只会在你选定的位置上生成一个文件的镜像，不会占用磁盘空间；硬链接是 ln ** **，没有参数-s，它会在选定的位置上生成一个和源文件大小相同的文件。无论是软链接还是硬链接，文件都必须保持同步变化。

【例 14-12】ln 命令示例。

```
[root@hunau ~]# ln   /etc/hosts -s /root/hosts
```

在/root 目录下创建一个名为 hosts 的软链接文件，对应到/etc/hosts 文件。

（13）grep 命令。

基本命令格式：**grep** [*option*] *string*

grep 命令用于查找当前文件夹下的所有文件内容，列出包含 string 中指定字符串的行并显示行号。option 参数主要有：

- -a：作用是将 binary 文件以 text 文件的方式搜寻数据。
- -c：计算找到 string 的次数。
- -I：忽略大小写的不同，即大小写视为相同。

【例 14-13】grep 命令示例。

```
[root@hunau ~]# grep -a   '127'
```

在当前目录下的所有文件中查找"127"这个字符串。

（14）mount 命令。

基本命令格式：**mount -t** *typedev dir*

用于将分区作为 Linux 的一个"文件"挂载到 Linux 的一个空文件夹下，从而将分区和/mnt 目录联系起来，因此我们只要访问这个文件夹就相当于访问该分区了。

注意：必须将光盘、U 盘等放入驱动器再实施挂载操作，不能在挂载目录下实施挂载操作，至少在上一级不能在同一目录下挂载两个以上的文件系统。

【例 14-14】mount 命令示例。

```
[root@hunau ~]# mount -t iso9660 /dev/cdrom /mnt/cdrom   #挂载光盘
[root@hunau ~]# umount /mnt/cdrom   #卸载光盘
[root@hunau ~]# mount /dev/sdb1 /mnt/usb   #挂载 U 盘
```

（15）rpm 命令。

基本命令格式：**rpm** [*option*] name

RPM（RedHat Package Manager）最早是 RedHat 开发的，现在已经是公认的行业标准了，用于查询各种 rpm 包的情况。这里不对参数做详细讲解，主要熟悉使用-q 参数实现查询，如常用的查询有以下几项：

```
[root@hunau ~]# rpm -q bind          #查询 bind 软件包是否有安装
[root@hunau ~]#rpm -qa               #查询系统安装的所有软件包
[root@hunau ~]#rpm -qa|grep bind     #查询系统安装的所有软件包，并从中过滤出 bind
```

（16）ps 命令。

基本命令格式：**ps** [*option*]

用于查看进程，常用 option 选项有：

- -aux：用于查看所有静态进程。
- -top：用于查看动态变化的进程。
- -A：用于查看所有的进程。
- -r：表示只显示正在运行的进程。
- -l：表示用长格式显示。

在 ps 查看的进程通常有以下几类状态：

- D：Uninterruptible sleep。
- R：正在运行中。
- S：处于休眠状态。
- T：停止或被追踪。
- W：进入内存交换。
- Z：僵死进程。

【例 14-15】ps 命令示例。

```
[root@hunau ~]# ps -Al
F S   UID   PID   PPID   C   PRI   NI   ADDR   SZ     WCHAN   TTY    TIME        CMD
4 S   0     1     0      0   76    0    -      436    -       ?      00：00：02   init
1 S   0     2     1      0   94    19   -      0      ksofti  ?      00：00：46   ksoftirqd/0
5 S   0     3     1      0   -40   -    -      0      -       ?      00：00：00   watchdog/0
1 S   0     4     1      0   70    -5   -      0      worker  ?      00：00：00   events/0
1 S   0     5     1      0   71    -5   -      0      worker  ?      00：00：00   khelper
4 R   0     2754  1760   0   78    0    -      1110   -       pts/1  00：00：00   ps
```

（17）kill 命令。

基本命令格式：**kill** *signal PID*

其中 PID 是进程号，可以用 ps 命令查出，signal 是发送给进程的信号，TERM（或数字 9）表示"无条件终止"。

【例 14-16】kill 命令示例。

```
[root@hunau ~]# kill 9 2754
```

表示无条件终止进程号为 2754 的进程。

（18）chkconfig 命令。

基本命令格式：**chkconfig**[**-add**][**-del**][**-list**][*系统服务*]

或 **chkconfig [-level**<等级代号>][*系统服务*][**on/off/reset**]

chkconfig 命令提供了一种简单的方式来设置一个服务的运行级别，也可以用来检查系统的各种服务。基本参数如下：

● -add：增加所指定的系统服务，在系统启动的配置文件中增加相关配置。

● -del：删除所指定的系统服务，在系统启动的配置文件内删除相关配置。

● -level <等级代号>：指定该系统服务要在哪一个执行等级中开启或关闭。

【例 14-17】chkconfig 命令示例。

```
[root@hunau ~]#chkconfig --list
用于列出所有的系统服务
[root@hunau ~]#chkconfig --add httpd
增加 httpd 服务
[root@hunau ~]#chkconfig –level 2345 httpd    on
将 httpd 在 2，3，4，5 这 4 个运行级别中，都设置为启用
```

第 3 学时　 UOS Linux 用户与组管理

本学时主要学习 UOS Linux 的用户和组管理的基本概念和命令。根据历年考试的情况来看，每次考试涉及相关知识点的分值在 1 分左右。选择题主要考查基本的命令，如用户的新建命令、用户信息的存储、组的概念、组管理的相关命令等方面。案例分析题目前来说，考得很少。本学时考点知识结构图如图 15-0-1 所示。**本书中只讲重要的、常考的命令和参数。**

图 15-0-1　考点知识结构图

15.1　用户管理

本部分主要讲解 UOS Linux 中关于用户的基本概念以及相关的管理命令和参数。

15.1.1　考点分析

历年网络工程师考试试题涉及本部分的相关知识点有：用户的概念，用户的管理命令与参数。

15.1.2　知识点精讲

UOS Linux 是多用户多任务操作系统，它支持多个用户在同一时间执行不同的任务，并且互不

影响。在系统中，这些不同的用户具有不同的权限，每个用户在权限许可的范围内完成自己的任务。为了实现多用户多任务的有效管理，Linux 必须有权限的合理划分与管理。因此系统中的每个用户都有唯一的用户名和密码。

Linux 系统中，为了简化具有相同权限用户的管理，设置了组的概念，组是具有相同特征或者权限的用户的逻辑集合。简单来说，就是在系统中先建立一个组，并给这个组赋予合适的文件访问权限，然后将所有需要这种文件访问权限的用户加入这个组。组中的用户就具有了组事先赋予的文件访问权限。用户组可以大大简化对用户的权限管理工作。

跟用户和组管理相关的配置文件主要有以下 3 个：

（1）/etc/passwd 用户配置文件。/etc/passwd 文件是存储用户信息的重要配置文件，因此其权限是对所有用户都是可读的。每个用户在配置文件中都有一行对应的记录，每一行用冒号"："分为 7 个域，典型的形式如下：

用户名：加密的口令：用户 ID：组 ID：用户的全名或描述：登录目录：登录 shell

其中，用户 ID（UID）必须是唯一的，在系统内部就是用它来唯一标识用户，通常与用户名是一一对应的。如果由几个用户名对应了同一个用户 ID，则系统内部将把它们看作具有不同用户名的同一个用户，尽管它们可以有不同的口令、不同的主目录以及不同的登录 shell 等。特别要注意用户 ID 的编号问题，软考中可能考到：编号 0 是 root 用户的专用 UID，编号 1～99 是系统保留的 UID，编号 100 以上给用户做标识。每个用户都是靠这个唯一的用户 ID 来区分的，所以在配置文件/etc/passwd 给出了系统用户 ID 与用户名之间及其他信息的对应关系。

（2）/etc/shadow 文件。为了提高用户密码的安全性，在 UOS Linux 使用了 shadow 技术，把加密后的用户口令存放到一个只有 root 用户可读的专用文件"/etc/shadow"里面，该文件包含了系统中的所有用户的密码信息。而在/etc/passwd 文件的口令字段中只存放一个特殊的字符，例如"x"或者"*"。为了避免不同用户设置相同密码时，密文也相同的问题，还会使用加盐（Salt）的方式，使相同的密码具有不同的密文，更加提高安全性。

每个用户在该文件中对应一行记录，记录用冒号（:）分成 9 个域。每一行记录包括以下内容：

1）登录的用户名；

2）用户加密后的口令（若为空，则表示不需口令即可登录；若为*，表示该账号被禁止）。

3）自 1970 年 1 月 1 日起至口令最近一次被修改的天数。

4）口令在多少天内不能被用户修改。

5）口令在多少天后必须被修改。

6）口令过期多少天后用户账号被禁止。

7）口令在到期多少天内给用户发出警告。

8）口令从 1970 年 1 月 1 日起被禁止的天数。

9）保留部分。

这些配置文件主要是帮助大家理解 Linux 中文件和组管理的基本概念，在实际考试中，有可能涉及一些用户和组管理的命令如下：

（1）Passwd 命令。

基本命令格式：**passwd** [*option*] <accountName>

主要参数说明：

● -l：锁定口令，即禁用账号。

● -u：口令解锁。

● -d：使账号无口令。

● -f：强迫用户下次登录时修改口令。

如果默认用户名，则修改当前用户的口令。

Linux 系统中的/etc/passwd 文件用于存放用户密码的重要文件，这个文件对所有用户都是可读的，系统中的每个用户在/etc/passwd 文件中都有一行对应的记录。/etc/shadow 保存着加密后的用户口令。而/etc/group 是管理用户组的基本文件，在/etc/group 中，每行记录对应一个组，包括用户组名、加密后的组口令、组 ID 和组成员列表。可以通过 passwd 指令直接修改用户的密码。

【例 15-1】passwd 命令示例。

```
[root@hunau ~]# passwd
Changing password for user root.
New UNIX password：
Retype new UNIX password：
passwd: all authentication tokens updated successfully.
直接修改当前登录用户的口令
```

可以通过 vi /etc/passwd 查看系统中的用户信息，下面列出系统的部分用户信息。

```
[root@hunau ~]# vi /etc/passwd
root:x:0:0:root:/root:/bin/bash
bin:x:1:1:bin:/bin:/sbin/nologin
daemon:x:2:2:daemon:/sbin:/sbin/nologin
adm:x:3:4:adm:/var/adm:/sbin/nologin
```

（2）useradd 命令。

基本命令格式：useradd [*option*] username

此命令的作用是在系统中创建一个新用户账号，创建新账号时要给账号分配用户号、用户组、主目录和登录 Shell 等资源。

参数说明：

● -c comment：指定一段注释性描述。

● -d 目录：指定用户主目录，如果此目录不存在，则同时使用-m 选项可以创建主目录。

● -g 用户组：指定用户所属的用户组。

● -G 用户组：指定用户所属的附加组。

● -s Shell 文件：指定用户的登录 Shell。

● -u 用户号：指定用户的用户号，如果同时有-o 选项，则可以重复使用其他用户的标识号。

● username：指定新账号的登录名，保存在/etc/passwd 文件中，同时更新其他系统文件，如/etc/shadow、/etc/group 等。

【例 15-2】useradd 命令示例。

```
[root@hunau ~]# useradd   -d   /usrs/sam -m sam
```

创建了一个用户账号 sam，其中-d 和-m 选项用来为登录名 sam 产生一个主目录/usrs/sam，其中/usrs 是默认的用户主目录所在的父目录。

```
[root@hunau ~]# useradd -s /bin/sh -g apache -G admin,root   test
```

此命令新建了一个用户 test，该用户的登录 Shell 是/bin/sh，属于 apache 用户组，同时又属于 admin 和 root 用户组。

类似的命令还有 userdel 和 usermod，分别用于删除和修改用户账号的信息。

15.2　组管理

本部分主要讲解 UOS Linux 中关于组的基本概念以及相关的管理命令和参数。

15.2.1　考点分析

历年网络工程师考试试题涉及本部分的相关知识点有：组的概念、组管理命令与参数。

15.2.2　知识点精讲

组是 UOS Linux 系统中管理用户的一种重要手段。系统中用户太多，在赋权管理中会大大增加管理员的工作量，因此 UOS Linux 中通过使用组来简化用户权限的管理，如通过赋予组对应的文件访问权限，则该组的所有用户都具有与组相同的文件访问权限，这样可大大降低管理的工作量。

（1）/etc/group 文件。在 UOS Linux 中，一个用户也可以同时属于多个组。所有跟用户组相关的信息都存储在/etc/group 文件中，该文件与用户账号配置文件类似，每个组在/etc/group 中对应一行记录，中间用冒号（：）分为 4 个域，记录了用户组的基本信息。典型的组记录的形式如下：

用户组名：加密后的组口令：组 ID：组成员列表

（2）groupadd 命令。

基本命令格式：groupadd [*option*] groupname

主要参数：

- -g gid：用于指定组的 ID，这个 ID 值必须是唯一的，且不可以是负数，在使用-o 参数时可以相同。通常 0～499 是保留给系统账号使用的，新建的组 ID 都是从 500 开始往上递增。组账户信息存放在/etc/group 中。
- -r：用于建立系统组号，它会自动选定一个小于 499 的 gid。
- -f：用于在新建一个已经存在的组账号时，系统弹出错误信息，然后强制结束 groupadd。避免对已经存在的组进行修改。
- -o：用于指定创建新组时，gid 不使用唯一值。

【例 15-3】groupadd 命令示例。

```
[root@hunau ~]#groupadd -r   apachein
```

创建一个名为 apachein 的系统组，其 gid 是系统默认选用的 0～499 之间的数值。

也可以通过 vi /etc/group 看到系统中的组，下面列出系统部分组。

```
root:x:0:root
bin:x:1:root,bin,daemon
daemon:x:2:root,bin,daemon
sys:x:3:root,bin,adm
```

第 4 学时　UOS Linux 网络命令

本学时主要学习 UOS Linux 的网络命令对应的知识点。Linux 网络命令是 Linux 运维管理中的重要工具，因此这个知识点也就成了历年考试的重要考点之一。根据历年考试的情况来看，每次考试涉及相关知识点的分值在 1～3 分之间。选择题主要考查基本的命令，如网络配置参数、路由信息表等方面。案例分析题则偏向网络故障排除等命令。本学时考点知识结构图如图 16-0-1 所示。由于 UOS Linux 中的网络命令也非常多，**本书中只讲重要的、常考的网络命令和参数。**

图 16-0-1　考点知识结构图

16.1　IP 配置命令

本部分主要讲解 UOS Linux 系统基本网络配置命令及其应用。

16.1.1　考点分析

历年网络工程师考试试题涉及本部分的相关知识点有：IP 配置。

16.1.2　知识点精讲

Linux 系统中的网络命令与 Windows 系统中的网络命令有一部分是一致的，因此本小节不做详细讨论。这里主要讨论 Linux 系统与 Windows 系统中不同的网络命令。

1. ifconfig 命令

ifconfig 是一个用来查看、配置、启用或禁用网络接口的工具，这个工具极为常用。类似 Windows 中的 ipconfig 指令，但是其功能更为强大，在 Linux 系统中可以用这个工具来配置网卡的 IP 地址、掩码、广播地址、网关等。

常用的方式有查看网络接口状态和配置网络接口信息两种。

（1）查看网络接口状态。

```
[root@hunau ~]# ifconfig
```

```
ens32:flags=4163 <UP,BROADCAST,RUNNING,MULTICAST> mtu 1500
inet 192.168.8.3 netmask 255.255.255.0 broadcast 192.168.8.255
inet6 fe80::2497:a9d9:55e0:9614 prefixlen 64 scopeid 0x20<link>
ether 38:C9:86:31:38:97 txqueuel ens32(Ethernet)
RX packets 413 bytes 97515(95.3 KiB)
RX errors 0 dropped 0 overruns 0 frame 0
TX packets 401 bytes 55368(54.3 KiB)
TX errors 0 dropped 0 overruns 0 carrier 0 collisions 0
```

ifconfig 如果不接任何参数，就会输出当前网络接口的情况。上面命令结果中的具体参数说明：

- ens32：表示第一块网卡，其中 ether 表示网卡的物理地址，可以看到目前这个网卡的物理地址是 38:C9:86:31:38:97。
- inet：用来表示网卡的 IP 地址，此网卡的 IP 地址是 192.168.8.3，广播地址 Bcast 是 192.168.8.255，掩码地址 netmask 是 255.255.255.0。

若要查看主机所有网络接口的情况，可以使用下面的指令：

```
[root@hunau ~]#ifconfig   -a
```

若要查看某个端口状态，可以使用下面的命令：

```
[root@hunau ~]#ifconfig   ens32
```

这就可以查看 ens32 的状态。

（2）配置网络接口。ifconfig 可以用来配置网络接口的 IP 地址、掩码、网关、物理地址等。

ifconfig 的基本命令格式：**ifconfig** if_num IPaddres hw MACaddres **netmask** *mask* **broadcast** *broadcast_address* [**up/down**]

【例 16-1】ifconfig 命令示例。

```
[root@hunau ~]#ifconfig ens32 down
```

ifconfig ens32 down 表示如果 ens32 是激活的，就把它 down 掉。

```
[root@hunau ~]#ifconfig ens32 192.168.1.99 broadcast 192.168.1.255 netmask 255.255.255.0
```

用 ifconfig 来配置 ens32 的 IP 地址、广播地址和网络掩码。

```
[root@hunau ~]#ifconfig ens32 up
```

用 ifconfig ens32 up 来激活 ens32。

（3）ifconfig 配置网络接口。设备中可能存在多个接口，可以通过 ifconfig 命令对不同的接口配置参数进行查看和修改。其典型命令如下：

```
[root@uos~]#ifconfig ens32 192.168.1.1 netmask 255.255.255.0 up
```

该命令将网络接口 ens32 的 IP 地址设置为 192.168.1.1，子网掩码为 255.255.255.0，并启用该接口。但是要注意一点，用 ifconfig 配置的网络参数都是临时的，一旦使用 systemctl restart network 命令重启网络服务或者重启主机后，网络参数将会恢复至修改前的状态。

2. nmcli 命令

nmcli 是 UOS 中 Network Manager 服务的命令行管理工具，命令比较复杂，软考中只要了解主要命令实例即可。常用的关于 connection 网络连接的配置命令如下：

nmcli connection show，显示网络连接的相关信息。

nmcli connection up/down ens32，启用或者停用一个网络连接，类似 Windows 中启用和禁用网络连接。ens32 是网络接口的名称，类似 Windows 中的本地连接。

　　nmcli connection modify ens32 ipv4.addresses 192.168.1.1/32，设置网卡 IP 地址为 192.168.1.1。

　　nmcli connection modify ens32 ipv4.gateway 192.168.1.254，设置网关地址为 192.168.1.254。

　　nmcli connection modify ens32 ipv4.dns 114.114.114.114，设置 DNS 服务器地址。

　　nmcli 命令中的参数支持简写，如 connection 可以简写成 con 或 c，modify 可以简写成 mod 或 m，可以使用 tab 键补全命令执行。

16.2　路由配置命令

　　本部分主要讲解 UOS Linux 系统基本路由配置命令及其应用。

16.2.1　考点分析

　　历年网络工程师考试试题涉及本部分的相关知识点有：route 命令及相关参数。

16.2.2　知识点精讲

1. route 命令

Linux 系统中 route 命令的用法与 Windows 中的用法有一定的区别，因此在学习的过程中要注意区分。另外特别要注意的是使用 route 命令配置的路由在主机重启或者网卡重启后就会失效。

基本命令格式：

\#route [-add][-net|-host] targetaddress [-netmask mask] [dev] If

\#route [-delete] [-net|-host] targetaddress [gwGw] [-netmask mask] [dev] If

基本参数说明：

- -add：用于增加路由。
- -delete：用于删除路由。
- -net：表明路由到达的是一个网络，而不是一台主机。
- -host：路由到达的是一台主机，与-net 选项只能选其中的一个使用。
- -netmask mask：指定目标网络的子网掩码。
- gw：指定路由所使用的网关。
- [dev] If：指定路由使用的接口。

【例 16-2】route 命令示例。

```
[root@hunau ~]# route
Kernel IP routing table
Destination       Gateway          Genmask          Flags  Metric  Ref   Use  Iface
220.169.45.160    *                255.255.255.224  U      0       0     0    eth1
172.28.164.0      *                255.255.255.0    U      0       0     0    eth0
210.43.224.0      172.28.164.254   255.255.224.0    UG     0       0     0    eth0
172.16.0.0        172.28.164.254   255.240.0.0      UG     0       0     0    eth0
default           220.169.45.163   0.0.0.0          UG     0       0     0    eth1
```

直接使用 route 命令且不带任何参数时，则显示系统当前的路由信息。此路由表中各列的意义也是网络工程师考试中常考的知识点，下面对各项进行详细解释。

- Destination：路由表条目中目标网络的范围。如果一个 IP 数据包的目的地址是目标列中的某个网络范围内，这个数据包按照此路由表条目进行路由。
- Gateway：到指定目标网络的数据包必须经过的主机或路由器。通常用星号 "*" 或是默认网关地址表示；星号表示目标网络就是主机接口所在的网络，因此不需要路由；默认网关将所有去往非本地的流量都发送到一个指定的 IP。
- Flags：是一些单字母的标识位，一共有 9 个，是路由表条目的信息标识。
  - U：表明该路由已经启动，是一个有效的路由。
  - H：表明该路由的目标是一个主机。
  - G：表明该路由到指定目标网络需要使用 Gateway 转发。
  - R：表明使用动态路由时，恢复路由的标识。
  - D：表明该路由是由服务功能设定的动态路由。
  - M：表明该路由已经被修改。
  - !：表明该路由将不会被接收。
- Metric：到达指定网络所需的跳数，在 Linux 内核中没有用。
- Ref：表明对这个路由的引用次数，在 Linux 内核中没有用。
- Use：表明这个路由器被路由软件查询的次数，可以粗略估计通向指定网络地址的网络流量。
- Iface：表明到指定网络的数据包应该发往哪个网络接口。

若某服务器到达 172.28.27.0/24 的网络可以通过一个地址为 172.28.3.254 的路由器，则可以通过下列命令实现添加静态路由：

```
[root@hunau ~]# route add -net 172.28.27.0 netmask 255.255.255.0 gw 172.28.3.254
```

若要添加一条默认路由，则可以使用下面的命令：

```
[root@hunau ~]# route add -net 0.0.0.0    netmask 0.0.0.0 gw 172.28.3.254
```

2. traceroute 命令

此命令的作用与 Windows 中的 tracert 作用类似，用于显示数据包从源主机到达目的主机的中间路径，帮助管理了解数据包的传输路径。

基本命令格式：traceroute [-dFlnrvx][-f<firstTTL>][-g<gw>][-I<ifname>][-m<TTL>][-p<port>] [-s<src ip>][-t <tos>][-w <timeout>][dst ip] [packetsize]

参数说明：

- -d：使用 Socket 层级的排错功能。
- -f<firstTTL>：设置第一个检测数据包的存活数值 TTL 的大小。
- -g <gw>：设置来源路由网关，最多可设置 8 个。
- -I <ifname>：使用指定的网络接口名发送数据包。
- -I：使用 ICMP 回应取代 UDP 资料信息。

- -m <TTL>：设置检测数据包的最大存活数值 TTL 的大小。
- -n：直接使用 IP 地址，而非主机名称。
- -p <port>：设置 UDP 传输协议的通信端口。
- -r：忽略普通的 Routing Table，直接将数据包送到远端主机上。
- -s<src ip>：设置本地主机送出数据包的 IP 地址。
- -t <tos>：设置检测数据包的 TOS 数值。
- -v：详细显示指令的执行过程。
- -w <timeout>：设置等待远端主机回报的时间。
- -x：开启或关闭数据包的正确性检验。

【例 16-3】traceroute 命令示例。

```
[root@hunau~]# traceroute -i eth0 61.187.55.33
traceroute to 61.187.55.33 (61.187.55.33), 30 hops max, 38 byte packets
1    172.28.164.254 (172.28.164.254)   0.739 ms   0.637 ms   0.601 ms
2    10.0.1.1 (10.0.1.1)   1.028 ms   0.979 ms   0.956 ms
3    10.0.0.10 (10.0.0.10)   0.328 ms   0.419 ms   0.260 ms
4    61.187.55.33 (61.187.55.33)   0.321 ms   0.912 ms   0.420 ms
```

3．ip 命令

注意该 ip 命令与 Windows 中的 ip 命令与参数不同。该命令的主要功能是显示或配置网络设备、路由等信息，UOS Linux 中的 ip 命令是加强版的网络配置工具，用于代替 ifconfig 命令。软考中只要了解 ip 命令关于 addr 和 route 相关的基本格式即可，注意 ip 命令配置的参数也是临时的。

基本命令格式：ip (选项) (参数)

```
[root@uos~]#ip addr add 192.168.1.1/255.255.255.0 dev ens32
```

将网络接口 ens32 的 IP 地址设置为 192.168.1.1，子网掩码为 255.255.255.0，与 ifconfig 命令相同。

```
[root@uos~]#ip route show
default    via   192.168.1.254   dev   ens32   proto   static   metric   100
```

用于显示设备的路由信息。

```
[root@uos~]#ip route add 192.168.10.0/24    via 192.68.20.254 dev ens32
```

用于添加一条静态路由，目标网络为 192.168.10.0/24，由 ens32 网络接口转发。

第 5 学时　UOS Linux 防火墙

本学时主要学习 UOS Linux 中与防火墙相关的知识点。防火墙是 Linux 系统中重要的网络安全工具，对于 Linux 系统而言比较重要。根据历年考试的情况来看，每次考试涉及相关知识点的分值在 1 分左右，随着教材的改版，这部分内容可能会增加。选择题主要考查防火墙的基本命令。案例分析题则偏向防火墙的配置命令，但是考得很少。本章考点知识结构图如图 17-0-1 所示。**注意本书中涉及的各类配置命令参数太多，因此只讲重要的、常考的参数。**

图 17-0-1　考点知识结构图

17.1　UOS 防火墙配置

17.1.1　考点分析

历年网络工程师考试试题涉及本部分的相关知识点有：firewall-cmd、nft。

17.1.2　知识点精讲

1. firewalld

UOS 中默认的防火墙配置管理工具是 firewalld，考试中主要考查基于命令行界面的配置命令，也就是 firewall-cmd。我们了解常用配置即可：

（1）配置本机开放 tcp 443 端口，其中--permanent 表示永久生效。命令如下：

```
firewall-cmd --permanent --add-port=443 /tcp
```

（2）配置允许源地址 192.168.1.1 访问本机的 tcp 1433 端口。命令如下：

```
firewall-cmd --permanent --add-rich-rule=' rulefamily=ipv4 source address=192.168.1.1 port protocol=tcp port=1433 accept'
```

（3）重载配置，使之生效。命令如下：

```
firewall-cmd --reload
```

2. nft

nftables 是 UOS Linux 中的新版防火墙管理程序，主要用于替换 iptables，在 Linux 内核版本高于 3.13 时可用。nftables 也是由表（table）、链（chain）和规则（rule）组成，其中，表包含链，链包含规则，规则由地址、接口、端口等表达式组成。nftables 中没有内置表和链，表的数量和名称由用户决定，表可以指定 ip、ipv6 等协议，但是每个表只有一个地址簇，并且只适用于该簇的数据包。

nftables 的命令行工具就是 nft，需要使用 yum install nftables 命令安装 nftables 服务才可以使用。

nft 命令的一般格式如下：nft[选项][命令...]

选项包括以下可能选项：

- -h,-help：显示帮助信息。
- -v,--version：显示版本信息。
- -c,-check：检查命令的有效性，但并不应用。
- -f,--file：读取<flename>输入。
- -i,--interactive：从命令行读取输入。
- -j,--json：以 JSON 格式化输出。
- -n,-numeric：打印全数字输出。

- -s,--stateless：忽略规则集的有状态信息。
- -N：将 IP 地址转换为名称。
- -S,-service：按照/etc/services 中的说明将端口转换为服务名称。
- -p,--numeric-protocol：以数字方式打印第 4 层协议。
- -y,--numeric-priority：打印链优先级。
- -T,--numeric-time：以数字方式打印时间值。
- -a,--handle：显示规则句柄 handle。
- -e,-echo：回显已添加、插入或替换的内容。

这些选项不需要全部记住，了解常用的选项即可。

nftables 的常用命令如下：

（1）查看表。

```
nft list tables            #查看所有表
nft list chain filter input #查看 filter 表 input 链的规则，默认为 ip 簇
nft list rule set          #查看所有规则
```

（2）表操作。表的操作符主要有以下几个：

- add：添加表。
- delete：删除表。
- list：显示一个表中的所有规则链和规则。
- flush：清除一个表中的所有规则链和规则。

常用命令：

```
nft list table ip filter    #查看 ip 簇 filter 表的所有规则
nft add table ip6 filter    #新建 ipv6 簇的 filter 表
```

17.2　iptables

17.2.1　考点分析

历年网络工程师考试试题涉及本部分的相关知识点有：iptables 的相关配置命令。

17.2.2　知识点精讲

iptables 是 Linux 系统中一个常用的 IP 包过滤功能，使用比较广泛，作为网络工程师，实际应用中可能会比较多地使用到，在网络工程师考试中出现的频率不高，建议有兴趣的读者学习。鉴于 iptables 的功能和命令参数都非常复杂，本书着重介绍在网络工程师实际应用中出现较频繁的应用。

了解 iptables 的功能之前，先了解 IP 数据包经过 Linux 的 iptables 的路径，当源地址是外部主机地址时，发送的目标地址是本机，也就是安装有 iptables 的 Linux 的数据。在图 17-2-1 中，由本机产生的包可以看作从"本地进程"开始，自上而下经过最左边路径；而当源地址是外部主机，目

标地址也是外部主机的数据包时，则自上而下经过图中最右边路径。由于 mangle 规则表不常用，并且 iptables 大多处理从外部来到外部去的数据，因此流程可以简化为如图 17-2-2 所示的路径。

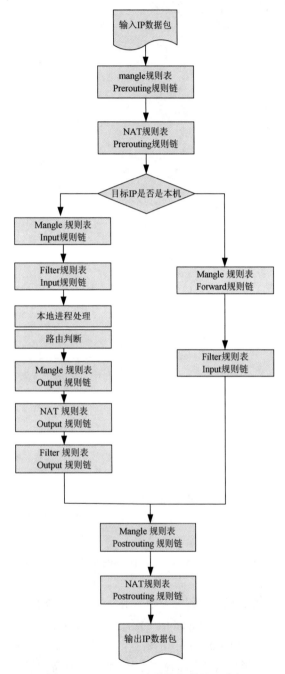

图 17-2-1   iptables 中数据包的处理流程

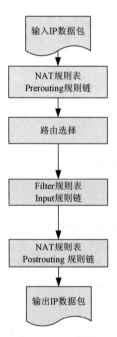

图 17-2-2   iptables 简化处理流程

iptables 基本语法如下：

iptables [-t table] command [match] [**-j** target/jump]

其中[-t table] 指定规则表，在 iptables 中内建的规则表有三个：nat、mangle 和 filter。当命令省略[-t table]时，默认的是 filter。这三个规则表的功能如下：

- nat：此规则表拥有 prerouting 和 postrouting 两个规则链，主要功能是进行一对一、一对多、多对多等地址转换工作（snat、dnat），这个规则表在网络工程中使用得非常频繁。

- mangle：此规则表拥有 prerouting、forward 和 postrouting 三个规则链。除了进行网络地址转换外，还在某些特殊应用中改写数据包的 ttl、tos 的值等，这个规则表使用得很少，因此在这里不做过多讨论。

- filter：这个规则表是默认规则表，拥有 input、forward 和 output 三个规则链，顾名思义，它是用来进行数据包过滤的处理动作（如 drop、accept 或 reject 等），通常的基本规则都建立在此规则表中。

command 常用命令列表：

- -a（-append）：用于新增规则到某个规则链中，该规则将成为规则链中的最后一条规则。

- -d（-delete）：用于从某个规则链中删除一条规则，可以输入完整规则，或直接指定规则编号加以删除。

- -r（-replace）：用于取代现行规则，规则被取代后并不会改变顺序。

- -i（-insert）：用于插入一条规则，原本该位置上的规则将向后移动一个位置。

- -l（-list）：用于列出某规则链中的所有规则。

- -f（,-flush）：用于删除 filter 表中 input 链的所有规则。

- -z（-zero）：用于将数据包计数器归零。数据包计数器用来计算同一数据包的出现次数，用于过滤阻断式攻击。

- -n（-new-chain）：用于定义新的规则链。

- -x（-delete-chain）：用于删除某个规则链。

- -p（-policy）：用于定义过滤策略，也就是未符合过滤条件的数据包的默认处理方式。

match 常用数据包匹配参数：

- -p（-protocol）：用于匹配通信协议类型是否相符，可以使用"！"运算符进行反向匹配，如-p !tcp 的意思是指除 TCP 以外的其他类型，如 udp、icmp 等非 TCP 的其他协议。如果要匹配所有类型，则可以使用 all 关键词。

- -s（-src，-source）：用来匹配数据包的来源 IP 地址（单机或网络），匹配网络时用数字来表示子网掩码，如-s 192.168.0.0/24，也可以使用"！"运算符进行反向匹配。

- -d（-dst，-destination）：用来匹配数据包的目的 IP 地址。

- -i（-in-interface）：用来匹配数据包是从哪块网卡进入的，可以使用通配符"+"来做大范围匹配，如-i eth+表示所有的 ethernet 网卡，也可以使用"！"运算符进行反向匹配。

- -o（-out-interface）：用来匹配数据包要从哪块网卡送出。
- -sport（-source-port）：用来匹配数据包的源端口，可以匹配单一端口或一个范围，如--sport 22:80 表示从 22 到 80 端口之间都算符合条件。如果要匹配不连续的多个端口，则必须使用--multiport 参数。
- --dport（--destination-port）：用来匹配数据包的目的地端口号。

-j target/jump 常用的处理动作：

-j：用来指定要进行的处理动作，常用的处理动作包括 accept、reject、drop、redirect、masquerade、log、snat、dnat、mirror 等。具体如下：

- accept：将数据包放行，进行完此处理动作后将不再匹配其他规则，直接跳往下一个规则链（nat postrouting）。
- reject：阻拦该数据包并传送数据包通知对方，进行完此处理动作后将不再匹配其他规则，直接中断过滤程序。
- drop：丢弃数据包不予处理，进行完此处理动作后将不再匹配其他规则，直接中断过滤程序。
- redirect：将数据包重新导向到另一个端口（pnat），进行完此处理动作后将继续匹配其他规则。
- masquerade：改写数据包的源 IP 地址为自身接口的 IP 地址，可以指定 port 对应的范围，进行完此处理动作后直接跳往下一个规则链（mangle postrouting）。这个功能与 snat 不同的是，当进行 IP 伪装时不需要指定伪装成哪个 IP 地址，这个 IP 地址会自动从网卡读取，尤其是当使用 DHCP 方式获得地址时 masquerade 特别有用。
- log：将数据包相关信息记录在/var/log 中，进行完此处理动作后将继续匹配其他规则。
- snat：改写数据包的源 IP 为某特定 IP 或 IP 范围，可以指定 port 对应的范围，进行完此处理动作后将直接跳往下一个规则（mangle postrouting）。
- dnat：改写数据包目的 IP 地址为某特定 IP 或 IP 范围，可以指定 port 对应的范围，进行完此处理动作后将直接跳往下一个规则链（filter:input 或 filter:forward）。

iptables 的命令参数非常多，在网络工程师考试中，可能用到 IP 地址伪装和数据包过滤的相关参数，如［例 17-1］和［例 17-2］所示。

【例 17-1】IP 伪装命令示例。

[root@hunau sbin]#iptables -t nat -A POSTROUTING -s 172.28.27.0/24 -o eth0 -j SNAT --to 61.187.55.36

将所有来自 172.28.27.0/24 数据包的源 IP 地址改为 61.187.55.36，实现内部私有地址转换为公网地址，能够连接 Internet 上的资源。

[root@hunau sbin]#iptables -t nat -A POSTROUTING -o ppp0 -j MASQUERADE

对于出口 IP 地址是动态获取的情况，适合 IP 伪装的形式。作用是将内部的私有地址伪装成 PPP0 接口动态获取的公网 IP 地址，实现地址转换上网。

在实际的网络工程中，往往需要将一台内部私有地址的服务器映射到公网的 IP 地址上，实现 Internet 的服务，此时就要用到 IP 地址映射。可以使用以下命令实现：

[root@hunau sbin]#iptables -A PREROUTING -i eth0 -d 61.187.55.35 -j DNAT --to 172.28.27.100
[root@hunau sbin]#iptables -A POSTROUTING -o eth0 -s 172.28.27.100 -j SNAT --to 61.187.55.35

因为通信是双向的，所以 iptables 先将接收到的目的 IP 为 61.187.55.35 的所有数据包进行目的 nat（dnat），然后对接收到的源 IP 地址为 172.28.27.100 的数据包进行源 nat（snat）。这样，所有目的 IP 为 61.187.55.35 的数据包都将被转发给 172.28.27.100，而所有来自 172.28.27.100 的数据包都将被伪装成 61.187.55.35，从而实现了 IP 映射。

【例 17-2】数据包过滤命令示例。

用 iptables 建立包过滤防火墙，以实现对内部的 WWW 和 FTP 服务器进行保护。基本规则如下：

[root@hunau sbin]# iptables -f　#先清除 input 链的所有规则
[root@hunau sbin]# iptables -p forward drop　#设置防火墙 forward 链的策略为 drop，也就是防火墙的默认规则是：先禁止转发任何数据包，然后再依据规则允许通过的包
[root@hunau sbin]# iptables -a forward -p tcp -d 172.28.27.100 --dport www -i eth0 -j accept　#开放服务端口为 TCP 协议 80 端口的 WWW 服务
[root@hunau sbin]# iptables -a forward -p tcp -d 172.28.27.100 --dport ftp -i eth0 -j accept　#开放 FTP 服务,其余的服务依此类推即可。这里要特别注意的是，设置服务器的包过滤规则时，要保证服务器与客户机之间的通信是双向的，因此不仅要设置数据包流出的规则，还要设置数据包返回的规则。下面是内部数据包流出的规则
[root@hunau sbin]# iptables -a forward -s 172.28.27.0/24 -i eth1 -j accept　#接收来自整个内部网络的数据包并使之通过

其他的一些命令（如 nslookup、ping）与 Windows 命令的用法基本相同，有时网络工程师考试中不涉及具体的系统平台，只要会使用即可，因此不再赘述。

第 6 学时　UOS 软件管理

本学时相对比较简单，主要学习 UOS Linux 中应用软件的安装与管理相关的知识点。Linux 系统的软件发行主要包括.rpm 和.deb 格式。UOS 的安装包格式主要是.rpm，能够方便地进行软件的安装、升级和卸载。UOS 也支持.deb 格式的软件包，这种格式通常以 APT 为管理工具，是一种二进制软件包格式，以.deb 为后缀。根据历年考试的情况来看，考试中偶尔涉及相关知识点，平均分值不到 1 分，但随着官方教材的改版，这部分内容可能会增加。选择题主要考查典型的软件如何安装和启动的基本命令。案例分析题则偏向软件的启动、暂停等命令，但是考得不多。本学时考点知识结构图如图 18-0-1 所示。

图 18-0-1　考点知识结构图

18.1　Apache 的安装与管理

18.1.1　考点分析

历年网络工程师考试试题涉及本部分的相关知识点有：Apache 的安装与管理。

18.1.2　知识点精讲

1. Apache 的安装

Apache HTTP Server 是 Apache 软件基金会的一个开放源码的网页服务器，由于其跨平台和安全性被广泛使用，是最流行的 Web 服务器端软件之一。Apache 的功能很丰富，包括目录别名、虚拟主机、HTTP 日志等常用的功能。Apache 的发行方式通常是源代码和 rpm 包，这里以 rpm 包形式的安装为例。在 UOS 中通常使用 YUM 对软件包进行管理。YUM（Yellow dog Updater, Modified）是一个在 Fedora 和 Red Hat 以及 centos 中的 Shell 前端软件包管理器，能够从指定的服务器自动下载 rpm 包并且安装，并且能自动处理依赖性关系，一次安装所有依赖的软件包，无须烦琐地多次下载、安装。

使用 YUM 安装 Apache 的命令如下：

```
[root@ hunau ~]#yum -y install httpd
```

在安装 apache 时，通常会在系统中创建对应的用户和组，方便 apache 的运行和管理。安装完之后，可以在/etc/httpd/conf/httpd.conf 中对 Apache 的配置进行各种合理的调整以满足要求，考试中只需要了解一些主要配置参数即可。其主要配置参数如下：

```
ServerRoot "/etc/httpd"              # Apache 安装的主目录为/etc/httpd
Listen    80                          #服务监听的端口是 80，也是 Web 服务的默认服务端口
User    apache                       #运行 Apache 的用户，通常在系统中先创建这个用户
Group    apache                      #运行 Apache 的用户组，通常先在系统中创建这个用户组
ServerName    localhost:80           #指定网站的域名和端口，这里的 localhost 可以用服务器的 IP 地址
DocumentRoot   "/var/www/html"       #指定网站的根目录
```

其他还有很多配置项，这里不再赘述。

2. Apache 的管理

启动、停止和查看 Apache 状态的命令如下：

```
[root@ hunau~]#systemctl start httpd       #启动 Apache 服务
[root@ hunau ~]#systemctl stop httpd        #停止 Apache 服务
[root@ hunau ~]#systemctl status httpd      #查看 Apache 服务状态
```

18.2　Nginx 的安装与管理

18.2.1　考点分析

历年网络工程师考试试题涉及本部分的相关知识点有：Nginx 的安装与管理。

18.2.2　知识点精讲

1. Nginx 的安装

Nginx 是一个高性能的 HTTP 和反向代理 Web 服务器，同时也能提供 IMAP/POP3/SMTP 服务。通常与其他 Web 中间件配合使用，用于实现反向代理、负载均衡等功能，由于其启动速度快、支持高并发能力强、内存占用率低等诸多特点，因而被广泛使用。

Nginx 的安装很简单，基本命令如下：

```
[root@ hunau ~]#yum install nginx
```

2. Nginx 的管理

可以使用 systemctrl 进行管理，也可以使用 Nginx 自己的命令进行管理，如使用 systemctrl 的命令如下：

```
[root@ hunau ~]#systemctl start nginx      #启动 Nginx 服务
[root@ hunau ~]#systemctl stop nginx       #停止 Nginx 服务
[root@ hunau ~]#systemctl status nginx     #查看 Nginx 服务状态
```

使用 Nginx 自带的命令和参数的形式如下：

```
[root@ hunau ~]#nginx                #启动 Nginx 服务
[root@ hunau ~]#nginx -s stop        #停止 Nginx 服务
[root@ hunau ~]# nginx -s reload     #重新加载 Nginx 配置信息启动
```

安装完成后，启动服务，打开浏览器，在地址栏输入服务器 IP 地址，即可看到 Nginx 的界面，表明 Nginx 正常安装和启动了。

Nginx 的配置文件通常位于/etc/nginx/nginx,conf。但是要注意的是 Nginx 支持通过 include 指令包含其他配置文件，常见的配置文件目录包括/etc/nginx/conf.d/和/etc/nginx/sites-enabled/等。Nginx 的配置文件采用模块化设计，包含多个上下文（context），每个上下文定义了一组相关的配置指令。一个简单的 Nginx 配置文件示例如下：

```
worker processes auto;                 #允许 Nginx 生成的进程数，可以是自动或者其他的具体数值
error log /var/log/nginx/error.log;    #指定日志文件的路径
pid    /run/nginx.pid;
events{
worker connections 1024;               #指定每个 Nginx 进程的最大网络连接数
}
server{
listen 80 default_server;              #指定服务器的默认端口
server_name 127.0.0.1;                 #指定服务器的地址
}
location/{
root    /usr/share/nginx/html;         #指定网页的根目录
index    index.html;                   #指定默认页面文件名
}
```

Nginx 的配置参数非常多，备考过程中主要了解一些常见参数，其他的参数这里不再赘述。

第4天
再接再厉，案例实践

经过第 3 天的学习，我们已经掌握了各类应用服务器的基础知识，了解了一些重要的配置技巧和流程，并且能快速搭建常见的网络应用。第 4 天主要学习网络基础硬件的搭建、管理和配置。重点讲解路由器、交换机、防火墙、VPN 的管理与配置。

第 1 学时　交换基础

本学时主要学习交换基础知识。根据历年考试情况来看，每次考试涉及相关知识点的分值在 1～5 分之间。交换基础知识的考查主要集中在基础知识题中。本学时考点知识结构图如图 19-0-1 所示。

图 19-0-1　考点知识结构图

19.1　交换机概述

19.1.1　考点分析

历年网络工程师考试试题涉及本部分的相关知识点有：交换机分类、冲突域与广播域、吞吐量与背板带宽、交换机端口。

19.1.2 知识点精讲

交换机（Switch）是一种信号转发的设备，可以为交换机自身的任意两端口间提供独立的电信号通路，又称多端口网桥。常见的交换机有以太网交换机、电话语音交换机等，考试只考查以太网交换机。

1. 交换机分类

（1）以管理划分。可以分为网管交换机（智能机）和非网管交换机（傻瓜交换机）。能进行管理和配置的交换机都称为网管交换机，网管交换机**都有 console 口**；不能进行管理和配置的交换机都称为非网管交换机。

（2）以交换机工作层次划分。可以分为 2 层交换机、3 层交换机和 4 层交换机。

1）2 层交换机。**工作在数据链路层的交换机**通常称为 2 层交换机。2 层交换机**根据 MAC 地址进行交换**。表 19-1-1 指出了各类交换机的交换依据。

表 19-1-1　交换机的交换依据

交换机类别	交换依据
2 层交换机	MAC 地址
3 层交换机	IP 地址
4 层交换机	TCP/UDP 端口
帧中继交换机	虚电路号（DLCI）
ATM 交换机	虚电路标识 VPI 和 VCI

2）3 层交换机。带有路由功能的交换机工作在网络层，称为 3 层交换机。3 层交换机能加快数据交换，可以实现路由，能够做到"一次路由，多次转发"（Route Once，Switch Thereafter），即在第 3 层对数据报进行第一次路由，之后尽量在第 2 层交换端到端的数据帧。数据转发由高速硬件实现，路由更新、路由计算、路由确定等则由软件实现。3 层交换机根据 IP 地址进行交换，可以转发不同 VLAN 之间的通信。

多层交换（Multi-Layer Switching，MLS）为交换机提供基于硬件的第 3 层高性能交换。它采用先进的专用集成电路（ASIC）交换部件完成子网间的 IP 包交换，可以大大减轻路由器在处理数据包时所引起的过高系统开销。MLS 是一种用硬件处理包交换和重写帧头，从而提高 IP 路由性能的技术。MLS 支持所有传统路由协议，而原来由路由器完成的帧转发和重写功能现在已经由交换机的硬件完成。MLS 将传统路由器的包交换功能迁移到第 3 层交换机上，这首先要求交换的路径必须存在。

3）4 层交换机。第 2 层和第 3 层交换机分别基于 MAC 和 IP 地址交换，数据传输率较高，但无法根据端口主机的应用需求来自主确定或动态限制端口的交换过程和数据流量，即缺乏第 4 层智能应用交换需求。

第 4 层交换机除了可以完成第 2 层和第 3 层交换机功能外，还能依据传输层的端口进行数据转发。第 4 层交换机支持传输层的以下所有协议，可识别至少 80 个字节的数据包包头长度，可根据 TCP/UDP 端口号来区分数据包的应用类型，从而实现应用层的访问控制和服务质量保证。第 4 层交换机是以软件构建为主、以硬件支持为辅的网络管理交换设备。

（3）以网络拓扑结构划分。依据交换机所处的网络拓扑结构，交换机可分为接入层交换机、汇聚层交换机、核心层交换机。

1）接入层交换机。接入层交换机端口固定，一般拥有 8、16、24、48 个百兆或千兆以太网口、12～24 个千兆以太网口，用于实现把用户的计算机和终端接入网络。

2）汇聚层交换机。汇聚层交换机将接入层交换机汇聚起来，与核心交换机连接。汇聚层交换机可以是固定配置，也可以是模块配置，千兆光纤口较多。汇聚层交换机一般都是可以网管的。**数据包过滤、协议转换、流量负载和路由应在汇聚层交换机完成。**

3）核心层交换机。核心层交换机属于高端交换机，背板带宽和包转发率高，且采用模块化设计。**核心层交换机可作为网络骨干构建高速局域网。**

（4）以交换方式划分。以太网交换机的交换方式有三种：直通式交换、存储转发式交换、无碎片转发交换。

1）直通式交换（Cut-Through）：只要信息有目标地址，就可以开始转发。这种方式没有中间错误检查的能力，但转发速度快。

2）存储转发式交换（Store-and-Forward）：先将接收到的信息缓存，检测正确性，确定正确后才开始转发。这种方式的中间结点需要存储数据，时延较大。

3）无碎片转发交换（Fragment Free）：接收到 64 字节之后才开始转发。

在一个正确设计的网络中，冲突的发现会在源发送 64 字节之前，当出现冲突之后，源会停止继续发送，但是这一段小于 64 字节的不完整以太帧已经被发送出去了且没有意义，所以检查 64 字节以前就可以把这些"碎片"帧丢弃掉，这也是"无碎片转发"名字的由来。

有些交换机只支持存储转发或直通转发，有些交换机支持多种模式。例如，支持直通式交换和存储转发式交换的交换机，在每个交换端口设置一个门限值，超过时就自动调整模式，从直通转发切换到存储转发；低于某值时，又恢复到直通转发。

2. 冲突域与广播域

（1）冲突域。冲突域是物理层的概念，是指会发生物理碰撞的域。可以理解为连接在同一导线上的所有工作站的集合，也是同一物理网段上所有结点的集合，可以看作以太网上竞争同一物理带宽或物理信道的结点集合。**单纯复制信号的集线器和中继器是不能隔离冲突域的。**使用第 2 层技术的设备能分割 CSMA/CD 的设备，可以隔离冲突域。**网桥、交换机、路由器能隔离冲突域。**

（2）广播域。广播域是数据链路层的概念，是能接收同一广播报文的结点集合，如设备广播的 ARP 报文能接收到的设备都处于同一个广播域。隔离广播域需要使用第 3 层设备，**路由器、3 层交换机都能隔离广播域。**

3. 吞吐量与背板带宽

（1）包转发率。包转发率是单位时间内网络中通过数据包的数量。对交换机而言，要实现满负荷运行，最小吞吐量计算公式如下：

包转发率（Mp/s）=万兆端口数量×14.88Mp/s+千兆端口数量×1.488Mp/s+百兆端口数量×0.1488Mp/s。

如果交换机实际工作速率小于交换机标准包转发率，则交换机能实现线速交换。

这里的 14.88Mp/s、1.488Mp/s、0.1488Mp/s 是如何得到的呢？这是通过用固定的数据速率除以最小帧长得到的，结果实际上就是单位时间内发送 64byte 数据包的个数。

由于以太网中的每个帧之间都要有帧间隙，即每发完一个帧之后要等待一段时间再发另外一个帧，在以太网标准中规定最小帧间隙是 12 个字节，加上前导码（7 字节）、帧起始定界符（1 字节），因此 64byte 的数据包在数据链路层封装后大小变成(64+8+12)=84byte。

这样千兆端口下数据包个数=1000Mb/s÷8bit÷(64+8+12)byte≈1.488Mp/s

（2）背板带宽。带宽是交换机接口处理器或接口卡和数据总线间所能吞吐的最大数据量。全双工交换机背板带宽计算公式如下：

背板带宽（Mb/s）=万兆端口数量×10000Mb/s×2+千兆端口数量×1000Mb/s×2+百兆端口数量×100Mb/s×2+其他端口×端口速率×2

4. 交换机端口

交换机端口有很多，主要分为光纤端口、以太网端口。光口类型有 GBIC、SFP 等。

（1）光纤端口。

● 100Base-FX 光纤端口，速率为 100Mb/s，接多模光纤。

● 1000Base-SX 光纤端口，速率为 1000Mb/s，接多模光纤。

（2）以太网端口。

● 100Base-TX 以太网端口，速率为 100Mb/s，接双绞线。

● 1000Base-T 以太网端口，速率为 1000Mb/s，接双绞线。

（3）GBIC。GBIC（Gigabit Interface Converter）是将千兆位电信号转换为光信号的接口器件，是千兆以太网连接标准。GBIC 在设计上可以为热插拔使用。目前 GBIC 基本被 SFP 取代。只要使用 GBIC 模块，就能连接双绞线、单模光纤、多模光纤的介质。

● 1000Base-T GBIC 模块，接超五类和六类双绞线。

● 1000Base-SX GBIC 模块，接多模光纤。

● 1000Base-LX/LH GBIC 模块，接单模光纤。

● 1000Base-ZX GBIC 模块，接长波光纤，适合长距离传输，可达 100km。

GBIC 还可以作为级联模块，用于交换机的级联和堆叠。堆叠技术通过堆叠端口和堆叠电缆将多台支持堆叠特性的交换机设备组合在一起，从逻辑上组成一台交换机设备。通过组建堆叠，可以达到扩展网络能力、提高设备可靠性的目的。级联是通过交换机上的级联口（现在的交换机不需要单独的 UPlink）进行连接。根据需要，多台交换机可以以多种方式进行级联。这种方式连接简单，没有额外的设备和专用线缆，成本低廉，但是相对堆叠方式，性能上可能会受到影响。

（4）SFP。SFP（Small Form-factor Pluggables）是 GBIC 的替代和升级版本，是小型的、新的千兆接口标准。

（5）万兆模块。万兆模块是万兆的接口标准，万兆接口模块有多种，具体见表 19-1-2。

表 19-1-2　万兆接口模块

模块名称	连接介质	可传输距离
10GBase-CX4	CX4 铜缆（属于屏蔽双绞线）	15m
10GBase-SR	多模光纤	200～300m，传输距离为 300m，则需要使用 50μm 的优化多模（Optimized Multimode 3，OM3）
10GBase-LX4	单模、多模光纤	多模 300m，单模 10km
10GBase-LR	单模光纤	2～10km，可达 25km
10GBase-LRM	多模光纤	使用 OM3 可达 260m
10GBase-ER	单模光纤	2～40km
10GBase-ZR	单模光纤	80km
10GBase-T	屏蔽或非屏蔽双绞线	100m

另外，SFP 还有 10GBase-KX4（并行方式）和 10GBase-KR（串行方式），用于背板。

19.2　交换机工作原理

19.2.1　考点分析

历年网络工程师考试试题涉及本部分的相关知识点有：2 层交换机工作流程、3 层交换机工作流程。

19.2.2　知识点精讲

1．2 层交换机工作流程

2 层交换机具体的工作流程如下：

（1）交换机的某端口接收到一个数据包后，将源 MAC 地址与交换机端口对应关系动态存放到 MAC 地址表中，定期更新。MAC 地址表存放 MAC 地址和端口对应关系，一个端口可以有多个 MAC 地址。

（2）读取该数据包头的目的 MAC 地址，并在交换机地址对应表中查 MAC 地址表。

（3）如果查找成功，则直接将数据转发到结果端口上。

（4）如果查找失败，则广播该数据到交换机所有端口上。如果有目的机器回应广播消息，则将该对应关系存入 MAC 地址表供以后使用。

2 层交换机具有识别数据中的 MAC 地址和转发数据到端口的功能，便于硬件实现。使用 ASIC 芯片可以实现高速数据查询和转发。

2．3 层交换机工作流程

3 层交换机并非是路由器和 2 层交换机的简单物理组合，而是一个严谨的逻辑组合，且 3 层交换机往往不支持 NAT。某源主机发出的数据进行第 3 层交换后，相关信息保存到 MAC 地址与 IP 地址的映射表中。当同源数据再次交换时，3 层交换机则根据映射表直接转发到目的地址所在端口，无须通过路由 arp 表。

这种方式简单、高效，相比"路由器+2 层交换机"方式，配置更少、硬件空间更小、性能更高、管理更加方便。

第 2 学时　案例重点 1——交换机配置

本学时主要学习交换配置知识。根据历年考试的情况来看，每次考试涉及相关知识点的分值在 5～25 分之间。交换配置知识在基础知识题和案例分析题中均是重点，基本上每次考试都有一道 15 分的案例题。本学时考点知识结构图如图 20-0-1 所示。

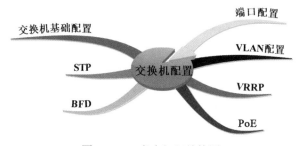

图 20-0-1　考点知识结构图

20.1　交换机基础配置

20.1.1　考点分析

历年网络工程师考试试题涉及本部分的相关知识点有：交换机连接、CLI 命令模式、交换机初始化配置、交换机静态路由配置。**注意本书中涉及的各类配置命令参数太多，因此本节只讲重要的、常考的参数。** 本书仅仅就考试中针对华为的交换机、路由器和防火墙的基本配置命令进行讲解，并辅以一定的案例配置进行说明，帮助大家在复习的过程中能看懂相关的配置命令。考试中，能看懂配置命令并进行解释，或者根据上下文能对空缺的配置命令进行填空和对一段配置的作用进行解释即可。

20.1.2 知识点精讲

1．交换机连接

交换机连接有以下三种方式：

（1）基于 Console 口的命令行接口（Command Line Interface，CLI）配置方式。

（2）通过 Web 界面配置。

（3）通过常用的网络管理软件配置。

第一次初始配置必须使用基于 Console 口的 CLI 配置方式。使用 Console 配置方式需要使用超级终端，超级终端连接交换机，配置如图 20-1-1 所示的参数。

图 20-1-1　超级终端配置参数

具体参数值如下：

● 每秒位数：9600 波特。

● 数据位：8 位。

● 奇偶校验：无。

● 停止位：1 位。

● 数据流控制：无。

在主机上运行终端仿真程序（如 Windows 的超级终端、putty 等），设置终端通信参数如上所示。若使用 Windows 的超级终端，通常只要单击图 20-1-1 中的"还原为默认值"按钮，所有参数就会自动设置好。

以太网交换机上电，终端显示以太网交换机自检信息，自检结束后提示用户按 Enter 键，之后将出现命令行提示符<huawei>。

输入命令，配置以太网交换机或查看以太网交换机运行状态。需要帮助可以随时键入"？"。

2. CLI 命令模式

考试一般以华为 VRP 系统的命令模式为基础，运行 VRP 操作系统的华为产品包括路由器、局域网交换机及专用硬件防火墙等。使用不同的硬件平台和不同的软件版本，可能会导致命令之间有细微的区别。考试通常以 AR 系列路由器和 S 系列交换机的操作命令为参考，因此，试题中的命令出现细微的不同也是正常的，本书中绝大部分命令示例都是以华为发布的模拟器 eNSP V1.3.00.100 命令为基础。

华为设备的命令视图有很多种，表 20-1-1 列出了华为设备的常用视图及切换方法。

表 20-1-1　CLI 转换方式

常用视图名称	进入视图	视图功能
用户视图	用户从终端成功登录至设备即进入用户视图，在屏幕上显示<Huawei>	用户可以完成查看运行状态和统计信息等功能。在其他视图下，都可使用 return 直接返回用户视图
系统视图	在用户视图下，输入命令 system-view 后按 Enter 键，进入系统视图。<Huawei>system-view [Huawei]	在系统视图下，用户可以配置系统参数以及通过该视图进入其他的功能配置视图
接口视图	使用 interface 命令并指定接口类型及接口编号，可以进入相应的接口视图。 [Huawei] interface gigabitethernetX/Y/Z [Huawei-GigabitEthernetX/Y/Z] X/Y/Z 为需要配置的接口编号，分别对应"槽位号/子卡号/接口序号"	配置接口参数的视图称为接口视图。在该视图下可以配置接口相关的物理属性、链路层特性及 IP 地址等重要参数
路由协议视图	在系统视图下，使用路由协议进程运行命令可以进入到相应的路由协议视图 [Huawei] isis [Huawei-isis-1]	路由协议的大部分参数是在相应的路由协议视图下进行配置的，如 IS-IS 协议视图、OSPF 协议视图、RIP 协议视图，要退回到上一层命令，可以使用 quit 命令

为了保障用户配置的可靠性，华为操作系统支持两种配置生效模式：立即生效模式和两阶段生效模式。默认的是立即生效模式，部分高端设备支持多用户同时配置，因此支持两阶段生效模式。软考中使用较多的是立即生效模式。用户在进行配置前必须先进入系统视图。进入系统视图后，系统根据用户选择的配置模式启动相应的配置。

在立即生效模式下，用户在输入命令行并按 Enter 键后，系统执行语法检查，如果语法检查通过则配置立即生效。

在两阶段生效模式下，系统配置分为两个阶段。第一阶段用户输入配置命令，系统执行命令语法和语义检查，对于有错误的配置语句，系统通过命令行终端提醒用户配置错误及错误原因。用户完成系列配置命令的输入后，需要提交配置（使用 commit 指令），系统进入第二阶段，即配置提交阶段，系统会进行检查，发现配置有误时会产生提示信息。

3. 交换机初始化配置

如果要合理管理交换机，就应该配置 IP 地址（管理地址）和名称，并设置密码。管理一台新的交换机，首先要对其进行初始化配置。

```
<Huawei>system-view
```

进入系统视图：

```
[Huawei]sysname Switch //配置交换机名称
[Switch]
[Switch]interface Vlanif 1//进入交换机的 vlan 虚接口 1
[Switch-Vlanif1]ip address 192.168.1.1 255.255.255.0
```

设置 VLAN1 虚接口的 IP 地址用以管理。华为交换机中有个专门用于设置管理 VLAN 的命令，就是在 VLAN 视图下执行命令 management-vlan，配置管理 VLAN。具体配置方法如下：

```
[Switch-vlan10]management-vlan
[Switch]ip route-static 0.0.0.0 0.0.0.0 192.168.1.254
```

设置系统的默认路由，以便于通过 IP 网络远程管理本交换机。

设置好基本 IP 参数后，还需要设置好交换机上的 Telnet 服务和相关的认证方式、认证密码等才可以远程登录。接下来就学习如何设置交换机的登录密码。

通过 Console 口配置好管理 IP 地址的交换机，可以通过 Telnet、SSH 和 Web 界面等进行配置。登录界面的用户名和密码也是需要在配置 Console 口时设置好，由于华为交换机版本不同，默认密码可能也不同。

尤其需要注意的是，对于 Telnet 等远程方式登录交换机，默认情况下设备是没有配置用户名和密码的，需要用户自己配置。以下命令行就是设置 Console 接口密码时设置为 Password 认证方式、密码为 Huawei 的基本配置：

```
[Switch] system-view      //进入系统视图
[Switch] user-interface console   0    //进入控制台接口
[Switch -ui-console0] authentication-mode password    //设置认证方式为密码认证
[Switch -ui-console0] set authentication password cipher Huawei   //设置认证密码为 Huawei
[Switch -ui-console0] return
```

若要配置 Telnet 接口的密码，则配置过程如下：

```
[Switch] system-view
[Switch] user-interface vty   0   4  //进入 VTY 接口
[Switch -ui-vty0-4] authentication-mode aaa   //设置认证方式为 aaa
[Switch -ui-vty0-4] quit
[Switch] aaa]  //进入 aaa 配置
[Switch-aaa] local-user huawei password cipher Huawei    //用户 huawei 的密码为 Huawei
[Switch-aaa] local-user huawei service-type telnet         //用户 huawei 的服务类型是 Telnet，也可以设置为其他协议，
如 HTTP，就是使用 Web 界面
[Switch-aaa] local-user   Huawei privilege   level   3
//设置好后，必须退出到用户视图，使用 save 命令保存配置
[Switch]return
<Switch>save    //注意 save 是在用户视图下执行的
The current configuration will be written to the device.
Are you sure to continue?[Y/N]
//输入 Y 即可保存
```

【例 20-1】下面给出一个交换机基本配置过程。

```
<Huawei>                                              //用户视图提示符<Huawei>
<Huawei>system-view                                   //进入系统视图，系统视图提示符[Huawei]
Enter system view, return user view with Ctrl+Z
[Huawei] sysname gkys                                 //设置交换机名为 gkys
[gkys]interface Vlanif 1                              //进入 vlan 1 虚接口视图
[gkys-Vlanif1] ip address 172.28.1.1 255.255.255.0   //设置虚接口 IP 地址
```

也可以使用下面这种形式，作用相同。

```
[gkys-Vlanif1]ip address 172.28.1.1    24            //通过前缀的形式指定子网掩码
[gkys-Vlanif1]quit   //退回系统视图
[gkys]ip route-static 0.0.0.0 0.0.0.0 172.28.1.254   //设置默认静态路由，以便能从 IP 网络进行通信
```

注意：ip route-static ip-address subnet-mask gateway 是基本命令模式。其中，ip-address 为目标网络的网络地址；subnet-mask 为子网掩码；gateway 为网关。网关处的 IP 地址说明了路由的下一站。

此例中配置的是默认路由。默认路由是一种特殊的静态路由，当路由表中与包的目的地址之间没有匹配的表项时，路由器能够作出选择。常考的默认路由配置命令如下：

```
[Switch] ip route-static    0.0.0.0    0.0.0.0    默认网关地址
```

如果没有默认路由，那么目的地址在路由表中没有匹配表项的包将被丢弃。默认路由会大大简化路由的配置，减轻管理员的工作负担，提高网络性能。

```
[gkys] user-interface vty  0  4                      //进入 VTY 接口
[gkys -ui-vty0-4] authentication-mode aaa            //设置认证方式为 aaa
[gkys -ui-vty0-4] quit
[gkys] aaa                                            //进入 aaa 配置
[gkys -aaa] local-user huawei password irreversible-cipher Huawei   //用户 huawei 的密码为 Huawei
[gkys -aaa] local-user huawei service-type telnet    //用户 huawei 的服务类型是 Telnet
[gkys -aaa] local-user   Huawei privilege   level   3
[gkys-aaa]return                                     //退回用户视图
<gkys>save                                           //保存配置
```

4．华为交换机光模块类型与特点

由于目前光纤接口使用越来越频繁，华为设备支持丰富的光模块类型，满足不同的应用场景，因此需要对华为交换机光模块类型与特点有基本的了解。主要类型有以下几种：

（1）SFP（Small Form-factor Pluggable）光模块：小型可插拔型封装。SFP 光模块支持 LC 光纤连接器，支持热插拔。

（2）eSFP（enhanced Small Form-factor Pluggable）光模块：增强型 SFP，有时也将 eSFP 称为 SFP，指带电压、温度、偏置电流、发送光功率、接收光功率监控功能的 SFP。

（3）SFP+（Small Form-factor Pluggable Plus）光模块：速率提升的 SFP 模块。因为速率提升，所以对 EMI 敏感。

（4）XFP（10-GB Small Form-factor Pluggable）光模块："X"是罗马数字 10 的缩写，所有的 XFP 模块都是 10G 光模块。XFP 光模块支持 LC 光纤连接器，支持热插拔。相比 SFP+光模块，XFP 光模块尺寸更宽更长。

（5）QSFP+（Quad Small Form-factor Pluggable）光模块：四通道小型可热插拔光模块。QSFP+ 光模块支持 MPO 光纤连接器，相比 SFP+光模块尺寸更大。

5. 交换机指示灯的基本颜色与意义

网络工程师考试要求考生了解设备的基本指示灯的颜色和状态表示设备的运行情况，因此需要知道指示灯的基本颜色及代表的含义。华为设备的指示灯分为红、黄、绿、蓝四种颜色，代表的基本含义见表 20-1-2。

表 20-1-2　华为设备的指示灯颜色及含义

颜色	含义	说明
红色	故障/告警	需要关注和立即采取行动
黄色	次要告警/临界状态	情况有变或即将发生变化
绿色	正常	正常或允许进行
蓝色	指定用意	部分交换机中有 ID 指示灯，用来远端定位交换机

华为设备指示灯的位置及含义见表 20-1-3。

表 20-1-3　华为设备指示灯的位置及含义

指示灯位置	接口指示灯	状态指示灯
机箱面板	业务接口指示灯（电口/光口） 其他接口指示灯（USB 接口/ETH 管理接口/Console 接口/Mini USB 接口）	电源状态指示灯（PWR） 系统状态指示灯（SYS） 模式状态指示灯（STAT 模式/SPEED 模式/STACK 模式/PoE 模式）
插卡	业务接口指示灯（电口/光口）	插卡状态指示灯（STAT）

使用 V200R001 之前版本发布的设备，电源状态灯和系统状态灯有单独对应的指示灯及丝印，SPEED/PoE/STACK 等模式状态灯合为一个灯，通过灯的不同颜色查看对应模式。之后版本的设备，每个状态指示灯都有单独对应的指示灯及丝印，其中 SPED/STCK/PoE 等模式状态灯仍通过按动模式按钮切换查看。其中 RPS 表示使用外部备份电源（RPS）供电。

6. 端口镜像配置

端口镜像常用于连接协议分析设备，获取另一个接口上数据的完备复制。根据华为交换机的不同型号，镜像主要有以下两种方式：

（1）基于端口的镜像。基于端口的镜像是把被镜像端口的进出数据报文完全复制一份到镜像端口，来观测流量或者定位故障。

下面是利用交换机端口镜像功能实现数据监控的示例。通过镜像功能，使交换机 G0/0/10 端口能对 G0/0/1 接口的通信进行镜像复制，只要在 G0/0/10 接入相关监控设备即可监控 G0/0/1 的通信。

先定义 G0/0/10 为本地观察端口。

```
[Switch] observe-port 1 interface gigabitethernet 0/0/10    //配置 GE0/0/10 为本地观察端口，观察端口索引为 1
```

定义在 Switch 上配置接口 G0/0/1 为镜像端口，将其入方向绑定到本地观察端口，也就是将镜像端口接收到的报文复制到本地观察端口以便进行监控。

[Switch] interface gigabitethernet 0/0/1

[Switch-GigabitEthernet0/0/1] port-mirroring to observe-port 1 inbound　//将接口 G0/0/1 的入方向绑定到索引为 1 的观察端口上

（2）基于流镜像。基于流镜像的交换机针对某些流进行镜像，每个连接都有两个方向的数据流，对于交换机来说这两个数据流是要分开镜像的。下面是利用交换机的流镜像功能实现数据监控的示例。通过流镜像功能，使交换机 G0/0/10 端口能对 G0/0/1 接口的指定 Vlan 对应的某种流数据（如 WWW 数据）进行镜像复制，只要在 G0/0/10 接入相关监控设备即可监控 G0/0/1 指定数据流的通信。

先定义 G0/0/10 为本地观察端口，并绑定 VLAN 为 VLAN10。

[Switch] observe-port 1 interface gigabitethernet 0/0/10 vlan 10　//配置 G0/0/10 为观察端口，观察端口索引为 1，并且绑定的 VLAN 为 VLAN10

再定义一条高级 ACL，如 ACL 3000，其中的规则是匹配 TCP 端口号为 WWW 或者 80 的数据。

[SwitchA] acl number 3000　//创建 ACL 3000，规则配置为允许 TCP 端口号是 WWW 端口号的报文通过

[SwitchA-acl-adv-3000] rule permit tcp destination-port eq www

[SwitchA-acl-adv-3000] quit

最后应用基于 ACL 的流策略。在 GE0/0/1 上配置基于 ACL 的流策略，对匹配的报文进行镜像。

[SwitchA] interface gigabitethernet 0/0/1

[SwitchA-GigabitEthernet0/0/1] traffic-mirror inbound acl 3000 to observe-port 1　//将 G0/0/1 入方向上匹配 ACL 3000 规则的报文流镜像到索引为 1 的观察端口

20.2　端口配置

20.2.1　考点分析

历年网络工程师考试试题涉及本部分的相关知识点有：接口命名、基本端口配置、端口工作模式设置。

20.2.2　知识点精讲

1. 接口命名

配置物理接口需要分别指定接口类型、框号、插槽号、交换机端口号。常见接口类型见表 20-2-1。

表 20-2-1　常见接口类型

接口类型	接口配置名称	简写
10/100Mb/s 网口	ethernet	eth
10/100/1000Mb/s 网口	gigabitethernet	gi
10000Mb/s 以太网	Xgigabitethernet	Xgi
链路聚合接口	Eth-Trunk	Eth-T

● 插槽号：插槽号是交换机模块号，非模块化交换机则不用标识插槽号或者使用 0 编号。

● 端口号：交换机端口总是从 1 开始。端口的标识都在交换机的面板上标出来，具体形式
如图 20-2-1 所示。

图 20-2-1　交换机端口标识

注意链路聚合的概念：以太网链路聚合 Eth-Trunk 简称链路聚合，通过将多个物理接口捆绑为
一个逻辑接口，可以在不进行硬件升级的条件下，达到增加链路带宽的目的。链路聚合技术具有增
加带宽、提高可靠性和负载分担的优势。

2. 基本端口配置

华为设备的物理接口的编号规则如下：

（1）未使能集群功能时，设备采用"槽位号/子卡号/接口序号"的编号规则来定义物理接口。

（2）使能集群功能后，设备采用"框号/槽位号/子卡号/接口序号"的编号规则来定义物理接口。

1）框号：表示集群交换机在集群系统中的 ID，值为 1 或者 2。

2）槽位号：表示单板所在的槽位号。

3）子卡号：表示业务接口板支持的子卡号。

4）接口序号：表示单板上各接口的编排顺序号。

如未使用集群功能的交换机的 Gigabitethernet3/0/23 表示交换机槽位号是 3，子卡号是 0，对应
的接口序号是 23 的 10/100/1000Mb/s 网口，简写为 gi3/0/23。

进入该端口的配置命令为：

[Huawei]**interface** *port*

例如：[Huawei]interface gi3/0/23。

部分非模块化型号的设备早期使用两位编号形式，子卡号的位置固定为 0，再加接口序号表示，
如 ethernet0/1。配置接口完成后，可以通过 display interface 命令查看接口状态。

【例 20-2】使用 display interface GigabitEthernet 0/0/1 命令查看交换机的 gigabitEthernet 0/0/1
端口状态。

```
<gkys>display interface    g 0/0/1
GigabitEthernet0/0/1 current state : UP
Line protocol current state : UP
Description:
Switch Port, PVID :       1, TPID : 8100(Hex), The Maximum Frame Length is 9216
IP Sending Frames' Format is PKTFMT_ETHNT_2, Hardware address is 4c1f-ccf7-2a12
Last physical up time    : -
Last physical down time : 20xx-04-10 21:14:06 UTC-08:00
Current system time: 20xx-04-10 22:04:51-08:00
Hardware address is 4c1f-ccf7-2a12
```

```
Last 300 seconds input rate 0 bytes/sec, 0 packets/sec
Last 300 seconds output rate 0 bytes/sec, 0 packets/sec
Input: 0 bytes, 0 packets
Output: 0 bytes, 0 packets
Input:
   Unicast: 0 packets, Multicast: 0 packets
   Broadcast: 0 packets
Output:
   Unicast: 0 packets, Multicast: 0 packets
   Broadcast: 0 packets
Input bandwidth utilization  :      0%
Output bandwidth utilization :      0%
```

3. 端口工作模式设置

华为交换机的端口的工作模式有三种：Access 模式（或接入模式）、Trunk 模式和 Hybrid 模式（混合模式）。

（1）Access 端口只能属于单个 VLAN，一般用于连接计算机的端口。

（2）Trunk 端口允许多个 VLAN 通过，可以接收和发送多个 VLAN 的报文，一般用于交换机之间连接的端口。

（3）Hybrid 端口是华为设备中的一种新端口类型，特点是允许多个 VLAN 通过，可以接收和发送多个 VLAN 的报文，既可用于交换机之间连接，也可用于连接用户的计算机。

但是 Hybrid 端口与 Trunk 端口是有区别的。在接收数据时，Hybrid 端口和 Trunk 端口的处理方法是一样的，唯一不同之处在于发送数据时，Hybrid 端口可以允许多个 VLAN 的报文发送时不打标签，而 Trunk 端口只允许默认 VLAN 的报文发送时不打标签。

不同类型的端口在接收和发送数据时的处理特性见表 20-2-2。

表 20-2-2　不同类型的端口处理特性

接口类型	对接收不带 Tag 的报文的处理	对接收带 Tag 的报文的处理	发送帧处理过程
Access 接口	接收该报文，并打上缺省的 VLAN ID	当 VLAN ID 与缺省 VLAN ID 相同时，接收该报文。当 VLAN ID 与缺省 VLAN ID 不同时，丢弃该报文	先剥离帧的 PVID Tag，然后再发送。因此所有帧都不带 Tag
Trunk 接口	打上缺省的 VLAN ID，当缺省 VLAN ID 在允许通过的列表中时，接收该报文。打上缺省的 VLAN ID，当缺省 VLAN ID 不在允许通过的列表中时，丢弃该报文	当 VLAN ID 在接口允许通过的列表中时，接收该报文。当 VLAN ID 不在接口允许通过的列表中时，丢弃该报文	当 VLAN ID 与缺省 VLAN ID 相同，且是该接口允许通过的 VLAN ID 时，去掉 Tag，发送该报文。当 VLAN ID 与缺省 VLAN ID 不同，且是该接口允许通过的 VLAN ID 时，保持原有 Tag，发送该报文
Hybrid 接口	同 Trunk 接口	同 Trunk 接口	当 VLAN ID 是该接口允许通过的 VLAN ID 时，发送该报文。可以通过命令设置发送时是否携带 Tag

从表 20-2-2 可以看出：

（1）接收数据时。若是不带 VLAN 标签的数据帧，Access 接口、Trunk 接口、Hybrid 接口都会给数据帧打上 VLAN 标签，但 Trunk 接口、Hybrid 接口会根据数据帧的 VID 是否是允许通过的 VLAN 来判断是否接收，而 Access 接口则无条件接收。

若是带 VLAN 标签的数据帧，Access 接口、Trunk 接口、Hybrid 接口都会根据数据帧的 VID 是否为其允许通过的 VLAN（Access 接口允许通过的就是缺省 VLAN）来判断是否接收。

（2）发送数据帧时。

1）Access 接口直接剥离数据帧中的 VLAN 标签。

2）Trunk 接口只有在数据帧中的 VID 与接口的 PVID 相等时，才会剥离数据帧中的 VLAN 标签。

3）Hybrid 接口会根据接口上的配置判断是否剥离数据帧中的 VLAN 标签。

由此可知：Access 接口发出的数据帧不带任何 VLAN Tag，因此适合连接 PC。Trunk 接口发出的数据帧只有一个 VLAN 的数据帧不带 Tag，其他都带 VLAN 标签，因此适合于交换机互联。Hybrid 接口发出的数据帧可根据需要设置某些 VLAN 的数据帧带 Tag，某些 VLAN 的数据帧不带 Tag，因此既可以接 PC 也可以与交换机互联。

（1）Access 模式。Access 口用于与计算机相连，只能运行设置一个 VLAN，丢弃其他 VLAN 数据。

例如，设置端口 Access 工作模式为 ACCESS，并指定缺省的 VLAN ID 为 10 的命令，配置如下：

```
[gkys]interface GigabitEthernet 0/0/1
[gkys-GigabitEthernet0/0/1]port link-type   access
[gkys-GigabitEthernet0/0/1]port default vlan 10 //设置默认的 VLAN ID 为 VLAN10
```

（2）Trunk 模式。Trunk 用于交换机之间的连接，将数据打上各类 VLAN 标签，带有标签的数据被转发到另一个交换机的 Trunk 口。

例如，设置端口 Trunk 工作模式为 TRUNK，并指定端口的 PVID 为 10，允许所有 VLAN 通过的命令，配置如下：

```
[gkys]interface GigabitEthernet 0/0/1
[gkys-GigabitEthernet0/0/1]port link-type   trunk    //配置中继模式
[gkys-GigabitEthernet0/0/1]port trunk pvid vlan 10  //指定端口的 PVID 值，这个 PVID 的作用就是当交换机从外部接收到 Untagged 数据帧时，打上缺省的 VLAN ID。见表 20-2-2 中的说明。这个 PVID 在交换机内部转发数据时不起作用
[gkys-GigabitEthernet0/0/1]port trunk allow-pass vlan {all/VLAN ID}   //all 表示所有的 VLAN，VLAN ID 则是用户指定的 VLAN 列表，即允许部分或者全部 VLAN 通过 Trunk 口
```

Access 模式和 Trunk 模式在交换机端口上的应用如图 20-2-2 所示。

图 20-2-2 Access 模式和 Trunk 模式应用

（3）Hybrid 模式。Hybrid 模式的接口比较特殊，它既可以用于连接不能识别 Tag 的主机，也可以用于连接交换机、路由器这些支持 TAG 的网络设备。通过不同的配置，既可以允许多个 VLAN 的帧带 Tag 通过，也允许根据需要从发出的帧配置某些 VLAN 的帧带 Tag，而另一些帧不带 Tag。

```
[Huawei]interface GigabitEthernet 0/0/1
[Huawei-GigabitEthernet0/0/1] port link-type hybrid
[Huawei-GigabitEthernet0/0/1]port hybrid pvid   vlan 10
 //指定 PVID 为 vlan 10
[Huawei-GigabitEthernet0/0/1]port hybrid   tagged vlan   20   //对 VLAN 20 的数据发送时增加 Tag
```

具体的命令形式如下：

```
[Huawei-GigabitEthernet0/0/1]port hybrid   tagged vlan   {all/VLAN ID}
//all 表示所有的 VLAN，VLAN ID 则是用户指定的 VLAN 列表，用于设置 Hybrid 端口对哪些 VLAN 添加 Tag
```

也可以使用如下命令配置：

```
[Huawei-GigabitEthernet0/0/1]port hybrid   untagged vlan   {all/VLAN ID}指定哪些端口不添加 Tag
```

注意，某些版本的交换机配置 Hybrid 端口使用如下指令：

```
port hybrid vlan vlan-id-list { tagged | untagged }
```

这种形式仅仅是命令形式上不同。

20.3　VLAN 配置

20.3.1　考点分析

历年网络工程师考试试题涉及本部分的相关知识点有：VLAN 基础知识、VLAN 划分方式、VLAN 配置、将端口指定到 VLAN、VCMP 基本概念和配置等。

20.3.2　知识点精讲

1. VLAN 基础知识

虚拟局域网（Virtual Local Area Network，VLAN）是一种将局域网设备从逻辑上划分成一个个网段，从而实现虚拟工作组的数据交换技术。这一技术主要应用于 3 层交换机和路由器中，但主流应用还是在 3 层交换机中。

VLAN 是基于物理网络上构建的逻辑子网，所以构建 VLAN 需要使用支持 VLAN 技术的交换机。当网络之间的不同 VLAN 进行通信时，就需要路由设备的支持。这时就需要增加路由器、3 层交换机之类的路由设备。

一个 VLAN 内部的广播和单播流量都不会转发到其他 VLAN 中，这样有助于控制流量、减少设备投资、简化网络管理、提高网络的安全性。

2. VLAN 划分方式

VLAN 的划分方式有多种，但并非所有交换机都支持，而且只能选择一种应用。

（1）根据端口划分。这种划分方式是依据交换机端口来划分 VLAN 的，是最常用的 VLAN 划分方式，属于静态划分。例如，A 交换机的 1～12 号端口被定义为 VLAN1，13～24 号端口被定义为 VLAN2，25～48 号端口和 C 交换机上的 1～48 端口被定义为 VLAN3。VLAN 之间通过 3 层交换机或路由器保证 VLAN 之间的通信。

（2）根据 MAC 地址划分。这种划分方式是根据每个主机的 MAC 地址来划分的，即对每个 MAC 地址的主机都配置其属于哪个组，**属于动态划分 VLAN**。这种方式的最大优点是当设备物理位置移动时，VLAN 不用重新配置；缺点是初始化时，所有的用户都必须进行配置，配置工作量大，如果网卡更换或设备更新，又需重新配置。而且这种划分方法也导致了交换机的端口可能存在很多个 VLAN 组的成员，无法限制广播包，从而导致广播太多，影响网络性能。

（3）根据网络层上层协议划分。这种划分方式是根据每个主机的网络层地址或协议类型（如果支持多协议）划分的，**属于动态划分 VLAN**。这种划分方法根据网络地址（如 IP 地址）划分，但与网络层的路由毫无关系。优点是用户的物理位置改变了，不需要重新配置所属的 VLAN，而且可以根据协议类型来划分，这对网络管理者来说很重要。此外，这种方法不需要附加帧标签来识别 VLAN，这样可以减少网络的通信量。缺点是效率低，因为检查每一个数据包的网络层地址是需要消耗处理时间的（相对于前面两种方法），一般的交换机芯片都可以自动检查网络上数据包的以太网帧头，但要让芯片能检查 IP 帧头，则需要更高的技术，同时也更费时。

（4）根据 IP 组播划分 VLAN。IP 组播实际上也是一种 VLAN 的定义，即认为一个组播组就是一个 VLAN。这种划分方法将 VLAN 扩展到了广域网，因此这种方法具有更强的灵活性，而且也很容易通过路由器进行扩展，当然这种方法不适合局域网，主要是因为效率不高。该方式属于**动态划分 VLAN**。

（5）基于策略的 VLAN。根据管理员事先制定的 VLAN 规则，自动将加入网络中的设备划分到正确的 VLAN。该方式属于**动态划分 VLAN**。

3. VLAN 创建

创建 VLAN 可以分为批量创建和单独创建两种形式。一般情况下，新出厂的交换机默认的 VLAN 是 VLAN1。我们可以在交换机上使用命令 display vlan 查看 VLAN 的情况。

```
[gkys]disp vlan
The total number of vlans is : 1
--------------------------------------------------------------------------------
U: Up;              D: Down;            TG: Tagged;           UT: Untagged;
MP: Vlan-mapping;                       ST: Vlan-stacking;
#: ProtocolTransparent-vlan;            *: Management-vlan;
--------------------------------------------------------------------------------

VID    Type     Ports
--------------------------------------------------------------------------------
1      common   UT:GE0/0/1(D)      GE0/0/2(D)      GE0/0/3(D)      GE0/0/4(D)
                GE0/0/5(D)         GE0/0/6(D)      GE0/0/7(D)      GE0/0/8(D)
                GE0/0/9(D)         GE0/0/10(D)     GE0/0/11(D)     GE0/0/12(D)
                GE0/0/13(D)        GE0/0/14(D)     GE0/0/15(D)     GE0/0/16(D)
                GE0/0/17(D)        GE0/0/18(D)     GE0/0/19(D)     GE0/0/20(D)
                GE0/0/21(D)        GE0/0/22(D)     GE0/0/23(D)     GE0/0/24(D)

VID    Status   Property      MAC-LRN Statistics Description
```

```
--------------------------------------------------------------------------
1     enable   default        enable   disable     VLAN 0001
```

（1）批量创建多个连续的 VLAN。

```
<gkys> system-view
[gkys] vlan batch x to y
```

其中的 x 和 y 用来表示不同的 VLAN 编号；to 用于创建连续的 VLAN，省略 to 则只创建列表中指定号码的 VLAN。

批量创建 VLAN11 到 VLAN20 的步骤如下：

```
<gkys> system-view
[gkys] vlan batch 11 to 20
```

（2）单独创建 VLAN。

```
<gkys> system-view
[gkys] vlan x
```

其中的 x 用来表示 VLAN 编号。如果 VLAN 已经创建，则直接进入 VLAN 视图，否则创建该 VLAN。

单独创建 VLAN30 的步骤如下：

```
<gkys> system-view
[gkys] vlan 30           // 创建或者进入 VLAN30
```

如果设备上创建了多个 VLAN，为了便于管理，可以为 VLAN 配置名称。配置 VLAN 名称后，即可直接通过 VLAN 名称进入 VLAN 视图。

配置 VLAN10 的名称为 huawei 的命令如下：

```
<gkys> system-view
[gkys] vlan 10
[gkys-vlan10] name huawei
[gkys-vlan10] quit
```

配置 VLAN 名称后，可直接通过 VLAN 名称进入 VLAN 视图：

```
[gkys] vlan vlan-name huawei
[gkys-vlan10] quit
```

4．VLAN 基础配置

华为设备中划分 VLAN 的方式有基于接口、基于 MAC 地址、基于 IP 子网、基于协议、基于策略（MAC 地址、IP 地址、接口）。其中基于接口划分 VLAN 是最简单、最常见的划分方式，也是考试中考得最多的一种形式。基于接口划分 VLAN 指的是根据交换机的接口来划分 VLAN。需要网络管理员预先为交换机的每个接口配置不同的 PVID，当一个数据帧进入交换机时，如果没有带 VLAN 标签，该数据帧就会被打上接口指定 PVID 的 Tag，然后数据帧将在指定 PVID 中传输。

当在交换机上创建了 VLAN 后，接下来就需要将相应的端口指定至该 VLAN，可以是单一端口指定 VLAN 或者成批端口指定 VLAN。

（1）单一端口指定 VLAN 的配置步骤。

```
system-view                              //进入系统视图
vlan vlan-id                             //创建 VLAN 并进入 VLAN 视图。如果 VLAN 已经创建，则直接进入 VLAN 视图
quit                                     //返回系统视图
interface interface-type interface-number      //进入需要加入 VLAN 的以太网接口视图
```

```
port link-type access        //配置接口类型为 Access
port default vlan vlan-id     //配置接口的缺省 VLAN 并将接口加入到指定 VLAN
```

VLAN 配置的步骤在考试中常考，需要重点掌握。将 G0/0/1 接口设置为 VLAN10 的具体配置命令如下：

```
<Huawei>system-view
Enter system view, return user view with Ctrl+Z.
[Huawei]vlan 10
[Huawei-vlan10]quit
[Huawei]interface GigabitEthernet 0/0/1
[Huawei-GigabitEthernet0/0/1] port link-type access
[Huawei-GigabitEthernet0/0/1]port default vlan 10
```

（2）成批端口指定 VLAN。

如需要对一批接口执行相同的 VLAN 配置，则可以在 VLAN 视图下执行命令 port interface-type { interface-number1 [to interface-number2] }批量配置。将接口 gi0/0/1-gi0/0/10 全部加入 VLAN 2 的命令如下：

```
[gkys] vlan 2                                      //进入 VLAN 2 视图
[gkys-vlan2]port GigabitEthernet 0/0/1   to   0/0/10   //将 1～10 号接口全部设置为 VLAN 2
```

也可以使用以下方式：

```
system-view      //进入系统视图
vlan vlan-id      //创建 VLAN 并进入 VLAN 视图。如果 VLAN 已经创建，则直接进入 VLAN 视图
quit              //返回系统视图
port-group group-member   //进入接口组视图
group-member interface-type   interface-number to interface-type interface-number //把需要的接口加入组
port link-type access            //配置接口类型为 Access。此时系统会对每个接口进行一次设置
port default vlan vlan-id
//配置接口的缺省 VLAN 并将接口加入到指定 VLAN，系统也会自动对每个接口执行一次命令
```

如要将接口 GigabitEthernet0/0/1 到 GigabitEthernet0/0/10 的这 10 个接口统一配置成 Access 模式，默认的 VLAN 是 VLAN10 的命令：

```
<Huawei>system-view
Enter system view, return user view with Ctrl+Z.
[Huawei]vlan 10
[Huawei-vlan10]quit
[Huawei]Port-group 1
[Huawei-port-group-1]group-member GigabitEthernet 0/0/1 to GigabitEthernet 0/0/10        //把 1 到 10 端口加入分组
[Huawei-port-group-1]port link-type access    //下面 10 行是这条命令执行之后，系统自动分步执行的结果
[Huawei-GigabitEthernet0/0/1]port link-type access
[Huawei-GigabitEthernet0/0/2]port link-type access
[Huawei-GigabitEthernet0/0/3]port link-type access
[Huawei-GigabitEthernet0/0/4]port link-type access
[Huawei-GigabitEthernet0/0/5]port link-type access
[Huawei-GigabitEthernet0/0/6]port link-type access
[Huawei-GigabitEthernet0/0/7]port link-type access
[Huawei-GigabitEthernet0/0/8]port link-type access
[Huawei-GigabitEthernet0/0/9]port link-type access
[Huawei-GigabitEthernet0/0/10]port link-type access
[Huawei-port-group-1]port default vlan 10    //设置接口的默认 PVID，系统自动执行以下 10 条命令，并在屏幕上输出
```

```
[Huawei-GigabitEthernet0/0/1]port default vlan 10
[Huawei-GigabitEthernet0/0/2]port default vlan 10
[Huawei-GigabitEthernet0/0/3]port default vlan 10
[Huawei-GigabitEthernet0/0/4]port default vlan 10
[Huawei-GigabitEthernet0/0/5]port default vlan 10
[Huawei-GigabitEthernet0/0/6]port default vlan 10
[Huawei-GigabitEthernet0/0/7]port default vlan 10
[Huawei-GigabitEthernet0/0/8]port default vlan 10
[Huawei-GigabitEthernet0/0/9]port default vlan 10
[Huawei-GigabitEthernet0/0/10]port default vlan 10
[Huawei-port-group-1]quit
```

华为交换设备的重要概念就是默认 VLAN。通常 Access 端口只属于 1 个 VLAN，所以它的默认 VLAN 就是其所在的 VLAN，无须设置。而 Hybrid 端口和 Trunk 端口可以属于多个 VLAN，因此需要设置默认 VLAN ID。默认情况下，Hybrid 端口和 Trunk 端口的默认 VLAN 为 VLAN 1。

当端口接收到不带 VLAN Tag 的报文后，则将报文转发到属于默认 VLAN 的端口（如果设置了端口的默认 VLAN ID）。当端口发送带有 VLAN Tag 的报文时，如果该报文的 VLAN ID 与端口默认的 VLAN ID 相同，则系统将去掉报文的 VLAN Tag，然后发送该报文。

在配置 VLAN 时要注意：

（1）默认情况下，所有端口都属于 VLAN 1，一个 Access 端口只能属于一个 VLAN。

（2）如果端口是 Access 端口，则在将端口加入到另外一个 VLAN 的同时，系统自动把该端口从原来的 VLAN 中删除掉。

（3）除了 VLAN 1 外，如果 VLAN XX 不存在，在系统视图下输入 VLAN XX，则创建 VLAN XX 并进入 VLAN 视图；如果 VLAN XX 已经存在，则进入 VLAN 视图。

接下来，通过一个简单的案例帮助大家理解华为交换机 Hybrid 端口模式工作的特点。基础配置命令如下：

```
[Switch-Ethernet0/1]interface Ethernet 0/1            //进入 ethernet 0/1 接口
[Switch-Ethernet0/1]port link-type hybrid             //设置接口类型为 Hybrid
[Switch-Ethernet0/1]port hybrid pvid vlan 10          //接口的 PVID 是 VLAN10
[Switch-Ethernet0/1]port hybrid untagged vlan 10 20   //对 VLAN 为 10、20 的报文，剥掉 VLAN Tag
[Switch-Ethernet0/1]quit
[Switch] interface Ethernet 0/2
[Switch-Ethernet0/2]port link-type hybrid
[Switch-Ethernet0/2]port hybrid pvid vlan 20
[Switch-Ethernet0/2]port hybrid untagged vlan 10 20
```

此时 interface e0/1 和 interface e0/2 下所接的 PC 是可以互通的，但两台 PC 通信时数据的往返 VLAN 是不同的。

以 interface e0/1 接口的 pc1 访问 interface e0/2 接口的 pc2 为例进行分析。

（1）pc1 所发出的数据。由 interface e0/1 所在的 pvid VLAN 10 封装 VLAN 10 的标记后送入交换机，交换机发现 interface e0/2 允许 VLAN 10 的数据通过，于是数据被转发到 interface e0/2 上。由于 interface e0/2 上的 VLAN 10 设置为 untagged，于是交换机此时去除数据包上 VLAN 10 的标记，以普通包的形式发给 pc2，此时 pc1 到 pc2 的通信是基于 VLAN 10 的。

（2）pc2 返回给 pc1 的数据包。由 interface e0/2 所在的 pvid VLAN 20 封装 VLAN 20 的标记后送入交换机，交换机发现 interface e0/1 允许 VLAN 20 的数据通过，于是数据被转发到 interface e0/1 上，由于 interface e0/1 上的 VLAN 20 设置为 untagged，于是交换机此时去除数据包上 VLAN 20 的标记，以普通包的形式发给 pc1，此时 pc2 到 pc1 使用 VLAN 20 进行通信。

接下来的命令行是在交换机上创建 VLAN 2 和 VLAN 3，并将指定的接口加入到 VLAN 中的配置命令行。

```
<HUAWEI> system-view
[HUAWEI] sysname SwitchA
[SwitchA] vlan batch 2 3     //批量创建 VLAN 2 和 VLAN 3
[SwitchA] interface gigabitethernet 1/0/1
[SwitchA-GigabitEthernet1/0/1] port link-type access     //和接入设备相连的接口类型必须是 Access，接口默认类型是 Hybrid，默认 vlan 是 Vlan1，因此需要手动配置为 Access
[SwitchA-GigabitEthernet1/0/1] port default vlan 2     //将接口 GE1/0/1 加入 VLAN 2
[SwitchA-GigabitEthernet1/0/1] quit
[SwitchA] interface gigabitethernet 1/0/2
[SwitchA-GigabitEthernet1/0/2] port link-type access
[SwitchA-GigabitEthernet1/0/2] port default vlan 3     //将接口 GE1/0/2 加入 VLAN 3
[SwitchA-GigabitEthernet1/0/2] quit
[SwitchA] interface gigabitethernet 1/0/3
[SwitchA -GigabitEthernet1/0/3] port link-type trunk     //将与上层汇聚交换机相连接口的接口类型设置为 Trunk
[SwitchA -GigabitEthernet1/0/3] port trunk allow-pass vlan 2 3     //允许该接口上透传 VLAN 2 和 VLAN 3 到上层汇聚交换机
[SwitchA -GigabitEthernet1/0/3] quit
```

5. VCMP 协议

通过在二层网络中的交换机上部署 VCMP（VLAN Central Management Protocol），可以实现在一台交换机上创建、删除 VLAN，域内所有指定的其他交换机可自动同步创建、删除相应 VLAN，实现 VLAN 的集中管理和维护，减少网络维护成本。VCMP 只能帮助网络管理员同步 VLAN 配置，但**不能帮助其将端口动态地划分到 VLAN**，这是与 GVRP 协议最大的区别。而且 VCMP 创建的是静态 VLAN，而 GVRP 创建的都是动态 VLAN。

VCMP 通过域来管理交换机。域是一组域名相同的交换机通过 Trunk 或 Hybrid 链路接口连接，同一域内的交换机都必须使用相同的域名，并且一台交换机只能加入一个 VCMP 管理域。域中只能有**一台管理设备**，但可以有多台被管理设备。

（1）VCMP 的基本概念。管理域通过角色定义来确定设备的属性，VCMP 定义了 Server、Client、Transparent 和 Silent 四种角色。

1）Server：VCMP 管理域的管理角色，负责将 VLAN 信息通过 VCMP 报文同步给同域的其他设备。在 Server 上创建、删除的 VLAN 信息会在全域内传播。

2）Client：VCMP 管理域的被管理角色，属于某个特定 VCMP 管理域，根据 Server 发过来的 VCMP 报文将 VLAN 信息同步到本地。Client 上创建、删除的 VLAN 信息不会在域内传播，但会被 Server 发送的 VLAN 信息覆盖。

3）Transparent：主要用作透传 VCMP 报文，不受 VCMP 的管理行为影响，也不影响 VCMP 管理域中的其他设备，但是可以直接转发 VCMP 报文，Transparent 上创建、删除的 VLAN 信息不受 Server 影响，也不会在域内传播。

4）Silent：该角色部署在 VCMP 管理域的边缘，不受 VCMP 的管理行为影响，也不影响 VCMP 管理域中的其他设备，可用来隔离 VCMP 管理域。Silent 收到 VCMP 报文后直接丢弃，而不转发该报文。Silent 上创建、删除的 VLAN 信息不受 Server 影响，也不会在域内传播。也就是说，Transparent 和 Silent 不属于任何 VCMP 管理域。

（2）VCMP 工作原理。VCMP 通过在各角色设备间交互 VCMP 报文实现 VLAN 的集中管理，VCMP 报文只能在 Trunk 或 Hybrid 类型接口的 VLAN 1 上传输。VCMP 协议定义了 Summary-Advert 和 Advert-Request 两种组播方式的报文。默认情况下，Server 每 5 分钟发一次 Summary-Advert 报文，向 VCMP 管理域内的其他设备通告域名、设备 ID、配置修订号及 VLAN 信息，以确保 Server 与 Client 上 VLAN 信息的实时同步，防止因传输丢包等原因导致的同步遗漏。

Client 通过 Advert-Request 报文主动请求同步 VLAN 信息，以便及时同步，避免不必要的等待，如新加入域中的一台 Client 设备，可以发送 Advert-Request 报文请求同步 VLAN 信息。

通常在网络中部署 VCMP 时，先根据要管理的范围确定 VCMP 管理域，然后选择某台汇聚交换机或核心交换机作为 VCMP 的 Server。这样，只需在汇聚或核心交换机上创建、删除 VLAN，同域内的接入交换机会同步修改，进而实现 VLAN 的集中管理，降低配置和维护的工作量。同时，如果 VCMP 管理域没有设置认证密码，网络中接入一台无配置的新交换机时，Server 会通知其同步 VLAN 配置。

配置 VCMP 的基本步骤如下：

1）先执行 vcmp role { client | server | silent | transparent }，配置 VCMP 管理域中设备的角色。缺省情况下，VCMP 管理域中设备的角色是 Client。

2）在 Server 上，配置好相应的域名，注意同一 VCMP 管理域内的每台交换机都必须使用相同的域名。并使用命令 vcmp device-id device-name，为角色是 Server 的设备配置设备 ID。

3）执行 interface interface-type interface-number，进入需要使能 VCMP 功能的以太网接口视图，在二层以太网接口上使能。

4）执行 undo vcmp disable，基于接口使能 VCMP 功能。缺省情况下，交换机上所有接口的 VCMP 功能处于使能状态

以下配置是将设备配置为服务器角色：

```
<HUAWEI> system-view
[HUAWEI]vcmp role server    //配置角色为服务器
[HUAWEI]vcmp domain gkys
[HUAWEI]vcmp device-id server
[HUAWEI]vcmp authentication sha2-256 password gkys
[HUAWEI]interface GigabitEthernet 0/0/1
[HUAWEI-GigabitEthernet0/0/1] vcmp disable
[HUAWEI-GigabitEthernet0/0/1] quit
```

其他设备都加入到该域中，必须配置完全相同的域名，并且配置好相应的角色和相同的认证密钥即可。

6. VLAN 封装协议

VTP 协议有两种链路封装协议：IEEE 802.1Q 和 QinQ 技术。

（1）IEEE 802.1Q：俗称 Dot1q，由 IEEE 创建。它是一个通用协议，在各个不同厂商的设备之间使用 IEEE 802.1Q。IEEE 802.1Q 所附加的 VLAN 识别信息位于数据帧中的源 MAC 地址与类型字段之间。基于 IEEE 802.1Q 附加的 VLAN 信息，就像在传递物品时附加的标签。IEEE 802.1Q VLAN 最多可支持 4096 个 VLAN 组，并可跨交换机实现。

IEEE 802.1Q 协议在原来的以太帧中增加了 4 个字节的标记（Tag）字段，如图 20-3-1 所示。增加了 4 个字节后，交换机默认最大 MTU 应由 1500 个字节改为至少 1504 个字节。

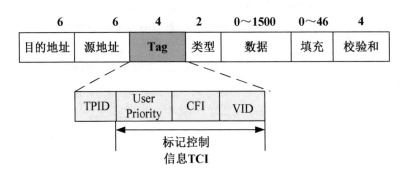

图 20-3-1　IEEE 802.1Q 格式

- TPID：值为 0x8100（hex），标记 IEEE 802.1Q 帧，hex 表示十六进制。

- TCI：标签控制信息字段，包括用户优先级（User Priority）、规范格式指示器（Canonical Format Indicator）和 VLAN ID。

- User Priority：定义用户优先级，3 位，有 8 个优先级别。

- CFI：以太网交换机中，规范格式指示器总被设置为 0。设置为 1 时，表示该帧格式并非合法格式，这类帧不被转发。

- VID：VLAN ID 标识 VLAN，长度为 12 位，所以取值范围为 $[0, 2^{12}-1]$，即 [0,4095]。VLAN ID 在标准 IEEE 802.1Q 中常常用到。在 VID 可能的取值范围 [0,4095] 中，VID＝0 用于识别帧优先级，4095（转换为十六进制为 FFF）作为预留值，所以 **VLAN 号的最大可能值为 4094，最多可以配置 4094 个不同 VLAN，其编号范围是 [1,4094]**。

- 在实际网络的配置中，当三层交换机通过一个三层以太网接口接入不同 VLAN 用户时，可通过配置 Dot1q 终结子接口实现 VLAN 间的通信。这样原本属于不同 VLAN 且位于不同网段的用户，可通过在子接口上配置 Dot1q 终结、配置 IP 地址实现三层互通。注意，为了成功实现 VLAN 间互通，VLAN 内主机的缺省网关必须是对应子接口的 IP 地址。大致的配置步骤如下：

  ➢ 执行命令 interface interface-type interface-number，进入接口视图。

  ➢ 执行命令 port link-type { **hybrid** | **trunk** }，配置端口类型。

> ➤ 执行命令 quit，退出接口视图。
> ➤ 执行命令 interface interface-type interface-number.subinterface-number，进入子接口视图。
> ➤ 执行命令 ip address ip-address{mask | mask-length} [**sub**]，配置子接口的 IP 地址。
> ➤ 执行命令 dot1q termination vid low-pe-vid[**to** high-pe-vid]，配置子接口终结的 VLAN。
> ➤ 不同主接口下的子接口可以关联相同的 VLAN ID，但是同一主接口下的不同子接口一定不能关联相同的 VLAN ID。
> ➤ 执行命令 arp broadcast enable，使能子接口的 ARP 广播功能。

（2）QinQ 技术（Double VLAN）：为了解决日益紧缺的公网 VLAN ID 资源问题，二层 VPN 技术能够透明传送用户的 VLAN 信息。IEEE 802.1Q 扩展了一个新的标准 IEEE 802.1ad（运营商网桥协议），即 QinQ 技术。具体实现就是在 IEEE 802.1Q 协议标签前再次封装 IEEE 802.1Q 协议标签，其中一层是标识用户系统网络，另一层是标识网络业务，这样可以实现多用户和多业务流的融合。

这种处理方式要求运营商网络或用户局域网中的交换机都支持 IEEE 802.1Q 协议，同时通过 IEEE 802.1ad 来实现灵活的 QinQ 技术。灵活 QinQ 又叫 VLAN Stacking 或 QinQ Stacking。它是基于接口与 VLAN 相结合的方式实现的。除了能实现所有基本 QinQ 的功能外，对于同一个接口接收的报文还可以根据不同的 VLAN 做不同的动作。

华为交换机上，也可以设置端口的类型为 QinQ，接口的外层 tag 为 vlan100。命令如下：

```
[gkys-GigabitEthernet0/0/1]port link-type dot1q-tunnel    //这里的 dot1q-tunnel 就是指的 QinQ 端口
[gkys -GigabitEthernet0/0/1] port default vlan 100        //配置 GE0/0/1 的外层 tag 为 VLAN100
[gkys -GigabitEthernet0/0/1] quit
```

设置另一台交换机的 G0/0/3 接口 QinQ 外层 VLAN tag 的 TPID 值为 0x9100，命令如下：

```
[gkys2] interface gigabitethernet 0/0/3
[gkys2-GigabitEthernet0/0/3] qinq protocol 9100 //配置 QinQ 外层 VLAN tag 的 TPID 值为 0x9100
```

7. GVRP 概念与配置

考试中还有可能考到一个用于 VLAN 同步的协议 GVRP（GARP VLAN Registration Protocol），是 GARP（Generic Attribute Registration Protocol）的一种应用，用于注册和注销 VLAN 属性。将 GARP 协议报文的内容映射成不同的属性即可支持不同上层协议应用。

GVRP 能使不同设备上的 VLAN 信息由协议动态维护和更新，用户只需要对少数设备进行 VLAN 配置即可应用到整个网络中，节省配置管理的时间，提高效率。

手工配置的 VLAN 称为静态 VLAN，通过 GVRP 协议创建的 VLAN 称为动态 VLAN。

（1）GVRP 的基本模式和工作原理。GVRP 的三种注册模式分别定义如下：

1）Normal 模式。允许动态 VLAN 在端口上进行注册，同时会发送静态 VLAN 和动态 VLAN 的声明消息。

2）Fixed 模式。不允许动态 VLAN 在端口上注册，只发送静态 VLAN 的声明消息。

3）Forbidden 模式。不允许动态 VLAN 在端口上进行注册，同时删除端口上除 VLAN1 外的所有 VLAN，只发送 VLAN1 的声明消息。

GARP 应用实体之间的信息交换主要通过三类消息实现，分别是 Join 消息、Leave 消息和 LeaveAll 消息。

1）Join 消息：当 GARP 实体希望其他设备注册自己的属性信息时，它将对外发送 Join 消息；当收到其他实体的 Join 消息或本设备静态配置了某些属性，需要其他 GARP 应用实体进行注册时，它也会向外发送 Join 消息。

2）Leave 消息：当 GARP 应用实体希望其他设备注销自己的属性信息时，它将对外发送 Leave 消息；当收到其他实体的 Leave 消息注销某些属性或静态注销了某些属性后，它也会向外发送 Leave 消息。

3）LeaveAll 消息：用来注销所有的属性，以使其他应用实体重新注册本实体上所有的属性信息。在设备上，每一个参与协议的端口可以视为一个应用实体。当 GVRP 在设备上启动时，每个启动 GVRP 的端口对应一个 GVRP 应用实体。

GVRP 协议通过声明和回收声明实现 VLAN 属性的注册和注销。当端口接收到一个 VLAN 属性声明时，该端口将注册该声明中包含的 VLAN 信息（端口加入 VLAN）。当端口接收到一个 VLAN 属性的回收声明时，该端口将注销该声明中包含的 VLAN 信息（端口退出 VLAN）。GVRP 协议属性的注册和注销仅仅是对于接收到 GVRP 协议报文的端口而言的。

在了解具体工作过程前，考生必须了解 GARP 协议中 4 个定时器的作用。

1）Join 定时器。Join 定时器用来控制 Join 消息（包括 JoinIn 和 JoinEmpty）的发送。

为了保证 Join 消息能够可靠地传输到其他应用实体，发送第一个 Join 消息后将等待一个 Join 定时器的时间间隔，如果在一个 Join 定时器时间内收到 JoinIn 消息，则不发送第二个 Join 消息；如果没收到，则再发送一个 Join 消息。

2）Hold 定时器。Hold 定时器用来控制 Join 消息（包括 JoinIn 和 JoinEmpty）和 Leave 消息（包括 LeaveIn 和 LeaveEmpty）的发送。

当在应用实体上配置属性或应用实体接收到消息时不会立刻将该消息传播到其他设备，而是在等待一个 Hold 定时器后再发送消息，设备将此 Hold 定时器时间段内接收到的消息尽可能封装成最少数量的报文，这样可以减少报文的发送量。如果没有 Hold 定时器的话，每来一个消息就发送一个会造成网络上报文量太大，不利于网络的稳定。

3）Leave 定时器。Leave 定时器是用来控制属性注销的。每个应用实体接收到 Leave 或 LeaveAll 消息后会启动 Leave 定时器，如果在 Leave 定时器超时之前没有接收到该属性的 Join 消息，属性才会被注销。

4）LeaveAll 定时器。每个 GARP 应用实体启动后，将同时启动 LeaveAll 定时器。当该定时器超时后，GARP 应用实体将对外发送 LeaveAll 消息，随后再启动 LeaveAll 定时器，开始新的一轮循环。

GVRP 协议具体的注册过程（图 20-3-2）如下：在 Switch A 上创建静态 VLAN 2，通过 VLAN 属性的单向注册，将 Switch B 和 Switch C 的相应端口自动加入 VLAN 2。

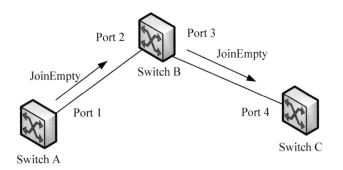

图 20-3-2　注册过程示意图

1）在 Switch A 上创建静态 VLAN 2 后，Port 1 启动 Join 定时器和 Hold 定时器，等待 Hold 定时器超时后，Switch A 向 Switch B 发送第一个 JoinEmpty 消息，Join 定时器超时后再次启动 Hold 定时器；再等待 Hold 定时器超时后，发送第二个 JoinEmpty 消息。

2）Switch B 上接收到第一个 JoinEmpty 消息后创建动态 VLAN 2，并把接收到 JoinEmpty 消息的 Port 2 加入到动态 VLAN 2 中，同时告知 Port 3 启动 Join 定时器和 Hold 定时器，等待 Hold 定时器超时后向 Switch C 发送第一个 JoinEmpty 消息，Join 定时器超时后再次启动 Hold 定时器，Hold 定时器超时之后，发送第二个 JoinEmpty 消息。Switch B 上收到第二个 JoinEmpty 后，因为 Port 2 已经加入动态 VLAN 2，所以不作处理。

3）Switch C 上接收到第一个 JoinEmpty 后创建动态 VLAN 2，并把接收到 JoinEmpty 消息的 Port 4 加入到动态 VLAN 2 中。Switch C 上收到第二个 JoinEmpty 后，因为 Port 4 已经加入动态 VLAN 2，所以不作处理。

4）此后，每当 LeaveAll 定时器超时或收到 LeaveAll 消息，设备会重新启动 LeaveAll 定时器、Join 定时器、Hold 定时器和 Leave 定时器。Switch A 的 Port 1 在 Hold 定时器超时之后发送第一个 JoinEmpty 消息，Join 定时器超时后再次启动 Hold 定时器，再等待 Hold 定时器超时后，发送第二个 JoinEmpty 消息，Switch B 向 Switch C 发送 JoinEmpty 消息的过程也是如此。

这是一种单向注册的过程，而在双向注册过程中，由 Switch C 反向发送 JoinEmpty 消息，Switch B 的 Port 3 也会加入 VLAN 2。

（2）GVRP 的配置。在实际配置中，需要特别注意的是使能 GVRP 之前，必须先设置 VCMP 的角色为 Transparent 或 Silent。

1）在系统视图执行命令 gvrp，使能全局 GVRP 功能。

2）使用命令 interface interface-type interface-number，进入接口视图。

3）使用命令 port link-type trunk，配置接口为 Trunk 类型。

4）使用命令 port trunk allow-pass vlan { { vlan-id1 [to vlan-id2] }&<1-10> | all }，配置接口加入 VLAN。

5）在接口下执行命令 gvrp，使能接口 GVRP 功能。注意：缺省情况下，全局和接口的 GVRP 功能都处于关闭状态。

GVRP 的接口注册模式在实际配置中不是必需的，都使用接口默认的注册模式 Normal 即可，这样可以简化配置。

在如下拓扑（图 20-3-3）中进行 GVRP 的实际配置时，只需在三台交换机上都按照如下配置 GVRP 即可。具体 Switch A 的配置如下：

```
<HUAWEI> system-view
[HUAWEI] sysname SwitchA
[SwitchA] vcmp role silent //配置 GVRP 之前，必须将 VCMP 角色设置为 Silent 或者 Transparent
[SwitchA] gvrp   //全局使能 GVRP
[SwitchA] interface gigabitethernet 0/0/1
[SwitchA-GigabitEthernet0/0/1] port link-type trunk   //交换机之间的接口配置成 Trunk，并允许所有的 VLAN 通过
[SwitchA-GigabitEthernet0/0/1] port trunk allow-pass vlan all
[SwitchA-GigabitEthernet0/0/1] quit
[SwitchA] interface gigabitethernet 0/0/2
[SwitchA-GigabitEthernet0/0/2] port link-type trunk
[SwitchA-GigabitEthernet0/0/2] port trunk allow-pass vlan all
[SwitchA-GigabitEthernet0/0/2] quit
[SwitchA] interface gigabitethernet 0/0/1
[SwitchA-GigabitEthernet0/0/1] gvrp   //接口使能 GVRP
[SwitchA-GigabitEthernet0/0/1] gvrp registration   normal   //设置 GVRP 接口注册模式为 Normal，可以简化配置
[SwitchA-GigabitEthernet0/0/1] quit
[SwitchA] interface gigabitethernet 0/0/2
[SwitchA-GigabitEthernet0/0/2] gvrp
[SwitchA-GigabitEthernet0/0/2] gvrp registration normal
[SwitchA-GigabitEthernet0/0/2] quit
```

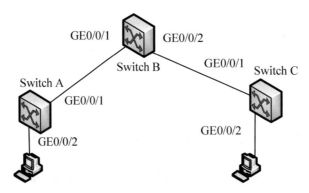

图 20-3-3　案例用图

配置完成之后，在 Switch A 上使用命令 display gvrp statistics，查看接口的 GVRP 统计信息，其中包括 GVRP 状态、GVRP 注册失败次数、上一个 GVRP 数据单元源 MAC 地址和接口 GVRP 注册类型，结果如下：

```
[SwitchA] display gvrp statistics
GVRP statistics on port GigabitEthernet0/0/1
GVRP status : Enabled
GVRP registrations failed : 0
GVRP last PDU origin : 0000-0000-0000
```

GVRP registration type : Normal
GVRP statistics on port GigabitEthernet0/0/2
GVRP status : Enabled
GVRP registrations failed : 0
GVRP last PDU origin : 0000-0000-0000
GVRP registration type : Normal
Info: GVRP is disabled on one or multiple port

20.4　STP

20.4.1　考点分析

历年网络工程师考试试题涉及本部分的相关知识点有：STP 的作用、STP 交换机接口状态、STP 工作原理、STP 配置、基于 MSTP 的负载均衡。

20.4.2　知识点精讲

生成树协议（Spanning Tree Protocol，STP）是一种链路管理协议，为网络提供路径冗余，同时防止产生环路。交换机之间使用网桥协议数据单元（Bridge Protocol Data Unit，BPDU）来交换 STP 信息。**BPDU** 包含了实现 STP 必要的根网桥 ID、根路径成本、发送网桥 ID、端口 ID 等信息，具有配置 BPDU 和通告拓扑变化的功能。

1. STP 的作用

STP 的作用有以下几点：

（1）逻辑上断开环路，防止广播风暴的产生。

（2）当线路出现故障，断开的接口被激活，恢复通信，起备份线路的作用。

（3）形成一个最佳的树型拓扑。

2. STP 交换机接口状态

启动了 STP 的交换机的接口状态和作用见表 20-4-1。

表 20-4-1　接口状态和作用

状态	作用
阻塞（Blocking）	接收 BPDU、不转发帧
侦听（Listening）	接收 BPDU、不转发帧、接收网管消息
学习（Learning）	接收 BPDU、不转发帧、接收网管消息、把终端站点位置信息添加到地址数据库（构建网桥表）
转发（Forwarding）	发送和接收用户数据、接收 BPDU、接收网管消息、把终端站点位置信息添加到地址数据库
禁用（Disable）	端口处于 shutdown 状态，不转发 BPDU 和数据帧

其中，**阻塞状态到侦听状态需要 20 秒，侦听状态到学习状态需要 15 秒，学习状态到转发状态需要 15 秒。**

3. STP 工作原理

STP 首先选择根网桥（Root Bridge），然后选择根端口（Root Ports），最后选择指定端口（Designated Ports）。

下面讲述具体的 STP 选择过程。

（1）选择根网桥。每台交换机都有一个唯一的网桥 ID（BID），**最小 BID 值**的交换机为根交换机。其中 BID 由 2 字节的网桥优先级字段和 6 字节的 MAC 地址字段组成。图 20-4-1 描述了根网桥的选择过程。

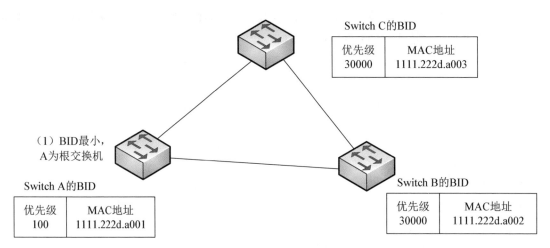

图 20-4-1　根网桥的选择过程

（2）选择根端口。选择根网桥后，其他的非根桥选择一个距离根桥最近的端口为根端口。

选择根端口的依据如下：

1）交换机中到根桥总路径成本最低的端口。路径成本根据带宽计算得到，如 10Mb/s 的路径成本为 100，100Mb/s 的路径成本为 19，1000Mb/s 的路径成本为 4。开销最小的端口，即为该非根交换机的根端口。

2）如果到达根桥开销相同，再比较上一级（接收 BPDU 方向）发送者的桥 ID。选择发送者网桥 ID 最小的对应的端口。

3）如果上一级发送者网桥 ID 也相同，再比较发送端口 ID。端口 ID 由端口优先级（8 位）和端口编号（8 位）组成。选出优先级最小的对应的端口，若优先级相同，则选择端口号最小的。

图 20-4-2 描述了根端口的选择过程。

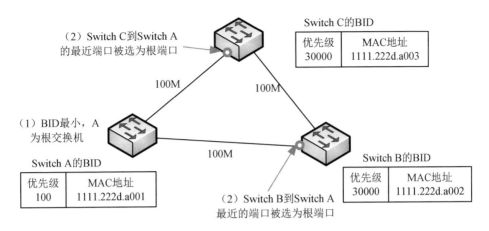

图 20-4-2　根端口的选择过程

（3）选择指定端口。每个网段选择一个指定端口，根桥所有端口均为指定端口。

选定非根桥的指定端口的依据如下：

1）到根路径成本最低。

2）端口所在的网桥的 ID 值较小。

3）端口 ID 值较小。

图 20-4-3 描述了指定端口的选择过程。

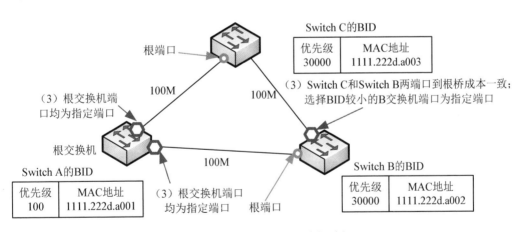

图 20-4-3　指定端口的选择过程

交换机中所有的根端口和指定端口之外的端口，称为非指定端口。此时非指定端口被 STP 协议设置为阻塞状态，这时没有环的网络就生成了。

尽管 STP 能阻断环路，但是效率并不高。主要体现在 STP 算法是被动的算法，依赖定时器等待的方式判断拓扑变化，收敛速度慢。并且算法要求在稳定的拓扑中，根桥主动发出配置 BPDU 报文，其他设备进行处理，传遍整个 STP 网络，这也是导致拓扑收敛慢的主要原因之一。为了解决 STP 收敛速度慢的情况，开发出了 RSTP 协议。RSTP 减少了 STP 中的端口状态数，新增加了两种端口角色，并且把端口属性充分按照状态和角色分开处理；此外，RSTP 还增加了一些相应的增强特性和保护措施，从而可以实现网络的稳定和快速收敛。RSTP 可以与 STP 互操作，但是会丧失快速收敛等优势。

RSTP 在 STP 基础上进行了改进，实现了网络拓扑快速收敛。但 RSTP 和 STP 还存在同一个缺陷：由于局域网中的所有 VLAN 共享一棵生成树，因此无法在 VLAN 间实现数据流量的负载均衡，链路被阻塞后将不能发送业务数据流。因此 IEEE 于 2002 年发布的 IEEE 802.1S 标准定义了 MSTP。MSTP 兼容 STP 和 RSTP，既可以快速收敛，又提供了数据转发的多个冗余路径，在数据转发过程中实现 VLAN 数据的负载均衡。

MSTP 把一个交换网络划分成多个域，每个域内形成多棵生成树，生成树之间彼此独立。每棵生成树叫作一个多生成树实例（Multiple Spanning Tree Instance，MSTI），每个域叫作一个 MST 域（Multiple Spanning Tree Region，MST Region）。MSTP 协议中的生成树实例就是多个 VLAN 的一个集合。通过将多个 VLAN 捆绑到一个实例，可以节省通信开销和资源占用率。每个 VLAN 只能对应一个 MSTI，即同一 VLAN 的数据只能在一个 MSTI 中传输，而一个 MSTI 可能对应多个 VLAN。

MSTP 各个实例拓扑的计算相互独立，在这些实例上可以实现负载均衡。可以把多个相同拓扑结构的 VLAN 映射到一个实例里，这些 VLAN 在端口上的转发状态取决于端口在对应 MSTP 实例的状态。

4. STP 配置

接下来只讨论华为交换机上的 STP 协议配置。华为交换机的优先级默认为 32768，STP 端口的优先级默认为 128。具体的 STP 配置比较简单，只需要使能生成树协议，并指定根桥等主要配置即可。

（1）在交换机 Switch A 上使能 STP。

```
[SwitchA]stp enable //启动生成树协议
```

（2）配置本桥为根桥。

```
[SwitchA]stp root primary
```

配置生成树协议时，需要注意以下三个方面：

（1）华为交换机默认的优先级都是 32768，如果要指定某一台交换机为根交换机，可以通过修改优先级来实现。

（2）默认情况下打开生成树，所有端口都会开启生成树协议，若需要 STP 有更快的收敛速度，可以把接 PC 的端口改为边缘端口模式。

（3）如果要控制某条链路的状态，可以通过设置端口的 cost 值来实现。

5. MSTP 负载均衡配置案例

图 20-4-4 是某个企业内部核心网络结构图，目前企业中有 20 个 VLAN，编号为 VLAN1～VLAN20，为了确保内部网络的可靠性，使用了冗余链路和 MSTP 协议。为了能更好地利用网络资源和带宽，现管理员希望通过配置 MSTP 的负载均衡实现网络带宽的合理利用。

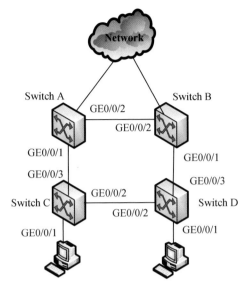

图 20-4-4　某企业网络拓扑图

由于 MSTP 通过域来管理交换机，因此将 Switch A、Switch B、Switch C、Switch D 都配置成相同的域名 gkys，并且创建两个实例 MSTI1 对应 VLAN1～VLAN10 的流量，MSTI2 对应 VLAN11～VLAN20 的流量。在 gkys 域中，创建两个不同的逻辑拓扑结构，如图 20-4-5 所示。其中 MSTI1 通过将 Switch D 的 GE0/0/2 接口 blocking 掉，而 MSTI2 通过将 Switch C 的 Fe0/0/2 接口 blocking 掉。两个实例都形成自己的拓扑结构。

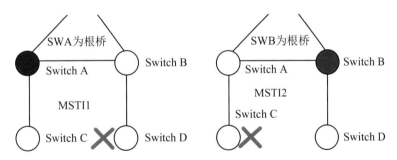

图 20-4-5　两个实例的逻辑拓扑结构

（1）首先在每台交换机上都配置 MSTP 域名和 VLAN 与 MSTI 的对应关系，这里只配置 Switch A 的 MST 域，其他交换机的配置参考 Switch A 的配置。

```
<HUAWEI> system-view
[HUAWEI] sysname SwitchA
[SwitchA] stp region-configuration
[SwitchA-mst-region] region-name gkys
[SwitchA-mst-region] instance 1 vlan 2 to 10        //创建实例与 VLAN 的对应关系
[SwitchA-mst-region] instance 2 vlan 11 to 20       //创建实例与 VLAN 的对应关系
```

```
[SwitchA-mst-region] active region-configuration
[SwitchA-mst-region] quit
```

（2）接下来配置 GKYS 域中的各个实例对应的根桥与备份根桥。按照规划，MSTI1 中 Switch A 称为根桥，Switch B 作为备份根桥；而 MSTI2 中，Switch B 作为根桥，而 Switch A 称为备份根桥。配置过程也是类似的，下面只给出 MSTI1 的配置。

```
[SwitchA] stp instance 1 root primary        //配置 Switch A 为 MSTI1 的根桥
[SwitchB] stp instance 1 root secondary      //配置 Switch B 为 MSTI1 的备份根桥
```

（3）为了让两个实例中的阻塞端口按照我们规划的拓扑实现，必须通过设置合适的路径开销，影响生成树的拓扑结构。通常的做法是配置每个实例中要被阻塞端口的路径开销值大于缺省值。本例中如果设置 MSTI1 中 Switch D 的 GE0/0/2 接口的路径开销大于默认值，则此端口在 MSTI1 中被阻塞。

```
[SwitchD] stp pathcost-standard legacy       //设置生成树路径开销算法为华为默认算法
[SwitchD] interface gigabitethernet 0/0/2
[SwitchD-GigabitEthernet0/0/2] stp instance 1 cost 20000   //设置生成树路径开销为 20000，大于默认的开销值，因此该
端口将被阻断
[SwitchD-GigabitEthernet0/0/2] quit
```

注意：pathcost 的默认值经过 IEEE 修订后，1000Mb/s 端口路径开销值的缺省值为 4，100Mb/s 端口路径开销值的缺省值为 19，10Mb/s 端口的路径开销值为 100。

（4）开销配置完成之后，在域中的所有交换机上使能 MSTP，实现破除环路。华为交换机默认的 STP 模式是 MSTP。下面仅显示在 Switch A 上全局使能 MSTP 协议。

```
[SwitchA] stp enable   //在 Switch A 上启动 MSTP
```

（5）将与终端相连的端口设置为边缘端口，并使能端口的 BPDU 报文过滤功能。本例中因为 Switch C 的 GE0/0/1 端口用于接入 PC，因此将 GE0/0/1 接口设置为边缘端口，并使能端口的 BPDU 报文过滤功能。其他边缘交换机也需要进行类似的配置。

```
[SwitchC] interface gigabitethernet 0/0/1
[SwitchC-GigabitEthernet0/0/1] stp edged-port enable   //设置为边缘端口
[SwitchC-GigabitEthernet0/0/1] stp bpdu-filter enable  //使能端口的 BPDU 报文过滤功能
[SwitchC-GigabitEthernet0/0/1] quit
```

（6）在两个实例对应的根桥的指定端口上配置根保护功能。

```
[SwitchA] interface gigabitethernet 0/0/1
[SwitchA-GigabitEthernet0/0/1] stp root-protection   // 在 Switch A 端口 GE0/0/1 上启动根保护
[SwitchA-GigabitEthernet0/0/1] quit
[SwitchB] interface gigabitethernet 0/0/1
[SwitchB-GigabitEthernet0/0/1] stp root-protection   //在 Switch B 端口 GE0/0/1 上启动根保护
[SwitchB-GigabitEthernet0/0/1] quit
```

至此，交换机上的 MSTP 负载均衡配置基本完成，要使该功能生效，必须在相关交换机上配置好各种 VLAN 信息和干道链路 Trunk 端口的设置。如本例中，需要在 4 台交换机上都配置好 VLAN2～VLAN20，并将各交换机接入环路的端口加入 VLAN。下面给出 Switch A 上的 VLAN 配置。

```
[SwitchA] vlan batch 2 to 20 //创建 VLAN2～VLAN20
[SwitchA] interface gigabitethernet 0/0/1 //将 Switch A 端口 GE0/0/1 这个接入环路的端口加入 VLAN
[SwitchA-GigabitEthernet0/0/1] port link-type trunk
[SwitchA-GigabitEthernet0/0/1] port trunk allow-pass vlan 2 to 20
[SwitchA-GigabitEthernet0/0/1] quit
```

全部配置完之后，可以在 Switch A 上执行 display stp brief 命令，查看端口状态和端口的保护类型，结果如下：

```
[SwitchA] display stp brief
MSTID  Port                Role   STP State    Protection
    0  GigabitEthernet0/0/1  DESI   FORWARDING   ROOT
    0  GigabitEthernet0/0/2  DESI   FORWARDING   NONE
    1  GigabitEthernet0/0/1  DESI   FORWARDING   ROOT
    1  GigabitEthernet0/0/2  DESI   FORWARDING   NONE
    2  GigabitEthernet0/0/1  DESI   FORWARDING   ROOT
    2  GigabitEthernet0/0/2  ROOT   FORWARDING   NONE
```

在 MSTI1 中，由于 Switch A 是根桥，Switch A 的端口 GE0/0/2 和 GE0/0/1 成为指定端口。在 MSTI2 中，Switch A 的端口 GE0/0/1 成为指定端口，端口 GE0/0/2 成为根端口。同样在 Switch B 中，也可以执行 display stp brief 命令，查看端口状态和端口的保护类型，结果如下：

```
[SwitchB] display stp brief
MSTID  Port                Role   STP State    Protection
    0  GigabitEthernet0/0/1  DESI   FORWARDING   ROOT
    0  GigabitEthernet0/0/2  ROOT   FORWARDING   NONE
    1  GigabitEthernet0/0/1  DESI   FORWARDING   ROOT
    1  GigabitEthernet0/0/2  ROOT   FORWARDING   NONE
    2  GigabitEthernet0/0/1  DESI   FORWARDING   ROOT
    2  GigabitEthernet0/0/2  DESI   FORWARDING   NONE
```

在 MSTI2 中，由于 Switch B 是根桥，端口 GE0/0/1 和 GE0/0/2 在 MSTI2 中成为指定端口。在 MSTI1 中，Switch B 的端口 GE0/0/1 成为指定端口，端口 GE0/0/2 成为根端口。

6. 端口汇聚

STP 只能在设备间保证一条活动链路，而其他链路将处于备用闲置状态，因此在很大程度上浪费了宝贵的硬件和链路资源。端口汇聚多个物理链路，组成一个逻辑链路，可以成倍地提高设备间带宽。

20.5　VRRP

20.5.1　考点分析

历年网络工程师考试试题涉及本部分的相关知识点有：VRRP。

20.5.2　知识点精讲

虚拟路由冗余协议（Virtual Router Redundancy Protocol，VRRP）解决局域网中配置静态网关出现单点失效现象的路由协议，可以配置一个交换机群集。VRRP 允许两台或多台交换机使用同一个虚拟的 MAC 地址和 IP 地址，看起来多台交换机就像是一台大交换机，其实这台大交换机并不存在，只是多台互为备份的交换机。

华为设备通过部署 VRRP，实现主设备和备用设备共同分担用户业务的配置。图 20-5-1 给出的 Host A 与 Host C 的默认网关分别指向不同的虚拟地址，以实现业务分担。

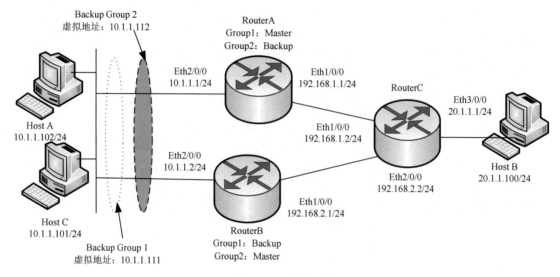

图 20-5-1　案例用图

RouterA 配置文件：

```
<RouterA>system-view
[RouterA]interface Ethernet1/0/0
[RouterA-Ethernet1/0/0]ip address 192.168.1.1 255.255.255.0
[RouterA-Ethernet1/0/0]quit
[RouterA]interface Ethernet2/0/0
[RouterA-Ethernet2/0/0]ip address 10.1.1.1 255.255.255.0          //连接 HostA 的接口的 IP 地址
[RouterA-Ethernet2/0/0]vrrp vrid 1virtual-ip 10.1.1.111           //配置备份组 1 的虚拟网关地址
[RouterA-Ethernet2/0/0]vrrp vrid 1 priority 120                   //配置 RouterA 在备份组 1 中的优先级为 120
[RouterA-Ethernet2/0/0]vrrp vrid 2 virtual-ip 10.1.1.112          //配置备份组 2 的虚拟网关地址
[RouterA-Ethernet2/0/0]quit
[RouterA]ospf 1
[RouterA-ospf-1]area 0.0.0.0
[RouterA-ospf-1-area- 0.0.0.0]network 192.168.1.0 0.0.0.255
[RouterA-ospf-1-area- 0.0.0.0]network 10.1.1.0 0.0.0.255
```

RouterB 配置文件：

```
<RouterB>system-view
[RouterB]interface Ethernet1/0/0
[RouterB-Ethernet1/0/0]ip address 192.168.2.1 255.255.255.0
[RouterB-Ethernet1/0/0]quit
[RouterB]interface Ethernet2/0/0
[RouterB-Ethernet2/0/0]ip address 10.1.1.2 255.255.255.0          //连接 HostC 的接口的 IP 地址
[RouterB-Ethernet2/0/0]vrrp vrid 1 virtual-ip 10.1.1.111          //配置备份组 1 的虚拟网关地址
[RouterB-Ethernet2/0/0]vrrp vrid 2 virtual-ip 10.1.1.112          //配置备份组 2 的虚拟网关地址
[RouterB-Ethernet2/0/0]vrrp vrid 2 priority 120                   //配置 RouterB 在备份组 2 中的优先级为 120
[RouterB]ospf 1
[RouterB-ospf-1]area 0.0.0.0
[RouterB-ospf-1-area- 0.0.0.0]network 192.168.2.0 0.0.0.255
[RouterB-ospf-1-area- 0.0.0.0]network 10.1.1.0 0.0.0.255
```

RouterC 配置文件：

```
<RouterC>system-view
[RouterC]interface Ethernet1/0/0
[RouterC-Ethernet1/0/0]ip address 192.168.1.2 255.255.255.0
[RouterC-Ethernet1/0/0]quit
[RouterC]interface Ethernet2/0/0
[RouterC-Ethernet2/0/0]ip address 192.168.2.2 255.255.255.0
[RouterC-Ethernet2/0/0]quit
[RouterC]interface Ethernet3/0/0
[RouterC-Ethernet3/0/0]ip address 20.1.1.1 255.255.255.0
[RouterC-Ethernet3/0/0]quit
[RouterC]ospf 1
[RouterC-ospf-1] area 0.0.0.0
[RouterC-ospf-1-area- 0.0.0.0]network 192.168.1.0 0.0.0.255
[RouterC-ospf-1-area- 0.0.0.0]network 192.168.2.0 0.0.0.255
[RouterC-ospf-1-area- 0.0.0.0]network 20.1.1.0 0.0.0.255
```

在 RouterA 上执行 display vrrp 命令，可以看到 RouterA 分别作为备份组 1 的 Master 和备份组 2 的 Backup。其中备份组 1 的"state"为 Master，备份组 2 的"state"为 Backup。

配置完毕后，可通过 display vrrp 命令查看 RouterA 的 VRRP 状态，内容如下：

```
<RouterA> display vrrp
Ethernet2/0/0 | Virtual Router 1
state :
Master
Virtual IP : 10.1.1.111
Master IP : 10.1.1.1
PriorityRun : 120
PriorityConfig : 120
MasterPriority : 120
Preempt : YES Delay Time : 0 s
TimerRun : 1 s
TimerConfig : 1 s
Auth Type : NONE
Virtual Mac : 0000-5e00-2101
Check TTL : YES
Config type : normal-vrrp
Backup-forward : disabled
Create time : 2017-11-22 16:02:21
Last change time : 2017-11-22 16:02:25
Ethernet2/0/0 | Virtual Router 2
state :
Backup
Virtual IP : 10.1.1.112
Master IP : 10.1.1.2
PriorityRun : 100
PriorityConfig : 100
MasterPriority : 100
Preempt : YES Delay Time : 0 s
TimerRun : 1 s
TimerConfig : 1 s
Auth Type : NONE
Virtual Mac : 0000-5e00-2102
Check TTL : YES
Config type : normal-vrrp
```

Backup-forward : disabled
Create time : 2017-11-22 16:03:05
Last change time : 2017-11-22 16:03:09

RouterA 和 RouterB 在同一个备份组中的虚拟网关地址要配置成一致的。需要配置路由器在不同备份组中的优先级，以确定主从关系。

20.6　BFD

20.6.1　考点分析

历年网络工程师考试试题涉及本部分的相关知识点有：BFD。

20.6.2　知识点精讲

双向转发检测（Bidirectional Forwarding Detection，BFD）是一种用于快速检测、监控网络中链路或者 IP 路由的转发连通状况的全网统一的检测机制。主要目的是为了减小设备故障对业务的影响，提高网络的可靠性。在实际的业务网络中，设备要能尽快检测到与相邻设备间的通信故障，并及时采取措施，保证业务继续进行，确保网络系统的可靠性。目前大部分网络中通过硬件检测信号，但并不是所有的介质都能够提供硬件检测。因此，应用就要依靠上层协议自身的 Hello 报文机制来进行故障检测。BFD 提供了一个通用的介质无关和协议无关的快速故障检测机制。主要有两个优点：①对相邻转发引擎之间的通道提供轻负荷、快速故障检测。这些故障包括接口、数据链路，甚至是转发引擎本身。②用单一的机制对网络中可用的任何介质、任何协议层进行实时检测。

1. 基本工作原理

BFD 在两台网络设备上建立会话，用来检测网络设备间的双向转发路径，为上层应用服务。BFD 本身并没有邻居发现机制，而是靠被服务的上层应用通知其邻居信息以建立会话。会话建立后会周期性地快速发送 BFD 报文，如果一方在既定的时间内没有收到 BFD 控制报文，则认为路径上发生了故障，通知被服务的上层应用进行相应的处理。

BFD 会话的建立有两种方式，静态建立和动态建立。静态和动态创建 BFD 会话的主要区别在于本地标识符（Local Discriminator）和远端标识符（Remote Discriminator）的配置方式。BFD 通过控制报文中的 Local Discriminator 和 Remote Discriminator 来区分不同的会话。

2. BFD 与 VRRP 联动

VRRP 的协议关键点是当 Master 出现故障时，Backup 能够快速接替 Master 的转发工作，保证数据流的中断时间尽量短。当 Master 出现故障时，VRRP 依靠 Backup 设置的超时时间来判断是否应该抢占，切换速度通常在 1 秒以上。将 BFD 应用于 Backup 对 Master 的检测，可以实现对 Master 故障的快速检测，缩短用户流量中断时间。BFD 对 Backup 和 Master 之间的实际地址通信情况进行检测，如果通信不正常，Backup 就认为 Master 已经不可用，自己变成 Master。VRRP 通过监视 BFD 会话状态实现主备快速切换，切换时间可以控制在 50 毫秒以内。

RouterA 和 RouterB 之间配置 VRRP 备份组建立主备关系，RouterA 为主用设备，RouterB 为备用设备，用户过来的流量从 RouterA 出去。在 RouterA 和 RouterB 之间建立 BFD 会话，VRRP 备份组监视该 BFD 会话，当 BFD 会话状态变化时，通过修改备份组优先级实现主备快速切换，如图 20-6-1 所示。

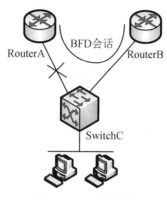

图 20-6-1　案例用图

当 BFD 检测到 RouterA 和 SwitchC 之间的链路故障时，上报给 VRRP 一个 BFD 检测 Down 事件，RouterB 上 VRRP 备份组的优先级增加，增加后的优先级大于 RouterA 上的 VRRP 备份组的优先级，于是 RouterB 立刻升为 Master，后继的用户流量就会通过 RouterB 转发，从而实现 VRRP 的主备快速切换。

3．一般配置步骤

步骤 1　执行命令 **system-view**，进入系统视图。

步骤 2　执行命令 **bfd**，使能全局 BFD 功能并进入 BFD 视图。缺省情况下，全局 BFD 功能处于未使能状态。

步骤 3　（可选）执行命令 **default-ip-address** ip-address，配置 BFD 缺省组播 IP 地址。缺省情况下，BFD 使用组播 IP 地址 224.0.0.184。

如果 BFD 检测路径上存在重叠的 BFD 会话，如三层接口通过具有 BFD 功能的二层交换设备连接，不同 BFD 会话所在的设备必须配置不同的缺省组播 IP 地址，以避免 BFD 报文被错误地转发。

步骤 4　执行命令 **quit**，返回系统视图。

步骤 5　根据 BFD 检测接口类型的不同，选择执行相应操作。

如果有 IP 地址的三层接口，执行命令：

bfd session-name　**bind peer-ip** ip-address [**vpn-instance** vpn-name] **interface** interface-type interface-number [**source-ip** ip-address]，创建 BFD 会话的绑定信息。

如果是二层接口或者无 IP 的三层接口，可以使用如下命令：

bfd *session-name* **bind peer-ip default-ip interface** *interface-type interfacenumber* [**source-ip** *ip-address*]，创建组播 BFD。

步骤 6   执行命令 **discriminator local** *discr-value*，配置 BFD 会话的本地标识符。

步骤 7   执行命令 **discriminator remote** *discr-value*，配置 BFD 会话的远端标识符。

步骤 8   执行命令 **commit** 提交配置。

4. 配置案例

如图 20-6-2 所示，在 RouterA 和 RouterB 上创建 BFD 会话，以实现对 RouterA 和 RouterB 之间链路的检测。并且分别在 RouterA 和 RouterB 的 GE2/0/0.1 接口上创建 VRRP 备份组 1，以实现链路备份。然后创建 BFD 会话，快速检测到链路故障，实现 VRRP 快速切换。

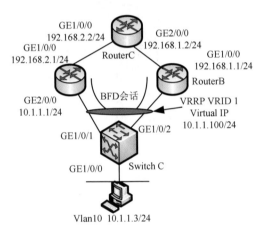

图 20-6-2   案例用图

先把三台路由器和 Switch C 的接口基本 IP 地址信息、路由协议等参数配置好，接下来配置 BFD 会话。

配置 RouterA。

```
[RouterA] bfd
[RouterA-bfd] quit
[RouterA] bfd atob bind peer-ip 10.1.1.2 interface gigabitethernet 2/0/0.1
[RouterA-bfd-session-atob] discriminator local 1
[RouterA-bfd-session-atob] discriminator remote 2
[RouterA-bfd-session-atob] commit
[RouterA-bfd-session-atob] quit
```

配置 RouterB。

```
[RouterB] bfd
[RouterB-bfd] quit
[RouterB] bfd atob bind peer-ip 10.1.1.1 interface gigabitethernet 2/0/0.1
[RouterB-bfd-session-atob] discriminator local 2
[RouterB-bfd-session-atob] discriminator remote 1
[RouterB-bfd-session-atob] commit
[RouterB-bfd-session-atob] quit
```

完成配置即可。

配置 VRRP 备份组 1 监视 BFD 会话。

配置 RouterA。

```
[RouterA] interface gigabitethernet 2/0/0.1
[RouterA-GigabitEthernet2/0/0.1] dot1q vrrp vid 10
[RouterA-GigabitEthernet2/0/0.1] vrrp vrid 1 virtual 10.1.1.100
[RouterA-GigabitEthernet2/0/0.1] vrrp vrid 1 priority 160
[RouterA-GigabitEthernet2/0/0.1] vrrp vrid 1 track bfd-session 1
[RouterA-GigabitEthernet2/0/0.1] quit
```

配置 RouterB。

```
[RouterB] interface gigabitethernet 2/0/0.1
[RouterB-GigabitEthernet2/0/0.1] dot1q vrrp vid 10
[RouterB-GigabitEthernet2/0/0.1] vrrp vrid 1 virtual 10.1.1.100
[RouterB-GigabitEthernet2/0/0.1] vrrp vrid 1 track bfd-session 2
[RouterB-GigabitEthernet2/0/0.1] quit
```

验证配置结果。

执行 display vrrp 命令，可以查看到 VRRP 备份组监视的 BFD 会话的状态为 UP。其中 RouterA 的显示如下。

```
[RouterA] display vrrp
GigabitEthernet1/0/0 | Virtual Router 1
State : Master
Virtual IP : 10.1.1.100
Master IP : 10.1.1.1
PriorityRun : 160
PriorityConfig : 160
MasterPriority : 160
Preempt : YES Delay Time : 0 s
TimerRun : 1
TimerConfig : 1
Auth type : NONE
Virtual Mac : 0000-5e00-0101
Check TTL : YES
Config type : normal-vrrp
Backup-forward : disabled
Config track link-bfd down-number : 0
Track BFD : 1 Priority reduced : 10
BFD-session state : UP
Create time : 2019-2-13 12:01:06
```

20.7　PoE

20.7.1　考点分析

历年网络工程师考试试题涉及本部分的相关知识点有：PoE 技术原理和简单配置。

20.7.2　知识点精讲

PoE 是一种通过有线以太网给终端设备进行供电的技术。目前，在 10Base-T、100Base-T、1000Base-T 等线缆中，PoE 方式的可靠供电距离高达 200m。

1. 基本工作原理

完整的 PoE 系统包含供电端设备（Power Sourcing Equipment，PSE）和受电端设备（Power Device，PD）。供电端设备（支持 PoE 技术的以太网交换机、路由器）为受电端（比如 AP、网络摄像机等）提供电力。目前 PoE 技术的标准主要有 802.3af、802.3at 和 802.3bt 三种。

2. 802.3af 的基本工作过程

标准 IEEE 802.3af 支持两种线序供电：一种是在 4 和 5（正极）、7 和 8（负极）线对上提供电力；另一种是在 1 和 2、3 和 6 数据线引脚上提供电力支持，但极性没有明确，可以是 1 和 2 为正极，3 和 6 为负极或是相反。

3. 华为设备 PoE 的主要配置命令

华为交换机对 PoE 设备的配置比较简单，通常需要先指定设备的 PoE 管理模式是自动还是手动，之后再指定设备的供电功率和供电优先级即可。对于使用自动管理的设备通常需要设置一个时间范围来配合设备的自动管理。使用命令 poe power-management 可设置设备上下电模式。主要模式有两种：auto（默认值）和 manual，分别表示自动和手动模式。在自动模式下，可配置接口供电的优先级从高到低为 critical、high、low 三种，以便在设备剩余可用功率不足时，优先保证给高优先级接口下的设备供电。在手动模式下，用户可根据需要给指定接口下的 PD 上下电。通常，在剩余可用功率不足时，无法继续给 PD 设备上电。

```
<HUAWEI>system-view
[HUAWEI]poe power-management [auto/ manual ]          //配置设备供电管理方式
[HUAWEI] poe max-power 216000 slot 1                  // 配置 1 号槽位单板的最大对外输出功率为 216000 毫瓦
[HUAWEI]interface Ethernet0/0/2
[HUAWEI-Ethernet0/0/2]poe priority [critical /high/low]   //配置该接口的供电优先级，low 为默认值
[HUAWEI-Ethernet0/0/2] poe power 20000                //最大对外输出功率为 20000 毫瓦
[HUAWEI-Ethernet0/0/2]poe legacy enable               //配置对非标准 PD 设备进行兼容
[HUAWEI-Ethernet0/0/2]poe power-off time-range tm     //自动管理模式下，可以在接口下匹配已配置的下电时间段规
则，其中的 tm 是事先定义好的一个时间范围的名称
[HUAWEI]poe { power-on | power-off } interface interface-type interface-number  //手动管理模式下，手动给某个接口上
的 PD 设备上下电
```

第 3 学时　路由基础

本学时主要学习路由基础知识。根据历年考试的情况来看，每次考试涉及相关知识点的分值在 1～3 分之间。路由基础知识在基础知识题和案例分析题中均有涉及。本学时考点知识结构图如图 21-0-1 所示。**注意本书中涉及的各类配置命令参数太多，因此本节只讲重要的、常考的参数。**

图 21-0-1　考点知识结构图

21.1　路由器概述

21.1.1　考点分析

历年网络工程师考试试题涉及本部分的相关知识点有：路由器的基本功能、路由器的分类、路由器的组成。

21.1.2　知识点精讲

路由器（Router）是连接网络中各类局域网和广域网的设备，它会根据信道的情况自动选择和设定路由，以最佳路径按前后顺序发送信号的设备。**路由器工作在 OSI 模型的**网络层。**路由**就是指通过相互连接的网络，把信息从源地点移动到目标地点的活动。

1. 路由器的基本功能

路由器的功能有：连接各类网络；隔离子网和广播，抑制广播风暴；路由；转发；网络安全；实现网络地址转换，把私有地址转换为公有地址。

2. 路由器的分类

（1）从性能上分，路由器可以分为高性能路由器、中端路由器和低端路由器。

（2）从结构上分，路由器可以分为模块结构路由器和非模块结构路由器。

（3）从网络位置上分，路由器可以分为核心路由器、分发路由器和接入路由器。

3. 路由器的组成

路由器有多种内存，ROM 用来存储引导软件，Flash 用来存储操作系统，RAM 是主存，NVRAM 保存启动配置。路由器中，当前运行配置（current-config）存储在 RAM 中，设备掉电则配置消失；备份配置（saved-config）存储在 NVRAM 中，掉电则不消失，设备启动时就使用该配置。

21.2　路由器原理

21.2.1　考点分析

历年网络工程师考试试题涉及本部分的相关知识点有：路由器工作原理、松散源路由、严格源路由。

21.2.2　知识点精讲

1. 路由器工作原理

路由器的主要功能是进行路由处理和包转发。

（1）路由处理。通过运行路由协议来学习网络的拓扑结构，通过一定的规则建立和维系路由表，保持信息有效。通过特定算法，依据路由表决定最佳路径。

（2）包转发。

1）接收数据包，检查、解释和处理 IP 版本号、头长度、头校验等数据包报头，对数据报文的长度和完整性进行验证。

2）依据目的 IP 地址检查下一跳（Next Hop）IP 地址。修改 TTL 值，重新计算校验和。

3）新数据附加新数据链路层报头并转发。

2．松散源路由（Loose Source Route）

松散源路由只给出 IP 数据报**必须经过源站指定的路由器**，并不给出一条完备的路径，没有直连的路由器之间的路由需要有寻址功能的软件支撑。

3．严格源路由（Strict Source Route）

严格源路由选项规定 IP 数据报要经过路径上的每一个路由器，相邻路由器之间不得有中间路由器，并且所经过路由器的顺序不可更改。

21.3　端口种类

21.3.1　考点分析

历年网络工程师考试试题涉及本部分的相关知识点有：路由器端口种类。

21.3.2　知识点精讲

常见的路由器端口有以下几种：

（1）RJ-45 端口。RJ-45 端口指的是由 IEC（60）603-7 标准化使用由国际性的接插件标准定义的 8 个位置（8 针）的模块化插孔或插头。RJ 这个名称代表已注册的插孔（Registered Jack）。如图 21-3-1 所示给出了 RJ-45 端口的外形。

（2）高速同步串口。在路由器的广域网连接中，高速同步串口（Serial Peripheral Interface，SPI）应用较多。这种端口主要用于连接 DDN、帧中继（Frame Relay）、X.25、PSTN（模拟电话线路）等网络。如图 21-3-2 所示给出了高速同步串口的外形图。这种同步端口一般要求速率非常高，因为一般通过这种端口连接的网络两端都要求实时同步。

图 21-3-1　RJ-45 端口

图 21-3-2　高速同步串口

（3）ISDN BRI。ISDN BRI 端口通过 ISDN 线路实现路由器与 Internet 或其他网络的远程连接。

ISDN BRI 端口采用 RJ-45 标准，与 ISDN NT1 的连接使用 RJ-45 to RJ-45 直通线。如图 21-3-3 所示给出了 ISDN BRI 的外形图。

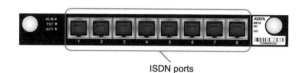

图 21-3-3　ISDN BRI 口

（4）异步串口（ASYNC）。异步串口适合 Modem 间的连接，实现 PSTN 的拨号接入。该端口速率不高，工作在异步传输模式下。如图 21-3-4 所示给出了异步串口的外形图。

（5）Console 口。Console 线连接 PC 机的串口和设备 Console 口，可以通过超级终端配置设备。如图 21-3-5 所示给出了 Console 口的外形图。

（6）AUX 端口。AUX 端口在外观上与 RJ-45 端口一样，只是内部电路不同，实现的功能也不一样。通过 AUX 端口与 Modem 进行连接时，必须借助 RJ-45 to DB9 或 RJ-45 to DB25 适配器进行转换，外形如图 21-3-5 所示。

图 21-3-4　异步串口

图 21-3-5　Console 口与 AUX 口

（7）E1/T1 端口。E1/T1 端口用于连接运营商网络。如图 21-3-6 所示给出了 E1/T1 端口的外形图。

（8）光纤接口。用于连接光纤，提供千兆速率。如图 21-3-7 所示给出了 SC 光纤接口和光纤的外形图。

图 21-3-6　E1/T1 端口

图 21-3-7　SC 光纤接口

第 4 学时　案例重点 2——路由配置

本学时主要学习路由配置知识。根据历年考试的情况来看，每次考试涉及相关知识点的分值在 5～20 分之间。路由配置知识在基础知识题和案例分析题中均是重点，基本每次考试都有一道案例题。本学时考点知识结构图如图 22-0-1 所示。

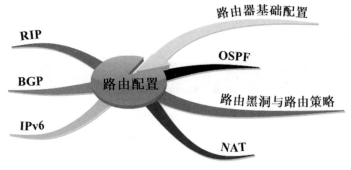

图 22-0-1　考点知识结构图

22.1　路由器基础配置

22.1.1　考点分析

历年网络工程师考试试题涉及本部分的相关知识点有：路由器连接、路由表、路由器基本配置。

22.1.2　知识点精讲

1. 路由器连接

和连接交换机一样，具体见交换机连接部分的知识点精讲部分，这里不再赘述。

2. 路由表

路由表（Routing Table）供路由选择时使用，路由表为路由器进行数据转发提供信息和依据。路由表可以分为静态路由表和动态路由表。

（1）静态路由表。由系统管理员事先设置好固定的路由表，称为静态（Static）路由表，一般是在系统安装时就根据网络的配置情况预先设定，不会随网络结构的改变而改变。因此静态路由比动态路由使用更少的带宽，并且不占用 CPU 资源更新路由，对网络设备的要求不高。使用静态路由的好处是配置简单、可控性高，当网络结构比较简单时，只需配置静态路由就可以使网络正常工作。在复杂网络环境中，还可以通过配置静态路由改进网络的性能，如利用浮动静态路由实现更好的负载分担或者更高的可靠性。

利用静态路由实现负载分担的原理是配置到达同一目标网络的两条优先级相等的静态路由，下一跳分别指向不同的网关。典型命令如下：

```
[router] ip route-static 10.1.1.0 24 192.168.2.1
[router] ip route-static 10.1.1.0 24 192.168.3.1
```

在设备上配置到达同一目标网络的两条优先级的静态路由，这里没有配置优先级，就是利用华为设备的默认静态路由优先级为 60，下一跳分别指向 192.168.2.1 和 192.168.3.1，这样就能实现回程流量的负载分担。

利用静态路由实现主备功能，提高网络可靠性，原理是配置到达同一目标网络的两条静态路由的优先级不同，从而让优先级高的路由作为主路由，优先级低的作为备份路由，这样可以实现路由的备份，当主用链路故障的时候流量切换到备用链路上。注意，优先级值越小，优先级越高。

[router] **ip route-static 10.1.1.0 24 192.168.2.1**
[router] **ip route-static 10.1.1.0 24 192.168.3.1 preference 70**

在设备上配置两条优先级不同的静态路由，一条优先级为默认的 60，另一条优先级指定为 70，下一跳分别指向 192.168.2.1 和 192.168.3.1，实现数据流优先发往 192.168.2.1，当去往 192.168.2.1 的链路发生故障的时候流量自动切换至 192.168.3.1。

（2）动态路由表。动态（Dynamic）路由表是路由器根据网络系统的运行情况自动调整的路由表。路由器根据路由选择协议（Routing Protocol）提供的功能自动学习和记忆网络运行情况，在需要时自动计算数据传输的最佳路径。

显示路由器的路由主要使用 display ip routing-table 命令，可以接多个参数，用于对显示的路由表进行过滤。例如：

display ip routing-table verbose	//显示路由表的详细信息
display ip routing-table acl XXXX	//显示通过 ACL 编号为 XXXX 过滤的激活路由的概要信息
display ip routing-table 1.1.1.1 32 nexthop 2.2.2.2	//根据下一跳显示目的地址为 1.1.1.1/32 的路由

使用 display ip routing-table 命令可以查看路由表信息，考生要能读懂路由表，路由表的相关参数解释见表 22-1-1。

```
<HUAWEI> display ip routing-table
Route Flags: R - relay, D - download to fib
--------------------------------------------------------------------------------
Routing Tables: Public
         Destinations : 5        Routes : 6
Destination/Mask   Proto   Pre  Cost  Flags   NextHop      Interface
      1.1.1.1/32   Static   60    0     D      0.0.0.0      NULL0
                   Static   60    0     D      100.0.0.2    Vlanif100
    100.0.0.0/24   Direct    0    0     D      100.0.0.1    Vlanif100
    100.0.0.1/32   Direct    0    0     D      127.0.0.1    Vlanif100
    127.0.0.0/8    Direct    0    0     D      127.0.0.1    InLoopBack0
    127.0.0.1/32   Direct    0    0     D      127.0.0.1    InLoopBack0
```

表 22-1-1　display ip routing-table 命令输出信息

参数名	解释
Route Flags	路由标记： R：表示该路由是迭代路由； D：表示该路由下发到 FIB 表
Routing Tables：Public	表示此路由表是公网路由表。如果是私网路由表，则显示私网的名称，如 Routing Tables: GKYS
Destinations	显示目的网络/主机的总数
Routes	显示路由的总数
Destination/Mask	显示目的网络/主机的地址和掩码长度

参数名	解释
Proto	显示学习到这些路由所用的路由协议： Direct：表示直连路由； Static：表示静态路由； EBGP：表示 EBGP 路由； IBGP：表示 IBGP 路由； ISIS：表示 IS-IS 路由； OSPF：表示 OSPF 路由； RIP：表示 RIP 路由； UNR：表示用户网络路由（User Network Routes）
Pre	显示此路由的优先级，华为路由协议的优先级定义与思科不一样，要特别注意： DIRECT=0；OSPF=10；STATIC=60；IGRP=80；RIP=100；OSPFASE=150；BGP=170
Cost	显示此路由的路由开销值
Flags	显示路由标记，即路由表头的 Route Flags
NextHop	显示此路由的下一跳地址
Interface	显示此路由下一跳可达的出接口

3. 路由器基本配置

（1）配置路由器名称。

```
[Huawei]sysname R1          设置路由器名为 R1
[R1]                        修改后的配置模式提示符
```

（2）配置以太网口。

配置接口命令形式为 ip address ip_addr subnet_mask/网络前缀位数。

```
[Huawei] interface   ethernet 0/0/1      对指定接口进行配置
[Huawei-Ethernet0/0/1] ip address ip_address subnet_mask   //配置 IP 地址和子网掩码或者直接使用前缀位数表示，
                                                           //如 ip address ip_address X，其中的 X 表示前缀位数；
                                                           如 255.255.255.0 对应的就是 24

[Huawei-Ethernet0/0/1] undo shutdown 启动接口
[Huawei-Ethernet0/0/1]quit               返回系统视图
```

（3）静态路由配置。

```
[Huawei]ip route-static   ip-address subnet-mask gateway
指定到达目的网络的地址、子网掩码、下一条（网关）地址或路由器接口
```

（4）display 命令。

```
[Huawei]display ip route-table            显示路由信息
[Huawei]display version                   查看版本及引导信息
[Huawei]display current-configuration     查看运行配置
[Huawei]display saved-config              查看开机配置
[Huawei]display interface type port/number  检查端口配置参数和统计数据
[Huawei]display history-command           查看历史输入的命令
```

22.2　RIP

22.2.1　考点分析

历年网络工程师考试试题涉及本部分的相关知识点有：RIP 基本概念、路由收敛、RIP 配置。

22.2.2　知识点精讲

路由信息协议（Routing Information Protocol，RIP）是最早使用的**距离矢量路由**协议。因为路由是以矢量（距离、方向）的方式被通告出去的，这里的距离是根据度量来决定的，所以叫"距离矢量"。距离矢量路由算法是动态路由算法。它的工作流程是：每个路由器维护一张矢量表，表中列出了当前已知的到每个目标的最佳距离以及所使用的线路。通过在邻居之间相互交换信息，路由器不断更新其内部的表。

1. RIP 基本概念

RIP 协议基于 UDP，端口号为 520。RIPv1 报文基于广播，RIPv2 基于组播（组播地址 224.0.0.9）。RIP 路由的更新周期为 **30 秒**，如果路由器 **180 秒**内没有回应，则说明路由不可达；如果 **240 秒**内没有回应，则删除路由表信息。RIP 协议的最大跳数为 15 跳，16 跳表示不可达，直连网络跳数为 0，每经过一个结点跳数增 1。

RIP 分为 RIPv1、RIPv2 和 RIPng 三个版本，其中 RIPv2 相对 RIPv1 的改进点有：**使用组播**而不是广播来传播路由更新报文；RIPv2 属于**无类协议，支持可变长子网掩码**（VLSM）和无类别域间路由（CIDR）；采用了**触发更新机制来加速路由收敛；支持认证**，使用经过散列的口令字来限制更新信息的传播。RIPng 协议属于 IPv6 中的路由协议。

2. 路由收敛

好的路由协议必须能够快速收敛，收敛就是网络设备的路由表与网络拓扑结构保持一致，所有路由器再判断最佳路由达到一致的过程。

距离矢量协议容易形成路由循环、传递好消息快、传递坏消息慢等问题。解决这些问题可以采取以下措施：

（1）水平分割（Split Horizon）。路由器某一个接口学习到的路由信息，不再反方向传回。

（2）路由中毒（Router Poisoning）。路由中毒又称为反向抑制的水平分割，不会立即将不可达网络从路由表中删除该路由信息，而是将路由信息度量值置为无穷大（RIP 中设置跳数为 16），该中毒路由被发给邻居路由器以通知这条路径失效。

（3）反向中毒（Poison Reverse）。路由器从一个接口学习到一个度量值为无穷大的路由信息，则应该向同一个接口返回一条路由不可达的信息。

（4）抑制定时器（Holddown Timer）。一条路由信息失效后，一段时间内都不接收其目的地址的路由更新。路由器可以避免收到同一路由信息失效和有效的矛盾信息。通过抑制定时器可以有效避免链路频繁起停，增加了网络有效性。

（5）触发更新（Trigger Update）。路由更新信息每 30 秒发送一次，当路由表发生变化时，则应立即更新报文并广播到邻居路由器。

3. RIP 配置

RIP 协议配置如下：

```
[Huawei]rip 1                        //启动 rip 进程，进程号为 1
[Huawei-rip-1] version 2             //指定全局 RIP 版本
[Huawei-rip-1]network 192.168.1.0    //在 RIP 中发布指定网段，有多个网段时，可以多次使用 network 命令发布网络
[Huawei-rip-1]network 10.0.0.0
```

22.3 OSPF

22.3.1 考点分析

历年网络工程师考试试题涉及本部分的相关知识点有：基本概念、OSPF 的 5 类报文、OSPF 工作流程、DR 与 BDR 选举、OSPF 网络类型、OSPF 配置等，近些年对路由技术相关的概念考得比较多，甚至在案例分析部分也出现不少概念题型。

22.3.2 知识点精讲

开放式最短路径优先（Open Shortest Path First，OSPF）是一个**内部网关协议**（Interior Gateway Protocol，IGP），用于在**单一自治系统**（Autonomous System，AS）内决策路由。OSPF 适合小型、中型、较大规模网络。OSPF 采用 Dijkstra 的**最短路径优先算法**（Shortest Path Firs，SPF）计算最小生成树，确定最短路径。OSPF 基于 IP，协议号为 89，采用组播方式交换 OSPF 包。OSPF 的组播地址为 224.0.0.5（全部 OSPF 路由器）和 224.0.0.6（指定路由器）。OSPF 使用链路状态广播（Link State Advertisement，LSA）传送给某区域内的所有路由器。

1. 基本概念

（1）AS。自治系统（AS）是指使用同一个内部路由协议的一组网络。Internet 可以被分割成许多不同的自治系统。换句话说，Internet 是由若干自治系统汇集而成的。每个 AS 由一个长度为 16 位的编码标识，由 Internet 地址授权机构（Internet Assigned Numbers Authority，IANA）负责管理分配。AS 编号分为公有 AS（编号范围 1~64511）和私有 AS（编号范围 64512~65535），公有 AS 编号需要向 IANA 申请。

（2）IGP。内部网关协议（Interior Gateway Protocol，IGP）在同一个自治系统内交换路由信息。IGP 的主要目的是发现和计算自治域内的路由信息。**IGP 使用的路由协议有 RIP、OSPF、IS-IS 等**。

（3）EGP。外部网关协议（Exterior Gateway Protocol，EGP）是一种连接不同自治系统的相邻路由器之间交换路由信息的协议。**EGP 使用的路由协议有 BGP**。三者关系如图 22-3-1 所示。

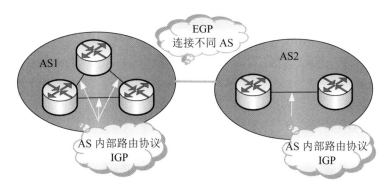

图 22-3-1 IGP、EGP、AS 三者的关系

（4）链路状态路由协议。链路状态路由协议基于最短路径优先（SPF）算法。该路由协议提供了整网的拓扑视图，根据拓扑图计算到达每个目标的最优路径；当网络变化时触发更新，发送周期性更新链路状态通告，不是相互交换各自的整张路由表。

运行距离矢量路由协议的路由器会将所有它知道的**路由信息与邻居共享**，当然只是与**直连邻居共享**。表 22-3-1 给出了链路状态路由协议和距离矢量路由协议对比情况。

表 22-3-1 链路状态路由协议和距离矢量路由协议对比情况

对比项	距离矢量路由协议	链路状态路由协议
发布路由触发条件	周期性发布路由信息	当网络扑拓变化时，发布路由信息
发布路由信息的路由器	所有路由器	指定路由器（Designated Router，DR）
发布方式	广播	组播
应答方式	不要求应答	要求应答
支持协议	RIP、IGRP、BGP（增强型距离矢量路由协议）	OSPF、IS-IS

注意：RIPv2 既支持广播，也支持组播；每一个接口都可以配置为使用不同的路由协议，但它们必须能够通过重分布路由来交换路由信息。

（5）区域（Area）。OSPF 是分层路由协议，将网络分割成一个"主干"连接的一组相互独立的部分，这些相互独立的部分称为"区域"（Area），"主干"部分称为"主干区域"。每个区域可看成一个独立的网络，区域的 OSPF 路由器只保存该区域的链路状态。每个路由器的链路状态数据可以保持合理大小，计算路由时间、报文数量就不会过大。

OSFP 共有六种区域，各区域的区别在于它们与外部路由器的关系。

1）标准区域（Standard Area）：可以接收链路更新信息和路由汇总。

2）主干区域（Backbone Area）：连接各区域中心实体。主干区域就是 Area 0，OSPF 的区域中必须包含 Area 0，其他区域必须连接 Area 0。不能连接 Area 0 的区域需要通过虚链路（Virtual Link），通过中间区域连接。主干区域拥有标准区域的所有性质。

3）存根区域（Stub Area）：又称末节区域，不接收外部自治系统的路由信息。需要发送到区域外的报文采用默认路由 0.0.0.0。

4）完全存根区域（Totally Stubby Area）：它不接受外部自治系统的路由以及自治系统内其他区域的路由汇总。

5）不完全存根区域（Not So Stubby Area，NSSA）：与存根区域类似，但允许接收以 LSA 7 发送的外部路由信息，并且要把 LSA 7 转换成 LSA 5。

6）完全 NSSA 区域（Totally NSSA）：Totally NSSA 区域允许引入自治系统外部路由，由 ASBR 发布，Type7 LSA 通告给本区域，这些 Type7 LSA 在 ABR 上转换成 Type5 LSA，并且泛洪到整个 OSPF 域中。本区域的 ABR 发布 Type3 和 Type7 缺省路由传播到区域内，所有域间路由都必须通过 ABR 才能发布。

注意： OSPF 支持报文验证功能，只有通过验证的报文才能接收，否则是不能正常建立邻居的。OSPF 支持区域验证方式和接口验证方式，若两种方式都有配置，再默认优先使用接口验证方式。

2. OSPF 的 5 类报文

OSPF 使用 IP 包头封装 5 类报文，用来交换链路状态广播（Link State Advertisement，LSA）。

注意： LSA 本身不是 OSPF 的消息，而是一类数据结构，存放在路由器的链路状态库（Link-State DataBase，LSDB）中，并可包含在 LSU 消息中进行交换。LSA 包括有关邻居和通道成本的信息。接收路由器用 LSA 维护其路由选择表。

OSPF 的主要 LSA 类型见表 22-3-2。

表 22-3-2 主要 LSA 类型

LSA 类型	产生者	传播区域	描述
LSA1（Router LSA）	所有路由器	只在所描述的区域内泛洪	描述某区域内路由器端口链路状态的集合
LSA 2（Network LSA）	DR	只在 DR 所属的区域内泛洪	描述广播型网络和 NBMA 网络，包含了该网络上所连接路由器 Route ID 列表
LSA 3（Network Summary LSA）	ABR	通告给其他相关区域	区域内所有网段的路由信息
LSA 4（ASBR Summary LSA）	ABR	通告给除 ASBR 所在区域的其他相关区域	描述到 ASBR 的路由
LSA 5（Autonomous System External LSA）	ASBR	通告到所有的区域（除了 Stub 区域和 NSSA 区域）	描述到 AS 外部的路由
LSA 7（NSSA External LSA）	ASBR	只在 NSSA 区域传播	在 NSSA 区域中允许存在 ASBR，所以也就可以引入外部路由。这个外部路由在 NSSA 区域内以 LSA 7 存在。当 LSA 7 路由离开 NSSA 区域进入别的区域时，NSSA 的 ABR 会进行 LSA 7 向 LSA 5 的转换

OSPF 的 5 类报文如下：

（1）Hello。Hello 用于**发现邻居**，保证邻居之间 keepalive，能在 NBMA 网络上**选举指定路由器**（DR）、备份指定路由器（BDR）。**默认 Hello 报文的发送间隔时间是 10 秒，默认无效时间间隔是 Hello 时间间隔的 4 倍**，即如果在 **40 秒**内没有从特定的邻居接收到这种分组，路由器就认为那个邻居不存在了。Hello 包应该包含：源路由器的 RID、源路由器的 Area ID、源路由器接口的掩码、源路由器接口的认证类型和认证信息、源路由器接口的 Hello 包发送的时间间隔、源路由器接口的无效时间间隔、优先级、DR/BDR 接口 IP 地址、五个标记位、源路由器的所有邻居的 RID。**Hello 组播地址为 224.0.0.5。**

（2）数据库描述（DD 或 DBD）消息。用于描述本地 LSDB（Link State Database）的摘要信息，是两台设备进行数据库同步的基础，一般出现在初始拓扑交换中，这样路由器可以获悉邻接路由器的 LSA 列表并用于选择主从关系。LSA 描述了路由器的所有链路、接口、路由器的邻居及链路状态信息。

（3）链路状态请求（LSR）消息。请求一个或多个 LSA，告知邻接路由器提供 LSA 的详细信息给发送路由器，设备只有在 OSPF 邻居双方成功交换 DD 报文后才会向对方发出 LSR 报文。

（4）链路状态更新（LSU）消息。包含 LSA 的详细信息，一般用来响应 LSR 消息。

（5）链路状态应答（LSAck）消息。用来确认已收到 LSU 消息。

上述消息可以支持路由器发现邻接路由器（Hello），学习其本身链路状态库（LSDB）中没有的 LSA（DD），请求并可靠交换 LSA（LSR/LSU），监测邻接路由器是否发生拓扑改变。**LSA 每 30 分钟重传 1 次**。

3．OSPF 工作流程

（1）启动 OSPF 进程的接口，使用组播地址 224.0.0.5 发送 Hello 消息。

（2）交换 Hello 消息建立邻居关系，收到第（1）步中 Hello 消息的路由器将返回一个 Hello 消息给发送方，发送方收到此 Hello 消息，双方进入 2-Way 状态。

（3）每台路由器对所有邻居发送 LSA。

（4）路由器接收邻居发过来的 LSA 并保存在 LSDB 中，发送一个 LSAcopy 给其他邻居。

（5）LSA 泛洪扩散到整个区域，区域内所有路由器都会形成相同的 LSDB。

（6）当所有路由器的 LSDB 完全相同时，每台路由器将以自身为根，使用最短路径算法算出到达每个目的地的最短路径。

（7）每台路由器通过最短路径构建出自己的路由表，包含区域内路由（最优）、区域间路由、E1 外部路由和 E2 外部路由。

4．DR 与 BDR 选举

在 DR 和 BDR 出现之前，每一台路由器及其所有邻居成为全连接的 OSPF 邻接关系，关系数为 $n \times (n-1)/2$。在多址网络中，路由器发出的 LSA 从邻居的邻居发回来，导致网络上产生很多 LSA 的复制，所以基于这种考虑产生了 DR 和 BDR。网段中的所有路由器都从 DR 和 BDR 交换信息，而不是彼此交换信息。DR 和 BDR 将信息转交给其他所有路由器，用 DR 和 BDR 方式的连接数为 $2 \times (n-1)$。

OSPF 选举 Router-id 的规则：

（1）手动配置的 Router-id 为首选。

（2）用所有 loopback 中最大的 IP 作为 Router-id。

（3）用所有活动物理接口中最大的 IP 作为 Router-id（用作 Router-id 的接口不一定非要运行 OSPF 协议）。

DR/BDR 的选举过程如下：

（1）选举路由器必须进入双向会话（Two-way）状态，优先级别必须大于 0（优先级为 0，则不参与选举）。

（2）选举优先级最高的路由器为 DR，次优的为 BDR。

（3）如果优先级相同，则选举 Router-id 最大的路由器。

（4）如果 DR/BDR 已经存在，而又有新的 OSPF 路由器加入，即使该路由器优先级最高，也不剥夺现有 DR/BDR 的角色。

（5）如果 DR 失效，则 BDR 接管 DR，并重新激活一个新 BDR 选举进程。

注意：DR 的数据包通过 224.0.0.5 发往所有路由器，DR、BDR 监听使用地址 224.0.0.6；DROther 监听使用地址 224.0.0.5。网络上允许有 DR 而没有 BDR 的情况。

DR/BDR 的作用是减少网络通信量、为整个网络生成 LSA、减少链路状态数据库的大小。

5. OSPF 网络类型

OSPF 网络类型分为点到点网络（Point-to-Point）、广播型网络（Broadcast）、非广播型（NonBroadcast Multiaccess，NBMA）网络、点到多点网络（Point-to-Multicast）、虚链接（Virtual Link）。各类网络特点对比见表 22-3-3。

表 22-3-3　OSPF 网络类型

OSPF 网络类型	特点	数据传输方式
点到点网络（Point-to-Point）	有效邻居总是可以形成邻居关系	组播地址为 224.0.0.5，该地址称为 AllSPFRouters
点到多点网络（Point-to-Multicast）	不选举 DR/BDR，可看作多个 Point-to-Point 链路的集合	单播（Unicast）
广播型网络（Broadcast）	选举 DR/BDR，所有路由器和 DR/BDR 交换信息。DR/BDR 不能被抢占。广播型网络有：以太网、Token Ring 和 FDDI	DR、BDR 组播到 224.0.0.5；DR/BDR 侦听 224.0.0.6，该地址称为 AllDRouters
非广播型（NBMA）	没有广播，需手动指定邻居，Hello 消息单播。NBMA 网络有 X.25、Frame Relay 和 ATM	单播

6. OSPF 路由聚合

OSPF 有两种路由聚合方式：

（1）ABR 聚合。ABR 向其他区域发送路由信息时，以网段为单位生成 Type3 LSA。如果该区域中存在一些连续的网段，则可以通过命令将这些连续的网段聚合成一个网段。这样 ABR 只发送一条聚合后的 LSA，所有属于命令指定的聚合网段范围的 LSA 将不会再被单独发送出去。

（2）ASBR 聚合。配置路由聚合后，如果本地设备是自治系统边界路由器 ASBR，将对引入的聚合地址范围内的 Type5 LSA 进行聚合。当配置了 NSSA 区域时，还要对引入的聚合地址范围内的 Type7 LSA 进行聚合。如果本地设备既是 ASBR 又是 ABR，则对由 Type7 LSA 转化成的 Type5 LSA 进行聚合处理。

7. OSPF 配置

创建 OSPF 进程，指定路由器的 Router ID，启动 OSPF 是 OSPF 配置的前提。注意：OSPF 支持多进程，在同一台路由器上可以同时运行多个不同的 OSPF 进程，它们之间互不影响，彼此独立。不同 OSPF 进程之间的路由交互相当于不同路由协议之间的路由交互。因此，路由器的一个接口只能属于某一个 OSPF 进程。

（1）创建 OSPF 进程。

```
system-view                          //进入系统视图
ospf [ process-id | router-id router-id ]    //启动 OSPF 进程，进入 OSPF 视图
//process-id 为进程号，缺省值为 1，这个值只有本地意义；router-id router-id 是路由器的 ID 号
area area-id                         //进入 OSPF 区域视图
//OSPF 区域分为骨干区域（Area 0）和非骨干区。骨干区域负责区域之间的路由，非骨干区域之间的路由信息必须
通过骨干区域来转发
network address wildcard-mask [ description text ]
//配置区域所包含的网段。其中，description 字段用来为 OSPF 指定网段配置描述信息
```

（2）在接口上启动 OSPF。

```
system-view                          //进入系统视图
interface interface-type interface-number    //进入接口视图
ospf enable [ process-id ] area area-id      //在接口上启动 OSPF
```

注意：OSPF 配置掩码时，应该使用反掩码（wildcard-mask），反掩码是掩码按位取反的结果。例如 255.255.255.0 的反掩码为 0.0.0.255。可以通过简单的计算获得，方法如下：用 255.255.255.255 的每一个字节减去子网掩码中对应的字节即可。例如 255.255.255.128 对应的反掩码就是 0.0.0.127。

8. OSPF 路由引入

OSPF 路由可以通过配置引入路由的方式在另外一个 OSPF 进程或其他协议（IS-IS 或 BGP 等协议）进程进行重发布，但是如果引入路由的设备配置不当，可能导致路由环路。OSPF 中引入路由环路检测功能，可以检测到路由环路。具体配置命令如下：

```
system-view          #进入系统视图
ospf [ process-id ]     #进入 OSPF 进程视图
import-route { bgp [ permit-ibgp ] | direct | rip [ process-id-rip ] | static | isis [ process-id-isis ] | ospf [ process-id-ospf ] }
[ cost cost | tag tag | type type | route-policy route-policy-name ] *    #配置引入其他协议的路由信息。需要注意的是 import-route
命令不能引入外部路由的缺省路由
    default { cost { costvalue | inherit-metric } | tag tagvalue | type typevalue } *    #（可选）配置引入路由时的参数缺省值（开
销、标记、类型）
```

当 OSPF 引入外部路由时，可以配置一些额外参数的缺省值，如开销、标记和类型。路由标记可以用来标识协议相关的信息，如 OSPF 接收 BGP 时用来区分自治系统的编号。缺省情况下：OSPF 引入外部路由的缺省度量值为 1。引入外部路由设置缺省标记值为 1。

22.4　BGP

22.4.1　考点分析

历年网络工程师考试试题涉及本部分的相关知识点有：对等体、BGP 消息、BGP 基本配置。

22.4.2　知识点精讲

BGP 是边界网关协议，目前版本为 BGP4，是一种增强的距离矢量路由协议。该协议运行在不同 AS 的路由器之间，用于选择 AS 之间花费最小的协议。BGP 协议基于 TCP 协议，端口为 179。使用面向连接的 TCP 可以进行身份认证，可靠地交换路由信息。BGP4+支持 IPv6。

BGP 的特点：

（1）不用周期性发送路由信息。

（2）路由变化，发送增量路由（变化了的路由信息）。

（3）周期性发送 KEEPALIVE 报文校验 TCP 的连通性。

1. 对等体（Peer）

在 BGP 中，两个路由器之间的相邻连接称为对等体连接，两个路由器互为对等体。如果路由器对等体在同一个 AS 中，就称为 IBGP 对等体；否则称为 EBGP 对等体。BGP4 网关向对等实体发布可以到达的 AS 列表。

2. BGP 消息

BGP 常见四种报文：OPEN 报文、KEEPALIVE 报文、UPDATE 报文和 NOTIFICATION 报文。

（1）OPEN 报文：建立邻居关系。

（2）KEEPALIVE 报文：保持活动状态，周期性确认邻居关系，对 OPEN 报文回应。

（3）UPDATE 报文：发送新的路由信息。

（4）NOTIFICATION 报文：报告检测到的错误。

发送过程如图 22-4-1 所示。

BGP 协议工作流程：

（1）BGP 路由器直接进行 TCP 三次握手，建立 TCP 会话连接。

（2）交换 OPEN 信息，确定版本等参数，建立邻居关系。

（3）路由器交换所有 BGP 路由直到平衡，之后只交换变化了的路由信息。

（4）路由更新由 UPDATE 完成。

（5）通过 KEEPALIVE 验证路由器是否可用。

（6）出现问题，发送 NOTIFICATION 消息通知错误。

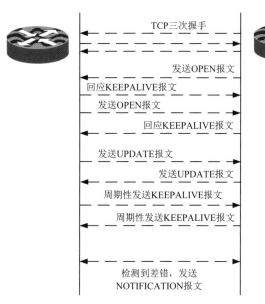

图 22-4-1　BGP 报文工作流程

3. BGP 基本配置

配置 BGP 协议是组建 BGP 网络中的重要一环。为了实现网络中不同 AS 之间的通信，最基本的配置过程主要包括三部分：

（1）创建 BGP 进程：必须先创建 BGP 进程，才能配置 BGP 的其他特性参数。

（2）建立 BGP 对等体关系：只有建立 BGP 对等体关系完成后，设备之间才能交换 BGP 消息。

（3）引入路由：BGP 协议本身不发现路由，往往引入其他协议的路由才能产生 BGP 路由。

具体配置命令如下：

system-view	#进入系统视图
bgp as-number	#启动 BGP（指定了本地 AS 编号），进入 BGP 视图
peer { ipv4-address | peerGroupName } **as-number** as-number	#指定对等体的 IP 地址及其所属的 AS 编号。指定对等体所属的 AS 编号应该和本地 AS 号相同
router-id ipv4-address	#配置 BGP 的 Router ID。当配置或改变 BGP 的 Router ID 会导致路由器之间的 BGP 对等体关系重置

注意：此命令在 BGP 配置中不是必须的，但可能会考到。

BGP 协议也可以通过以下两种方式引入路由：

（1）Import 方式：按协议类型将 RIP 路由、OSPF 路由、IS-IS 路由、静态路由和直连路由等协议的路由引入到 BGP 路由表中。

（2）Network 方式：将指定前缀和掩码的一条路由引入到 BGP 路由表中，该方式比 Import 更精确。

import-route {**IS_IS** process-id \| **ospf** process-id \| **rip** process-id \| **direct** \| **static**} [[**med** med] \| [**route-policy** route-policy-name] \| [**route-filter** route-filter-name]]　#配置 BGP 引入其他各种协议的路由

network ipv4-address [mask \| mask-length] [**route-policy** route-policy-name \| **route-filter** route-filter-name] #配置 BGP 引入其他路由

22.5 路由黑洞与路由策略

22.5.1 考点分析

历年网络工程师考试试题涉及本部分的相关知识点有：路由黑洞、路由策略等。

22.5.2 知识点精讲

1. 路由黑洞

建立 BGP 邻居关系的路由器称为 BGP 对等体。BGP 有两种对等体关系：一种是 EBGP；另一种是 IBGP。所谓的 EBGP 对等体关系（External BGP Peer）是指建立对等体关系的两台 BGP 路由器位于不同的 AS 中。而 IBGP 对等体关系（Internal BGP Peer）是建立对等体关系的两台 BGP 路由器位于相同的 AS 中。

路由在 EBGP 对等体之间传递时，会使用 AS Path 防止出现路由环路。路由器转发路由信息时，**如果发现 AS Path 中有自己的 AS 编号，就不再使用该路由。**

通常情况下，EBGP 对等体关系必须基于直连接口建立，因为缺省情况下，EBGP 对等体之间发送的 BGP 协议报文的 TTL 值为 1，这些协议报文只能够被传送 1 跳。因此，在某些特殊的场景中需要在两台非直连的路由器之间建立 EBGP 对等体关系时，必须修改协议报文中的 TTL 值，也就是修改 EBGP 对等体的跳数限制。两台 BGP 路由器之间无须直连也可建立对等体关系，前提是它们之间 IP 可达并且能建立 TCP 连接。这个特点使 BGP 路由传递更灵活，但是也可以带来新的问题，如路由黑洞。

所谓的路由黑洞可以用下面的案例进行说明。某网络的拓扑如图 22-5-1 所示。

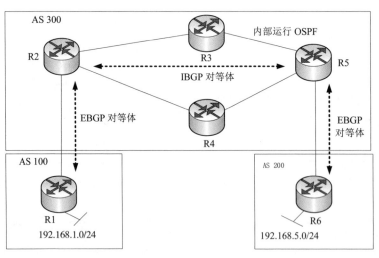

图 22-5-1 路由黑洞

　　图 22-5-1 中 R1、R2、R5 及 R6 是 BGP 路由器，它们之间的 BGP 对等体关系如图上所标注。其中 AS 300 内部运行 OSPF，因此 AS 内部的路由器 R2～R5 能够获得到达该 AS 内各个网段的路由信息。但是 R3 和 R4 不运行 BGP 协议，只运行 OSPF 协议，R2 和 R5 通过 OSPF 协议，实现了 IP 连通，并且建立起了 IBGP 对等体关系。如果 R1 将 AS 100 内的 192.168.1.0/24 路由发布到 BGP，R2 则将这条 BGP 路由通过 IBGP 连接直接通告给 R5。并且告知 R5 需经 R2 才能到达该路由所指向的目的地，也就是 R2 将该 BGP 路由的 NextHop 属性值设置为自己的地址。R5 再将其通告给 R6，最终 R6 能够通过 BGP 学习到 192.168.1.0/24 的路由。若 R6 要发送一个到达 192.168.1.0/24 的数据包，查询路由表后发现到达该目的地的下一跳为 R5，于是将数据包转发给 R5。R5 收到这个数据包后也进行路由表查询，结果发现到达该目的地的下一跳为 R2，然而 R2 并非它的直连路由器，因此它将继续在自己的路由表中查询到达 R2 的路由。由于 AS 300 内已经运行了 OSPF，R5 发现可以通过 OSPF 路由到达 R2，而且下一跳是 R4（可能是 R4 也可能是 R5，此处假定选择 R4，下一跳是 R5 的情况类似，此处不赘述，大家可以自行分析）。当 R4 收到去往 192.168.1.0/24 的数据包时，它会去路由表中查询到达目的网段的路由。由于该路由是在 BGP 中被通告的，R4 只运行了 OSPF 没有运行 BGP，因此 R4 上查询不到去往 192.168.1.0/24 的路由信息，数据包在 R4 上只能被丢弃。这种情况就是 R4 上出现了路由黑洞。

　　解决路由黑洞的方式有多种，下面介绍两种常用的方式。

　　（1）在 BGP 中引入了同步规则（BGP Synchronization）。所谓的 BGP 同步规则是指当一台路由器从自己的 IBGP 对等体学习到一条 BGP 路由时（这类路由被称为 IBGP 路由），它将不能使用该条路由或把这条路由通告给自己的 EBGP 对等体，除非它又从 IGP 协议（例如 OSPF 等，此处也包含静态路由）学习到这条路由，也就是要求 IBGP 路由与 IGP 路由同步。同步规则主要用于规避 BGP 路由黑洞问题。

　　（2）采用路由反射器。虽然可以将 AS 300 内的所有路由器全都运行 BGP 来解决路由黑洞的问题。但因为 IBGP 水平分割规则的存在，必须在 AS 300 内实现 IBGP 对等体关系全互联，以保证 BGP 路由不丢失（如果采用对等体全互联方式需关闭设备上的 BGP 同步规则）。所谓 IBGP 水平分割原则是指在 BGP 中，当路由器从一个 IBGP 对等体学习到某条 BGP 路由时，它不能再将这条路由通告给任何 IBGP 对等体。

　　如果 AS 300 内的路由器数量特别多，那么 IBGP 全互联的组网方式会给网络带来沉重的负担，网络规模将受到制约，因此这种方法基本不用。比较有效的方法是采用路由反射器或者联邦，联邦在此不再讨论。

　　路由反射器（Route Reflector，RR）是用于解决 AS 内部 BGP 路由传递问题的技术。如果 AS 内不部署全互联的 IBGP 对等体关系，并要求路由传递不能出现问题，那就可以使用路由反射器。

　　路由反射器的基本工作特点有：

　　（1）如果路由反射器从自己的非客户对等体学习到一条 IBGP 路由，则它会将该路由反射给所有客户。

　　（2）如果路由反射器从自己的客户学习到一条 IBGP 路由，则它会将该路由反射给所有非客户，以及除了该客户之外的其他所有客户。

（3）当路由反射器执行路由反射时，它只将自己使用的、最优的 BGP 路由进行反射。

2. 路由重发布

路由重发布是将一种路由协议的路由信息引入到另一种路由协议中。但是要注意，只有存在于路由表中的路由才能够被正确地重发布，如路由器中同时运行 BGP 和 IGP 两种协议，BGP 与 IGP 在设备中使用不同的路由表，为了实现不同 AS 间相互通信，BGP 需要与 IGP 进行交互，即 BGP 路由表和 IGP 路由表相互引入。在华为设备中，BGP 引入路由时支持 Import 和 Network 两种方式：Import 方式是按协议类型，将 RIP、OSPF 等协议的路由引入到 BGP 路由表中。为了保证引入的 IGP 路由的有效性，Import 方式还可以引入静态路由和直连路由。

Network 方式是逐条将 IP 路由表中已经存在的路由引入到 BGP 路由表中，这种方式比 Import 方式更精确。

既然是 BGP 路由表和 IGP 路由表相互引入，则 IGP 也可以引入 BGP 的路由信息，如当一个 AS 需要引入其他 AS 的路由时，AS 边缘路由器会在 IGP 路由表中引入 BGP 的路由。通常情况下，BGP 的路由表会比较大，为了避免大量 BGP 路由对 AS 内设备造成影响，当 IGP 引入 BGP 路由时，应当使用路由策略，进行路由过滤和路由属性设置。具体需要注意的因素如下：

- 当需要在 AS 之间传递路由时，可以通过 BGP 和 IGP 互相引入来实现，但是这种实现方式存在如下问题：如果 BGP 路由数量较大，那么 AS 内部的低端设备可能不能装载如此大规模的路由，造成路由丢失。
- 如果某条路由不稳定（如端口频繁 UP/DOWN），可能会导致整个 AS 的路由震荡，影响网络的稳定性。
- BGP 是靠路由属性来防止路由环路的，如 AS_PATH 属性，当所有 BGP 路由重分布到 IGP 中后，路由属性就会丢失，破坏了 BGP 的路由防环机制，可能会出现路由环路的隐患。
- 在较大规模的 IP 网络中，一般情况下 BGP 路由的规模会远远大于 IGP 路由，因此当涉及将 BGP 路由引入 IGP 时，需要防止大量 BGP 路由引入 IGP，影响到 IGP 路由的运行。可以考虑通过缺省路由、路由汇总等手段减少路由的数量。

3. 路由策略

路由策略是通过一系列工具或方法对路由进行各种控制的"策略"。这些策略能够影响到路由产生、发布、选择等，进而影响报文的转发路径。路由策略（Routing Policy）作用于路由，主要实现了路由过滤和路由属性设置等功能，它通过改变路由属性（包括可达性）来改变网络流量所经过的路径。因此网络使用路由策略的主要作用有：

- 控制路由的接收、发布和引入，提高网络安全性。
- 修改路由属性，对网络数据流量进行合理规划，提高网络性能。

实现路由策略的具体工具包括 ACL、route-policy、ip-prefix、filter-policy 等。其中 **Route-Policy 是一种综合过滤器**，它可以使用访问控制列表、地址前缀列表、AS 路径过滤器、团体属性过滤器、

Large-community 属性过滤器、扩展团体属性过滤器和 RD 属性过滤器这几种过滤器作为匹配条件来对路由进行过滤，并且也可以修改过滤路由的属性。

路由策略的实现分为以下两个步骤：

（1）定义规则：定义将要实施路由策略的路由信息的特征，即定义一组匹配规则。可以用路由信息中的不同属性作为匹配依据进行设置，如目的地址、发布路由信息的设备地址等。

（2）应用规则：将匹配规则应用于路由的发布、接收和引入等过程的路由策略中。

下面通过一个简单的案例，可以更好地了解路由策略的工作原理和配置过程。如图 22-5-2 所示，某公司内部运行 OSPF 协议，RouterA 从 Internet 网络接收路由，并为 RouterB 提供了部分 Internet 路由。具体要求如下：

1）RouterA 仅提供 172.16.17.0/24、172.16.18.0/24 和 172.16.19.0/24 给 RouterB。

2）RouterC 仅接收路由 172.16.18.0/24。

3）RouterD 接收 RouterB 提供的全部路由。

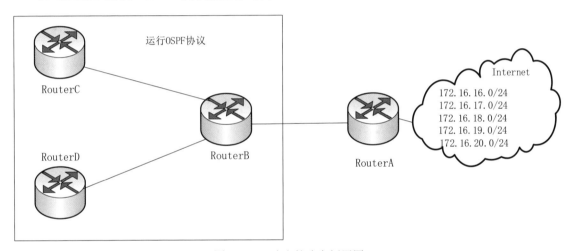

图 22-5-2　路由策略案例用图

有多种方法可以实现上述要求，下面列举两种常用的方式，考试中主要是了解路由策略的原理和基本配置。

方法一：使用地址前缀列表（IP-Prefix List）。

在 RouterA 上配置地址前缀列表，并且配置 OSPF 利用该地址前缀列表作为 RouterA 的出口策略。

在 RouterC 上配置另外一个地址前缀列表，并且配置 OSPF 利用该地址前缀列表作为 RouterC 的入口策略。

方法二：使用路由策略。

在 RouterA 上配置路由策略（匹配条件可以是地址前缀列表、路由 cost、路由标记 Tag 等），并且配置 OSPF 利用该路由策略作为 RouterA 的出口策略。

在 RouterC 上配置另外一个路由策略，并且配置 OSPF 利用该路由策略作为 RouterC 的入口策略。

使用路由策略与使用地址前缀列表相比，优点是对路由的控制更为灵活，并且可以修改路由的属性，缺点是配置复杂。

整体配置过程如下：

（1）在 RouterA 上配置路由策略，在路由发布时运用路由策略，使 RouterA 仅提供路由 172.16.17.0/24、172.16.18.0/24、172.16.19.0/24 给 RouterB，实现 OSPF 网络中只能访问 172.16.17.0/24、172.16.18.0/24 和 172.16.19.0/24 三个网段的网络。

（2）在 RouterC 上配置路由策略，在路由引入时运用路由策略，使 RouterC 仅接收路由 172.16.18.0/24，实现 RouterC 连接的网络只能访问 172.16.18.0/24 网段的网络。具体配置命令如下：

1）配置各接口的 IP 地址。

配置 RouterA 的各接口的 IP 地址。

```
<Huawei> system-view
[Huawei] sysname RouterA
[RouterA] interface gigabitethernet 1/0/0
[RouterA-GigabitEthernet1/0/0] ip address 192.168.1.1 255.255.255.0
[RouterA-GigabitEthernet1/0/0] quit
```

RouterB、RouterC 和 RouterD 的配置同 RouterA，此处略。

2）配置各路由器的 OSPF 基本功能。

RouterA 的配置。

```
[RouterA] ospf
[RouterA-ospf-1] area 0
[RouterA-ospf-1-area-0.0.0.0] network 192.168.1.0 0.0.0.255
[RouterA-ospf-1-area-0.0.0.0] quit
[RouterA-ospf-1] quit
```

RouterB 的配置。

```
[RouterB] ospf
[RouterB-ospf-1] area 0
[RouterB-ospf-1-area-0.0.0.0] network 192.168.1.0 0.0.0.255
[RouterB-ospf-1-area-0.0.0.0] network 192.168.2.0 0.0.0.255
[RouterB-ospf-1-area-0.0.0.0] network 192.168.3.0 0.0.0.255
[RouterB-ospf-1-area-0.0.0.0] quit
```

RouterC 的配置。

```
[RouterC] ospf
[RouterC-ospf-1] area 0
[RouterC-ospf-1-area-0.0.0.0] network 192.168.2.0 0.0.0.255
[RouterC-ospf-1-area-0.0.0.0] quit
[RouterC-ospf-1] quit
```

RouterD 的配置。

```
[RouterD] ospf
[RouterD-ospf-1] area 0
[RouterD-ospf-1-area-0.0.0.0] network 192.168.3.0 0.0.0.255
[RouterD-ospf-1-area-0.0.0.0] quit
```

3）在 RouterA 上配置 5 条静态路由模拟 5 个不同网段，并将这些静态路由引入到 OSPF 协议中。

```
[RouterA] ip route-static 172.16.16.0 24 NULL 0
[RouterA] ip route-static 172.16.17.0 24 NULL 0
[RouterA] ip route-static 172.16.18.0 24 NULL 0
[RouterA] ip route-static 172.16.19.0 24 NULL 0
[RouterA] ip route-static 172.16.20.0 24 NULL 0
[RouterA] ospf
[RouterA-ospf-1] import-route static
[RouterA-ospf-1] quit
```

4）配置路由发布策略。

在 RouterA 上配置地址前缀列表 a2b。

```
[RouterA] ip ip-prefix a2b index 10 permit 172.16.17.0 24
[RouterA] ip ip-prefix a2b index 20 permit 172.16.18.0 24
[RouterA] ip ip-prefix a2b index 30 permit 172.16.19.0 24
```

在 RouterA 上配置发布策略，引用地址前缀列表 a2b 进行过滤。

```
[RouterA] ospf
[RouterA-ospf-1] filter-policy ip-prefix a2b export static
```

5）配置路由接收策略。

在 RouterC 上配置地址前缀列表 b2c。

```
[RouterC] ip ip-prefix b2c   index 10 permit 172.16.18.0 24
```

在 RouterC 上配置接收策略，应用地址前缀列表 b2c 进行过滤。

```
[RouterC] ospf
[RouterC-ospf-1] filter-policy ip-prefix b2c import
```

至此，所有配置完成。为了检查配置之后的效果，可以分别在 RouterB 和 RouterC 上查看路由表。

在 RouterB 上查看 IP 路由表。

```
[RouterB] display ip routing-table
Route Flags: R - relay, D - download to fib, T - to vpn-instance, B - black hole route
-------------------------------------------------------------------------------
Routing Table : Public
         Destinations : 20       Routes : 20
Destination/Mask      Proto   Pre  Cost      Flags NextHop         Interface
...
255.255.255.255/32   Direct   0     0         D   127.0.0.1        InLoopBack0
 172.16.17.0/24     O_ASE    150   1         D   192.168.1.1      10GE1/0/1
 172.16.18.0/24     O_ASE    150   1         D   192.168.1.1      10GE1/0/1
 172.16.19.0/24     O_ASE    150   1         D   192.168.1.1      10GE1/0/1
   192.168.1.0/24    Direct   0     0         D   192.168.1.2       10GE1/0/1
...
```

可以看到 RouterB 上只收到了 172.16.17.0/24、172.16.18.0/24、172.16.19.0/24 三个网段。说明路由策略控制路由发布正常。再在 RouterC 上查看路由表如下：

```
[RouterC] display ip routing-table
Route Flags: R - relay, D - download to fib, T - to vpn-instance, B - black hole route
-------------------------------------------------------------------------------
Routing Table : Public
         Destinations : 12       Routes : 12
```

Destination/Mask	Proto	Pre	Cost	Flags	NextHop	Interface
127.255.255.255/32	Direct 0		0	D	127.0.0.1	InLoopBack0
255.255.255.255/32	Direct 0		0	D	127.0.0.1	InLoopBack0
172.16.18.0/24	O_ASE	150	1	D	192.168.2.1	10GE1/0/1
192.168.1.0/24	O_ASE	10	2	D	192.168.2.1	10GE1/0/1

可以看到 RouterC 的本地核心路由表中，仅接收了列表 b2c 定义的 1 条路由 172.16.18.0/24，说明控制路由引入的路由策略也得到实施，达到了控制的目的。

22.6　IPv6

22.6.1　考点分析

历年网络工程师考试试题涉及本部分的相关知识点有：IPv6 基本配置、IPv6-over-IPv4 GRE 隧道、ISATAP 隧道。

22.6.2　知识点精讲

1．IPv6 基本配置

全球单播地址类似于 IPv4 公网地址，提供给网络服务提供商。全球单播地址有以下两种方式配置：

（1）采用 EUI-64 格式形成。当配置采用 EUI-64 格式形成 IPv6 地址时，接口的 IPv6 地址的前缀是所配置的前缀，而接口标识符则由接口自动生成。

（2）手工配置。用户手工配置 IPv6 全球单播地址。基本的配置过程如下：在系统视图中先执行命令 ipv6，使能 IPv6 报文转发功能。因为在华为设备中，默认情况下，IPv6 处于未使能状态。然后再在接口视图下执行命令 ipv6 enable，使能接口的 IPv6 功能。

最后可以选择以下两种方式配置接口的全球单播地址：

1）执行命令 ipv6 address { ipv6-address prefix-length | ipv6-address/prefix-length }
//手工配置 IPv6 全球单播地址
2）执行命令 ipv6 address { ipv6-address prefix-length | ipv6-address/prefix-length }eui-64
//采用 EUI-64 格式形成 IPv6 全球单播地址

具体配置如下：

```
<Huawei> system-view
[Huawei] ipv6        //使能 IPv6 报文转发功能
[Huawei] interface gigabitethernet 1/0/0
[Huawei -GigabitEthernet1/0/0] ipv6 enable //使能接口的 IPv6 功能
[Huawei -GigabitEthernet1/0/0] ipv6 address 3000::1/64   //配置接口 IPv6 地址
```

查看配置信息：

```
<Huawei > display ipv6 interface gigabitethernet 1/0/0
GigabitEthernet1/0/0 current state : UP
IPv6 protocol current state : UP
IPv6 is enabled, link-local address is FE80::A19:A6FF:FEFC:4123
Global unicast address(es):
3000::1, subnet is 3000::/64
```

```
Joined group address(es):
FF02::1:2
FF02::1:FF00:1
FF02::2
FF02::1
FF02::1:FFFC:4123
MTU is 1500 bytes
ND DAD is enabled, number of DAD attempts: 1
ND reachable time is 30000 milliseconds
ND retransmit interval is 1000 milliseconds
ND advertised reachable time is 0 milliseconds
ND advertised retransmit interval is 0 milliseconds
ND router advertisement max interval 600 seconds, min interval 200 seconds
ND router advertisements live for 1800 seconds
ND router advertisements hop-limit 64
ND default router preference medium
Hosts use stateless autoconfig for addresses
[Huawei -GigabitEthernet1/0/0] quit
```

2．IPv6-over-IPv4 GRE 隧道

通用路由封装协议定义了在任意一种网络层协议上封装另一个协议（或同一种协议）的协议。如封装 IPv6 的数据包，并在 IPv4 网络上传输。

（1）GRE。通用路由封装协议（Generic Routing Encapsulation，GRE）是第三层隧道协议，即在协议层之间采用了一种被称为隧道（Tunnel）的技术。

隧道是一个虚拟的点对点的连接，这个接口提供了一条通路，使封装的数据报能够在这个通路上传输，并且在一个隧道的两端分别对数据报进行封装和解封。

GRE 通常和 IPSec 联合使用。IPSec 是一种点对点的隧道协议，无法支持对多播报文的封装，而 GRE 可以。所以我们通常用 GRE over IPSec，即先用 GRE 封装多播报文，再用 IPSec 封装 GRE 报文来进行多播数据的加密传输。

（2）IPv6-over-IPv4 隧道（6to4 隧道）。IPv6-over-IPv4 隧道是将 IPv6 报文封装在 IPv4 报文中发送，封装后，报文穿越 IPv4 网络，目的 IPv6 路由器将封装数据包解封。6to4 方式使用专用地址前缀 2002::/16，地址格式为"2002:IPv4 地址:子网 ID::接口 ID"。

（3）IPv6-over-IPv4 相关配置命令。

```
[Huawei] interface tunnel 0/0/1
[Huawei-Tunnel0/0/1] tunnel-protocol ipv6-ipv4    //配置协议类型为 IPv6-IPv4
[Huawei-Tunnel0/0/1] ipv6 enable                  //使能 IPv6
[Huawei-Tunnel0/0/1] ipv6 address 3001::1/64      // 根据实际拓扑设置接口的 IPv6 地址
[Huawei-Tunnel0/0/1] source gigabitethernet 1/0/0
[Huawei-Tunnel0/0/1] destination 192.168.1.2      //设置隧道对端的 IP 地址
[Huawei-Tunnel0/0/1] quit
```

3．ISATAP 隧道

站内自动隧道寻址协议（Intra-Site Automatic Tunnel Addressing Protocol，ISATAP）是一种站点内部的 IPv6 网络将 IPv4 网络视为一个非广播型多路访问（NBMA）链路层的 IPv6 隧道技术，即

将 IPv4 网络当作 IPv6 的虚拟链路层。

双栈主机使用 ISATAP 隧道时，IPv6 报文的目的地址和隧道接口的 IPv6 地址都要采用特殊的 ISATAP 地址。在 ISATAP 地址中，**前 64 位是向 ISATAP 路由器发送请求得到的**；后 64 位由两部分构成，其中前 32 位是 **0:5efe**，后 32 位是 **IPv4 单播地址**，即 ISATAP 接口 ID 必须为**::0:5efe:IPv4 地址**的形式。具备该地址形式的双栈主机可以和同一子网内的其他 ISATAP 主机进行 IPv6 通信。如果要跨网段，ISATAP 路由器还需要使用全球单播地址（2xxx::/4 或 3xxx::/4）。

ISATAP 隧道技术不要求隧道结点拥有公网 IPv4 地址，只要求双栈主机具有 IPv4 地址。

（1）路由器端配置。需要在系统视图中先创建 Tunnel 接口。再通过命令 tunnel-protocol ipv6-ipv4 isatap，指定 Tunnel 为 ISATAP 模式。再通过命令 source { source-ip-address | interface-type interface-number }，指定 Tunnel 的源地址或源接口。注意使用命令 undo ipv6 nd ra halt 允许发布路由器通告消息。具体配置命令如下：

```
[Huawei] interface tunnel 0/0/2     //进入隧道接口
[Huawei-Tunnel0/0/2] tunnel-protocol ipv6-ipv4 isatap    //设置隧道协议
[Huawei-Tunnel0/0/2] ipv6 enable
[Huawei-Tunnel0/0/2] ipv6 address 2001::/64 eui-64     //设置接口 IPv6 地址
[Huawei-Tunnel0/0/2] source gigabitethernet 0/0/2
[Huawei-Tunnel0/0/2] undo ipv6 nd ra halt
[Huawei-Tunnel0/0/2] quit
```

（2）客户端配置。客户端可以使用 netsh 配置，具体如图 22-6-1 所示。

图 22-6-1　netsh 配置 ISATAP 客户端

其中，命令 **netsh interface ipv6 isatap>set router *.*.*.*** 中的*.*.*.*是设置 ISATAP 路由器的地址，可以合并为一条命令 C:/>netsh interface ipv6 isatap set router *.*.*.*。

22.7　NAT

22.7.1　考点分析

历年网络工程师考试试题涉及本部分的相关知识点有：NAT 配置、策略路由配置、双向 NAT 等。

22.7.2　知识点精讲

1．NAT 配置

华为路由器配置 NAT 的方式有很多种，网络工程师考试中可能考到的基本配置方式主要有 Easy IP 和通过 NAT 地址池的方式。图 22-7-1 是一个典型的通过 Easy IP 进行 NAT 的示意图，其中 Router 出接口 GE0/0/1 的 IP 地址为 200.100.1.2/24，接口 E0/0/1 的 IP 地址为 192.168.0.1/24。连接 Router 出接口 GE0/0/1 的对端 IP 地址为 200.100.1.1/24。内网用户通过 Router 的出接口 GE0/0/1 做 Easy IP 地址转换访问外网。

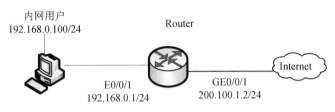

图 22-7-1　NAT 的示意图

内网用户通过 Easy IP 方式访问的配置如下：

```
<HUAWEI>system-view                    //进入系统视图
[HUAWEI] sysname Router                //修改设备名称
[Router]acl number 2000                //创建 ACL2000
[Router-acl-basic-2000]rule 5 permit source 192.168.0.0 0.0.0.255    //配置允许进行 NAT 转换的内网地址段 192.168.0.0/24
[Router-acl-basic-2000]quit
[Router]interface Ethernet0/0/1
[Router-Ethernet0/0/1]undo port switch    //关闭端口的交换特性，变为路由接口
[Router-Ethernet0/0/1]ip address 192.168.0.1 255.255.255.0    //配置内网网关地址
[Router-Ethernet0/0/1] quit
[Router]interface GigabitEthernet0/0/1
[Router-GigabitEthernet0/0/1]ip address 200.100.1.2 255.255.255.0
[Router-GigabitEthernet0/0/1]nat outbound 2000    //在出接口 GE0/0/1 上做 Easy IP 方式的 NAT
[Router-GigabitEthernet0/0/1]quit
[Router]ip route-static 0.0.0.0 0.0.0.0 200.100.1.1    //配置默认路由，保证出接口到对端路由可达
```

2．配置 NAT 地址池转换

当内网用户较多，需要使用较多外部地址访问 Internet 时，可以考虑使用地址池的形式，如图 22-7-2 所示。

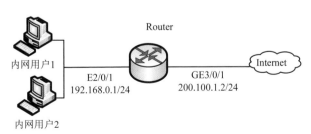

图 22-7-2　地址池转换示意图

Router 配置如下：

```
<HUAWEI>system-view          //进入系统视图
[HUAWEI] sysname Router       //修改设备名称
[Router]acl number 2000       //创建 ACL2000
[Router-acl-basic-2000]rule 5 permit source 192.168.0.0 0.0.0.255    //配置允许进行 NAT 转换的内网地址段 192.168.0.0/24
[Router-acl-basic-2000]quit
[Router]nat address-group 1 200.100.1.100 200.100.1.200          //配置 NAT 地址池
[Router]interface vlan100        //配置内网网关的 IP 地址
[Router-vlan-interface100] ip address 192.168.0.1 255.255.255.0
[Router-vlan-interface100]quit
[Router]interface Ethernet2/0/0
[Router-Ethernet2/0/0]port link-type access          //配置接口的类型为 Access
[Router-Ethernet2/0/0]port default vlan 100          //配置接口的默认 VLAN ID
[Router-Ethernet2/0/0]quit
[Router]interface GigabitEthernet3/0/0
[Router-GigabitEthernet3/0/0]ip address 200.100.1.2 255.255.255.0
[Router-GigabitEthernet3/0/0]nat outbound 2000 address-group 1      //在出接口上配置 NAT Outbound
[Router-GigabitEthernet3/0/0]quit
[Router] ip route-static 0.0.0.0 0.0.0.0 200.100.1.1      //配置默认路由
```

内网用户通过路由器的 NAT 地址转换功能访问 Internet，并且向外网用户提供 WWW 服务。

Router 配置如下：

```
<HUAWEI>system-view          //进入系统视图
[HUAWEI] sysname Router       //修改设备名称
[Router]acl number 2000       //创建 ACL 2000
[Router-acl-basic-2000]rule 5 permit source 192.168. 0.0 0.0.0.255    //配置允许进行 NAT 转换的内网地址段 192.168.0.0/24
[Router-acl-basic-2000]quit
[Router]nat address-group 1 200.100.1.100 200.100.1.200    //配置 NAT 地址池
[Router]interface vlan100        //配置内网网关的 IP 地址
[Router-vlan-interface100] ip address 192.168.0.1 255.255.255.0
[Router-vlan-interface100]quit
[Router]interface Ethernet2/0/0
[Router-Ethernet2/0/0]port link-type access          //配置接口的类型为 Access
[Router-Ethernet2/0/0]port default vlan 100          //配置接口的默认 VLAN ID
[Router-Ethernet2/0/0]quit
[Router]interface GigabitEthernet3/0/0
[Router-GigabitEthernet3/0/0]ip address 200.100.1.2   255.255.255.0
[Router-GigabitEthernet3/0/0]nat outbound 2000 address-group 1        //在出接口上配置 NAT Outbound
[Router-GigabitEthernet3/0/0] nat server protocol tcp global 200.1100.1.103 www inside 192.168.0.2 8080    //在出接口上配
置内网服务器 192.168. 0.2 的 WWW 服务
[Router-GigabitEthernet3/0/0]quit
[Router] ip route-static 0.0.0.0 0.0.0.0 200.100.1.1      //配置默认路由
```

对于更为复杂的配置环境，可以通过 NAT 和重定向实现双出口，且对外提供 Web 服务。这在企业网络实际应用中是一种常用的方式，通常既需要内网用户上网，并且为了保证稳定和可靠，使用两个以上 ISP 线路提供 Internet 的接入，还要能对外提供某些服务，如 Web、FTP 服务等。

如图 22-7-3 所示的环境中，Router 的 GE1/0/0 连接校园网，GE2/0/0 连接教育网，GE3/0/0 连接电信运营商接入 Internet。内网主机通过 GE2/0/0 接口访问教育网，通过默认路由从 GE3/0/0 接口访问其他网址。

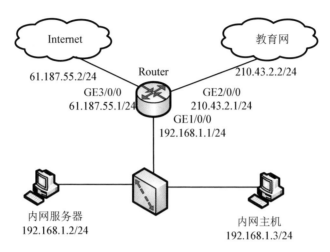

图 22-7-3　某校园网配置图

该校园网服务器提供内外网 Web 服务，内网地址是 192.168.1.2/24；外网地址是 210.43.2.3。现要求因特网主机和校园网内部主机都可以通过 210.43.2.3 正常访问 Web 服务器，且要求校园网内部主机可以通过 NAT 访问 Internet 和教育网。

根据教育网的访问规则，非教育网主机访问教育网主机，必须通过教育网通道才能访问，因此外网用户（包括教育网用户和非教育网用户）访问该校都是从 GE2/0/0 接入。

Router 配置如下：

```
[Router] acl number 2000    //配置 ACL 规则，允许校园网中 192.168.1.0/24 网段的主机访问外网
[Router-acl-basic-2000] rule 5 permit source 192.168.1.0 0.0.0.255
[Router-acl-basic-2000]quit
[Router]acl number 3000    //内部主机直接访问服务器 210.43.2.3，只有内网发起的服务才会在 GE1/0/0 上进行 NAT
[Router-acl-adv-3000] rule 5 permit ip source 192.168.1.0 0.0.0.255 destination 210.43.2.3 0
[Router-acl-adv-3000] quit
[Router]acl number 3001    //内部服务器返回内部主机的数据流不需要被重定向到教育网出口
[Router-acl-adv-3001] rule 5 permit ip source 192.168.1.2 0 destination 192.168.1.0 0.0.0.255
[Router-acl-adv-3001] quit
[Router] acl number 3002    //用于将内部服务器发往外部的数据流重定向到教育网出口
[Router-acl-adv-3002] rule 10 permit ip source 192.168.1.2 0
[Router-acl-adv-3002] quit
[Router] traffic classifier C_iner operator or    //定义不需要重定向的数据流分类 C_iner
[Router-classifier-C_iner] if-match acl 3001
[Router-classifier-C_iner]quit
[Router] traffic classifier C_outer operator or    //定义需要重定向的数据流分类 C_outer
[Router-classifier-C_outer] if-match acl 3002
```

[Router-classifier-C_outer] quit

[Router] traffic behavior B_iner   //定义流行为 B_iner

[Router-behavior-B_iner] quit

[Router]traffic behavior B_outer   //定义流行为 B_outer

[Router-behavior-B_outer] redirect ip-nexthop 210.43.2.2   //服务器响应外网访问的数据流都被重定向到教育网出口

[Router-behavior-B_outer] quit

[Router]traffic policy P_redirect   //绑定流策略

[Router-policy-P_redirect] classifier C_iner behavior B_iner   //先匹配内部服务器返回内部主机的数据流，不需要重定向

[Router-policy-P_redirect] classifier C_outer behavior B_outer   //后匹配重定向到教育网出口的数据流

[Router-policy-P_redirect] quit

[Router] nat alg dns enable   //使能 NAT ALG 的 DNS 功能

//通常情况下，NAT 只对报文中 IP 头部的地址信息和 TCP/UDP 头部的端口信息进行转换，不关注报文的内容。但是对于一些特殊的协议（如 FTP 协议），其报文中也携带了地址或端口信息，而报文中的地址或端口信息往往是由通信的双方动态协商生成的，管理员并不能为其提前配置好相应的 NAT 规则。如果 NAT 设备不能识别并转换这些信息，将影响到这些协议的正常使用。NAT ALG（Application Level Gateway）功能可以对报文的字段进行解析，识别并转换其中包含的重要信息，保证类似 FTP 的多通道协议可以顺利地进行地址转换而不影响其正常使用

[Router] nat address-group 0 202.1.1.100 61.187.55.120   //访问非教育网地址对应的 NAT 地址池

[Router] nat address-group 1 210.43.2.100 210.43.2.120   //访问教育网地址对应的 NAT 地址池

[Router] interface GigabitEthernet1/0/0

[Router-GigabitEthernet1/0/0] ip address 192.168.1.1 255.255.255.0

[Router-GigabitEthernet1/0/0] traffic-policy P_redirect inbound   //GE1/0/0 对入方向的数据流执行流策略 P_redirect

[Router-GigabitEthernet1/0/0]nat static global 210.43.2.3 inside 192.168.1.2 netmask 255.255.255.255   //内网用户直接使用 210.43.2.3 访问服务器时进行 NAT

[Router-GigabitEthernet1/0/0] nat outbound 3000   //内网用户直接访问 210.43.2.3 时做 Easy IP，将源地址改为 GE1/0/0 的地址，保证内网服务器和主机间的通信量都经过 Router 转发

[Router-GigabitEthernet1/0/0]quit

[Router]interface GigabitEthernet2/0/0

[Router-GigabitEthernet2/0/0] ip address 210.43.2.1 255.255.255.0

[Router-GigabitEthernet2/0/0] nat static global 210.43.2.3 inside 192.168.1.2 netmask 255.255.255.255   //教育网出口的 NAT

[Router-GigabitEthernet2/0/0] nat outbound 2000 address-group 1   //内网访问教育网时的 NAT

[Router-GigabitEthernet2/0/0] quit

[Router] interface GigabitEthernet3/0/0

[Router-GigabitEthernet3/0/0] ip address 61.187.55.1 255.255.255.0

[Router-GigabitEthernet3/0/0] nat outbound 2000 address-group 0   //内网访问非教育网时的 NAT

[Router-GigabitEthernet3/0/0] quit

[Router] ip route-static 0.0.0.0 0.0.0.0 61.187.55.2   //设置默认路由

3. 策略路由配置

在实际网络应用中，策略路由也是一种重要的技术手段。尽管在网络工程师考试中并不注重策略路由，但是实际上应用较多，建议考生除了掌握基本的静态路由协议 IP route-static，动态路由协议 RIP、OSPF 的基础配置外，还要掌握如何配置策略路由。策略路由的基本原理：经过 ACL 区分的不同数据流经过路由器时，路由器使用基于源地址或者基于目标地址的策略，将数据转发到策略指定的下一个接口，案例如图 22-7-4 所示。

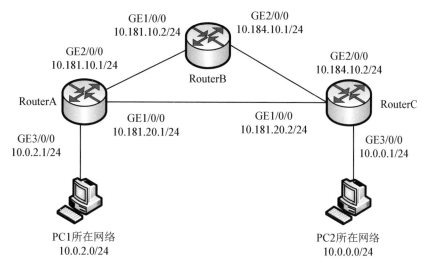

图 22-7-4　案例配图

RouterA、RouterB 和 RouterC 使用 OSPF 保证全网路由可达，并且在 RouterA 上查看路由表可以发现 10.0.0.0 的下一跳为 RouterC 的 GE1/0/0 接口地址。

在 RouterA 上应用策略路由，使 10.0.2.0/24 到 10.0.0.0/24 的流量重定向到 RouterB 上。

RouterA 配置文件：

```
[RouterA] acl number 3001        //定义 ACL 匹配的源地址是 10.0.2.0/24，目的地址是 10.0.0.0/24
[RouterA-acl-adv-3001] rule 5 permit ip source 10.0.2.0 0.0.0.255 destination 10.0.0.0 0.0.0.255
[RouterA-acl-adv-3001] quit
[RouterA] traffic classifier credirect operator or   //定义需要重定向的数据流分类
[RouterA-classifier-credirect] if-match acl 3001
[RouterA-classifier-credirect]quit
[RouterA]traffic behavior bredirect   //定义流行为重定向到 RouterB 的 GE1/0/0 的接口地址
[RouterA-behavior -bredirect]redirect ip-nexthop 10.181.10.2
[RouterA-behavior -bredirect]quit
[RouterA]traffic policy predirect   //绑定流策略
[RouterA-policy-predirect]classifier credirect   behavior bredirect
[RouterA-policy-predirect] quit
[RouterA]interface GigabitEthernet 1/0/0
[RouterA-GigabitEthernet 1/0/0]ip address 10.181.20.1 255.255.255.0
[RouterA-GigabitEthernet 1/0/0]quit
[RouterA]interface GigabitEthernet 2/0/0
[RouterA-GigabitEthernet 2/0/0]ip address 10.181.10.1 255.255.255.0
[RouterA-GigabitEthernet 2/0/0]quit
[RouterA]interface GigabitEthernet 3/0/0
[RouterA-GigabitEthernet3/0/0]ip address 10.0.2.1 255.255.255.0
[RouterA-GigabitEthernet3/0/0]traffic-policy predirect inbound   //从 10.0.2.0/24 到 10.0.0.0/24 的流量重定向到 RouterB 上
[RouterA-GigabitEthernet3/0/0]quit
[RouterA]ospf 1        //配置 OSPF 路由协议
```

[RouterA-ospf-1] area 0.0.0.0
[RouterA-ospf-1-area-0.0.0.0]network 10.0.2.0 0.0.0.255
[RouterA-ospf-1-area-0.0.0.0]network 10.181.20.0 0.0.0.255
[RouterA-ospf-1-area-0.0.0.0]network 10.181.10.0 0.0.0.255
[RouterA-ospf1]quit

RouterB 配置文件：

[RouterB]interface GigabitEthernet 1/0/0
[RouterB-GigabitEthernet 1/0/0] ip address 10.181.10.2 255.255.255.0
[RouterB-GigabitEthernet 1/0/0]quit
[RouterB]interface GigabitEthernet 2/0/0
[RouterB-GigabitEthernet 2/0/0]ip address 10.184.10.1 255.255.255.0
[RouterB-GigabitEthernet 2/0/0]quit
[RouterB]ospf   1   //配置 OSPF 路由协议
[RouterB-ospf-1]area 0.0.0.0
[RouterB-ospf-1-area-0.0.0.0]network 10.181.10.0 0.0.0.255
[RouterB-ospf-1-area-0.0.0.0]network 10.184.10.0 0.0.0.255
[RouterB-ospf-1-area-0.0.0.0]quit

RouterC 配置文件：

[RouterC]interface GigabitEthernet 1/0/0
[RouterC-GigabitEthernet 1/0/0] ip address 10.181.20.2 255.255.255.0
[RouterC-GigabitEthernet 1/0/0]quit
[RouterC]interface GigabitEthernet 2/0/0
[RouterC-GigabitEthernet 2/0/0] ip address 10.184.10.2 255.255.255.0
[RouterC-GigabitEthernet 2/0/0]quit
[RouterC]Ospf   1   //配置 OSPF 路由协议
[RouterC-ospf-1]area 0.0.0.0
[RouterC-ospf-1-area-0.0.0.0]network 10.184.10.0 0.0.0.255
[RouterC-ospf-1-area-0.0.0.0]network 10.181.20.0 0.0.0.255
[RouterC-ospf-1-area-0.0.0.0]network 10.0.0.0 0.0.0.255

4. 双向 NAT

双向 NAT 指的是在转换过程中同时转换报文的源地址和目的地址。双向 NAT 不是一个新的功能，而是源 NAT 和目的 NAT 的组合。双向 NAT 是针对同一条流，在其经过设备时同时转换报文的源地址和目的地址。在华为的设备中，可以采用源 NAT 和 NAT Server 组合的方式实现双向 NAT 功能。基本处理过程如下：

设备收到请求报文后，根据 NAT Server 生成的 Server-Map 表项转换报文的目的地址和端口号。

从源 NAT 地址池中选择一个私网 IP 地址替换报文的源 IP 地址，同时使用新的端口号替换报文的源端口号，并建立会话表，然后发送报文。

设备收到响应报文后，通过查找会话表匹配到建立的表项，将报文的源地址和目的地址替换原先的 IP 地址，将报文源和目的端口号替换为原始的端口号，然后发送报文。

通过以下案例，能更好地帮助大家理解双向 NAT，案例的拓扑图如图 22-7-5 所示。

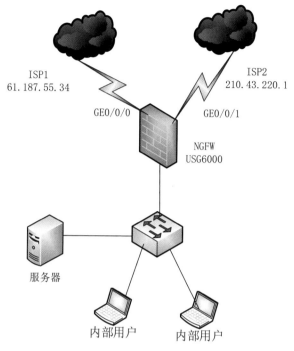

图 22-7-5 双向 NAT 示意图

某企业通过双出口连接两个运营商，分别是 ISP1 和 ISP2，将内网服务器 Server 的地址分别映射到 ISP1 和 ISP2 的出口。为了保证内部上网用户访问外网的网速，管理员开启了运营商选路功能，即 ISP1 的网站从 ISP1 的链路出去，ISP2 的网站从 ISP2 的链路出去。再设置两条等价默认路由分别指向两个运营商提供的外网出口。这种情况下就会出现 ISP1 的用户只能通过 ISP1 出口的 IP 地址访问内部映射的服务器。ISP2 的用户也只能通过访问 ISP2 出口的 IP 地址来访问内部映射的服务器。这种情况的根本原因是来回路径不一致的问题导致业务不通，由于新版的设备在等价默认路由的方式下支持源进源出的功能，只需要关闭运营商选路功能即可。但是管理员为了实现内网用户更好的网络体验不取消该功能。此时可以通过配置反向路由注入来解决。具体配置如下：

```
[USG6000]interface GigabitEthernet 0/0/0
[USG6000-GigabitEthernet0/0/0]reverse-route nexthop  61.187.55.34
[USG6000-GigabitEthernet0/0/0]quit
[USG6000]interface GigabitEthernet 0/0/1
[USG6000-GigabitEthernet0/0/1]reverse-route nexthop 210.43.220.1
[USG6000-GigabitEthernet0/0/1]quit
```

在 NAT Server 多出口场景中为了实现源进源出功能，可以在访问报文的入接口上配置 reverse-route 命令。当设备转发响应报文时，直接使用入接口作为响应报文的出接口，而不是通过查找路由表来确定出接口。如果下一跳地址不存在，报文按照正常的路由表选择出接口转发。

第 5 学时 案例重点 3——防火墙配置

本学时主要学习防火墙配置知识。根据历年考试的情况来看，每次考试涉及相关知识点的分值在 5～17 分之间。防火墙配置知识在基础知识题和案例分析题中均是重点，ACL 知识又是考查的重中之重。每年的两次考试中都会有一道 15 分左右的案例题。本学时考点知识结构图如图 23-0-1 所示。

图 23-0-1 考点知识结构图

23.1 防火墙基本知识

23.1.1 考点分析

历年网络工程师考试试题涉及本部分的相关知识点有：常见的三种防火墙技术、防火墙区域结构。

23.1.2 知识点精讲

防火墙（Fire Wall）是网络关联的重要设备，用于控制网络之间的通信。外部网络用户的访问必须先经过安全策略过滤，而内部网络用户对外部网络的访问则无须过滤。现在的防火墙还具有隔离网络、提供代理服务、流量控制等功能。

1. 常见的三种防火墙技术

常见的三种防火墙技术：包过滤防火墙、代理服务器式防火墙、基于状态检测的防火墙。

（1）包过滤防火墙。包过滤防火墙主要针对 OSI 模型中的网络层和传输层的信息进行分析。通常包过滤防火墙用来控制 IP、UDP、TCP、ICMP 和其他协议。包过滤防火墙对通过防火墙的数据包进行检查，只有满足条件的数据包才能通过，对数据包的**检查内容**一般包括**源地址、目的地址和协议**。包过滤防火墙通过规则（如 ACL）来确定数据包是否能通过。配置了 ACL 的防火墙可以看成包过滤防火墙。

（2）代理服务器式防火墙。代理服务器式防火墙对**第四层到第七层的数据**进行检查，与包过滤防火墙相比，需要更高的开销。用户经过建立会话状态并通过认证及授权后，才能访问到受保护的网络。压力较大的情况下，代理服务器式防火墙工作很慢。ISA 可以看成代理服务器式防火墙。

（3）基于状态检测的防火墙。基于状态检测的防火墙检测每一个 TCP、UDP 之类的会话连接。基于状态的会话包含特定会话的源/目的地址、端口号、TCP 序列号信息以及与此会话相关的其他标志信息。基于状态检测的防火墙工作基于数据包、连接会话和一个基于状态的会话流表。基于状态检测的防火墙性能比包过滤防火墙和代理服务器式防火墙要好。

2．防火墙区域结构

防火墙按安全级别不同，可划分为内网、外网和 DMZ 区，具体结构如图 23-1-1 所示。

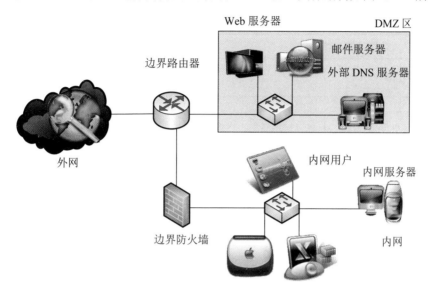

图 23-1-1　防火墙区域结构

（1）内网。内网是防火墙的重点保护区域，包含单位网络内部的所有网络设备和主机。该区域是可信的，内网发出的连接较少进行过滤和审计。

（2）外网。外网是防火墙重点防范的对象，针对单位外部访问用户、服务器和终端。外网发起的通信必须按照防火墙设定的规则进行过滤和审计，不符合条件的则不允许访问。

（3）DMZ 区（Demilitarized Zone）。DMZ 区是一个逻辑区，从内网中划分出来，包含向外网提供服务的服务器集合。DMZ 中的服务器有 Web 服务器、邮件服务器、FTP 服务器、外部 DNS 服务器等。DMZ 区保护级别较低，可以按要求放开某些服务和应用。

23.2　ACL

23.2.1　考点分析

历年网络工程师考试试题涉及本部分的相关知识点有：基本访问控制列表、高级访问控制列表。

23.2.2　知识点精讲

访问控制列表（Access Control List，ACL）是目前使用最多的访问控制实现技术。访问控制列表是路由器接口的指令列表，用来控制端口进出的数据包。ACL 适用于所有的被路由协议，如 IP、IPX、AppleTalk 等。访问控制列表可以分为**基本访问控制列表**和**高级访问控制列表**。ACL 的默认执行顺序是自上而下，在配置时要遵循最小特权原则、最靠近受控对象原则及默认丢弃原则。

华为设备 ACL 分类见表 23-2-1。

表 23-2-1　ACL 分类

分类	编号范围	支持的过滤选项
基本 ACL	2000～2999	匹配条件较少，只能通过源 IP 地址和时间段来进行流量匹配，在一些只需要进行简单匹配的功能中可以使用
高级 ACL	3000～3999	匹配条件较为全面，通过源 IP 地址、目的 IP 地址、ToS、时间段、协议类型、优先级、ICMP 报文类型和 ICMP 报文码等多个维度对流量进行匹配，在大部分功能中都可使用高级 ACL 进行精确流量匹配
基于 MAC 地址的 ACL	4000～4999	由于数据链路层使用 MAC 地址来进行寻址，所以在控制数据链路层帧时需要通过 MAC 地址来对流量进行分类。基于 MAC 地址的 ACL 就可以通过源 MAC 地址、目的 MAC 地址、CoS、协议码等维度来进行流量匹配

ACL 规则匹配方式有以下两种：

（1）配置顺序。配置顺序根据 ACL 规则的 ID 进行排序，ID 小的规则排在前面，优先进行匹配。当找到第一条匹配条件的规则时，查找结束。系统按照该规则对应的动作处理。

（2）自动顺序。自动顺序也叫深度优先匹配。此时 ACL 规则的 ID 由系统自动分配，规则中指定数据包范围小的排在前面，优先进行匹配。当找到第一条匹配条件的规则时，查找结束。系统按照该规则对应的动作处理。

1）对于基本访问控制规则的语句，直接比较源地址通配符，通配符相同的则按配置顺序。

2）对于高级访问控制规则，首先比较协议范围，再比较源地址通配符，都相同时比较目的地址通配符，仍相同时则比较端口号的范围，范围小的排在前面，如果端口号范围也相同则按配置顺序。

ACL 配置步骤如下：

（1）执行命令 system-view，进入系统视图。

（2）执行命令 acl [number] acl-number [match-order { config | auto }]，创建基本 ACL 并进入相应视图。

1）acl-number 的取值决定了 ACL 的类型，ACL 的取值范围基本在 2000～2999 之间。

2）match-order 指定了 ACL 各个规则之间的匹配顺序：选择参数 config，ACL 的匹配顺序按照规则 ID 来排序，ID 小的规则排在前面，优先匹配；选择参数 auto，将使用深度优先的匹配顺序。默认值是 config，按照规则 ID 来排序。

（3）执行命令，创建基本 ACL 规则。

rule[rule-id]{deny|permit}[logging|source{source-ip-address{0|sourcewildcard}| address-setaddress-set-name|any}|time-rangetime-name]*[descriptiondescription]

如配置时没有指定编号 rule-id，表示增加一条新的规则，此时系统会根据步长，自动为规则分配一个大于现有规则最大编号且是步长整数倍的最小编号。如配置时指定了编号 rule-id，如果相应的规则已经存在，表示对已有规则进行编辑，规则中没有编辑的部分不受影响；如果相应的规则不存在，表示增加一条新的规则，并且按照指定的编号将其插入到相应的位置。

配置好 ACL，还需要将 ACL 应用到相应的接口才会生效。应用 ACL 时，为了尽可能提高效率和降低对网络的影响，通常基本 ACL 尽量部署在靠近目标主机的区域接口上，而高级 ACL 尽量部署在靠近源主机所在区域的接口上。

在 AR 系列路由器中，也可以使用以下方式应用 ACL：

```
interface GigabitEthernet0/0/1
traffic-filter inbound acl 3000
//在接口上应用 ACL 进行报文过滤
```

23.3　防火墙基本配置

23.3.1　考点分析

历年网络工程师考试试题涉及本部分的相关知识点有：配置防火墙接口、配置接口参数、配置接口地址、配置公网地址范围和定义地址池、地址转换（NAT）、路由配置、配置静态地址映射、侦听。

23.3.2　知识点精讲

防火墙是基于安全区域进行工作的安全设备。一个安全区域是若干接口所连网络的集合，这些网络中的用户具有相同的安全属性。

（1）防火墙默认的区域。通常防火墙认为在同一安全区域内部发生的数据流动是不存在安全风险的，不需要实施任何安全策略。只有当不同安全区域之间发生数据流动时，才会触发设备的安全检查，并实施相应的安全策略。不同安全区域通过安全级别设定，安全级别用 1～100 的数字表示，数字越大表示安全级别越高。系统缺省已经创建了四个安全区域。用户可以根据需求创建新的安全区域并定义其安全等级。安全区域创建完成后，还需要将相应接口加入安全区域。接口只有在加入安全区域之后，从该接口接收的或发送出去的报文才会被认为属于该安全区域；否则接口默认不属于任何安全区域，将不能通过该接口与其他安全区域通信。防火墙中有一些默认的安全区域无须创建，也不能删除。防火墙默认的区域及安全级别说明见表 23-3-1。

表 23-3-1　防火墙默认的区域及安全级别说明

区域名称	安全级别	说明
非受信区域（Untrust）	低安全级别的安全区域，安全级别为 5	通常用于定义 Internet 等不安全的网络
非军事化区域（DMZ）	中等安全级别的安全区域，安全级别为 50	通常用于定义内网服务器所在区域，所以将其部署在一个安全级别比 Trust 低但比 Untrust 高的安全区域中

续表

区域名称	安全级别	说明
受信区域（Trust）	较高安全级别的安全区域，安全级别为 85	通常用于定义内网终端用户所在区域
本地区域（Local）	最高安全级别的安全区域，安全级别为 100	Local 区域定义设备本身，包括设备的各接口。凡是由设备生成并发出的报文都认为是从 Local 区域发出的，凡是需要设备响应并处理的报文都认为是由 Local 区域接收的。 用户不能改变 Local 区域本身的任何配置，如向其中添加接口

（2）安全域间与方向。防火墙的安全防范能力取决于防火墙中设置的安全策略。防火墙中任意两个安全区域之间构成一个安全域间（Interzone），防火墙的大部分安全策略都是在安全域间配置的。在同一个安全域间内转发的流量，安全域间设置的安全策略是不起作用的。安全域间的数据流动具有方向性，包括入方向（Inbound）和出方向（Outbound）。

1）入方向：数据由低优先级的安全区域向高优先级的安全区域传输。

2）出方向：数据由高优先级的安全区域向低优先级的安全区域传输。

通常情况下，安全域间的两个方向上都有信息传输。在判断方向时，以发起该条流量的第一个报文为准。例如，在 Trust 区域的一台主机发起向 Untrust 区域的某服务器的连接请求。由于 Untrust 区域的安全级别比 Trust 区域低，所以防火墙认为这个报文属于 Outbound 方向，并根据 Outbound 方向上的安全策略决定是放行还是丢弃。如果这个连接能够成功建立，防火墙就会在会话表中增加一条会话记录。会话表中记录了连接的五个基本属性：源/目的 IP 地址、源/目的端口号、协议。之后匹配此会话信息的所有报文，如主机后续发给服务器的报文和服务器返回给主机的报文，都根据会话表来进行处理，而不重新检查安全策略。若防火墙只开放了 Trust 和 Untrust 的 Outbound 方向，而关闭了 Inbound 方向的安全策略，Trust 区域内的主机可以主动向 Untrust 区域内的主机发起连接，即使 Untrust 返回的报文也可以正常通过。而 Untrust 区域内的主机不能主动向 Trust 区域内的主机发起连接，只能被动接受 Trust 区域内的用户发起的连接。另外要特别注意，只有当数据在安全域间流动时，才会触发设备进行安全策略的检查。

配置防火墙的基本步骤如下：

（1）防火墙中创建区域。

```
system-view                                    //进入系统视图
firewall zone [ name ] zone-name               //创建安全区域，并进入安全区域视图
set priority security-priority                 //为新创建的安全区域配置优先级，优先级一旦设定，不能更改
add interface interface-type interface-number  //将接口加入安全区域
```

（2）进入安全域间视图。

只有当不同安全区域之间发生数据流动时，才会触发安全检查。所以如果想对跨安全区域的流量进行控制，需要进入安全域间并应用各种安全策略。其中方向的定义从高安全级别去往低安全级

别区域的是Outbound方向，如从Trust区域去往Untrust区域的就是Outbound；反之则是Inbound方向。

```
system-view                              //进入系统视图
firewall interzone zone-name1 zone-name2  //进入安全域间视图
```

在域间视图下，使用detect协议名，对指定协议启用 NAT ALG 功能。也可以使用aspf packet-filter ACLnumber inbound/outbound 设置域间 ACL。由于版本关系，部分版本不需要使用 aspf，直接使用 packet-filter ACLnumber inbound/outbound 即可设置域间 ACL 策略。

下面通过一个案例，帮助大家进一步了解防火墙的基础配置。

某企业网络的拓扑如图 23-3-1 所示，网络中部署了 NGFW 作为安全网关。使内网 Trust 区域的用户可以访问外网 Untrust 区域。在 DMZ 区域部署了 Web 服务器和 FTP 服务器，这两台服务器能通过 10.1.1.100 地址对 Untrust 区域用户提供服务。假设 Untrust 区域与防火墙对接的 IP 地址为 10.1.1.2。

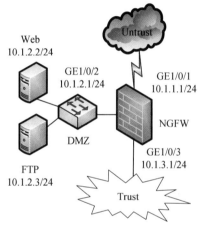

图 23-3-1　案例用图

配置如下：

```
<NGFW> system-view
[NGFW] interface GigabitEthernet 1/0/3
[NGFW-GigabitEthernet1/0/3] ip address 10.1.3.1 24   //按照拓扑图配置好各个接口 IP 地址
[NGFW-GigabitEthernet1/0/3] quit
[NGFW] interface GigabitEthernet 1/0/1
[NGFW-GigabitEthernet1/0/1] ip address 10.1.1.1 24
[NGFW-GigabitEthernet1/0/1] quit
[NGFW] interface GigabitEthernet 1/0/2
[NGFW-GigabitEthernet1/0/2] ip address 10.1.2.1 24
[NGFW-GigabitEthernet1/0/2] quit
[NGFW] firewall zone trust   //向配置好的区域中加入相应的接口
[NGFW-zone-trust] add interface GigabitEthernet 1/0/3
[NGFW-zone-trust] quit
[NGFW] firewall zone untrust
```

[NGFW-zone-untrust] add interface GigabitEthernet 1/0/1

[NGFW-zone-untrust] quit

[NGFW] firewall zone dmz

[NGFW-zone-dmz] add interface GigabitEthernet 1/0/2

[NGFW-zone-dmz] quit

[NGFW] security-policy // 根据拓扑和配置要求，创建 Trust 与 Untrust 域间安全策略，允许 Trust 区域的用户可访问 Untrust

[NGFW-policy-security] rule name policy1

[NGFW-policy-security-rule-policy1] source zone trust

[NGFW-policy-security-rule-policy1] destination zone untrust

[NGFW-policy-security-rule-policy1] source-address 10.1.3.0 mask 24

[NGFW-policy-security-rule-policy1] destination-address 10.1.1.0 mask 24

[NGFW-policy-security-rule-policy1] action permit

[NGFW-policy-security-rule-policy1] quit

[NGFW-policy-security] quit

[NGFW] firewall interzone dmz   untrust

[NGFW-dmz-untrust] detect ftp   //配置域间 NAT ALG 功能，使服务器可以正常对外提供 FTP 服务，部分应用协议通过防火墙需要用 NAT ALG 功能，否则无法正常工作，如 FTP

[NGFW-dmz-untrust]quit

[NGFW] nat server policyweb   protocol tcp global 10.1.1.100   80   inside   10.1.1.2 80 no-reverse   //配置内部地址映射到外网地址

[NGFW] nat server policyftp   protocol tcp global 10.1.1.100   21   inside   10.1.1.3 21 no-reverse   //配置内部地址映射到外网地址

[NGFW] ip route-static 0.0.0.0 0.0.0.0   10.1.1.2   //最后，在 NGFW 上配置缺省路由，使内网流量可以正常转发至 ISP 的路由器

注意：NAT 只能对 IP 报文的头部地址和 TCP/UDP 头部的端口信息进行转换。对于一些特殊协议，如 ICMP、FTP 等，其报文的数据部分可能包含 IP 地址或端口信息，这些内容不能被 NAT 有效地转换，从而导致协议工作不正常。因此只能在 NAT 实现中使用应用级网关（Application Level Gateway，ALG）功能解决。

第 6 学时　案例重点 4——VPN 配置

本学时主要学习 VPN 配置知识。根据历年考试的情况来看，每次考试涉及相关知识点的分值在 0~6 分之间。VPN 配置知识在基础知识题和案例分析题中均是重点，基本每次考试都有一道 15 分左右的案例题。本节只讲解 IPSec 的 VPN 配置。本学时考点知识结构图比较单一，具体如图 24-0-1 所示。

图 24-0-1　考点知识结构图

24.1　IPSec VPN 配置基本知识

前面章节中介绍了 IPSec 的两种模式，提到了 AH 和 ESP 的基本知识，大体知道了 IPSec 能实现加密、完整性判断。完整的 IPSec 协议由**加密、摘要、对称密钥交换、安全协议**四个部分组成。

两台路由器要建立 IPSec VPN 连接，就需要保证各自采用加密、摘要、对称密钥交换、安全协议的参数一致。但是 IPSec 协议并没有确保这些参数一致的手段。同时，IPSec 没有规定身份认证，无法判断通信双方的真实性，这就有可能出现假冒现象。

因此，在两台 IPSec 路由器交换数据之前就要建立一种约定，这种约定称为安全关联（Security Association，SA），它是单向的，在两个使用 IPSec 的实体（主机或路由器）间建立逻辑连接，定义了实体间如何使用安全服务（如加密）进行通信。**SA 包含安全参数索引（Security Parameter Index，SPI）、IP 目的地址、安全协议（AH 或者 ESP）三个部分。**

使用 IKE 建立 SA 分为两个阶段，即前面提到的"IKE 使用两个阶段的 ISAKMP"。

1．构建 IKE SA（第一阶段）

协商创建一个通信信道（IKE SA），并对该信道进行验证，为双方进一步的 IKE 通信提供机密性、消息完整性及消息源验证服务，**即构建一条安全的通道**。这一阶段主要有两种模式：主模式和积极模式，相对来说，主模式更加安全。

第一阶段分为以下几步：

（1）参数协商。该阶段协商以下参数：

1）加密算法。可以选择 DES、3DES、AES 等。

2）摘要（Hash）算法。可以选择 MD5 或 SHA-1。

3）身份认证方法。可以选择预置共享密钥（pre-share）认证或 Kerberos 方式认证。

4）Diffie-Hellman 密钥交换（Diffie-Hellman key exchange，DH）算法一种确保共享密钥安全穿越不安全网络的方法，该阶段可以选择 DH1（768bit 长的密钥）、DH2（1024bit 长的密钥）、DH5（1536bit 长的密钥）、DH14（2048bit 长的密钥）、DH15（3072bit 长的密钥）、DH16（4096bit 长的密钥）。

5）生存时间（Life Time）。选择值应小于 86400 秒，超过生存时间后，原有的 SA 就会被删除。

上述参数集合就称为 IKE 策略（IKE Policy），而 IKE SA 就是要在通信双方之间找到相同的 Policy。

（2）交换密钥。

（3）双方身份认证。

（4）构建安全的 IKE 通道。

2．构建 IPSec SA（第二阶段）

使用已建立的 IKE SA，协商 IPSec 参数，为数据传输建立 IPSec SA。这个阶段只有一个模式，就是快速模式。

构建 IPSec SA 的步骤如下：

（1）参数协商。该阶段协商以下参数：

1）加密算法。可以选择 DES、3DES。

2）Hash 算法。可以选择 MD5、SHA-1。

3）生存时间（Life Time）。

4）安全协议。可以选择 AH 或 ESP。

5）封装模式。可以选择传输模式或隧道模式。

上述参数称为变换集（Transform Set）。

（2）创建、配置加密映射集并应用，构建 IPSec SA。

第二阶段如果响应超时，则重新进行第一阶段的 IKE SA 协商。

24.2 IPSec VPN 配置

网络工程师考试中，经常考到的与安全有关的就是配置基于 IPSec 的 VPN 隧道。因此需要通过一个案例来了解 IPSec VPN 配置的步骤和方法。基于 IPSec 的 VPN 隧道配置通常用于企业分支与企业总部之间。如图 24-2-1 所示，某企业的总部与分支机构之间需要通过 IPSec VPN 建立连接。其中 RouterA 为企业分支机构的网关，RouterB 为企业总部的网关，分支与总部通过公网建立基于 IPSec 的安全通信。假设分支子网为 10.1.1.0/24，总部子网为 10.1.2.0/24。

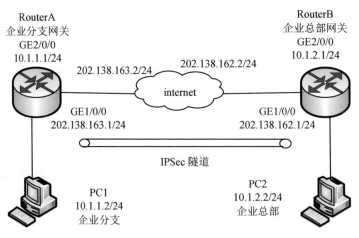

图 24-2-1 案例用图

配置采用 IKE 协商方式建立 IPSec 隧道的基本步骤如下：

（1）配置接口的 IP 地址和到对端的静态路由，保证两端路由可达。

（2）配置 ACL，以定义需要 IPSec 保护的数据流。

（3）配置 IPSec 安全提议，定义 IPSec 的保护方法。

（4）配置 IKE 对等体，确定对等体间 IKE 协商时的参数。

（5）配置安全策略，并引用 ACL、IPSec 安全提议和 IKE 对等体，确定对每种数据流采取的保护方法。

（6）在接口上应用安全策略组，使接口具有 IPSec 的保护功能。

具体配置命令及过程如下：

（1）分别在 RouterA 和 RouterB 上配置接口的 IP 地址和到对端的静态路由，确保 IP 网络是连通的。

在 RouterA 上配置接口的 IP 地址，命令如下：

```
<Huawei> system-view
[Huawei] sysname RouterA
[RouterA] interface gigabitethernet 1/0/0
[RouterA-GigabitEthernet1/0/0] ip address 202.138.163.1 255.255.255.0    //配置接口的 IP 地址
[RouterA-GigabitEthernet1/0/0] quit
[RouterA] interface gigabitethernet 2/0/0
[RouterA-GigabitEthernet2/0/0] ip address 10.1.1.1 255.255.255.0
[RouterA-GigabitEthernet2/0/0] quit
```

在 RouterA 上配置到对端的静态路由，为了配置简洁，此处假设到对端的下一跳地址为 202.138.163.2。因此添加去往外网和内网的静态路由即可。

```
[RouterA] ip route-static 202.138.162.0 255.255.255.0 202.138.163.2
[RouterA] ip route-static 10.1.2.0 255.255.255.0 202.138.163.2
```

同样在 RouterB 上配置与 RouterA 相对应的配置：

```
<Huawei> system-view
[Huawei] sysname RouterB
[RouterB] interface gigabitethernet 1/0/0
[RouterB-GigabitEthernet1/0/0] ip address 202.138.162.1 255.255.255.0
[RouterB-GigabitEthernet1/0/0] quit
[RouterB] interface gigabitethernet 2/0/0
[RouterB-GigabitEthernet2/0/0] ip address 10.1.2.1 255.255.255.0
[RouterB-GigabitEthernet2/0/0] quit
[RouterB] ip route-static 202.138.163.0 255.255.255.0 202.138.162.2
[RouterB] ip route-static 10.1.1.0 255.255.255.0 202.138.162.2
```

（2）分别在 RouterA 和 RouterB 上配置 ACL，定义需要 IPSec 隧道保护的数据流。

在 RouterA 上配置 ACL，定义由子网 10.1.1.0/24 到子网 10.1.2.0/24 的数据流。

```
[RouterA] acl number 3100
[RouterA-acl-adv-3100] rule 5 permit ip source 10.1.1.0 0.0.0.255 destination 10.1.2.0 0.0.0.255
[RouterA-acl-adv-3100] quit
```

在 RouterB 上配置 ACL，定义由子网 10.1.2.0/24 到子网 10.1.1.0/24 的数据流。

```
[RouterB] acl number 3100
[RouterB-acl-adv-3100] rule 5 permit ip source 10.1.2.0 0.0.0.255 destination 10.1.1.0 0.0.0.255
[RouterB-acl-adv-3100] quit
```

（3）分别在 RouterA 和 RouterB 上创建 IPSec 安全提议。

在 RouterA 上配置 IPSec 安全提议。

```
[RouterA] ipsec proposal tran1 //创建名为 tran1 的安全提议
```

[RouterA-ipsec-proposal-tran1] esp authentication-algorithm sha2-256   //配置 ESP 的认证算法为 SHA2-256

[RouterA-ipsec-proposal-tran1] esp encryption-algorithm aes-128   //配置 ESP 的加密算法为 AES-128

[RouterA-ipsec-proposal-tran1] quit

同样在 RouterB 上配置相关的 IPSec 安全提议。

[RouterB] ipsec proposal tran1

[RouterB-ipsec-proposal-tran1] esp authentication-algorithm sha2-256

[RouterB-ipsec-proposal-tran1] esp encryption-algorithm aes-128

[RouterB-ipsec-proposal-tran1] quit

（4）分别在 RouterA 和 RouterB 上配置 IKE 对等体。

在 RouterA 上配置 IKE 安全提议。

[RouterA] ike proposal 5

[RouterA-ike-proposal-5] encryption-algorithm aes-128

[RouterA-ike-proposal-5] authentication-algorithm sha2-256

[RouterA-ike-proposal-5] dh group14   //配置 DH 算法参数

[RouterA-ike-proposal-5] quit

在 RouterA 上配置 IKE 对等体，并根据默认配置，配置预共享密钥和对端 ID

[RouterA] ike peer spub

[RouterA-ike-peer-spub] undo version 2   //新版本中直接用[Router] ike peer spub v2 取代本条及上一条命令

[RouterA-ike-peer-spub] ike-proposal 5

[RouterA-ike-peer-spub] pre-shared-key cipher Huawei   //配置预共享密钥为 Huawei

[RouterA-ike-peer-spub] remote-address 202.138.162.1   //配置远端地址

[RouterA-ike-peer-spub] quit

在 RouterB 上配置 IKE 安全提议。

[RouterB] ike proposal 5

[RouterB-ike-proposal-5] encryption-algorithm aes-128

[RouterB-ike-proposal-5] authentication-algorithm sha2-256

[RouterB-ike-proposal-5] dh group14

[RouterB-ike-proposal-5] quit

在 RouterB 上配置 IKE 对等体，并根据默认配置，配置预共享密钥和对端 ID。

[RouterB] ike peer spua

[RouterB-ike-peer-spua] undo version 2

[RouterB-ike-peer-spua] ike-proposal 5

[RouterB-ike-peer-spua] pre-shared-key cipher huawei

[RouterB-ike-peer-spua] remote-address 202.138.163.1

[RouterB-ike-peer-spua] quit

（5）分别在 RouterA 和 RouterB 上创建安全策略。

在 RouterA 上配置 IKE 动态协商方式安全策略。

[RouterA] ipsec policymap1 10 isakmp

[RouterA-ipsec-policy-isakmp-map1-10] ike-peer spub

[RouterA-ipsec-policy-isakmp-map1-10] proposal tran1

[RouterA-ipsec-policy-isakmp-map1-10] security acl 3100

[RouterA-ipsec-policy-isakmp-map1-10] quit

在 RouterB 上配置 IKE 动态协商方式安全策略。

[RouterB] ipsec policy use1 10 isakmp

[RouterB-ipsec-policy-isakmp-use1-10] ike-peer spua

[RouterB-ipsec-policy-isakmp-use1-10] proposal tran1

```
[RouterB-ipsec-policy-isakmp-use1-10] security acl 3100
[RouterB-ipsec-policy-isakmp-use1-10] quit
```

此时分别在 RouterA 和 RouterB 上执行 display ipsec policy，将显示所配置的信息。

（6）分别在 RouterA 和 RouterB 的接口上应用各自的安全策略组，使接口具有 IPSec 的保护功能。

在 RouterA 的接口上引用安全策略组。

```
[RouterA] interface gigabitethernet 1/0/0
[RouterA-GigabitEthernet1/0/0] ipsec policy map1
[RouterA-GigabitEthernet1/0/0] quit
```

在 RouterB 的接口上引用安全策略组。

```
[RouterB] interface gigabitethernet 1/0/0
[RouterB-GigabitEthernet1/0/0] ipsec policy use1
[RouterB-GigabitEthernet1/0/0] quit
```

第5天
模拟测试，反复操练

第5天最主要的任务就是做模拟题、熟悉考题风格、检验自己的学习成果。考生一定摩拳擦掌好久了，下面就一起来做题吧。

第1~2学时　模拟测试1（基础知识试题）

- 在程序的执行过程中，Cache与主存的地址映射是由＿＿＿（1）＿＿＿完成的。

　　（1）A．操作系统　　　　　　　　　　　B．程序员调度

　　　　　C．硬件自动　　　　　　　　　　　D．用户软件

- 某四级指令流水线分别完成取指、取数、运算、保存结果四步操作。若完成上述操作的时间依次为1ns、2ns、3ns、4ns，则该流水线的操作周期应至少为＿＿＿（2）＿＿＿ns。

　　（2）A．1　　　　　　　B．4　　　　　　　C．7　　　　　　　D．10

- 内存按字节编址，若用存储容量为32K×8bit的存储器芯片构成地址从A0000H到DFFFFH的内存，则至少需要＿＿＿（3）＿＿＿片芯片。

　　（3）A．4　　　　　　　B．8　　　　　　　C．16　　　　　　D．32

- 计算机系统的主存主要是由＿＿＿（4）＿＿＿构成的。

　　（4）A．DRAM　　　　B．SRAM　　　　C．Cache　　　　D．EEPROM

- 某软件公司参与开发管理系统软件的程序员张某，辞职后到另一家公司任职，于是该项目负责人将该管理系统软件上开发者的署名更改为李某（接手张某工作），该项目负责人的行为＿＿＿（5）＿＿＿。

　　（5）A．侵犯了张某开发者身份权（署名权）

　　　　　B．不构成侵权，因为程序员张某不是软件著作权人

　　　　　C．只是行使管理者的权力，不构成侵权

　　　　　D．不构成侵权，因为程序员张某已不是项目组成员

- 以下关于脚本语言的叙述中，正确的是___(6)___。

  （6）A. 脚本语言是通用的程序设计语言

  　　B. 脚本语言更适合应用在系统级程序开发中

  　　C. 脚本语言主要采用解释方式实现

  　　D. 脚本语言中不能定义函数和调用函数

- 验证软件的功能是否满足应用要求的测试称为___(7)___。

  （7）A. 单元测试　　　　　　　　　B. 集成测试

  　　C. 回归测试　　　　　　　　　D. 确认测试

- 在结构化分析中，用数据流图描述___(8)___。当采用数据流图对一个图书馆管理系统进行分析时，___(9)___是一个外部实体。

  （8）A. 数据对象之间的关系，用于对数据建模

  　　B. 数据在系统中如何被传送或变换，以及如何对数据流进行变换的功能或子功能，用于对功能建模

  　　C. 系统对外部事件如何响应，如何动作，用于对行为建模

  　　D. 数据流图中的各个组成部分

  （9）A. 读者　　　　B. 图书　　　　C. 借书证　　　　D. 借阅

- 在基于 Web 的电子商务应用中，访问存储于数据库中的业务对象的常用方式之一是___(10)___。

  （10）A. JDBC　　　B. XML　　　C. CGI　　　D. COM

- 一个速度为 1.544Mb/s 的标准 T1 载波的时隙是 125μs，则该基本帧由___(11)___个子信道组成，每一个基本帧所包含的二进制 bit 是___(12)___。

  （11）A. 32　　　　B. 16　　　　C. 24　　　　D. 23

  （12）A. 128　　　B. 184　　　C. 193　　　D. 192

- 在异步通信中每个字符包含 1 位起始位、8 位数据位、1 位奇偶位和 2 位终止位，若有效数据速率为 800b/s，采用 QPSK 调制，则码元速率为___(13)___波特。

  （13）A. 600　　　B. 800　　　C. 1200　　　D. 1600

- 8B/10B 编码是一种常用的局域网编码方案，其原理是先把 8 位分为一组的代码变换成 10 位一组，然后再传输，则这种编码的效率是___(14)___。

  （14）A. 0.4　　　B. 0.5　　　C. 0.8　　　D. 1.0

- STP 协议中，交换机端口状态总是保持在某种状态，当交换机端口处于___(15)___状态时，不能把接收到的 MAC 帧转发出去，但是可以检测交换机环路状态。

  （15）A. 阻塞（blocking）　　　　　　B. 学习（learning）

  　　C. 转发（forwarding）　　　　　D. 监听（listening）

- IP 地址全为 1 的是___(16)___。

  （16）A. 公有 IP 地址　　　　　　　B. 专用 IP 地址

  　　C. 受限广播地址　　　　　　　D. 直接广播地址

- 在标准 PCM 调制方式中，每一路标准语音信号是___(17)___kb/s，若该信号使用 128 级量化，则一路语音信号的传输速率为___(18)___。

  (17) A. 32 　　　　　 B. 64 　　　　　 C. 128 　　　　　 D. 256

  (18) A. 64kb/s 　　　 B. 128kb/s 　　 C. 56kb/s 　　　 D. 112b/s

- 在相隔 500km 的两地间，若通过电缆以 9600b/s 的速率传送 1000byte 的数据包，从开始发送到接收完数据需要的时间是___(19)___；同样的数据，若用 512kb/s 的卫星信道传送，则需要的时间是___(20)___。

  (19) A. 833.5ms 　　 B. 135.5ms 　　 C. 835.5ms 　　 D. 1250ms

  (20) A. 156.3ms 　　 B. 183.3ms 　　 C. 285.6ms 　　 D. 585.6ms

- 在 Windows 操作系统中，当用户双击 IMG_20160122.jpg 文件名时，系统会自动通过建立的___(21)___来决定使用什么程序打开该图像文件。

  (21) A. 文件 　　　　　　　　　　　 B. 文件关联

  　　　 C. 文件目录 　　　　　　　　　 D. 临时文件

- 在网络工程师的实际操作中，为了检测服务器某个基于 TCP 协议的服务是否正常开启，可以使用下列___(22)___命令。

  (22) A. Telnet IP 端口 　　　　　　 B. show ip route

  　　　 C. show interface 　　　　　　 D. route print

- 在普通的二层交换机中，___(23)___总是向所有端口转发。

  (23) A. 冲突碎片 　　　　　　　　　 B. 已知的单播

  　　　 C. 广播 　　　　　　　　　　　 D. 组播

- 在 OSPF 协议中，为了限制路由信息传播的范围，常采用分区的机制来处理，各个区域必须与主干区域直接连接才可以正常通信，主干区域通常用___(24)___表示，若某个区域没有直接连接主干区域，则必须使用___(25)___来联系主干区域。

  (24) A. area 0.0.0.0 　　　　　　　　 B. backbone

  　　　 C. virtual-link 　　　　　　　　 D. router ospf

  (25) A. 组播机制 　　　　　　　　　 B. 广播机制

  　　　 C. 路由重发布 　　　　　　　　 D. 虚连接

- IETF 开发的多协议标记交换（MPLS）改进了第三层分组的交换过程。MPLS 包头的位置在___(26)___。

  (26) A. 第二层帧头之前 　　　　　　 B. 第二层和第三层之间

  　　　 C. 第三层和第四层之间 　　　　 D. 第三层头部中

- 建立组播树是实现组播传输的关键技术，利用组播路由协议生成的组播树是___(27)___。

  (27) A. 包含所有路由器的树 　　　　 B. 包含所有组播源的树

  　　　 C. 以组播源为根的最小生成树 　 D. 以组播路由器为根的最小生成树

- 资源预约协议（RSVP）用在 IETF 定义的集成服务（IntServ）中建立端到端的 QoS 保障机制，下列关于 RSVP 进行资源预约过程的叙述中，正确的是 ___(28)___。

  （28）A．从目标到源单向预约　　　　　　B．从源到目标单向预约

  　　　　C．只适用于点到点的通信环境　　D．只适用于点到多点的通信环境

- 以太网可以传送最大的 TCP 段为 ___(29)___ 字节。

  （29）A．1480　　　　　B．1500　　　　　C．1518　　　　　D．2000

- 为了解决伴随 RIP 协议的路由环路问题，可以采用水平分割法，这种方法的核心是 ___(30)___；而反向毒化方法则是 ___(31)___。

  （30）A．把网络水平分割为多个网段，网段之间通过指定路由器发布路由信息

  　　　　B．一条路由信息不要发送给该信息的来源

  　　　　C．把从邻居学习到的路由费用设置为无限大并立即发送给那个邻居

  　　　　D．出现路由变化时立即向邻居发送路由更新报文

  （31）A．把网络水平分割为多个网段，网段之间通过指定路由器发布路由信息

  　　　　B．一条路由信息不要发送给该信息的来源

  　　　　C．把从邻居学习到的路由费用设置为无限大并立即发送给那个邻居

  　　　　D．出现路由变化时立即向邻居发送路由更新报文

- 以下关于 VLAN 标记的说法中，错误的是 ___(32)___。

  （32）A．交换机根据目标地址和 VLAN 标记进行转发决策

  　　　　B．进入目的网段时，交换机删除 VLAN 标记，恢复原来的帧结构

  　　　　C．添加和删除 VLAN 标记的过程处理速度较慢，会引入太大的延迟

  　　　　D．VLAN 标记对用户是透明的

- 在 BGP4 协议中，当接收到对方 open 报文后，路由器采用 ___(33)___ 报文响应，从而建立两个路由器之间的邻居关系。

  （33）A．hello　　　　　B．update　　　　　C．keepalive　　　　D．notification

- 在 Linux 中复制整个目录，应使用 ___(34)___ 命令。

  （34）A．cat -a　　　　　B．mv -a　　　　　C．cp -a　　　　　D．rm -a

- DNS 资源记录 MX 的作用是 ___(35)___，DNS 资源记录 ___(36)___ 定义了区域的反向搜索。

  （35）A．定义域名服务器的别名　　　　　B．将 IP 地址解析为域名

  　　　　C．定义域邮件服务器地址和优先级　　D．定义区域的授权服务器

  （36）A．SOA　　　　　B．NS　　　　　C．PTR　　　　　D．MX

- 下列关于 Microsoft 管理控制台（MMC）的说法中，错误的是 ___(37)___。

  （37）A．MMC 集成了用来管理网络、计算机、服务及其他系统组件的管理工具

  　　　　B．MMC 创建、保存并打开管理工具单元

  　　　　C．MMC 可以运行在 Windows XP 和 Windows 2000 操作系统上

  　　　　D．MMC 是用来管理硬件、软件和 Windows 系统的网络组件

- 下列 RAID 技术中，磁盘利用率最高的是＿＿＿(38)＿＿＿。

  （38）A．RAID0　　　　B．RAID1　　　　C．RAID3　　　　D．RAID5

- 在 xDSL 技术中，适合作为小型公司员工上网并提供公司 Web 服务器连接的是＿＿＿(39)＿＿＿。

  （39）A．ADSL 和 HDSL　　　　　　　B．ADSL 和 VDSL

  　　　C．SDSL 和 VDSL　　　　　　　D．SDSL 和 HDSL

- 对于开启了匿名访问功能的 FTP 服务器，匿名用户登录时需要输入的用户名是＿＿＿(40)＿＿＿。

  （40）A．root　　　　　　　　　　　B．user

  　　　C．guest　　　　　　　　　　　D．anonymous

- 在 Windows Server 2008 中安装 Web 服务器，若需要启用 SSL 协议，则必须为 Web 服务器＿＿＿(41)＿＿＿。

  （41）A．申请一个数字证书　　　　　B．申请一对公开密钥

  　　　C．申请一个普通的会话密钥　　D．申请由 KDC 颁发的一个密钥

- ＿＿＿(42)＿＿＿是在硬件、软件、协议的具体实现或系统安全策略上存在的缺陷，从而可以使攻击者能够在未授权的情况下访问或破坏系统。

  （42）A．口令破解　　　　　　　　　B．漏洞攻击

  　　　C．网络钓鱼　　　　　　　　　D．网络欺骗

- ＿＿＿(43)＿＿＿原则是让每个特权用户只拥有能进行他工作的权力。

  （43）A．木桶原则　　　　　　　　　B．保密原则

  　　　C．等级化原则　　　　　　　　D．最小特权原则

- HTTPS 是一种安全的 HTTP 协议，它使用＿＿＿(44)＿＿＿来保证信息安全，使用＿＿＿(45)＿＿＿来发送和接收报文。

  （44）A．IPSec　　　　　　　　　　B．SSL

  　　　C．SET　　　　　　　　　　　D．SSH

  （45）A．TCP 的 443 端口　　　　　B．UDP 的 443 端口

  　　　C．TCP 的 80 端口　　　　　　D．UDP 的 80 端口

- 主动攻击通常包含＿＿＿(46)＿＿＿。

  （46）A．窥探　　　　　　　　　　　B．窃取

  　　　C．假冒　　　　　　　　　　　D．分析数据

- 蜜罐（Honeypot）技术是一种主动防御技术，是入侵检测技术的一个重要发展方向。下列说法中，＿＿＿(47)＿＿＿不属于蜜罐技术的优点。

  （47）A．相对于其他安全措施，蜜罐最大的优点就是简单

  　　　B．蜜罐需要做的仅仅是捕获进入系统的所有数据，对那些尝试与自己建立连接的行为进行记录和响应，所以资源消耗较小

  　　　C．安全性能高，即使被攻陷，也不会给内网用户带来任何安全问题

  　　　D．蜜罐收集的数据很多，但是它们收集的数据通常都带有非常有价值的信息

- 一个安全的身份识别协议至少应满足两个条件：识别者 A 能向验证者 B 证明他的确是 A；在识别者 A 向验证者提供了证明他的身份信息后，验证者 B 不能取得 A 的任何有用信息，即 B 不能模仿 A 向第三方证明他是 A。以下选项中，不满足上述条件的认证协议有___（48）___。

  （48）A．一次一密机制　　　　　　　B．X.509 认证协议
  　　　 C．凯撒加密　　　　　　　　　D．Kerberos 认证协议

- 某高校从运营商处分配到的网络地址为 222.169.0.0/24～222.169.7.0/24，这个地址块可以用___（49）___表示，则该高校最多可用计算数为___（50）___。

  （49）A．222.169.0.0/20　　　　　　B．222.169.0.0/21
  　　　 C．222.169.0.0/16　　　　　　D．222.169.0.0/24
  （50）A．2032　　　　　　　　　　　B．2048
  　　　 C．2000　　　　　　　　　　　D．2056

- 能够表示 4 个网络 192.168.12.0/24、192.168.13.0/24、192.168.14.0/24 和 192.168.15.0/24 的地址是___（51）___。

  （51）A．192.168.8.0/22　　　　　　B．192.168.12.0/22
  　　　 C．192.168.8.0/21　　　　　　D．192.168.12.0/21

- 有 10 个部门的某 IT 公司，要求每个部门都用独立的 IP 网段，现从 ISP 处获得 210.43.192.0/18 的地址段，则下列地址段中，不属于该公司的地址是___（52）___。

  （52）A．210.43.236.0/22　　　　　　B．210.43.224.0/22
  　　　 C．210.43.208.0/22　　　　　　D．210.43.254.0/22

- 某单位的域名为 hunau.net，其对应的 Web 服务器的 IPv6 地址为 FEDC:BA99:8888:7777:6666:5555:4444:3333，对应的 DNS 主机名为 www，则用户访问该服务器的正确形式是___（53）___。

  （53）A．http://[FEDC:BA99:8888:7777:6666:5555:4444:3333]
  　　　 B．http:// FEDC:BA99:8888:7777:6666:5555:4444:3333
  　　　 C．http6://www.hunau.net
  　　　 D．https://www.hunau.net

- 下列关于 IPv6 优点的表述中，错误的是___（54）___。

  （54）A．地址长度为 128bit，容量大大地扩展了
  　　　 B．能够真正实现无状态地址自动配置
  　　　 C．基本报头格式大大简化
  　　　 D．利用流标签可以实现网络安全通信

- 一个 IPv6 地址可以有不同的缩写方式，若存在 IPv6 地址 20F1:00D3:0000:0000:0F3A:0000:0000:8731，则以下表示错误的是___（55）___。

  （55）A．20F1:D3:0:0:F3A:0:0:8731　　　B．20F1:D3::F3A:0:0:8731
  　　　 C．20F1:D3::F3A::8731　　　　　D．20F1:D3:0:0:F3A::8731

- 下列关于 ADSL 的描述中，正确的是___（56）___。

　　（56）A．ADSL 是一种基于传统电话线路的模拟通信技术

　　　　　B．ADSL 可以采用模拟信道数字调制方式实现高速通信

　　　　　C．ADSL 的最大下行速度可以达到 8Mb/s

　　　　　D．ADSL 是一种上下行速率对称的通信技术

- SNMP 代理进程可以向管理进程发送的操作指令是___（57）___。

　　（57）A．get-request　　　　　　　　　　B．get-next-request

　　　　　C．set-request　　　　　　　　　　　D．get-response

- 以下关于单臂路由的说法中，正确的是___（58）___。

　　（58）A．在路由器接口充足的情况下，尽可能考虑使用单臂路由

　　　　　B．在路由器中通过使用子接口，每个子接口对应一个 VLAN

　　　　　C．使用单臂路由，路由器应该至少有两个以上的物理接口

　　　　　D．只使用一个物理接口无法实现

- 关于华为交换机设置密码，说法正确的是___（59）___。

　　①华为交换机的缺省用户名是 admin，无密码

　　②通过 BootROM 可以重置 Console 口密码

　　③Telnet 登录密码丢失，通过 Console 口登录交换机后重新进行配置

　　④通过 Console 口登录交换机重置 BootROM 密码

　　（59）A．①②③④　　　　　　　　　　　B．②③④

　　　　　C．②③　　　　　　　　　　　　　　D．①③④

- 下列关于 VLAN 的说法中，正确的是___（60）___。

　　（60）A．VLAN ID 是唯一区分 VLAN 的标识

　　　　　B．网络中最多允许的 VLAN 数量为 1024 个

　　　　　C．VLAN ID 的长度是两个字节

　　　　　D．普通 PC 能够识别出 VLAN ID

- 下列关于 CSMA/CD 协议几种不同的监听算法的描述中，正确的是___（61）___。

　　（61）A．非坚持型监听算法有利于减少网络空闲时间

　　　　　B．坚持型监听算法有利于减少冲突的概率

　　　　　C．坚持型监听算法无法减少网络的空闲时间

　　　　　D．坚持型监听算法能够及时抢占信道

- 在 DHCP 客户端释放原来 IP 地址的指令是___（62）___。

　　（62）A．ipconfig/all　　　　　　　　　　B．ipconfig/release

　　　　　C．ipconfig/renew　　　　　　　　　D．ipconfig/flushdns

- 用户 A 的 IP 地址为 172.28.0.253/24，主机设置的默认网关为 172.28.0.254，工程师小张在用户 A 的计算机上 ping 默认网关时显示 request timeout，于是小张继续在用户 A 的计算机上使用

arp -a 指令，可以看到如下信息：

```
Interface:  172.28.0.253 --- 0x20002
  Internet Address        Physical Address        Type
  172.28.0.254            00-1F-3B-CD-29-DD        dynamic
```

则说明＿＿（63）＿＿。

（63）A．主机 A 与默认网关之间不可以相互通信

　　　　B．默认网关已经关机

　　　　C．主机 A 可以与默认网关通信

　　　　D．主机 A 与主机 B 之间连线故障

● 两台交换机的光口对接，其中一台设备的光口 UP，另一台设备的光口 DOWN。定位此类故障的思路包括＿＿（64）＿＿。

①光纤是否交叉对接

②两端使用的光模块波长和速率是否一样

③两端 COMBO 口是否都设置为光口

④两个光口是否未同时配置自协商或者强制协商

（64）A．①②③④　　　B．②③④　　　　　　C．②③　　　　　　D．①③④

● 下列关于 IEEE 802.3 的以太网帧中最小帧长的说法中，不正确的是＿＿（65）＿＿。

（65）A．以太网的最小帧长是 64 字节

　　　　B．若数据内容部分小于 46 字节，可以通过填充部分确保最小帧长来满足条件

　　　　C．若数据帧长度小于最小帧长，则数据帧一定不是合法数据帧

　　　　D．设置最小帧长的目的是杜绝冲突

● 建筑物综合布线系统中的工作区子系统是指＿＿（66）＿＿。

（66）A．终端到信息插座之间的连线系统

　　　　B．楼层配线间的配线架和线缆系统

　　　　C．各楼层设备之间的互连系统

　　　　D．连接各个建筑物的通信系统

● 根据 EIA/TIA-568 标准规定，最适合交叉线连接的设备是＿＿（67）＿＿。

（67）A．路由器与交换机　　　　　　　　B．PC 与交换机

　　　　C．集线器与路由器　　　　　　　　D．路由器与路由器

● PKI 由多个实体组成，其中管理证书发放的是＿＿（68）＿＿。

（68）A．RA　　　　　B．CA　　　　　C．CRL　　　　　D．LDAP

● 下列关于网络分层设计模型的说法中，正确的是＿＿（69）＿＿。

（69）A．网络分层模型包括接入层、分布层和路由层三个层次

　　　　B．接入层主要实现用户接入、Mac 地址绑定、端口安全等功能

　　　　C．因为所有数据都要经过核心层，因此核心层应当使用高速设备，而不是路由设备

　　　　D．汇聚层是各个区域的分中心，因此安全认证和快速路由转发是该层的主要功能

- 网络系统设计过程中，需求分析阶段的任务是___（70）___。

  （70）A. 确认需求分析说明书，总结个人与单位的需求

  　　　B. 分析现有网络的各类资源分布，掌握网络所处的状态

  　　　C. 根据用户需求描述网络行为和性能

  　　　D. 网络设计者确定具体的软件、硬件、连接设备、服务和布线

- The server site shall___（71）___on the specified data socket. The FTP request command determines the direction of data transfer, and the socket number which is to be used in establishing the data connection. The server on receiving the appropriate store or retrieve___（72）___shall initiate the data connection to the specified user data socket in the specified byte size (default byte size is 8 bits) and send a reply indicating that file transfer may proceed. Prior to this the server should send a reply indicating the server socket for the data connection. The user may use this server socket information to ___（73）___the security of his data transfer. The server may send this___（74）___either before of after initiating the data connection.

  The byte size for the data connection is specified by the TYPE, or TYPE and BYTE commands. It is not required by the protocol that servers accept___（75）___possible byte size. The user of various byte size is for efficiency in data transfer and servers may implement only those byte size for which their data transfer is efficient. It is however recommended that servers implement at least the byte size of 8 bits.

  （71）A. monitor　　　B. listen　　　C. find　　　D. accept

  （72）A. request　　　B. command　　　C. data　　　D. order

  （73）A. support　　　B. ensure　　　C. keep　　　D. hold

  （74）A. accept　　　B. reply　　　C. information　　　D. byte

  （75）A. more　　　B. one　　　C. part　　　D. all

第 3 学时　模拟测试 1（案例分析题试题）

试题一　某企业试图在全国范围内的分公司之间部署视频系统,总部通过 2.5Gb/s 的 POS 技术连接 ISP，POS 接口使用 SONET 技术实现连接，并要求在 R1 上禁止所有目的端口号为 5002 的 UDP 数据包进入企业总部的内部网络。拓扑图如图 1 所示。

【问题 1】 阅读运营商 R1 的配置信息，将相关的配置内容补充完整。

R1 的配置信息如下：

```
[R1] interface pos 0/0/1
[R1-Pos0/0/1]clock ___（1）___//设置为主时钟模式
[R1-Pos0/0/1] ip address 61.187.55.33 ___（2）___
```

```
[R1-Pos0/0/1]quit
[R1]acl 3000
[R1-acl-adv-3000] rule 5 deny udp source any destination any   source-port   eq   any   destination-port   eq ____(3)____
[R1-acl-adv-3000] rule 10 permit____(4)____source   any destination any
[R1-acl-adv-3000] Quit
[R1] interface pos 0/0/1
[R1-Pos0/0/1]traffic-filter inbound acl ____(5)____
```

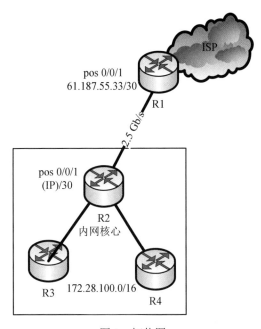

图 1   拓扑图

【问题 2】企业总部网与 ISP 相连的 2.5Gb/s 线路中，R2 的 pos 0/0/1 接口的 IP 应该使用____(6)____。

（6）A．61.187.55.32/30   B．61.187.55.34/30

　　　C．61.187.55.35/30   D．61.187.55.36/30

【问题 3】企业网与 ISP 相连的线路使用/30 的掩码的原因是____(7)____。

（7）A．节省 IP 地址资源   B．提高访问效率

　　　C．降低广播，提高安全性   D．降低管理成本

【问题 4】若企业网内部与全国各地 31 个省级分公司之间采用 VPN 连接，全公司网络构成了一个自治系统，则该系统适合的路由协议是____(8)____。

（8）A．RIP   B．OSPF

　　　C．IS-IS   D．BGP

试题二   某高校校园网的拓扑图如图 2 所示，其他基本访问要求如表 1 所示。

表 1　其他基本访问要求

要求	内容
要求 1	除 DHCP 服务器外均使用 100M 网卡
要求 2	网络中心的服务器通过交换机接入防火墙
要求 3	中心提供的信息服务包括 Web、FTP、数据库、流媒体等，日常单台服务器流量不足 10Mb/s，有时不足 1Mb/s

该校在校园网建设中的基本要求如下：

1. 要求主干链路 1000Mb/s 连接，桌面主机 100Mb/s 连接到接入交换机，其中网络中心距离学生宿舍区最远不超过 2000m，距离教学楼区最远不超过 400m。

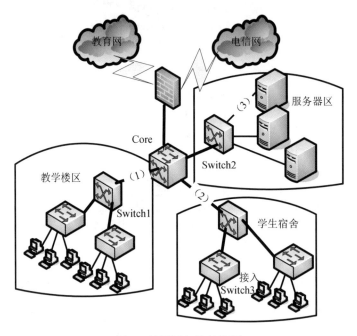

图 2　校园网拓扑结构图

2. 教学楼区的汇聚交换机置于教学楼的机房内，各层信息点数如表 2 所示。

表 2　教学楼信息点分布

楼层	信息点数
1	24
2	30
3	19
4	22
5	18

3. 教学楼区的所有计算机采用静态 IP 地址，其他区域采用 DHCP 分配方式，DHCP 服务器采用千兆光口网卡。

4. 信息中心有两条百兆出口线路，在防火墙上根据外网 IP 设置出口策略，分别从两个出口访问 Internet。

【问题 1】根据网络的需求和拓扑图，在满足网络功能的前提下，本着最节约成本的布线方式，传输介质 1 应采用＿＿＿（1）＿＿＿，传输介质 2 应采用＿＿＿（2）＿＿＿，传输介质 3 应采用＿＿＿（3）＿＿＿。

（1）～（3）A. 单模光纤　　　　　　　　B. 多模光纤

　　　　　　C. 基带同轴电缆　　　　　　D. 宽带同轴电缆

　　　　　　E. 3 类双绞线　　　　　　　F. 5 类双绞线

【问题 2】网络工程师小张根据网络需求选择了三种类型的交换机，其基本参数如表 3 所示。

表 3　交换机配置表

类型	说明
1	12 端口 1000Mb/s 光电自适应接口
2	24 端口 100Mb/s RJ-45 接口，1 端口 1000Mb/s SFP
3	5 插槽模块化三层交换机

根据网络需求、拓扑图和交换机参数类型，在图中，Switch1 应采用＿＿＿（4）＿＿＿类型交换机，Switch2 应采用＿＿＿（5）＿＿＿类型交换机，Switch3 应采用＿＿＿（6）＿＿＿类型交换机。

根据需求描述和所选交换机类型，教学楼的 4 楼至少需要＿＿＿（7）＿＿＿类交换机＿＿＿（8）＿＿＿台。

【问题 3】工程师小张根据层次化网络设计的思想部署网络设计，在＿＿＿（9）＿＿＿层设置了大量的访问控制列表，以实现精确的网络访问控制；为了实现用户的 PC 能安全地使用网络，在＿＿＿（10）＿＿＿层实现 MAC 与 IP 地址绑定，在＿＿＿（11）＿＿＿层完成数据的高速转发。

【问题 4】若将防火墙上根据内网 IP 设置出口的策略由路由器来实现，其中 192.168.0.0/17 的数据由 S3/0 转发，其余的由 S3/1 转发，配置如下，请补充完整。

```
...
[RouterA] acl number 2001
[RouterA-acl-basic-2001] rule 5 permit    source 192.168.0.0    (12)
[RouterA-acl-adv-2001] quit
[RouterA] acl number 2002
[RouterA-acl-basic-2002] rule 5 permit    source 192.168.128.0    0.0.127.255
[RouterA-acl-adv-2002] quit
...
[RouterA] traffic classifier cernet operator or
[RouterA-classifier- cernet] if-match acl    (13)
[RouterA-classifier- cernet ]quit
[RouterA]traffic behavior bredirect
[RouterA-behavior-bredirect]redirect interface S3/0
[RouterA-behavior-bredirect]quit
[RouterA] traffic classifier cernet operator or
```

```
[RouterA-classifier- cernet] if-match acl   2002
[RouterA-classifier- cernet ]quit
[RouterA]traffic behavior bredirect
[RouterA-behavior-bredirect]redirect interface S3/1
[RouterA-behavior-bredirect]quit
…
```

试题三　某企业欲搭建基于 Linux 系统的 Qmail 作为公司的邮件服务器，其安装要求如下：

1．要求新装的服务器在/var/mailbox 下。

2．使用 mail 服务的基本用户组为 Qmail。

【**问题 1**】下列选项中，能创建/var/mailbox 的是___(1)___，创建 Qmail 用户组的指令是___(2)___。

（1）A．mv /var/mailbox 　　　　　　　　B．rmdir /var/mailbox

　　　C．cp /var/mailbox 　　　　　　　　D．mkdir /var/mailbox

（2）A．addgroup qmail 　　　　　　　　　B．groupadd qmail

　　　C．add qmail　group 　　　　　　　　D．group add qmail

【**问题 2**】为了确保 Qmail 的正常工作，可以先检测其 DNS 解析配置是否正常，通常测试命令是___(3)___。

（3）A．ping 　　　　B．nslookup 　　　　C．tracert 　　　　D．pathping

【**问题 3**】由于近期垃圾邮件特别多，管理员添加了反垃圾邮件网关，为了确保邮件先经过反垃圾邮件网关检查再交给邮件服务器，进行如下检查：

```
Default Server：ns.domain.com
Address：172.28.1.10
>;set type= (4)

>;domain.com
domain.com MX preference = 10，mail exchanger = mail.domain.com
mail.domain.com internet address =172.28.1.100
domain.com MX preference =5，mail exchanger = mail1.domain.com
mail1.domain.com internet address =172.28.1.101
>;exit
```

使用 nslookup 指令检查 DNS 服务器是否能正常地解析邮件服务器，使用>;set type=___(4)___。

（4）A．A 　　　　　B．MX 　　　　　C．PTR 　　　　　D．NS

从检查结果来看，下列反垃圾邮件网关的地址中，正确的是___(5)___。

（5）A．172.28.1.100 　　　　　　　　　B．172.28.1.101

　　　C．随机选择其中一个地址 　　　　　D．172.28.1.10

【**问题 4**】用户接收电子邮件所使用的在线协议 IMAP 使用的端口是___(6)___。

（6）A．25 　　　　B．110 　　　　　C．143 　　　　　D．随机

试题四　某 IT 公司的 Web 服务访问量非常大，因此考虑采用 DNS 负载均衡实现一个高速的 Web 服务器。若公司的域名为 www.mydomain.com，三台服务器的地址分别是 192.168.1.1、192.168.2.1 和 192.168.3.1，并且这三台服务器分别是公司三个部门的部门服务器，以下是关于 Windows Server 2008

服务器配置 DNS 负载均衡的过程，根据题意回答下列问题。

【问题 1】采用 Windows 默认安装的 DNS 服务器时，进入 DNS 服务器配置的正确步骤是
___(1)___。

（1）A．执行"开始"→"运行"命令并输入 MMC 启动

　　B．执行"开始"→"所有程序"→"管理工具"→DNS 命令启动

　　C．在 Windows Server 2008 系统光盘中双击 dnssetup.exe 图标

　　D．执行"开始"→"运行"命令并输入 dns.exe 启动

【问题 2】要实现这三台服务器的 DNS 负载均衡，下列说法正确的是___(2)___。

（2）A．在 mydomain.com 中创建一个名为 www1 的主机，IP 地址为 192.168.1.1，www2 的
　　　　主机对应 192.168.2.1，以此类推

　　B．在 DNS 的"属性"→"高级"中选中 enable round robin 选项

　　C．在访问客户端时输入 http://www1.mydomain.com 访问 192.168.1.1

　　D．客户端 DNS 地址必须指定本 DNS 服务器的地址

【问题 3】若为了确保每个部门内的主机访问公司域名时，都能对应解析到本部门的部门服务器
地址上，则下列操作正确的是___(3)___。

（3）A．在 DNS 服务器上建立反向地址解析即可

　　B．在 DNS 的"属性"→"高级"中选中 enable subnet ordering 选项

　　C．在客户端访问时输入 http://www.mydomain.com:x，其中 x 表示自己所在的部门编号

　　D．客户端 DNS 地址必须指定本 DNS 服务器的地址

【问题 4】Windows Server 2008 中，DNS 服务器的区域配置文件默认保存在___(4)___中。

（4）A．windows\system32\dns　　　　　B．windows\system\dns

　　C．windows\server\dns　　　　　　D．windows \dns

　　试题五　某 IT 公司为了方便客户下载软件升级包和操作手册，建立了 FTP 服务器。请回答以
下问题。

【问题 1】根据客户的情况，部分客户希望在没有账号的情况下也可以获得下载，则服务器
管理员必须开通匿名下载，匿名下载的用户名是___(1)___。

（1）A．anonymous　　　　　　　　　B．root

　　C．administrator　　　　　　　　D．guest

【问题 2】在公司的 FTP 运行过程中，发现一个名为 aaa 的用户经常使用 172.28.0.0/24 的网段
地址大量下载公司的升级服务包，严重影响 FTP 服务器的性能。管理员若要解决此问题，需要修
改的配置文件是___(2)___，需要添加的内容是___(3)___。

（2）A．/etc/ftpusers　　　　　　　　B．/etc/ftpconversions

　　C．/etc/ftpgroups　　　　　　　　D．/etc/ftpphosts

（3）A．allow aaa 172.28.0.0/24　　　　B．aaa allow 172.28.0.0/24

　　C．deny aaa 172.28.0.0/24　　　　D．aaa deny 172.28.0.0/24

【问题 3】 若管理员为了便于联系客户，要求每个匿名用户登录时必须输入一个有效的电子邮件地址作为密码，则可以在服务器的/etc/ftpaccess 文件中设置 passwd-check，其中能满足管理员要求的是___(4)___。

（4）A．None   B．Trivial

C．RFC822   D．In "@"

第 4~5 学时　模拟测试 1（基础知识试题）点评

基础知识题的考查侧重基础理论，涉及面较广，因此要求考生掌握这些相关知识点的基础理论。本部分给出每道题的详细分析和解答，供考生进一步掌握。

1．试题解析：

地址映射就是把主存的程序按一定的方法装进Cache中，并建立主存与Cache的地址对应关系。这个映射过程全部由硬件实现。

试题答案：C

2．试题解析：

一条指令的开始到下一条指令的最晚开始时间称为计算机流水线周期。简单而言就是最长的那个操作部件所占用的时间。

试题答案：B

3．试题解析：

DFFFFH-A0000H+1 快速计算就是(D-A+1)×64K=4×64，则需要 4×64/32=8 片。

试题答案：B

4．试题解析：

DRAM 需要刷新，速度较低，成本也低，用作主存储器。SRAM 无须刷新、功耗小、速度快，但是集成度低，通常用于 CPU 与主存间的高速缓存。

试题答案：A

5．试题解析：

虽然这是职务作品，著作权人属于某软件公司，但是软件著作权中，除了署名权特别之外，其余都属于著作权人。

试题答案：A

6．试题解析：

脚本语言（如 JavaScript）属于解释语言，不需要编译。

试题答案：C

7．试题解析：

集成测试是对源代码实现的每一个程序单元进行测试,检查各个程序模块是否正确实现了规定的功能。集成测试把已测试过的模块组装起来，主要对与设计相关的软件体系结构的构造进行测试。

确认测试则是检查已实现的软件是否满足需求规格说明中确定的各种需求，以及软件配置是否完全正确。

试题答案：D

8～9．试题解析：

数据流图主要描述功能和变换，用于功能建模，其中外部实体之间不能有联系，并且数据流图是从一个外部实体开始。

试题答案：B A

10．试题解析：

访问数据库对象的典型方式是通过 JDBC。

试题答案：A

11～12．试题解析：

T1 的一个时分复用帧划分为 24 个相等的时隙，其中 23 个时隙用于传输数据，1 个时隙用于传输控制信令，每个基本帧之间增加 1bit 的间隔，因此每个时隙传送的 bit 为 24×8+1=193bit。

试题答案：C C

13．试题解析：

根据有效数据速率=标准速率×8/(1+8+1+2)=800b/s，得到标准速率是 1200b/s。QPSK 中的 Q 要求我们记住对应的 $N=4$，因此码元速率× $\log_2 4$ =1200b/s，对应的码元速率为 600。

试题答案：A

14．试题解析：

通过编码之后，每传输 10 个 bit，其中有效的只有 8 个，因此效率是 8/10×100%=80%，即 0.8。

试题答案：C

15．试题解析：

运行生成树协议的交换机时，每个端口总是处于 STP 协议规定的四个状态中的一个。在正常工作状态下，端口总处于转发或阻塞状态。只有当网络拓扑结构变化时，交换机才会使端口暂时处于监听和学习状态。STP 协议中规定的端口基本状态如下：

监听状态：不转发，检测 BPDU。

学习状态：不转发，学习 MAC 地址表。

转发状态：转发和接收数据。

阻塞状态：不转发，接收 BPDU。

试题答案：D

16．试题解析：

广播地址分两类：直接广播地址就是在标准的有类（A、B、C 三类）地址中，主机号全为 1 的地址；受限广播地址是 IP 地址所有 bit 全部是 1 的地址，也就是 255.255.255.255。

试题答案：C

17～18．试题解析：

标准 PCM 调制中，每一路语音信号的速度是 64kb/s，采样频率是 8kHz，若每个采样用 128 级量化，则说明各个状态可以用 7 个 bit 来表示。而采样频率还是 8kHz，因此该信号的速率是 7×8=56kb/s。

试题答案：B　C

19～20．试题解析：

网络中电信号的传输速度在计算时可以使用常数 200000km/s 计算，则总时间=发送时间+传播时间=1000×8 /9600+500/200000=833ms+2.5ms=835.5ms。

卫星信道传输信息的过程中，不管两个站点之间的地面直线距离是多少，其传播时延仍是常数（270ms）。从题目中可知，数据帧长度为 1000×8=8000byte，卫星信道的数据传输速率为 512kb/s，可计算出其传输时延为 15.63ms，所以总时间为 15.63ms+270ms=285.63ms。

试题答案：C　C

21．试题解析：

文件关联就是将一种类型的文件与一个可以打开它的程序建立起一种依存关系。

试题答案：B

22．试题解析：

测试某个 TCP 服务是否开启，其实只要检测这个服务对应的 TCP 端口是否有响应即可。通常可以使用"Telnet IP 服务端口"的形式看是否可以建立 TCP 连接，若可以建立，则说明服务是正常的。本题中的其他命令都是用于测试网络层信息的。

试题答案：A

23．试题解析：

如果目的 MAC 地址在 MAC 地址表中，单播流量只会转发到指定端口。但是为了维持二层设备的透明性，所有广播类型和未知单播类型的数据包总是向所有端口转发。

答案：C

24～25．试题解析：

OSPF 协议采用了分层路由的设计思想，可以将网络分割成由一个"主干"部分连接的一组相互独立的小网络，其中每个小网络都称为"区域"（Area）。在配置过程中，通常使用 area 0.0.0.0 来表示主干区域。为了解决部分区域不能直接连接主干区域的问题，可以通过虚连接的形式建立通信。

试题答案：A　D

26．试题解析：

MPLS 根据标记对分组进行交换。以以太网为例，MPLS 包头的位置应插入在以太帧头与 IP 头之间，是属于二层和三层之间的协议，也称为 2.5 层协议。

试题答案：B

27．试题解析：

利用组播路由协议生成的组播树是以组播源为根的最小生成树。

试题答案：C

28．试题解析：

资源预留协议最初是 IETF 为 QoS 的综合服务模型定义的一个信令协议，用于在流（flow）所经路径上为该流进行资源预留。资源预留的过程从应用程序流的源节点发送 Path 消息开始，该消息会沿着流所经路径传到流的目的节点，并沿途建立路径状态；目的节点收到该 Path 消息后，会向源节点回送 Resv 消息，沿途建立预留状态，如果源节点成功收到预期的 Resv 消息，则认为在整条路径上资源预留成功。所以资源预约过程是从目标到源的单向预约。

试题答案：A

29．试题解析：

以太网的 MTU 是 1518 字节，其中首部 18 字节，IP 首部中最少 20 字节。因此数据部分就是 1518-18-20=1480 字节。

试题答案：A

30～31．试题解析：

距离矢量协议容易形成路由循环、传递好消息快、传递坏消息慢等问题。解决这些问题可以采取以下几个措施：

（1）水平分割：路由器某一个接口学习到的路由信息，不再反方向传回。

（2）路由中毒：路由中毒又称为反向抑制的水平分割，不会立即将不可达网络从路由表中删除，而是将路由信息度量值置为无穷大（RIP 中设置跳数为 16），该中毒路由被发给邻居路由器以通知这条路径失效。

（3）反向中毒：路由器从一个接口学习到一个度量值为无穷大的路由信息，则应该向同一个接口返回一条路由不可达的信息。

（4）抑制定时器：一条路由信息失效后，一段时间内都不接收其目的地址的路由更新。路由器可以避免收到同一路由信息失效和有效的矛盾信息。通过抑制定时器可以有效避免链路频繁起停，增加了网络有效性。

（5）触发更新：路由更新信息每 30 秒发送一次，当路由表发生变化时，则应立即更新报文并广播到邻居路由器。

试题答案：B　C

32．试题解析：

VLAN 标记只增加了 4 个字节，在以太帧外面，由硬件芯片完成，速度很快。

试题答案：C

33．试题解析：

BGP 接收到 open 报文之后，若有错，则发出 notification；若能建立连接，则发出 keepalive。

试题答案：C

34．试题解析：

Linux 基本命令 cp 是用于复制的，因此可以不管参数，直接从命令区分。

试题答案：C

35～36．试题解析：

DNS 资源记录 MX 的作用是定义域邮件服务器地址和优先级，DNS 资源记录 PTR 定义了区域的反向搜索。

试题答案：C C

37．试题解析：

Microsoft 管理控制台集成了用来管理网络、计算机、服务及其他系统组件的管理工具。可以使用 Microsoft 管理控制台创建、保存并打开管理工具（称为"管理单元"），这些管理工具用来管理 Windows 系统的硬件、软件和网络组件。

试题答案：D

38．试题解析：

独立冗余磁盘阵列技术用多个较小的磁盘替换单一的大容量磁盘，并通过合理地在多个磁盘上存放数据以提高系统的 I/O 性能。

RAID 中共分以下几个级别：

（1）RAID0 级（无冗余和无校验的数据分块）：具有最高的 I/O 性能和最高的磁盘空间利用率，但系统的故障率高，属于非冗余系统。

（2）RAID1 级（磁盘镜像阵列）：由磁盘对组成，每一个工作盘都有其对应的镜像盘，上面保存着与工作盘完全相同的数据复制，具有最高的安全性，但磁盘空间利用率只有 50%。

（3）RAID2 级（采用纠错海明码的磁盘阵列）：采用海明码纠错技术，用户需增加校验盘来提高可靠性。在传输大量数据时，I/O 性能较高，但不利于小批量数据传输。

（4）RAID3 级和 RAID 4 级（采用奇偶校验码的磁盘阵列）：把奇偶校验码存放在一个独立的校验盘上。如果有一个盘失效，其数据可以通过对其他盘上的数据进行异或运算得到。读数据很快，但写入数据时要计算校验位，速度较慢。

（5）RAID5 级（无独立校验盘的奇偶校验码磁盘阵列）：没有独立的校验盘，校验信息分布在组内所有盘上，对大批量和小批量数据的读写性能都很好。

试题答案：A

39．试题解析：

xDSL 是 DSL 的统称，是以电话线为传输介质的点对点传输技术。在小型公司，员工上网和提供公司 Web 服务器要求上传和下载的速度都要高，因此对称的线路技术是首选。通常的 DSL 技术中，支持不对称传输的包括 ADSL（非对称数字用户环路）、VDSL（甚高速数字用户环路）、RADSL（速率自适应数字用户线路）、G.LITE（通用 ADSL）等；而支持对称传输的包括 HDSL（高比特率数字用户线路）、SDSL、MDSL（多速率数字用户线路）、G.SHDSL（单对高速数字用户线）等。

试题答案：D

40．试题解析：

匿名 FTP 专用的用户名为 anonymous，可以使用自己的电子邮件地址或任意字符作为密码。

试题答案：D

41．试题解析：

在 Windows Server 2008 的 Web 服务器安装过程中，若需要使用 SSL 协议，必须先申请数字证书。

试题答案：A

42．试题解析：

漏洞攻击是在硬件、软件、协议的具体实现或系统安全策略上存在的缺陷，从而可以使攻击者能够在未授权的情况下访问或破坏系统。

试题答案：B

43．试题解析：

最小特权原则，即每个特权用户只拥有能进行他工作的权力。

试题答案：D

44～45．试题解析：

SSL 是解决传输层安全问题的一个主要协议，其设计的初衷是基于 TCP 协议之上提供可靠的端到端安全服务。应用 SSL 协议最广泛的是 HTTPS，它为客户浏览器和 Web 服务器之间交换信息提供安全通信支持，使用 TCP 的 443 端口发送和接收报文。

试题答案：B　A

46．试题解析：

主动攻击涉及修改数据流或创建数据流，包括假冒、重放、修改消息与拒绝服务。

试题答案：C

47．试题解析：

蜜罐技术的优点如下：

（1）使用简单：相对于其他安全措施，蜜罐最大的优点就是简单。蜜罐中并不涉及任何特殊的计算，不需要保存特征数据库，也没有需要进行配置的规则库。

（2）资源占用少：蜜罐需要做的仅仅是捕获进入系统的所有数据，对那些尝试与自己建立连接的行为进行记录和响应，所以不会出现资源耗尽的情况。

（3）数据价值高：蜜罐收集的数据很多，但是它们收集的数据通常都带有非常有价值的信息。安全防护中最大的问题之一是从成千上万的网络数据中寻找自己所需要的数据。

蜜罐技术的缺点有如下：

（1）数据收集面窄：如果没有人攻击蜜罐，它们就变得毫无用处。如果攻击者辨别出用户的系统为蜜罐，他就会避免与该系统进行交互，并在蜜罐没有发觉的情况下潜入用户所在的组织。

（2）给使用者带来风险：蜜罐可能为用户的网络环境带来风险，蜜罐一旦被攻陷，就可以用于攻击、潜入或危害其他的系统或组织。

试题答案：C

48．试题解析：

目前已设计出了许多满足安全的身份识别协议，主要有以下几类：一次一密机制；X.509 认证协议；Kerberos 认证协议等。

试题答案：C

49～50．试题解析：

CIDR 是一种将网络合并的技术，其作用就是把小的网络汇聚成大的网段。题中的 222.169.0.0/24～222.169.7.0/24 这个地址块中，可以看到其网络位占 21 位，主机位占 11 位，子网掩码为 255.255.248.0。

222.169.0.0:11000000 00011000 00000 000 00000000

222.169.7.0:11000000 00011000 00000 111 00000000

其中排除掉各网段的全 0 全 1 地址，则 254×8=2032。

试题答案：B　A

51．试题解析：

路由汇聚算法的实现过程如下：假设有 4 个路由 192.168.12.0/24、192.168.13.0/24、192.168.14.0/24、192.168.15.0/24，如果这 4 个路由进行路由汇聚，则能覆盖这 4 个路由的是 192.168.12.0/22。具体算法为：12 的二进制代码是 00001100，13 的二进制代码是 00001101，14 的二进制代码是 00001110，15 的二进制代码是 00001111。这 4 个二进制数的前 6bit 相同，都是 000011。根据最大匹配原则可知，加上前面的 192.168 这两部分相同的位数，网络位就是 8+8+6=22bit。而 00001100 的十进制数是 12，所以汇聚的 IP 地址就是 192.168.12.0。

在计算 IP 地址可用数时有两种情况：一种就是本题所述的这种情况，每个子网段都要减去 2，再乘以子网数；另一种情况就是计算 2^N-2，N 是这个网段的主机 bit 数，求出 2^N 再减去 2 即可。考试中，有哪一种答案就选哪一种，若两者都有，一定要在题干中找出关键因素，了解命题人偏向哪一种方式，再进行选择。

试题答案：B

52．试题解析：

某公司网络的地址是 210.43.192.0/18，划分成 10 个子网，则需要继续从主机位中拿出 4bit（2^4=16）进行划分。则这 16 个子网地址分别为：

210.43.11000000 0

210.43.11000100 0

210.43.11001000 0

210.43.11001100 0

…

210.43.11111100 0

其中不包括 210.43.254.0/22。

试题答案：D

53．试题解析：

要在一个 URL 中使用 IPv6 文本地址，则必须用符号"["和"]"来引用。例如，本题中服务器的 IPv6 地址写成 URL 的标准形式就是 http://[FEDC:BA99:8888:7777:6666:5555:4444:3333]:80/index.html。

试题答案：A

54．试题解析：

（1）地址长度由原来的 32 位扩充到 128 位，容量大大地扩展了。

（2）大容量的地址空间能够真正地实现无状态地址自动配置，IPv6 终端能够无须人工配置，直接连接到网络上实现即插即用。

（3）报头格式大大简化，从而极大地减少了路由器或交换机对报头的处理开销，提高了效率。

（4）加强了对扩展报头和选项部分的支持，能支持更多新应用。

（5）流标签能够为数据包所属类型提供个性化的服务，并保障业务的服务质量。

试题答案：D

55．试题解析：

IPv6 地址中，每个 16 位分组中的前导零可以做简化表示，但必须保证每个分组至少保留一位数字。本题中的地址去除前导零位后可写成 20F1:D3:0:2F3B:F3A:FF:FE28:8731。

某些地址中可能包含很长的零序列，为进一步简化表示，还可以将冒号十六进制格式中相邻的连续零位进行合并，用双冒号"::"表示。但是"::"符号在一个地址中只能出现一次，该符号可以用来压缩表示地址中相邻的连续零位。

试题答案：C

56．试题解析：

ADSL 采用离散多音频技术,将原来电话线路的 1.1MHz 频段以下的带宽划分成 256 个子频道。其中,4kHz 以下频段保留给传统电话业务,而 20～138kHz 频段用来传送上行信号,138kHz～1.1MHz 频段用来传送下行信号。DMT 技术可根据线路的情况自动调整信道上调制的比特数，可以更充分地利用线路。因此 ADSL 可达到最大上行 640kb/s、下行 8Mb/s 的数据传输率。

试题答案：C

57．试题解析：

SNMP 一共定义了 5 种不同功能的 PDU,用于管理进程和代理之间的数据交换,其中 get-request 可以从代理进程处提取一个或多个数值；get-next-request 从代理进程处提取当前参数值的下一个参数值；set-request 设置代理进程的参数值,get-response 返回参数值；trap 代理进程主动发出的报文,通知管理进程有某些事件发生。其中前面三个操作是响应操作，由管理进程向代理进程发出；后面两个操作是代理进程发给管理进程的。

试题答案：D

58．试题解析：

本题考查考生对单臂路由概念的理解，要在只有一个接口的路由器上实现多个 VLAN 路由，则应该使用子接口形式，也就是常说的单臂路由。

试题答案：B

59．试题解析：

Telnet 的密码可以由 Console 接口登录之后处理。一旦遗忘 Console 密码，只能从 BootROM 进入处理。华为设备的 Web 登录界面默认的用户名是 admin，而在 Console 接口进入的用户没有默认用户名。

试题答案：C

60．试题解析：

本题考查的是 VLAN 基础概念，VLAN 的唯一标识 VLAN ID 的长度是 12bit，故网络中最多能支持 2^{12} 个不同的 VLAN。

试题答案：A

61．试题解析：

IEEE 802.3 标准采用的 CSMA/CD 协议虽然无法完全避免冲突，但可以通过精心设计的监听算法来缓解，其中非坚持型监听算法无法在第一时间获得空闲的总线，效率较低。坚持型算法会一直坚持监听信道，直到获得空闲的信道为止，因此可以及时抢占信道，提高利用率。但有两个以上主机同时监听到信道空闲时则一起发送，不能降低线缆的空闲，通常会选择一个合适的发送概率 P，由 P 来决定抢占空闲信道之后是否立即发送数据，这就是 P 坚持算法。

试题答案：D

62．试题解析：

本题考查对 ipconfig 基本参数的掌握。all 表示显示 IP 配置有关的所有信息；release 表示释放原来的 IP 地址；renew 表示续借 IP 地址；ipconfig/flushdns 表示删除 DNS 缓存内容。

试题答案：B

63．试题解析：

从 ARP 的工作原理可知，在用户 A 与默认网关之间，尽管 ping 时显示 time out，但是从 ARP 表可知，在用户 A 的主机中已经有默认网关的 IP 和 Mac 的对应关系。说明用户 A 的主机与默认网关之间至少来回通信过一次。

试题答案：C

64．试题解析：

COMBO 口是千兆口，需要配模块才可以使用，其工作模式可以是光模式，也可以是电口模式，但是要求两端的模式相同才可以正常工作。当使用光模式时，需要两端的配置一致，也就是要设置成一样的波长，速率和协商模式。同时基于光纤通信的特点，光纤要交叉对接。

试题答案：A

65．试题解析：

IEEE 802.3 的 CSMA/CD 协议中，定义最短帧长的目的就是要保证 CSMA/CD 协议能正常工作。因此对于数据长度较短的帧，通过填充信息的形式使其满足最短帧长。在以太网中设定的最短帧长是 64 字节，因此信息的长度至少保持在 64-18=46 字节以上。

试题答案：D

66．试题解析：

综合布线系统通常由工作区子系统、水平子系统、管理子系统、干线子系统、设备间子系统、和建筑群主干子系统 6 个部分组成。

（1）工作区子系统：是连接用户终端设备到信息插座之间的子系统。简单来说，就是指计算机和墙上网线插口之间的部分。

（2）水平子系统：是连接工作区与主干的子系统。简单来说，就是指从楼层弱电井里的配线架到每个房间墙上网线插口之间的部分，由于其布线是在天花板上，与楼层平行，所以叫水平子系统。

（3）管理子系统：就是对布线电缆进行端接及配置管理的部分。

（4）干线子系统：是用来连接管理间和设备间的子系统。简单来说，就是将接入层交换机连接到汇聚层或核心层交换机的网络线缆，因为其往往在大楼的弱电井里面垂直上下，因此称为垂直子系统。

（5）设备间子系统：是安装在设备间内的子系统，或者说是大楼中集中安装设备的场所。

（6）建筑群主干子系统：是用来连接园区内不同楼群之间的子系统，因为这一部分在户外，也称为户外子系统。通常包括地下管道、直埋沟、架空线三种方式。

试题答案：A

67．试题解析：

交叉线适合连接两种相同性质的设备，本题的四个选项中，只有 D 选项正确。尽管有些交换机能够识别连接线缆的类型，不管是直连线还是交叉线都可以使用，但是本题给出的是根据 EIA/TIA-568 标准规定最适合的。

试题答案：D

68．试题解析：

负责证书发放的是 CA（证书机构）。

试题答案：B

69．试题解析：

通常网络结构分为接入层、汇聚层和核心层。

（1）接入层：提供网络基本接入功能，如基本的二层交换、安全认证、QoS 标记等。

（2）汇聚层：汇聚来自接入层的流量并执行流分类、QoS 策略、负载均衡、快速收敛等。

（3）核心层：网络中最核心的部分，往往提供高速数据转发和快速路由，要求有较高的可靠性、稳定性和可扩展性。

试题答案：B

70．试题解析：

网络系统设计过程分为以下五个步骤：

（1）需求分析。确认需求分析说明书，清楚并细致地了解和总结单位及个人的需求、意愿，但不涉及提供建议解决方法和设计方案的问题。

（2）分析现有网络。分析阶段是需求收集阶段的有益补充，分析网络现在处于什么阶段。

（3）逻辑网络设计。逻辑网络设计阶段描述用户需求的网络行为和性能，详细说明数据是如何在网络上传输的，但并不涉及网络元素的物理位置。

（4）物理网络设计。物理网络设计阶段体现如何根据逻辑网络设计的意图，确定具体的软件、硬件、连接设备、服务和布线等。

（5）安装和维护。安装和维护阶段需要完善文档，如更新最后修改过的网络图，清晰标记的线缆、连接器和设备，以及整理所有能为以后的维护和纠错带来方便的记录和文档，如测试结果和数据流量记录等。

试题答案：A

71～75. 试题解析：

略。

试题答案：B A B B D

第 6 学时 模拟测试 1（案例分析题试题）点评

试题一

【问题 1】试题解析：

本题是网络工程师考试的基本配置题。除了基本的 VLAN、STP、RIP、OSPF、ACL 配置之外，还需要注意 VPN 的配置。POS 接口支持两种时钟模式：主时钟模式（使用内部时钟信号）和从时钟模式（使用线路提供的时钟信号）。当两台路由器的 POS 接口相连时，应配置一端使用主时钟模式，另一端使用从时钟模式，否则有可能产生链路振荡。

试题答案：

（1）master （2）255.255.255.252 （3）5002 （4）ip （5）3000

【问题 2】试题解析：

由于此企业网与 ISP 之间使用/30 的掩码，ISP 端的地址是 61.187.55.33/30，按照 IP 子网的计算，与此 IP 地址在同一子网的可用 IP 是 61.187.55.34/30。

试题答案：B

【问题 3】试题解析：

运营商与用户之间的连接使用/30 的掩码主要就是为了节省运营商宝贵的 IP 地址。

试题答案：A

【问题 4】试题解析：

RIP 由于其 16 跳的跳数限制，只适合小型网络。OSPF 是一种链路状态的路由协议，通过分区可以实现较大规模的网络使用，本题中 OSPF 是较好的选择。

试题答案：B

试题二

【问题1】试题解析：

根据题目给出的距离和主干链路的速度，可知（2）处必须使用单模光纤，其余两处都使用多模光纤即可。

试题答案：（1）B　（2）A　（3）B

【问题2】试题解析：

Switch 1 处于教学区汇聚层位置，可以使用 1000Mb/s 光电自适应接口；Switch 2 位于服务区，但是 DHCP 服务器是 1000Mb/s 的网卡，因此也要求使用 1000Mb/s 光电自适应接口交换机；Switch 3 属于接入层，用接入层交换机。办公区 22 台计算机中，至少要使用 1 台 24 端口的接入层交换机。

试题答案：（4）1　（5）1　（6）2　（7）2　（8）1

【问题3】试题解析：

层次化网络设计的思想中，汇聚层用于做访问控制策略，接入层完成基本接入控制，核心层完成数据的高速转发。

试题答案：（9）汇聚层　（10）接入层　（11）核心层

【问题4】试题解析：

策略路由基本配置题。

试题答案：（12）0.0.127.255　（13）2001

试题三

【问题1】试题解析：

本题考查考生对 Linux 服务器的基本系统管理指令的了解，建立目录的操作和创建用户、用户组等命令，同时也考查考生对服务器的配置过程是否熟悉。本题中创建目录使用 mkdir 命令，添加用户组使用 group add 命令即可。

试题答案：（1）D　（2）B

【问题2】试题解析：

检查 DNS 解析是否正常可以使用 nslookup。通过 nslookup 可以了解 DNS 服务器关于域名的详细配置信息，如 MX 记录的设置、MX 的优先级设置等。nslookup 是一个检查 DNS 的专用工具。实际应用中有一种简单的方式检查 DNS 服务器能否解析，即 ping 域名的方式，但是该方式不能了解详细的 DNS 设置信息。

试题答案：（3）B

【问题3】试题解析：

nslookup 指令中可以通过 set type=x 指令指定要查询的域名上某种类型记录的设置情况，本题中查询邮件服务器的邮件交换记录，也就是 MX 记录，因此选 B。而从检查的结果可以看到，MX preference = 10, address =172.28.1.100, MX preference =5, address =172.28.1.101, 因此可以知道邮件是先发给 172.28.1.101，即这个地址是反垃圾邮件网关的地址。

试题答案：（4）B　　（5）B

【问题 4】试题解析：

邮件接收有两个协议：POP3 和 IMAP4，使用的端口分别是 110 和 143。

试题答案：（6）C

试题四

【问题 1】试题解析：

本题是基本操作题，正确的步骤是执行"开始"→"所有程序"→"管理工具"→DNS 命令启动。

试题答案：（1）B

【问题 2】试题解析：

本题考查考生对 DNS 负载均衡的概念理解和配置方法的掌握。Windows Server 2008 的 DNS 服务器配置中，要显示 DNS 负载均衡，只要在域中多次新建一个名为 www 的主机，对应多个不同的 IP 地址，并且在 DNS 的"属性"→"高级"中选中 enable round robin 选项即可实现，在客户端只要直接输入公司域名即可按顺序访问这三台服务器上的内容，当然这三台服务器的 Web 内容应是一致的。

试题答案：（2）B

【问题 3】试题解析：

DNS 的高级选项中，有一项可以针对子网的解析设置，即 enable subnet ordering，确保每个子网解析同一个域名时，解析到自己所在子网的对应服务器。

试题答案：（3）B

【问题 4】试题解析：

Windows Server 2008 中，DNS 服务器的区域配置文件是一个普通文本文件，默认情况下保存在 windows\system32\dns 文件夹中。

试题答案：（4）A

试题五

【问题 1】试题解析：

本题考查有关 FTP 的基本常识，也就是匿名用户的账号。FTP 中的匿名账号就是 anonymous，密码可以是用户的邮箱或任意字符。

试题答案：（1）A

【问题 2】试题解析：

/etc/ftpusers：用于限制用户是否可以通过 FTP 登录服务器，因此可以将需要禁止的用户账号写入文件。

/etc/ftpconversions：用来配置压缩/解压缩程序。

/etc/ftpgroups：创建用户组，预先定义哪些成员可以访问 FTP 服务器。

/etc/ftpphosts：用来设置禁止或允许的远程主机对特定账户的访问。

因此（2）选择D。

ftphosts文件中使用的规则的基本格式是allow/deny username ip/mask，分别表示允许或禁止某个用户名从某个IP网段登录服务器。本题中是禁止用户aaa从172.28.0.0网段登录，所以（3）选择C。

试题答案：（2）D　　（3）C

【问题3】试题解析：

/etc/ftpaccess文件中passwd-check的基本格式为passwd-check (type) warn。此配置用于对匿名用户的密码使用方式进行检查，其中(type)有三种取值，分别是None、Trivial和RFC822。None表示将不对口令做任何检查；Trivial表示口令中至少有一个@符号，但不检查其是否是一个合法的邮件地址；而RFC822则要求E-mail地址必须严格遵守RFC822报文标题标准，也就是必须是合法的邮件地址格式。

试题答案：（4）C

参 考 文 献

[1]   Jeff Doyle．TCP/IP 路由技术[M]．葛建立，等译．北京：人民邮电出版社，2009．

[2]   Justin Menga．CCNP 实战指南：交换[M]．李莉，等译．北京：人民邮电出版社，2011．

[3]   谢希仁．计算机网络[M]．5 版．北京：电子工业出版社，2008．

[4]   王达．路由器配置与管理完全手册（Cisco 篇）[M]．武汉：华中科技大学出版社，2011．

[5]   王达．交换机配置与管理完全手册（Cisco/H3C）[M]．北京：中国水利水电出版社，2009．

[6]   Andrew S.Tanenbaum．计算机网络[M]．4 版．潘爱民，译．北京：清华大学出版社，2009．

[7]   黄传河．网络规划设计师教程[M]．北京：清华大学出版社，2009．

[8]   刘晓辉．网络设备规划、配置与管理大全[M]．北京：电子工业出版社，2009．

[9]   丁奇．大话无线通信[M]．北京：人民邮电出版社，2010．

[10]   杨波．大话通信[M]．北京：人民邮电出版社，2009．

[11]   Shun Harris．CISSP 认证考试指南[M]．石华耀，译．北京：科学出版社，2009．

[12]   Richard Deal．CCNA 学习指南[M]．邢京武，何陶，译．北京：人民邮电出版社，2004．

网络工程师考试常考公式、要点汇总表

- 码元：在数字通信中常用时间间隔相同的符号来表示一位二进制数字，这样的时间间隔内的信号称为二进制码元。
- 码元速率（波特率）：即单位时间内载波参数（相位、振幅、频率等）变化的次数，单位为波特，常用符号 Baud 表示，简写成 B。
- 比特率（信息传输速率、信息速率）：是指单位时间内在信道上传送的数据量（即比特数），单位为比特每秒（bit/s），简记为 b/s 或 bps。
- 波特率与比特率有如下换算关系：

比特率=波特率×单个调制状态对应的二进制位数=波特率×$\log_2 N$，其中 N 是码元总类数。

- 信道带宽 W=最高频率-最低频率。
- 信噪比与分贝关系 $1dB=10\times\log S/N$。
- 无噪声情况下，数据速率依据奈奎斯特定理计算：

$$最大数据速率=2W\log_2 N=B\log_2 N$$

其中，W 为带宽；B 为波特率；N 为码元总的种类数。

- 有噪声情况下，数据速率依据香农公式计算：

$$极限数据速率=带宽\times\log_2(1+S/N)$$

其中，S 为信号功率；N 为噪声功率。

- 误码率：是指接收到的错误码元数在总传送码元数中所占的比例。

$$P_C = \frac{错误码元数}{码元总数}$$

- 异步通信数据速率=每秒钟传输字符数×(起始位+终止位+校验位+数据位)。
- 异步通信有效数据速率=每秒钟传输字符数×数据位。

- E1 的一个时分复用帧（其长度 T=125μs）共划分为 32 个相等的时隙，每秒传送 8000 个帧，因此 PCM 一次群 E1 的数据率就是 2.048Mb/s。

- T1 系统共有 24 个语音话路，每个时隙传送 8bit（7bit 编码加上 1bit 信令），因此共用 193bit（192bit+1bit 帧同步位）。每秒传送 8000 个帧，因此 PCM 一次群 T1 的数据率=8000×193b/s=1.544Mb/s

- E1 和 T1 可以使用复用方法，4 个一次群可以构成 1 个二次群（称为 E2、T2）。

- SONET 和 PCM 都是每秒钟传送 8000 帧，STS-1 的帧长为 810 字节，因此基础速率为 8000×810×8=51.84Mb/s。

- SONET 中 OC-1 为最小单位，值为 51.84Mb/s，OC-N 则代表 N 倍的 51.84Mb/s。

- STM-1 速率为 155.2Mb/s，与 OC-3 速率相同，STM-N 则代表 N 倍的 STM-1。

- 一帧包含 m 个数据位（报文）和 r 个冗余位（校验位）。假设帧总长度为 n，则有 $n=m+r$。包含数据和校验位的 n 位单元通常称为 n 位码字（codeword）。

- 海明码距（码距）：两个码字中不相同的位的个数。

- 两个码字的码距：一个编码系统中任意两个合法编码（码字）之间不同的二进制位数。

- 编码系统的码距：整个编码系统中任意两个码字的码距的最小值。

- 为了检测 d 个错误，则编码系统码距≥d+1；为了纠正 d 个错误，则编码系统码距>2d。

- 设海明码校验位为 k，信息位为 m，则它们之间的关系应满足 $m+k+1 \leqslant 2^k$。

- 以太帧头长 18 个字节，以太帧的数据字段最长为 1500 字节，以太网最小帧长为 64 字节。

- MAC 地址为 48 位，前 24 位是厂商编号。

- 以太网规定了帧间最小间隔为 9.6μs。

- 电磁波在 1km 电缆传播的时延约为 5μs。

- 冲突检测最长时间为两倍的总线端到端的传播时延（2τ），2τ 称为争用期（contention period），又称为碰撞窗口。

- 10Mb/s 以太网争用期为 51.2μs。对于 10Mb/s 网络，51.2μs 可以发送 512bit 数据，即 64 字节。

- 以太网规定 10Mb/s 以太网最小帧长为 64 字节，最大帧长为 1518 字节（如果还带有 4 个字节的 VLAN 标签，则应该是 1522 字节），最大传输单元（MTU）为 1500 字节。小于 64 字节的都是由于冲突而异常终止的无效帧，接收这类帧后应该丢弃（千兆以太网和万兆以太网的最小帧长为 512 字节）。

- 最小帧长=网络速率×2×(最大段长/信号传播速度+站点延时)，往往站点延时为 0。

- 吞吐率：单位时间实际传送数据位数。

吞吐率=帧长/(传输数据帧所花费的时间+1 帧发送到网络所花费的时间)=帧长/(网络段长/传播速度+1 帧长/网络数据速率)

- 网络利用率=吞吐率/网络数据速率。

- 强化碰撞：当发生碰撞时，发送数据的站除了立刻停止发送当前数据外，还需要发送 32bit 或 48bit 的干扰信号（Jamming Signal），所有站都会收到阻塞信息（连续几个字节的全 1）。

- 快速以太网（Fast Ethernet）：快速以太网的最小帧长不变，数据速率提高了 10 倍，所以冲突时槽缩小为 5.12μs。以太网计算冲突时槽的公式为

$$slot \approx 2S/0.7C + 2tphy$$

其中，S 为网络的跨距（最长传输距离）；$0.7C$ 为 0.7 倍光速（信号传播速率）；$tphy$ 是发送站物理层时延，由于往返需要通过站点两次，所以取其时延的两倍值。

- IP 报头固定长度为 20 个字节。
- A 类地址范围：1.0.0.0～126.255.255.255。
- 10.X.X.X 是私有地址。
- 127.X.X.X 是保留地址，用作环回（Loopback）地址。
- B 类地址范围：128.0.0.0～191.255.255.255。
- 172.16.0.0～172.31.255.255 是私有地址。
- 169.254.X.X 是保留地址。
- C 类地址范围：192.0.0.0～223.255.255.255。
- 192.168.X.X 是私有地址。地址范围：192.168.0.0～192.168.255.255。
- D 类地址范围：224.0.0.0～239.255.255.255。
- E 类地址范围：240.0.0.0～247.255.255.255。
- 早期 IP 地址结构为两级地址：IP 地址::={<网络号>,<主机号>}。
- RFC 950 文档发布后，增加一个子网号字段，变成三级网络地址结构。
  IP 地址::={<网络号>,<子网号>,<主机号>}。
- 子网能容纳的最大主机数=$2^{主机位}-2$。
- 子网范围=[子网地址]～[广播地址]。
- IPv6 地址为 128 位长，但通常写作 8 组，每组为 4 个十六进制数的形式。
- IPv6 全球单播地址最高位为 001（二进制）。
- IPv6 组播分组的前 8 比特设置为 1，十六进制值为 FF。
- TCP 的头部长度为 20 字节。
- 传输层系统端口取值范围为[0,1023]。
- 传输层登记端口取值范围为[1024,49151]。
- 传输层客户端使用端口[49152,65535]。
- 假定 SNMP 网络管理中，轮询周期为 N，单个设备轮询时间为 T，网络没有拥塞，则

$$支持的设备数\ X = \frac{轮询周期\ N}{单个设备轮询时间\ T}$$

- MTTF、MFBF、MTTR 三者之间的关系：$MTBF = MTTF + MTTR$。

- 失效率：单位时间内失效元件和元件总数的比率，用 λ 表示，$MTBF=1/\lambda$。
- 可靠性和失效率的关系 $R=e^{-\lambda}$。
- 可靠性和失效率的计算如下表：

	可靠性	失效率
串联系统	$\prod_{i=1}^{n} R_i$	$\sum_{i=1}^{n} \lambda_i$
并联系统	$R = 1 - \prod_{i=1}^{n}(1-R_i)$	$\dfrac{1}{\dfrac{1}{\lambda}\sum_{j=1}^{n}\dfrac{1}{j}}$
模冗余系统	$R = \sum_{i=n+1}^{m} C_m^i \times R^i \times (1-R)^{m-1}$	

- DES 明文分为 64 位一组，密钥 64 位（实际位是 56 位的密钥和 8 位奇偶校验）。

注意：考试中填写实际密钥位（即 56 位）。

- 3DES 是 DES 的扩展，是执行了三次的 DES。其中，在第一次和第三次加密使用同一密钥的方式下，密钥长度扩展到 128 位（112 位有效）；三次加密使用不同密钥，密钥长度扩展到 192 位（168 位有效）。
- IDEA 明文和密文均为 64 位，密钥长度为 128 位。
- 消息摘要算法 5（MD5）把信息分为 512 比特的分组，并且创建一个 128 比特的摘要。
- 安全 Hash 算法（SHA-1）把信息分为 512 比特的分组，并且创建一个 160 比特的摘要。
- 网络需要的传输速率=用户数×每单位时间产生事务的数量×事务量大小。
- 吞吐量（Mb/s）=万兆端口数量×14.88Mb/s+千兆端口数量×1.488Mb/s+百兆端口数量×0.1488Mb/s
- 背板带宽（Mb/s）=万兆端口数量×10000Mb/s×2+千兆端口数量×1000Mb/s×2+百兆端口数量×100Mb/s×2+其他端口×端口速率×2。
- 阻塞状态到侦听状态需要 20 秒，侦听状态到学习状态需要 15 秒，学习状态到转发状态需要 15 秒。
- RIP 路由更新周期为 30 秒，如路由器 180 秒没有回应，则标志路由不可达；如 240 秒内没有回应，则删除路由表信息。RIP 协议的最大跳数为 15 跳，16 跳则表示不可达，直连网络跳数为 0，每经过一个结点跳数增 1。
- OSPF 默认的 Hello 报文发送间隔时间是 10 秒，默认无效时间间隔是 Hello 时间间隔的 4 倍，即如果在 40 秒内没有从特定的邻居接收到这种分组，路由器就认为那个邻居不存在了。Hello 组播地址为 224.0.0.5。

- ISATAP 地址中，前 64 位是向 ISATAP 路由器发送请求得到的；后 64 位由两部分构成，其中前 32 位是 0:5EFE，后 32 位是 IPv4 单播地址，即 ISATAP 接口 ID 必须为::0:5ffe:IPv4 地址形式。
- 1 字节（B）=8bit。
- 1MB=1024KB，1GB=1024MB，1TB=1024GB。
- 1Mb=1024kb，1Gb=1024Mb，1Tb=1024Gb。
- 1Mb/s=1000kb/s，1Gb=1000Mb/s，1Tb=1000Gb/s。
- 总线数据传输速率=(时钟频率（Hz）/每个总线包含的时钟周期数)×每个总线周期传送的字节数（b）。
- 每秒指令数=时钟频率/(每个总线周期包含时钟周期数×指令平均占用总线周期数)。
- 每秒总线周期数=主频/时钟周期。
- 执行程序所需时间=编译后产生的机器指令数×指令所需平均周期数×每个机器周期时间。
- 流水线周期值等于最慢的那个指令周期。
- 流水线执行时间=首条指令的执行时间+(指令总数–1)×流水线周期值。
- 流水线吞吐率=任务数/完成时间。
- 流水线加速比=不采用流水线的执行时间/采用流水线的执行时间。
- 存储器带宽=每周期可访问的字节数/存储器周期（ns）。
- 需要内存片数=$(W/w)×(B/b)$。

其中，W 和 B 分别表示要组成的存储器的字数和位数，w 和 b 表示内存芯片的字数和位数。

- 存储器地址编码=(第二地址–第一地址)+1，如(CFFFFH–90000H)+1。
- Cache 平均访存时间=Cache 命中率×Cache 访问周期时间+Cache 失效率×主存访问周期时间。
- Cache 访存命中率=Cache 存取次数/(Cache 存取次数+主存存取次数)。
- 磁带数据传输速率（B/s）=磁带记录密度（B/mm）×带速（mm/s）。
- 磁盘非格式化容量=位密度×π×最内圈直径×总磁道数。
- 总磁道数=记录面数×磁道密度×(外直径–内直径)/2。
- 磁盘格式化容量=每道扇区数×扇区容量×总磁道数。
- 寻道时间=移动道数×每经过一条磁道所需时间。
- 等待时间=移动扇区数×每转过一道扇区所需时间。
- 读取时间=目标的块数×读一块数据的时间。
- 数据读出时间=等待时间+寻道时间+读取时间。
- 平均等待时间=(最长时间+最短时间)/2。
- 平均寻道时间=(最大磁道的平均最长寻道时间+最短时间)/2。
- 位：计算机中采用二进制代码来表示数据，代码只有 0 和 1 两种，无论是 0 还是 1，在 CPU 中都是 1 位。

- 字长：CPU 在单位时间内能一次处理的二进制数的位数叫字长。通常能一次处理 16bit 数据的 CPU 通常就叫 16 位的 CPU。

- 设流水线由 N 段组成，每段所需时间分别为 Δt_i（$1 \leqslant i \leqslant N$），完成 M 个任务的实际时间可以计算如下：$\sum\limits_{i=1}^{n} \Delta t_i + (M-1)\Delta t_j$，其中 Δt_j 为时间最长的那一段的执行时间。

- **吞吐率**：指的是计算机中的流水线在单位时间内可以处理的任务或执行指令的个数。

- **加速比**：是指某一流水线采用串行模式的工作速度和流水线模式的工作速度的比值。

- **效率**：是指流水线中各个部件的利用率。

- 高速缓存中，若直接访问主存的时间为 M 秒，访问高速缓存的时间为 N 秒，CPU 访问内存的平均时间为 L 秒，设命中率为 H，则满足下列公式：$L = M \times (1-H) + N \times H$。

- 内存容量=最高地址–最低地址+1。

- 存储器的地址总线中，地址线的根数与存储器的容量大小之间有密切的关系，若设地址线的根数为 N，则此地址总线可以访问的最大存储容量 $M = 2^N$ 字节。

网络工程师考试常用术语汇总表

OSI 参考模型

系统网络体系结构（System Network Architecture，SNA）

国际标准化组织（International Organization for Standardization，ISO）

开放系统互连基本参考模型（Open System Interconnection Reference Model，OSI/RM）

物理层（Physical Layer）

数据终端设备（Data Terminal Equipment，DTE）

数据通信设备（Data Communications Equipment，DCE）

数据链路层（Data Link Layer）

逻辑链路控制（Logical Link Control，LLC）

介质访问控制（Media Access Control，MAC）

网络层（Network Layer）

传输层（Transport Layer）

会话层（Session Layer）

表示层（Presentation Layer）

应用层（Application Layer）

公共应用服务元素（Common Application Service Element，CASE）

特定应用服务元素（Specific Application Service Element，SASE）

协议数据单元（Protocol Data Unit，PDU）

服务数据单元（Service Data Unit，SDU）

物理层

分贝（decibel，dB）

脉冲编码调制（Pulse Code Modulation，PCM）

幅移键控（Amplitude Shift Keying，ASK）

频移键控（Frequency Shift Keying，FSK）

相移键控（Phase Shift Keying，PSK）

交替反转编码（Alternate Mark Inversion，AMI）

归零码（Return to Zero，RZ）

不归零码（Not Return to Zero，NRZ）

不归零反相编码（No Return Zero-Inverse，NRZ-I）

通用串行总线（Universal Serial Bus，USB）

时分复用（Time Division Multiplexing，TDM）

波分复用（Wavelength Division Multiplexing，WDM）

频分复用（Frequency Division Multiplexing，FDM）

同步光纤网（Synchronous Optical Network，SONET）

第 1 级同步传送信号（Synchronous Transport Signal，STS-1）

第 1 级光载波（Optical Carrier，OC-1）

同步数字系列（Synchronous Digital Hierarchy，SDH）

混合光纤－同轴电缆（Hybrid Fiber-Coaxial，HFC）

电缆调制解调器（Cable Modem，CM）

有线电视网络（Cable TV，CATV）

电缆调制解调器终端系统（Cable Modem Terminal System，CMTS）

光线路终端（Optical Line Terminal，OLT）

光网络单元（Optical Network Unit，ONU）

光网络终端（Optical Network Terminal，ONT）

光纤到交换箱（Fiber to The Cabinet，FTTCab）

光纤到路边（Fiber to The Curb，FTTC）

光纤到大楼（Fiber to The Building，FTTB）

光纤到户（Fiber to The Home，FTTH）

无源光纤网络（Passive Optical Network，PON）

以太网无源光网络（Ethernet Passive Optical Network，EPON）

千兆以太网无源光网络（Gigabit-Capable PON，GPON）

美国电子工业协会（Electrical Industrial Association，EIA）

异步传输模式（Asynchronous Transfer Mode，ATM）

固定比特率（Constant Bit Rate，CBR）

可变比特率（Variable Bit Rate，VBR）

有效比特率（Available Bit Rate，ABR）

不定比特率（Unspecified Bit Rate，UBR）

数据链路层

循环冗余校验码（Cyclical Redundancy Check，CRC）

点到点协议（the Point-to-Point Protocol，PPP）

链路控制协议（Link Control Protocol，LCP）

网络控制协议（Network Control Protocol，NCP）

密码验证协议（Password Authentication Protocol，PAP）

挑战－握手验证协议（Challenge Handshake Authentication Protocol，CHAP）

逻辑链路控制（Logical Link Control，LLC）

媒体接入控制层（Media Access Control，MAC）

载波监听多路访问/冲突检测（Carrier Sense Multiple Access/Collision Detect，CSMA/CD）

生成树协议（Spanning Tree Protocol，STP）

虚拟局域网（Virtual Local Area Network，VLAN）

多生成树协议（Multiple Spanning Tree Protocol，MSTP）

快速生成树协议（Rapid Spanning Tree Protocol，RSTP）

快速以太网（Fast Ethernet）

千兆以太网（Gigabit Ethernet）

万兆以太网（10 Gigabit Ethernet）

令牌总线网（Token-Passing Bus）

集成数据和语音网络（Voice over Internet Protocol，VoIP）

无线个人局域网（Personal Area Network，PAN）

宽带无线接入（Broadband Wireless Access）

网络层

互连协议（Internet Protocol，IP）

数据报头（Packet Header）

区分服务（Differentiated Services，DS）

区分代码点（DiffServ Code Point，DSCP）

显式拥塞通知（Explicit Congestion Notification，ECN）

可变长子网掩码（Variable Length Subnet Masking，VLSM）

无类别域间路由（Classless Inter-Domain Routing，CIDR）

路由汇聚（Route Summarization）

Internet 控制报文协议（Internet Control Message Protocol，ICMP）

地址协议（Address Resolution Protocol，ARP）

反向地址解析（Reverse Address Resolution Protocol，RARP）

IPv6（Internet Protocol Version 6）

网络地址转换（Network Address Translation，NAT）

全球地址（Global Address）

专用 IP 地址（Private IP Address）

公共 IP 地址（Public IP Address）

网络地址端口转换（Network Address Port Translation，NAPT）

传输控制协议（Transmission Control Protocol，TCP）

初始序号（Initial Sequence Number，ISN）

协议端口号（Protocol Port Number）

应用层

域名系统（Domain Name System，DNS）

顶级域名（Top Level Domain，TLD）

动态主机配置协议（Dynamic Host Configuration Protocol，DHCP）

万维网（World Wide Web，WWW）

统一资源标识符（Uniform Resource Locator，URL）

超文本传送协议（HyperText Transfer Protocol，HTTP）

文本标记语言（HyperText Markup Language，HTML）

万维网协会（World Wide Web Consortium，W3C）

Internet 工作小组（Internet Engineering Task Force，IETF）

电子邮件（Electronic mail，E-mail）

简单邮件传输协议（Simple Mail Transfer Protocol，SMTP）

邮局协议（Post Office Protocol，POP）

Internet 邮件访问协议（Internet Message Access Protocol，IMAP）

文件传输协议（File Transfer Protocol，FTP）

简单文件传送协议（Trivial File Transfer Protocol，TFTP）

性能管理（Performance Management）

配置管理（Configuration Management）

故障管理（Fault Management）

安全管理（Security Management）

计费管理（Accounting Management）

公共管理信息服务/公共管理信息协议（Common Management Information Service/Protocol，CMIS/CMIP）

管理信息库（Management Information Base，MIB）

简单网络管理协议（Simple Network Management Protocol，SNMP）

管理信息结构（Structure of Management Information，SMI）

对象命名树（Object Naming Tree）

TCP/IP 终端仿真协议（TCP/IP Terminal Emulation Protocol，Telnet）

网络虚拟终端（Net Virtual Terminal，NVT）

代理服务器（Proxy Server）

安全外壳协议（Secure Shell，SSH）

网络安全

平均无故障时间（Mean Time To Failure，MTTF）

平均修复时间（Mean Time To Repair，MTTR）

平均失效间隔（Mean Time Between Failure，MTBF）

拒绝服务（Denial of Service，DoS）

分布式拒绝服务攻击（Distributed Denial of Service，DDoS）

报文摘要算法（Message Digest Algorithms）

证书颁发机构（Certification Authority，CA）

注册机构（Registration Authority，RA）

证书撤销列表（Certification Revocation List，CRL）

身份鉴别（Authentication）

密钥分配中心（Key Distribution Center，KDC）

票据（ticket-granting ticket）

单点登录（Single Sign On，SSO）

鉴别服务器（Authentication Server，AS）

票据授予服务器（Ticket-Granting Server，TGS）

公钥基础设施（Public Key Infrastructure，PKI）

安全电子交易（Secure Electronic Transaction，SET）

安全套接层（Secure Sockets Layer，SSL）

传输层安全（Transport Layer Security，TLS）

安全超文本传输协议（HyperText Transfer Protocol over Secure Socket Layer，HTTPS）

远程用户拨号认证系统（Remote Authentication Dial In User Service，RADIUS）

虚拟专用网络（Virtual Private Network，VPN）

Internet 协议安全协议（Internet Protocol Security，IPSec）

Internet 密钥交换协议（Internet Key Exchange Protocol，IKE）

Internet 安全关联和密钥管理协议（Internet Security Association and Key Management Protocol，ISAKMP）

认证头（Authentication Header，AH）

封装安全载荷（Encapsulating Security Payload，ESP）

多协议标记交换（Multi-Protocol Label Switching，MPLS）

边缘路由器（Label Edge Router，LER）

标记交换通路（Label Switch Path，LSP）

标签交换路由器（Lab Switch Router，LSR）

统一威胁管理（Unified Threat Management，UTM）

入侵检测系统（Intrusion Detection System，IDS）

无线

基础设施网络（Infrastructure Networking）

自主网络（Ad Hoc Networking）

基本服务集（Basic Service Set，BSS）

基本服务区（Basic Service Area，BSA）

分配系统（Distribution System，DS）

扩展服务集（Extended Service Set，ESS）

服务集标识符（Service Set Identifier，SSID）

无线电通信部门（ITU Radio Communication Sector，ITU-R）

跳频（Frequency-Hopping Spread Spectrum，FHSS）

红外技术（InfraRed，IR）

直接序列（Direct Sequence Spread Spectrum，DSSS）

正交频分复用技术（Orthogonal Frequency Division Multiplexing，OFDM）

高速直接序列扩频（High Rate Direct Sequence Spread Spectrum，HR-DSSS）

载波侦听多路访问/冲突避免协议（Carrier Sense Multiple Access/Collision Avoidance，CSMA/CA）

分布协调功能（Distributed Coordination Function，DCF）

点协调功能（Point Coordination Function，PCF）

帧间隔（InterFrame Space，IFS）

无线网的安全协议（Wired Equivalent Privacy，WEP）

Wi-Fi 保护接入（Wi-Fi Protected Access，WPA）

码分多址（Code-Division Multiple Access，CDMA）

宽带分码多址存取（Wideband CDMA，WCDMA）

时分同步的码分多址技术（Time Division-Synchronous Code Division Multiple Access，TD-SCDMA）

3GPP 长期演进技术（3GPP Long Term Evolution，LTE）

独立磁盘冗余阵列（Redundant Array of Independent Disks，RAID）

网络附属存储（Network Attached Storage，NAS）

存储区域网络及其协议（Storage Area Network and SAN Protocols，SAN）

4G（The 4th Generation communication system）

交换机

多层交换（Multi Layer Switching，MLS）

命令行接口（Command Line Interface，CLI）

用户模式（User EXEC）

特权模式（Privileged EXEC Mode）

全局配置模式（Global Configuration Mode）

VLAN 配置模式（VLAN Configuration Mode）

接口配置模式（Interface Configuration Mode）

Line 接口配置模式（Line Configuration Mode）

虚拟局域网（Virtual Local Area Network，VLAN）

VLAN 中继协议（VLAN Trunking Protocol，VTP）

VTP 修剪（VTP Pruning）

规范格式指示器（Canonical Format Indicator）

生成树协议（Spanning Tree Protocol，STP）

网桥协议数据单元（Bridge Protocol Data Unit，BPDU）

根网桥（Root Bridge）

根端口（Root Ports）

指定端口（Designated Ports）

热备份路由协议（Hot Standby Router Protocol，HSRP）

路由器

松散源路由（Loose Source Route）

严格源路由（Strict Source Route）

已注册的插孔（Registered Jack，RJ）

高速同步串口（Serial Peripheral Interface，SPI）

路由表（Routing Table）

路由选择协议（Routing Protocol）

路由信息协议（Routing Information Protocol，RIP）

水平分割（Split Horizon）

路由中毒（Router Poisoning）

反向中毒（Poison Reverse）

触发更新（Trigger Update）

开放式最短路径优先（Open Shortest Path First，OSPF）

单一自治系统（Autonomous System，AS）

最短路径优先算法（Shortest Path First，SPF）

OSPF 使用链路状态广播（Link State Advertisement，LSA）

因特网地址授权机构（Internet Assigned Numbers Authority，IANA）

内部网关协议（Interior Gateway Protocol，IGP）

外部网关协议（Exterior Gateway Protocol，EGP）

链路状态库（Link-State DataBase，LSDB）

链路状态广播（Link State Advertisement，LSA）

点到点（Point-to-Point）

广播型（Broadcast）

非广播型（Non-Broadcast，NB）

点到多点（Point-to-Multicast）

虚链接（Virtual Link）

路由度量（Metric）

通用路由封装协议（Generic Routing Encapsulation，GRE）

站内自动隧道寻址协议（Intra-Site Automatic Tunnel Addressing Protocol，ISATAP）

防火墙

防火墙（Fire Wall）

DMZ 区（Demilitarized Zone）

访问控制表（Access Control Lists，ACL）

VPN

安全关联（Security Association，SA）

安全参数索引（Security Parameter Index，SPI）

IKE 策略（IKE Policy）

变换集（Transform Set）

计算机硬件知识

中央处理单元（Central Processing Unit）

微处理器（Microprocessor）

复杂指令集（Complex Instruction Set Computer，CISC）

精简指令集（Reduced Instruction Set Computer，RISC）

一级缓存（L1 Cache）

二级缓存（L2 Cache）

三级缓存（L3 Cache）

流水线（Pipeline）

随机存取存储器（Random Access Memory，RAM）

只读存储器（Read Only Memory，ROM）

顺序存取存储器（Sequential Access Memory，SAM）

相联存储器（Content Addressable Memory，CAM）

计算机软件知识

代码行（Line of Code）

功能点分析法（Function Point Analysis，FPA）

国际功能点用户协会（International Function Point Users' Group，IFPUG）

德尔菲法（Delphi Technique）

构造性成本模型（Constructive Cost Model，COCOMO）

模型描述图（Diagram）

软件开发模型（Software Development Model）

元模型（meta-model）

系统测试（System Testing）

α测试（Alpha Testing）

β测试（Beta Testing）

白盒测试（White Box Testing）

黑盒测试（Black Box Testing）

计划评审技术（Program Evaluation and Review Technique，PERT）

能力成熟度模型（Capability Maturity Model for Software，CMM）

能力成熟度模型集成（Capability Maturity Model Integration，CMMI）

Windows 部分

域（Domain）

域控制器（Domain Controller，DC）

活动目录（Active Directory）

主文件目录 MFD（Master File Directory）

用户目录 UFD（User File Directory）

文件配置表（File Allocation Table，FAT）

新网络技术文件系统（New Technology File System，NTFS）

nslookup 命令（name server lookup）

管理控制台（Microsoft Management Console，MMC）

附录 3
网络工程师考试华为常用命令集

华为路由器交换机配置命令与 Cisco 的大致相同，网络工程师考试目前已经转向华为的命令，由于基本的网络协议和工作原理都是一样的（工作原理部分暂且不谈），重点掌握命令的区别，注意华为命令的写法。

如 Cisco 中有几种不同的命令模式，华为有相对简单的模式，如 system-view、user view、路由等。基本命令对照如下表。

Cisco	Huawei
no	undo
show	display（disp）
ip route	ip route-static
switchport	port
in	inbound
out	outbound
ip nat inside source list x pool poolname	nat outbound x address-group groupnumber
ip nat pool poolname	nat address-group x

可见，华为设备的命令的几个基本模式和基本配置可以与 Cisco 对应。

华为交换机配置命令：

1. *配置文件相关命令*

\<Huawei>system-view	进入特权模式
\<Huawei>reset saved-configuration	删除旧的配置文件
\<Huawei>system-view	进入系统配置模式
[Huawei]vlan 2	创建 VLAN 2
[Huawei-vlan2] port GigabitEthernet 0/0/1 to 0/0/4	在 VLAN 中增加端口配置基于 Access 的 VLAN

[Huawei-Ethernet0/1]port link-type access	当前端口加入到 VLAN
[Huawei-Ethernet0/1] port　default vlan 3	
[Huawei]quit	退出当前模式
[Huawei]interface vlan 2	进入接口 VLAN 2
[Huawei-vlanif2]ip address 192.168.1.1 25	配置管理 IP
[Huawei]display current-configuration	显示当前配置
<Huawei>save	保存配置
<Huawei>reboot	交换机重启

2．基本配置

[Huawei]sysname switchname	指定设备名称
[Huawei]interface ethernet 0/1	进入接口视图
[Huawei]interface vlan x	进入 VLAN 虚接口视图
[Huawei-Vlanifx]ip address 10.65.1.1 255.255.0.0	配置 VLAN 的 IP 地址
[Huawei]ip route-static　0.0.0.0 0.0.0.0　10.65.1.2	静态路由，设置网关

3．Telnet 配置

[Huawei]user-interface vty 0 4	进入虚拟终端
[Huawei-ui-vty0-4]authentication-mode password	设置口令模式
[Huawei-ui-vty0-4]set authentication password simple 222	设置口令
[Huawei-ui-vty0-4]user privilege level 3	用户级别

命令级别分类：

- 级别 0：即参观级，网络诊断工具命令（ping、tracert）、从本设备出发访问外部设备的命令（包括：Telnet 客户端、SSH）等。该级别命令不允许进行配置文件保存的操作。
- 级别 1：即监控级，用于系统维护，包括 display 命令。该级别命令不允许进行配置文件保存的操作。
- 级别 2：即配置级，可以使用业务配置命令，包括路由、各个网络层次的命令，向用户提供直接网络服务。
- 级别 3：即管理级，用于系统基本运行的命令，对业务提供支撑作用，包括文件系统、FTP、TFTP、配置文件切换命令、用户管理命令、命令级别设置命令、系统内部参数设置命令；用于业务故障诊断的 debugging 命令。
- 注意，新版的分为 0～15 级别表示。

4．端口配置

[Huawei-Ethernet0/1]duplex {half|full|auto}	配置端口双工模式，千兆口无 half
[Huawei-Ethernet0/1]speed {10|100|auto}	配置端口工作速率
[Huawei-Ethernet0/1]flow-control	配置端口流控
[Huawei-Ethernet0/1]port link-type {trunk|access|hybrid}	设置端口工作模式

[Huawei-Ethernet0/1]undo shutdown	激活端口
[Huawei-Ethernet0/2]quit	退出系统视图

5. 华为路由器交换机配置命令：交换机命令

[Huawei]display interface	显示接口信息
[Huawei]display vlan	显示 VLAN 信息
[Huawei]display version	显示版本信息
[Huawei]interface ethernet 0/1	进入接口视图
[Huawei]rip	三层交换支持
[Huawei-Ethernet0/1]port default vlan 3	当前端口加入到 VLAN 3
[Huawei-Ethernet0/2]port trunk allow-pass vlan {ID|All}	设 Trunk 允许的 VLAN
[Huawei-Ethernet0/3]port trunk pvid vlan 3	设置 Trunk 端口的 PVID
[Huawei-Ethernet0/1]undo shutdown	激活端口
[Huawei-Ethernet0/1]shutdown	关闭端口
[Huawei-Ethernet0/1]quit	返回
[Huawei]vlan 10	创建 VLAN 10
[Huawei-vlan10]port ethernet 0/1	在 VLAN 中增加端口
[Huawei]description string	指定 VLAN 描述字符
[Huawei]display vlan [vlan_id]	查看 VLAN 设置
[Huawei]stp{enable|disable}	设置生成树，默认关闭
[Huawei]stp priority 4096	设置交换机的优先级
[Huawei]stp root {primary|secondary}	设置为根或根的备份
[Huawei-Ethernet0/1]stp cost 200	设置交换机端口的花费
[Huawei-Ethernet0/2]port hybrid pvid vlan X	设置 VLAN 的 PVID
[Huawei-Ethernet0/2]port hybrid untagged vlan vlan_id_list	设置无标识的 VLAN，如果包的

VLAN ID 与 PVID 一致，则去掉 VLAN 信息，默认 PVID=1。所以设置 PVID 为所属 VLAN ID，设置可以互通的 VLAN 为 untagged。

华为路由器命令：

[Huawei]display interface	显示接口信息
[Huawei]display ip route-table	显示路由信息
[Huawei-Serial2/0/1]link-protocol hdlc	绑定 HDLC 协议
[Huawei]ip route-static 202.1.0.0 255.255.0.0 210.0.0.2	
[Huawei]ip route-static 202.1.0.0 24 Serial 0/0/2	
[Huawei]ip route-static 0.0.0.0 0.0.0.0 210.0.0.2	
[Huawei]rip	设置动态路由
[Huawei-rip-1]network 10.0.0.0	设置交换路由网络

[Huawei-rip-1]peer ip-address

[Huawei-rip-1]summary　　　　　　　　　　　　　路由聚合

[Huawei-rip-1] version [1|2]　　　　　　　　　　设置工作在版本 1

[Huawei-Ethernet0]rip split-horizon　　　　　　水平分隔

[Huawei]router id　A.B.C.D　　　　　　　　　　配置路由器的 ID

[Huawei]ospf　100　　　　　　　　　　　　　　启动 OSPF 协议

[Huawei-ospf-100]import-route direct　　　　　引入直联路由

[Huawei-Serial0]ospf enable area areaidx　　　配置 OSPF 区域

后　记

完成"5天修炼"后感受如何？是否觉得更加充实了？是否觉得意犹未尽？这5天的学习并不能保证您100%通过考试，但可以让您心中倍感踏实。基于此，还想提出几点建议供参考：

（1）做历年的试题，做完网络工程师考试的试题，可以做网络规划设计师考试的试题（除论文考试），因为这两个不同级别考试的基础知识和案例分析可以相互借鉴。

（2）该背的背，该记的记，如果可以，整本书都背下来是最好的。

（3）多做题，做历年试题是确保通过考试的重要手段。

（4）经济条件允许的情况下参加辅导培训，这并不是广告，而是最好的建议。良师益友，可以少走很多弯路。

最后，祝"准网络工程师"们考试顺利过关！考试通过后记得发邮件给老师报个喜。